PARIS
62
6974-0019

坦克百年

上 铁马嘶鸣

邓涛 著

坦克是第一次世界大战的产物，又在第二次世界大战中经受了各种考验，其对地面战争的决定性作用，职业军人们达成了普遍性的共识，以至于原有的诸兵种如不“屈从”于坦克，便会面临“消亡”的命运。这其中，德国人的观点很有代表性——“我们把坦克看成是进攻的主要兵器。我们要把这一观点坚持下去，直到技术再给我们带来更好的礼物为止”——德国装甲兵“教父”古德里安如此说到。不过有意思的是，在坦克百年的历史长河中，虽然总的趋势是殊途同归，从技术到战术莫不是如此，但各国践行中的经历却各有不同。对此，美国、日本、以色列甚至是瑞典都给出了大异其趣的解读。这就令事情变得有趣起来……

图书在版编目（CIP）数据

坦克百年.上，铁马嘶鸣 / 邓涛著. —北京：机械工业出版社，2016.5
(2021.4重印)
ISBN 978-7-111-53990-2

Ⅰ. ①坦… Ⅱ. ①邓… Ⅲ. ①坦克—介绍—世界 Ⅳ. ①E923.1

中国版本图书馆CIP数据核字（2016）第128052号

机械工业出版社（北京市百万庄大街22号 邮政编码100037）
策划编辑：杨 源 责任编辑：杨 源
责任校对：张艳霞 责任印制：李 昂

北京汇林印务有限公司印刷

2021年4月第1版 · 第3次印刷
184mm × 260mm · 18.25印张 · 2插页 · 492千字
4001—4800册
标准书号：ISBN 978-7-111-53990-2
定价：198.00元

电话服务	网络服务
客服电话：010-88361066	机 工 官 网：www.cmpbook.com
读者购书：010-88379833	机 工 官 博：weibo.com/cmp1952
读者购书：010-68326294	金 书 网：www.golden-book.com
封底无防伪标均为盗版	机工教育服务网：www.cmpedu.com

序

本书是一部以全景视野描述坦克百年发展历程的著作，广度和深度均衡，突破性较强。以国家划分章节，章节内按时间顺序理清该国坦克的典型型号，点评作战理念、技术特点和设计理念。本书在内容组织上深入浅出，既有科普的广度，又有专业性的深度。

本书适合喜爱坦克、战车的军事爱好者，以及军模爱好者阅读。

前言

论及战争的利与弊，我们当然不能做两边倒的“墙头草”，因为这不是一个简单的非黑即白的争论。但从本质上说，人类是好战的。事实上，大多数生物学家会说，所有生物必须天生具备自卫本能。由此及彼推而广之，大凡有感情的物种或具备某种感知的族群往往会认为，最佳的自卫方式就是主动进攻。所以从这个角度来看，坚信人类的进攻性是一种必要并非是危言耸听之辞。这可以解释“坦克”为什么会成为一种容易令人“沉迷”的战争机器。“进攻性”的“基因”决定了这一点，它契合了人们心中的某种“懵懂”。这正是一本从各个角度来描述坦克的书籍。当然，坦克的复杂性是无庸置疑的。不过即便如此，对于一些复杂技术和理论问题的叙述，本书仍将采取尽可能简单的形式，不给那些对技术细节和专门术语难于消化的读者造成困难。无论如何，本书所遵循的原则，就是不去“过度”追求细节，不去“过度”卖弄那些故弄玄虚的“术语”。撰写本书的目的就是直接了当地叙述设计、制造坦克的人们与使用坦克的人们这两个群体之间所发生的一切。以便让人们对一种在过去、现在和将来都会起主导作用的战争机器有着较为充分的了解。

感谢协助单位：天津市科学技术委员会、河北工业大学、机械工业出版社、北方车辆研究所《坦克装甲车辆》编辑部。

鸣谢：好友 李元逸；姨母 张雪杰。

图书情报支持小组：马静、张金镯、魏菲、张成武、于桂兰、卢庆田等。

编　　者

名家推荐语

坦克和装甲战车，百年风云激荡，将冷兵器时代铁骑、城防工事和火药时代大炮、钢铁冶炼、发动机、电子观瞄、控制计算通信能力天衣无缝地结合，并发展到今天成为陆战之王。邓涛此书布局辽阔，史料详尽，观点新颖，值得一读。

——军事科普作家、军事专家 宋宜昌

作为《坦克装甲车辆》杂志“老作者群体”中的一员，邓涛的《坦克百年》各个部分自成一体，既考察过去，又论及不远的将来，兼有章节简约和内涵丰富之长，以前沿的史学观念，精准简洁的文笔，全景解析坦克发展的百年历程。

——《坦克装甲车辆》杂志主编 刘青山

不得不承认，《坦克百年》确实是邓涛严谨研究和考证的成果，不仅通篇充满强有力的洞见，更遍布熠熠生辉的细节，波澜壮阔的历史与技术背景下贯穿着智慧、知识。作为《坦克装甲车辆》杂志的编辑，我在阅读这本书的时候真切体会到一种酣畅淋漓的快感。一气呵成、引人入胜，从头一个篇章开始就让人不忍释手，我将会长久地珍藏它。

——《坦克装甲车辆》杂志编辑 李元逸

与邓涛相识多年，作为国内为数不多的在军事技术发展史领域颇有建树的科普作家之一，邓涛的视野更加开阔，观点更富有独到性，不拘泥于某一个较为狭窄的领域或墨守成规，这使得他的文章和著作更有可读性，也能够给读者以更多思考和启示。这套 《坦克百年》相信能带给读者以阅读之快感、掩卷之沉思以及对坦克未来发展之启示。

——《现代兵器》杂志编辑 黄国志

这是一套有关坦克的百科全书。理清影响坦克发展的脉络，轻松构架坦克历史的轮廓。作者抛弃了枯燥的技术数据和历史资料，以抽丝剥茧的方式将冗长繁杂的史料和技术细节简化精炼，简洁明了、脉络清晰地再现了坦克的百年历程，堪称一部经典力作。

——《航空知识》杂志主编 王亚男

作者简介

邓涛，军事科普作家，河北工业大学教师。以若干笔名在《坦克装甲车辆》、《航空知识》、《舰船知识》、《兵器》、《现代兵器》、《世界军事》、《现代舰船》、《舰载武器》、《军事评论》、《NAAS》、《航空档案》等刊物发表各类文章数百篇，上千万字。出版军事科普图书数十册。

目录

法国篇 185

意大利篇 249

综　述

“铁血 100 年”——纪念坦克诞生 100 周年

战争的演变是一场长期的革命，它由政治、经济、社会多种力量创造和支持，技术进步只是其中的一种，但它的影响却最为深远和引人瞩目——号称“陆战之王”的坦克就是如此。从 1915 年 9 月的“小游民”算起，坦克这种划时代的陆战机械化技术装备已经走过了百年的历史，这是一段怎样的岁月呢？

上图　正像作战武器发生变化一样，战争的特点也发生了变化，这是毋庸置疑的事实。但在战术上不可忽视的是，武器是因为文明的变化而变化的，其变化不是孤立形成的

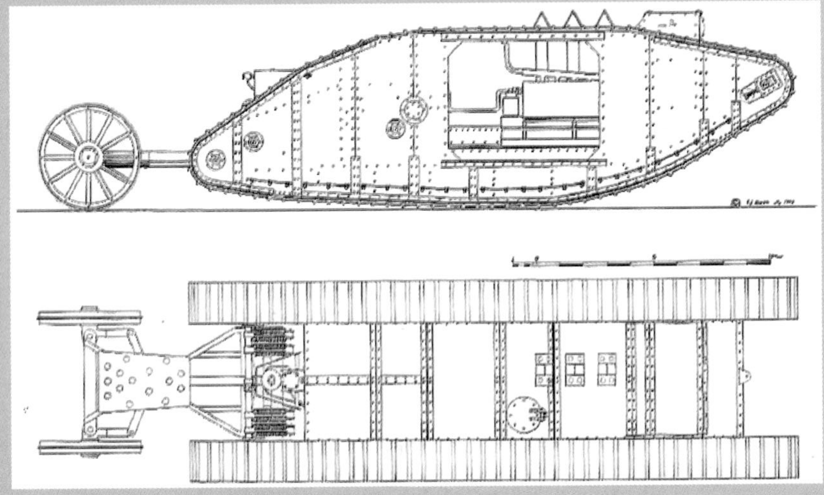

右图　英制 Mk1 菱形过顶履带坦克侧 / 顶视图。作为基于陆地战舰设计理念的战争产物，坦克实际上是战争中的一方突然将海上的战争手段用在了陆地上的结果

左图　在发展了 100 年后，今天的坦克已经与 100 年前大不相同

仓促上阵初显威

尽管出现于1915年9月的“小游民”被称为人类历史上的第一辆坦克，但客观来讲，坦克是差不多同时在英国和法国发展的。发展坦克有其单一而特殊的目的——为步兵在前沿向战壕和铁丝网后的步枪、机枪冲击时开辟道路。因此，坦克仅仅是作为突破工具而发明和应用的。在时任英国海军部长温斯顿·丘吉尔的支持下，英国在1916年9月15日，首次将这种新武器投入战斗，希望借此重新发动在索姆河地区陷于停顿的进攻。

上图 作为一种集火力、机动、防护于一体的突破工具，英国人发明的坦克打破了堑壕战的僵局

当时英国派到法国的有两个坦克连的60辆坦克。但这两个连的官兵中很少有人参加过战斗，坦克分散配置在布署了9个师的3英里长的战线上。60辆坦克中开出车场的仅有49辆，其中36辆到达了进攻出发线，在步兵前面和步兵一起发起了冲击。局部战绩很好，但只有9辆依靠自己的能力开了回来，其余都因为机械故障或翻在沟里动弹不得，被德国人的炮火击毁。英国坦克投入战斗前的7个月，最早的坦克提倡者之一欧内斯特·斯温顿上校提出了装甲兵使用原则，有如下几点：①除通过伴随步兵的有线电话外，还应另外设法沟通司令官和坦克之间的通信联系，斯温顿明确地设想过无线电通信，但当时技术不够完善，还不能将无线电通信设备安装到坦克里面去。②坦克最忌火炮和地雷，前者应使用支援飞机或反炮兵火力予以攻击和压制。③为了保密，这些坦克不要零星使用，应当做好充分准备，且乘员在接受大规模协同作战训练之后，才能投入使用（斯温顿强烈抗议9月15日的坦克进攻，他认为那样做是不成熟的，但他的意见未被采纳）。④要仔细选择攻击地段，以减少对坦克的限制，加强坦克的战斗力。⑤从集结地域运动到进攻出发线应在夜间进行，距离以不超过两英里为宜，坦克进攻应在拂晓进行。⑥冲击时坦克应先于步兵，在步兵到达攻击目标之前，应与步兵保持一定距离，把敌步枪、机枪火力集中引向坦克。⑦一旦步兵到达，坦克即向下一道战壕进发，对敌进行纵向射击，并轰击敌预备队和向前沿行进的部队。⑧坦克应持续而不停顿地攻击前进，突破敌炮兵阵地（约12千米）。⑨要在一次进攻中深入突破敌阵地，并维持攻击势头，必须仔细计划后勤支援事宜，以便持续地充分供应油料弹药和其他必须物资。⑩要尽最大可能利用烟幕来掩

上图 第一次世界大战时，坦克的机件性能还不能维持长期战斗，也还缺乏必要的速度和行程进行非常深远的突破

上图 早期过顶履带坦克由于在技术上并不完备，且制造工艺和材料粗糙不堪，这使其象征性的威慑意义实际上要远大于本身的战场价值

护坦克进攻。

对于今天的装甲兵军官来说，这些战术观念是很粗浅的，但在1916年及其以后的很长一段时间里，提出这些原则还是大胆而激进的，因为它所依据的理论还未被证实，当时战争的实际情况也是千差万别的。事实上，当时斯温顿似乎过高估计了坦克的能力。1917年11月20日在康布雷，英国坦克兵在6英里宽的阵线上对有限的目标发动了进攻，这是一次把理论放在实践中加以检验的机会。450多辆坦克中，有300辆到达进攻出发线。在头12个小时的战斗中，已有一大半伤残毁损，所剩坦克大部分不是因机械故障而未能坚持到24小时结束，就是因驾驶员精疲力竭而无法开动，只剩少量坦克集中起来又进行了一天的战斗。第二天攻占了宽度小于12英里的突出部，当时坦克已突入德国领土6英里。这是从1914年以来在西线最成功的一次突破，而这一突破又是在不可思议的短时间内完成的。英国高级司令部因不重视坦克在战术变革上的价值又未能将康布雷之战打成一场胜利的突防战而受到了严厉批评（主要批评者之一是J•F•C•富勒少将，他作为参谋官，参与制订了康布雷作战计划，他对高级司令部未能抓住有利战机感到失望）。有些批评比较轻率和感情用事。第一次世界大战时，坦克的机件性能还不能维持长期战斗，也还缺乏必要的速度和行程进行非常深远的突破。通信方面除目视联系外，还没有其他联系方法，因而要实施计划之外的大规模战场机动就不可能了。也有些批评者好像是以1940年的坦克性能的标准来评价1917年的坦克使用的。但J•F•C•富勒的批评并不是这样的，他不同意把他的批评扩大化，也不同意夸大反批评的意见。康布雷战斗最好的教训或许是认识了坦克的首要功能，那就是坦克有控制地面的能力，而无须占领地面，但这一点，许多年来却未被军界所认识。后来明显不顾传统原则，大胆利用坦克扩张战果，是以上述认识为基础的。确实给人印象深刻的一条经验是坦克进攻对士气有巨大影响。如富勒在评论康布雷地区的坦克作战时曾说：“坦克的主要价值在于对士气的影响，武装部队的真正目的是威慑而不是摧毁敌人。”

偶像破坏者与骑兵钟爱者之间的较量

第一次世界大战后的20年间，各国军队都乘机将战争中出现的武器方面的进步加以吸收。然而在坦克的问题上，两次世界大战期间，世界各国的军事思想界却存在着难以调合的巨大争议。这种争议首先是技术层面的，即坦克作为一种工业时代的象征，其实际表现出的性能不但令其支持者们感到羞愧，更让其反对者们找到了驳斥的理由。事实上，在1915年和1916年那些狂风暴雨式的日子里，尽管工程师与少量思想活跃的职业军人们对机械化战争时代的到来达成了一致，但在具体的技术问题上两者的分歧却依旧难以调合。自古代以来一直进行的技术人员的军事化，以及自18世纪以来军事人员所受的越来越深入的技术教育，并没有消除这种隔阂；两种人员分别服从两种不同的权威：应用科学的权威和非技术性的军事等级制度的权威。技术人员通常不怎么熟悉根据指示所应满足的军事需要的具体方面。

上图 1916年9月15日，在索姆河会战期间，第一次使用了坦克。由于机械故障和战场上恶劣的地形，投入战斗的坦克为数很少，但它还是显示出一种可能：只要有了改进的机器，增加它的数量，并集中使用，而不是分散出去，那么就能打破僵局。德国人的记录证明，“人们面对坦克时，感到无能为力”。也就是说，他们觉得自己被解除了武装。遗憾的是，英军的高级将领并没有认识到这一点。结果直到康布雷之战为止，坦克仍然都被零星地消耗掉了

对于这类指示，技术人员往往只采取一种形式上服从的态度：他们很了解军事需要的短暂性，因为他们看到每隔几年就要出现新理论和新“战略”，而他们自己取得成果却要经历几十年。而且技术人员也很少真正会全心全意地尊重上级所制定的那些军事需要，因为在他们眼里，上级对客观可能性缺乏全面的了解。而这种矛盾集中到“陆地战舰”的研发领域就显得十分尖锐了。

一方面，军人们总是试图保护自己免受敌人及其使用的武器的杀伤，但这却必须要与他们对机动性的需求保持一种平衡。在古代，随着长弓的发展，防护就需要加强，铠甲越来越重，结果丧失了机动性。这以后，为提高生存能力要求减轻重量和提高机动性而产生的矛盾始终困扰着负责为军人提供作战装备的技术人员（或是工匠）。

上图 因机械故障在战场上抛锚而被德军缴获的大批英制MK I过顶履带坦克正在被装车运回德国

而在战斗车辆装甲防护性的问题上，类似的问题并没有因为机械化动力的出现得到缓解——军人们希望作为陆上舰队的“旗舰”，这种计划中的重型装甲突破机器，要有均衡的周向防护性，这是必要的，也是合理的，其中的原因在于当时还没有研制出专门用于攻击装甲车辆的武器，陆地上的战场形势也不完全等同于海洋，因此它们必然会受到从轻到重，各种各样的武器从各种方向、各种角度实施的攻击，然而“陆地战舰”是战争过程中仓促推出的应急产物，如果要满足这种理想化的防护性能，如何提供适当的发动机就成了一大难题：航空发动机供应严重不足，而民用车辆工业却又不能为坦克提供发动机，甚至连“小游民”样车的发动机都来自敌国技术便是这种窘境的最好写照（“小游民”所搭载的福斯特戴姆勒6缸105hp汽油引擎，实际上是参与“陆上战舰”研发小组的民间厂商英国福斯特公司所引进的德国戴姆勒的引擎技术）。

另一方面，即使技术人员雄心勃勃地造出了这种理想中的陆地“无畏舰”，他们也会痛苦地发现，这种巨大的战争机器将只具备有限的直接军事价值，而负作用却在高级别的职业军人眼中不可接受。事实上，这中间不仅存在着一种因无知而产生的障碍，而且存在着一种因目的截然不同而产生的障碍。对技术人员来说，数量本身却没有什么价值，作为一名技术人员，他追求的唯一目标是质量最佳、性能最好的武器。这样的战争机器很难利用现成的零件进行装配，而如果所采用的零件不能在由省工的生产线连接起来的高效率的专用机器、工具、装配架上大批量地廉价生产，那么这种战争机器在购置、维修及使用等方面可以获得规模经济效益的重要属性就已经丧失，追求大规模生产的经济效益就会落空。而这一切所引起的最终效应，自然就是在某些情况下会把数量削减到不符合战争实际需要的水平。可对军事官僚机构来说，为了保持数量，它常常不得不牺牲一种武器所可能达到的最佳质量——部队数量减少意味着组织基础的动摇。也正因为如此，在职业军人与技术人员不断讨价还价中，坦克自身的形象难免变得糟蹋了起来——特别是在军方内部的坦克反对者看来，这不过是一种昂贵却无用的东西。

上图 被德军缴获的英军 MkII 菱形过顶履带坦克。由于制造工艺粗糙，车体外壳遍布大量缝隙，这使普通的步机枪弹能对早期坦克形成严重威胁

上图 日本陆军步兵学校的学员等人在英制 MKIV 号过顶履带坦克前留影

上图 曾陈列于靖国神社游就馆前的英制 MKIV 号过顶履带坦克

同时，除了军方内部的坦克支持者与技术人员之间的争论外，当时各国关于装甲兵的军事指导思想也存在着矛盾心理。例如英国著名的 J•F•C 富勒少将及其信徒巴兹尔•利德尔•哈特和法国的 J•B• 埃斯蒂安纳少将等热情支持者都明确预言装甲兵将有巨大作用，虽然他们的理论有些言过其实（富勒承认这一点，但并未将这一点报告给关键的领导人）。上述 3 位军人作风细致，但脾气急躁，在坦克方面所提的主张，往往过于轻率而容易引起争议。这种情况可能影响了他们的上级，从而低估了装甲兵的潜在能力。还有一点很重要，军事领导人往往并不愿意将尚在试验中的东西，贸然取代成熟的武器及其理论，这是可以理解的。协约国在革新方面存在着程度不同的冷漠情绪，这点不可否认。例如在法国，当国防部长保罗•雷诺想在 1935 年组建装甲兵部队时，遭到了军、政界人物的反对而未能实现。他们认为在现代战争中，胜利的关键是防御而不是进攻。做这种回顾就像一般的概括，往往把问题简单化了。其实反对装甲兵的观点含有多种因素，有些是基本因素，有些是从一国国情和政治衍生而来的。法国依靠防御工事，认为防御火力效果可靠。英国相信，依靠其海、空军力量能够避免卷入未来的欧洲大战，保证其岛国的安全。因为在第一次世界大战中牺牲惨重，人们厌战情绪遍及四方，形成了强烈的和平主义潮流。尤其是在英国和美国，许多人直截了当地主张国际的交往应排除与战争的任何关系。在美国，和平主义

上图 日本军官在一辆“赛犬”中型坦克前合影

上图 法国 FT17/75 自行火炮侧视图

上图 苏制“巴黎公社”号 KC 轻型坦克

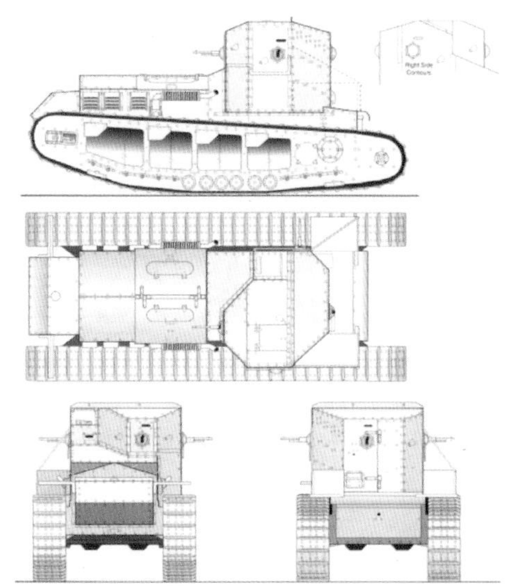

上图 1917 年底出现的英制"赛犬"中型坦克

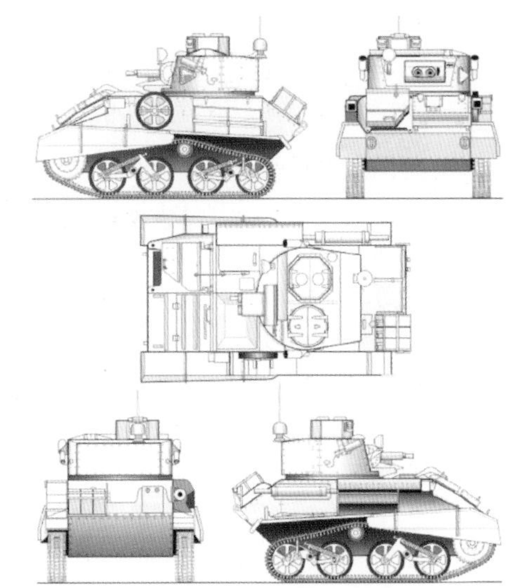

上图 英国于两次世界大战期间研发的维克斯 MK VIA 轻型坦克。当英国政府采纳了利德尔·哈特主张的有限义务政策后，这不但直接导致了坦克订货量的减少，而且任何完善装甲机械化部队的企图，都将引起政治上的严重猜疑

与孤立主义情绪有关。孤立主义的基础是该国与世界各大国隔着广阔的大洋，具有安全感，让别人打他们自己的仗去，美国自己资源丰富，再也不必介入战争。西方国家并不是要放弃坦克，只是把坦克仅仅看成是突破的工具，起到辅助步兵的作用。然而，很少有人注意的是，在一旁旁观这场争论的苏联和德国却从中得出了完全不同的结论……

百家争鸣的喧嚣——两次世界大战期间的发展

不可否认，尽管对于坦克的意义和作用，两次世界大战间各国的军人们都在争论不休，但在这段时间内，坦克技术却仍然取得了巨大的进展，开始从摸索走向成熟。第一次世界大战后至 20 世纪 30 年代，是坦克技术和战术发展的探索和实验时期，也是坦克发展走向成熟的时期。这一时期，在坦克发展史上占有重要的地位。战后由于各国的作战理论和观点不同，所以其坦克设计思想与技术特点也各不相同。各国的军事专家和设计师们设计和制造了多种类型的坦克。从重量上看，有超轻型、轻型、中型和重型坦克。从结构上看，除了普通的履带式行动装置和单炮塔式结构外，还出现了可以卸掉履带、

上图 1925 年的英制维克斯 A3E1 型轻型坦克样车

上图 英制维克斯 A7E2 中型坦克

上图 日本陆军步兵学校所装备的“卡登·洛伊德”MK VI

上图 苏制 T-28 多炮塔中型坦克

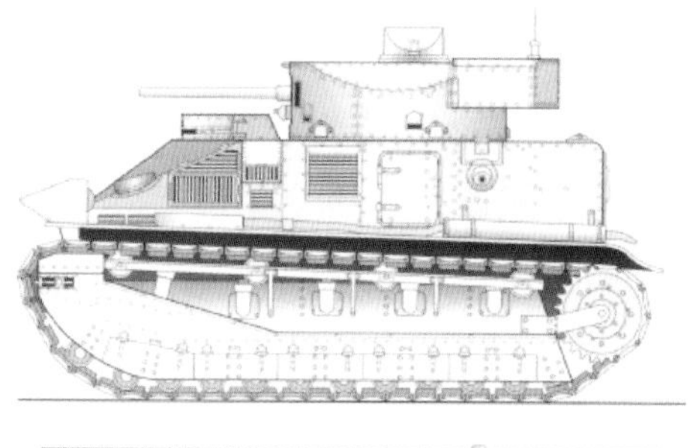

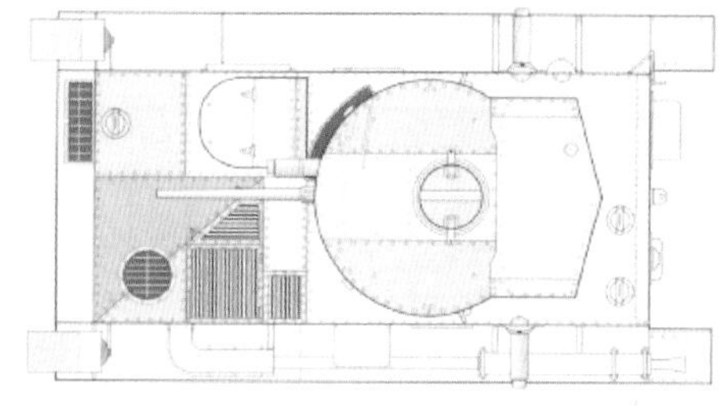

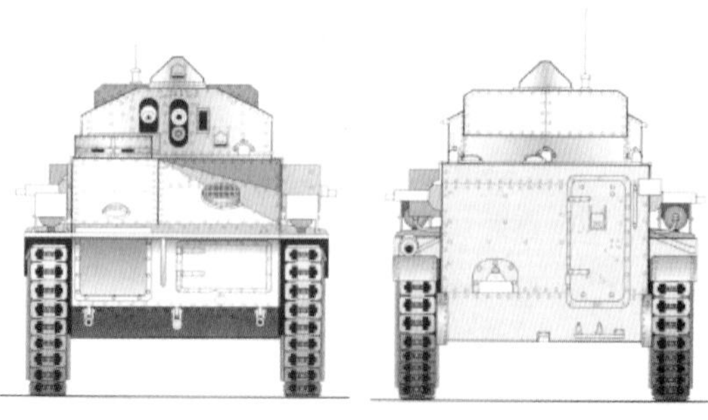

上图 英国于两次世界大战期间发展出的一系列试验型坦克之一——维克斯 MKII 中型坦克样车

上图 法国圣沙蒙 M21 型轮履两用坦克

上图 捷克斯柯达 KH-60 轮履两用坦克样车

上图 法国圣沙蒙 M21 型轮履两用坦克

上图 捷克斯柯达 KH-70 轮履两用坦克样车

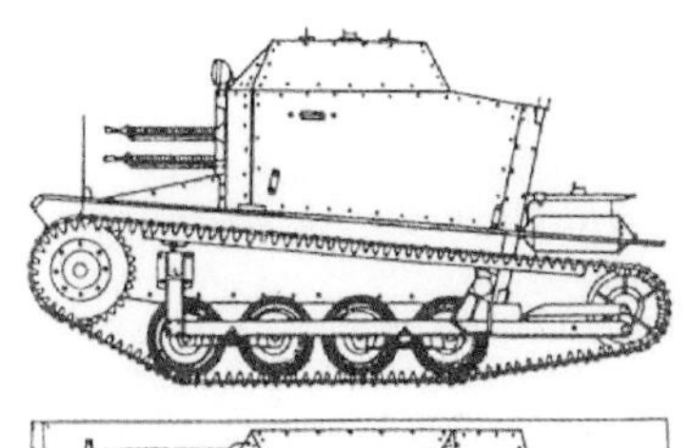

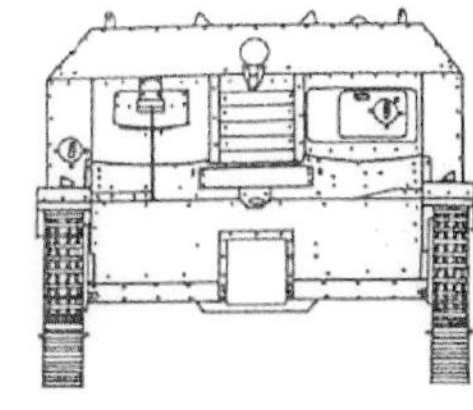

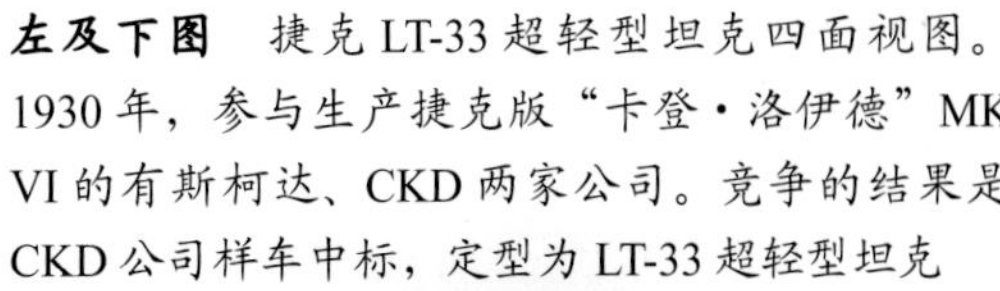

左及下图 捷克 LT-33 超轻型坦克四面视图。1930 年，参与生产捷克版“卡登·洛伊德”MK VI 的有斯柯达、CKD 两家公司。竞争的结果是 CKD 公司样车中标，定型为 LT-33 超轻型坦克

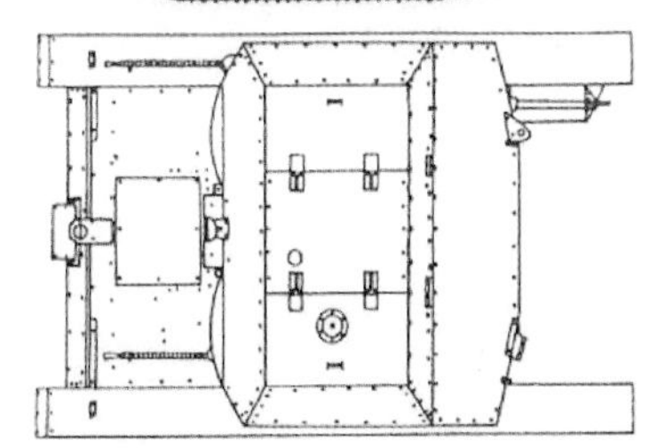

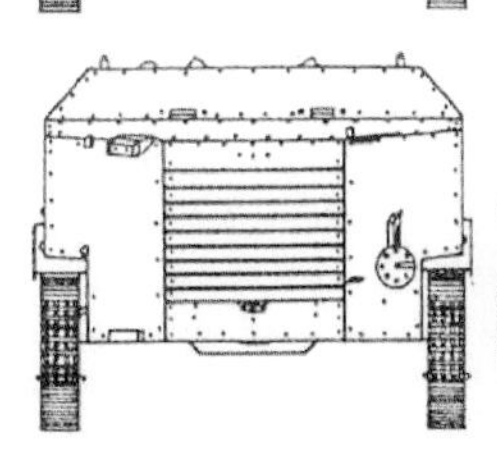

只用负重轮行驶的坦克，以及安装多座炮塔的坦克。从战术使用意图上看，出现了用于伴随步兵作战的步兵坦克和用于机动作战的巡洋坦克。这一时期坦克发展的主要国家有英国、法国、美国、德国、苏联和日本。其中，苏联后来居上，还成为了头号坦克生产大国，而日本则成为东方第一个坦克生产国。

与第一次世界大战时期的坦克相比，这个时期的坦克技术发展具有以下主要特点。首先，机动性明显提高。早期采用过顶式履带、菱形车体的坦克，因形体大且笨重，行动缓慢，已不再适应作战的需要而停止发展。20 世纪 20—30 年代，推进系统技术初步从汽车、拖拉机技术中分离出来，坦克专用汽油机和坦克高速柴油机研制成功，二级行星转向机构和双差速转向机构相继问世，行动装置普遍采用弹性悬挂技术，许多轻型坦克的机动性显著提高，最大速度达 40km/h ~ 50km/h，最大行程达 250 千米，可有力配合步兵作战。其次，装甲防护力大幅度增强。装甲防护力的改善，同反坦克武器的发展密切相关。早期的坦克，大多数只要求能防机枪弹和炮弹的攻击，装甲厚度一般为 6mm ~ 12mm。随着坦克武器和反坦克武器数量的增加及其威力的提高，坦克的防护力也相应增强。20 世纪 20—30 年代普遍采用的途径是，按照坦克遭受攻击的不同几率，合理分配各部位的装甲厚度。通常是前装甲最厚，底、顶装甲最薄，要求前装甲能抵御当时的反坦克武器在 450m ~ 900m 处的攻击，因此一般轻型和中型坦克的前装甲已增到 20mm ~ 30mm，部分坦克则达到 60mm ~ 75mm，甚至 80mm

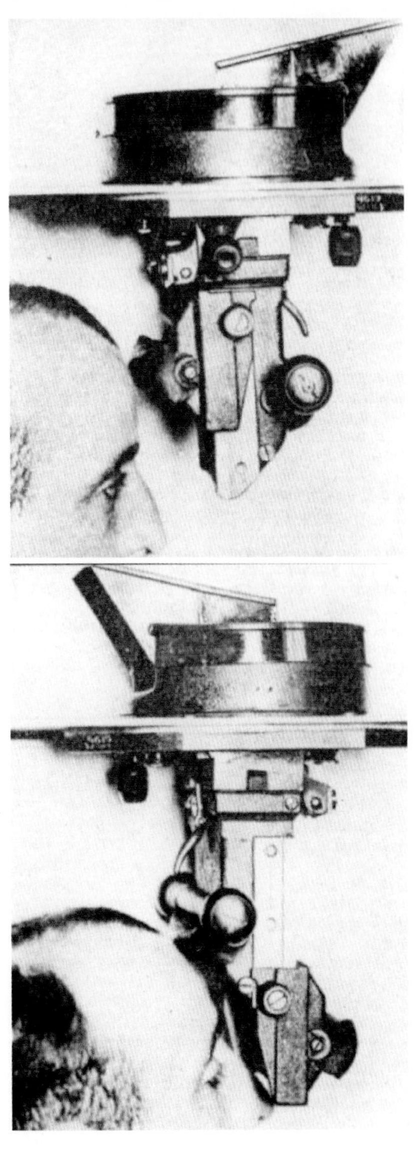

上图 波兰工程师古道夫·冈拉克设计的可折叠式周视潜望镜

～ 90mm。再次，武器穿甲威力增大。早期坦克的使命是消灭敌人的步兵，摧毁其机枪掩体和土木质发射点，并非对战斗车辆，因此机枪与使用榴弹的火炮相组合成为第一次世界大战中坦克武器的普遍形式。20 世纪 30 年代初期研制的轻型和超轻型坦克，大多数只装有口径在 8mm 以下的机枪，它们只能对付暴露的有生力量而对装甲目标或稍有防护的火力点，便显得无能为力，以致其作战使用受到很大的限制，于是快速发展穿甲武器成为当务之急。到 20 世纪 30 年代中期，一批穿甲能力显著增强的坦克炮应运而生。10t ～ 20t 级的轻型和中型坦克已普遍使用了 37mm ～ 47mm 火炮。配用的穿甲弹初速为 610m/s ～ 855m/s，在 450m 的射程上可垂直击穿 40mm ～ 60mm 厚的钢装甲板。

上图 捷克 S-II-C 中型坦克样车（德国编号 T-21）

上图 测试中的 S-II-C 中型坦克

上图 测试中的 S-II-C 中型坦克

铁与火的考验

第二次世界大战时期，由于大量坦克参战，与坦克作斗争已成为坦克的首要任务。坦克与坦克、坦克与反坦克火炮的激烈对抗，促进了中、重型坦克技术的迅速发展。坦克结构趋于成熟，火力机动性和防护力三大性能全面提高，坦克已成为地面战斗中的主要突击兵器。在二战的 6 年中，坦克履带的轨迹遍及欧、亚、非三大洲，大规模动用坦克的战役比比皆是。比如，德军闪击波兰。1939 年 9 月 1 日凌晨，德军按“白色行动”方案，首次大规模集中 280 辆坦克及 600 门火炮及 1929 架飞机，在步兵的配合下，闪电般地扫荡着波兰的一切。当时的波兰军队只装备着陈旧的坦克约 870 辆，以及 430 门火炮和 842 架飞机。尽管波兰军队进行了顽强抵抗，华沙军民在极端困难的情况下进行了

上图 德军装备的 Pz.Kpfw 38(t) 轻型坦克

上图　波兰 TK-1 超轻型坦克侧视图

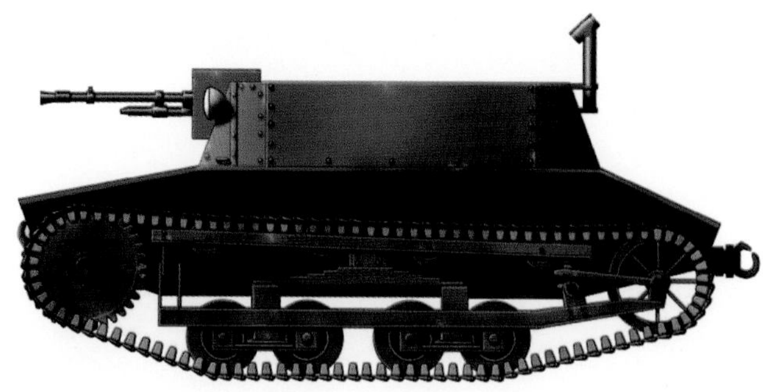

上图　波兰 TK-2 超轻型坦克侧视图

保卫战，但德军的坦克仍于 9 月 27 日耀武扬威地开进了华沙，德军的铁蹄践踏了作为欧洲当时军事大国之一的波兰全境。1939 年 9 月 30 日，希特勒得意地宣布波兰战争结束了。

德军闪击荷兰、比利时、卢森堡、法国四国也是另一个“二战”中大规模运用坦克的经典战例。1940 年 5 月 10 日，德军向荷兰、比利时、卢森堡和法国发起代号为“黄色”的战略性攻击。10 日 5 时 30 分，德军以 A、B、C 集团军群共 136 个师，约 3000 辆坦克，向法国发起进攻。担任主攻任务的 A 集团军群的坦克绕过德、法边境，从卢森堡和法国、比利时边境的阿登地区突破法军防御。卢森堡没有力量抵抗德军集群坦克，不战而降。德军 B 集团军群在空军的配合下向荷兰发起进攻，一个装甲师向荷兰东部疾进，大批德军坦克乘虚而入，13 日与在鹿特丹着陆的空降兵会合，向荷兰纵深突破。14 日，德军占领鹿特丹。15 日，荷兰投降。德军 B 集团军群的地面部队在其空降兵的配合下，于 5 月 17 日占领了比利时首都布鲁塞尔。28 日，比利时国王利奥波德三世眼看英、法盟军自身难保，下令军队停止抵抗，向德军投降。从 1940 年 5 月 13 日至 6 月 4 日的交战中，法军遭到了毁灭性的打击。6 月 5 日拂晓，德军向法国发动代号为“红色”的大规模进攻。13 日德军 A、B 集团军群先后突破法军魏刚防线，前出到马奇诺防线发起正面攻击，法国腹背受敌，防线被突破。17 日，德军攻占斯特拉斯堡，近 50 万法军被歼。18 日，隆美尔的装甲师占领瑟堡。20 日，德军第 16 装甲军占领里昂。经过一个多月的较量，当时号称西欧第一陆军强国的法国，便惨败在德军的手下。仅数天时间，德军坦克横扫了荷兰、比利时、卢森堡，并占领了法国。法

上图　早期型 Pzkpfw III Ausf.C 承担“战斗坦克”的角色

上图　早期型 Pzkpfw IV Ausf.D 承担“支援坦克”的角色

国亡6万多人、伤30万人、20万人被俘，德军伤亡14.6万人。

当然，宏大的库尔斯克会战更是整个二战中坦克战的巅峰与高潮。1943年7月5日的拂晓，德军在库尔斯克地区发动大规模进攻，德军的进攻来势很猛，前面是“虎”式重型坦克和“斐迪南”坦克歼击车，随后是中型坦克群，最后是装甲掷弹兵。但出乎德军预料，战役第一天损失严重，不得不准备用于“街垒”战役的基本兵力及约50辆坦克和坦克歼击车投入交战。一天内连续进行了5次冲击，突入苏军防御6km～8km。7月6日，苏军中央方面军实施反突击，反突击成功后，即在合适地带转入防御。战至1日，德军仅推进10km～12km，因损失巨大而被迫转入防御。12日，苏军最高统帅部决定动用战略预备队在库尔斯克突出部的普罗霍夫卡发动反攻，北部投入坦克240辆，南部投入坦克和自行火炮240辆。于是迄今为止人类战争史上规模最大、参战数量最多的坦克遭遇战就此发生。双方共约1200辆坦克和自行火炮在不足30km宽的正面上，同时展开了激烈交战。在普罗霍夫卡郊外，德军两个精锐坦克军由南向北进攻。4日至5日，苏军几乎同时在库尔斯克突出部南北两边展开最后的猛攻。17日，草原方面军突至哈尔科夫市郊。23日，草原方面军在沃罗涅日方面军和西南方面军的协同下，收复了哈尔科夫。苏联人民备受鼓舞，德军闻之心惊胆战。这天夜里，莫斯科响起了庆祝胜利的礼炮声。库尔斯克大会战以德军的失败而告结束。在持续50天的库尔斯克会战中，苏、德双方逐次投入兵力共达40余万人、6.9万余门火炮和迫击炮、1.3万余辆坦克和自行火炮、1.2万余架作战飞机。德军损失30个精锐师计50余万人、150辆坦克、370架飞机和3000门火炮。苏军赢得了库尔斯克会战的胜利，粉碎了德军最后一次大规模战略性进攻，重创了德军的精锐主力，使德军遭受到开战以来最沉重的打击，把战线向南和西南推进了140km。希特勒重新夺回战略主动权的企图遭到完全失败，德军装甲兵元气大伤，从此一蹶不振，彻底丧失了战略进攻的能力，被迫转入全线防御。

上图　东线战场上，德国军官正在检查一辆被遗弃的KV-1重型坦克（1941年7月，该车属于第101坦克师，斯摩棱斯克亚瑟佛附近）

上图　正在搭乘T-34/76中型坦克作战的苏军步兵

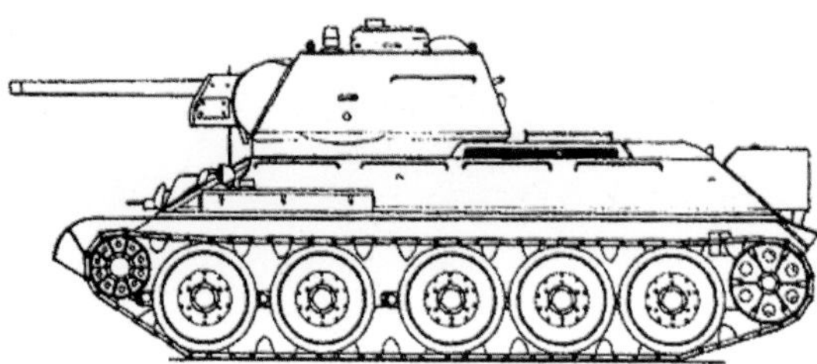

上图 划时代的苏制 T-34/76 中型坦克

上图 采用冬季迷彩的 T-34/76 1942 年型

上图 采用冬季迷彩的 T-34/76 1942 年型

上图 装备 D-5T 85mm 坦克炮的 T-34/85 1943 年型

上图 1944 年初东线战场上的 T-34/85 1943 年型（D-5T 85mm 炮）

上图 苏制 KV-85 重型坦克

上图 苏制 KV-85 重型坦克

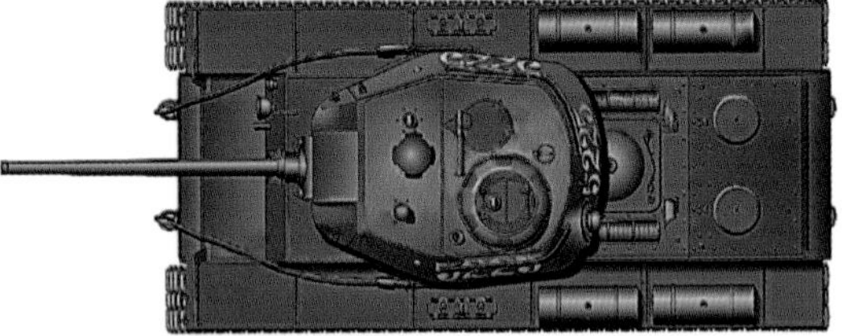

上图 苏制 KV-85 重型坦克

上图 柏林战役中的 T-34/85 1944 年型

上图 装备 48 倍径 75mm 炮的“缩水版”Jagdpanzer IV 坦克歼击车原型车

上图 Jagdpanzer IV 与 StuG/JagdpanzerIII F/F8/G 型突击炮 / 坦克歼击车拥有相同的火力和相近的装甲防护水平

上图 SU-85 坦克歼击车雄姿

上图 波兰人民军装备的 SU-85 坦克歼击车

上图 柏林战役中的 T-34/85 1944 年型

上图 柏林战役中，冲入勃兰登堡门前广场的苏联红军 IS-2 重型坦克

主战坦克的繁荣——战后坦克的发展

第二次世界大战期间，交战双方大量使用坦克，坦克充当了地面战争的突击力量。大战期间坦克的集中使用，曾给战争带来了许多新特点，而战争的发展，又对坦克的改进提出了许多新要求，特别是各种反坦克武器装备的竞相发展，使得坦克在面临挑战的同时，又得到飞速发展。战后，尽管重型坦克很快退出了历史舞台，轻型坦克的发展也变得缓慢，但集中型坦克和重型坦克特点于一身的主战坦克的出现，却无疑是一件具有划时代意义的事件。

上图 出现于 1945 年柏林盟军胜利阅兵式上的 IS-3 重型坦克

上图 T-64B1M 主战坦克

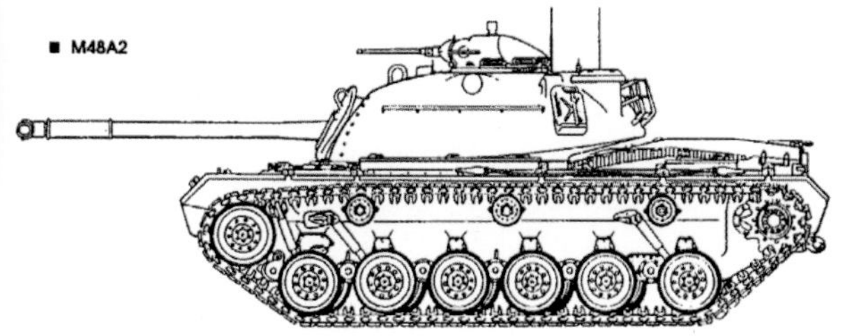

上图 美制 M48A2 中型坦克

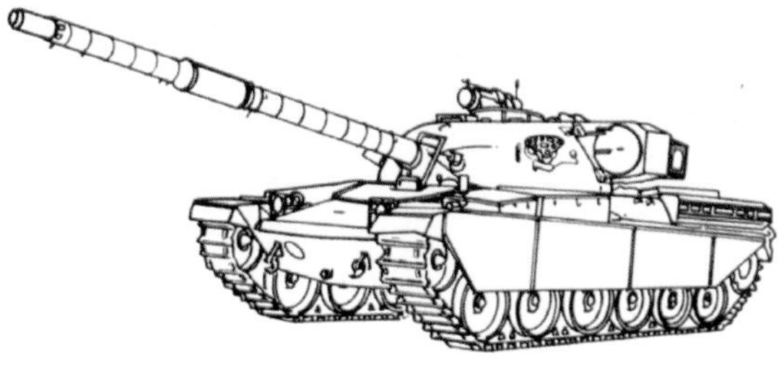

上图 英国 FV4201“酋长”主战坦克

上图 主战坦克的开山之作——苏制 T-44 后期型中型坦克

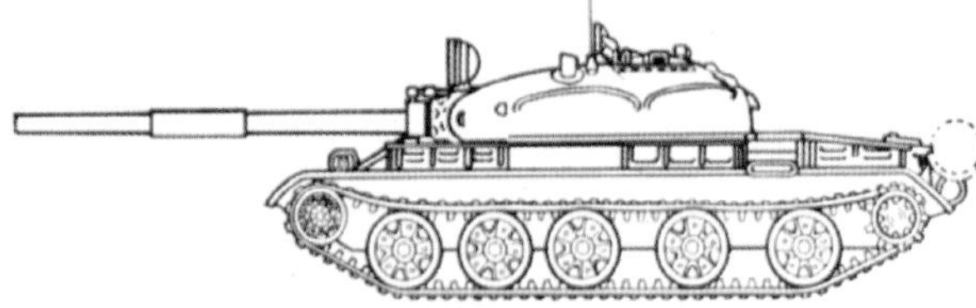

上图 苏制 T-62 主战坦克

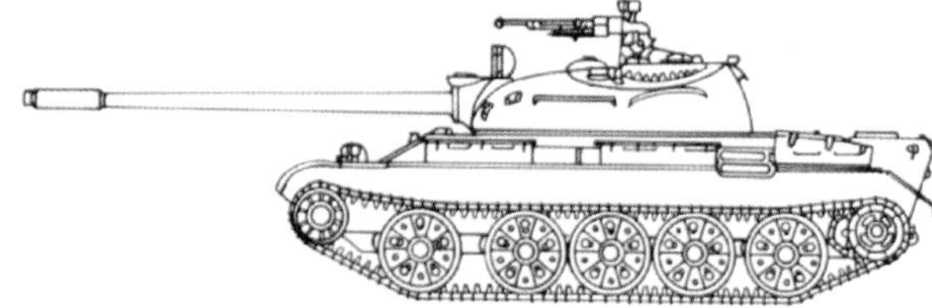

上图 苏制 T-55 主战坦克

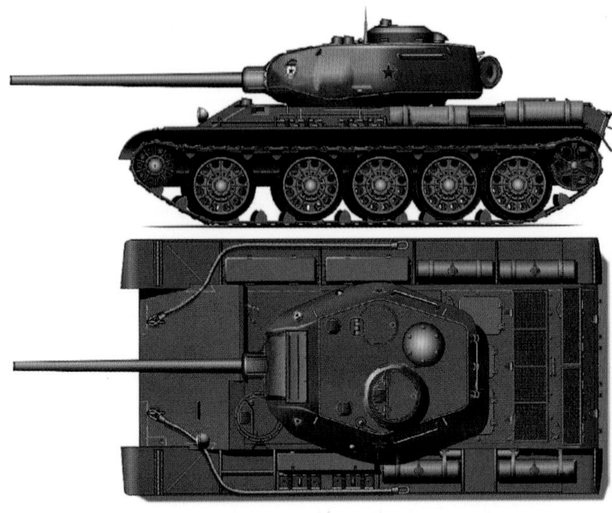

上图 主战坦克的开山之作——苏制 T-44 后期型中型坦克

具体来说，战后 3 代主战坦克发展的主要特点如下：在武器军械方面，火炮口径不断增大。火炮口径由二战时期的 75mm 左右增大到当今的 120mm ~ 125mm。由于高强度、高韧性炮钢的应用，再加上身管采用自紧、内膛镀铬等技术，有效地提高了火炮的性能和使用寿命。穿甲弹（动能弹）在 2 000m 距离上可击穿 550mm ~ 650mm 厚的均质装甲板；破甲弹和炮射导弹具有击穿 500mm ~ 750mm 厚的均质装甲板的能力；杀伤爆破弹也具有强大的威力。在火控系统技术方面，现役主战坦克采用了带热像瞄准镜的车长周视稳像指挥仪、炮长双向稳像瞄准镜、数字计算机、各种传感器（横风、倾斜、炮塔角速度、气象等）、电液或全电炮控系统组成的指挥仪式火控系统，使坦克具备了行进间对运动目标的射击能力。在装填系统技术方面，自动装弹机构采用了机器人技术，实现了按车（或炮）长指令，完成自动选弹、自动输弹、自动装弹（或提升弹及推弹）、动抛壳（半可燃药筒）的全过程。此外，还具有半自动补弹、半自动卸弹功能。在坦克紧凑空间条件下机器人技术的成功应用，使坦克乘员由 4 名减少到 3 名，装弹速度由人工装弹 3 发 /min ～ 4 发 /min，提高到自动装弹 6 发 / min ～ 9 发 / min。现代第三代主战坦克的武器系统，由于高性能材料与液压自紧技术、镀铬工艺、高能药、光—电子技术、微芯片技术、机器人技术的综合应用，使坦克在快速反应、精确打击、威慑能力方面有了重大突破。在动力和行动方面，当今第三代主战坦克的推进系统是由增压、中冷、高温冷却、电控技术为特点的 880kW ～ 1100kW 紧凑型活塞发动机（或燃气轮机）、机械—液力传动装置、液压操纵系统、高效紧凑型动力传动辅助系统 、高性能扭杆（或液气悬挂装置）为特点的行动部分组成的。单位质量功率达 18kW/t ～ 20kW/t，使主战坦克具备了良好的适应能力和机动能力。在防护系统方面，现代第三代主战坦克防护技术特点是：采用了防敌人发现的迷彩技术；防敌人观察、瞄准射击的热烟幕和抛射式多功能烟幕技术；防反坦克导弹攻击的导弹干扰技术；防武装直升机的炮射导弹技术；防核、生、化攻击的三防技术；自动灭火、抑爆技术及防敌人击毁的复合装甲、组合装甲、反应装甲技术。其复合装甲、防动能弹穿甲能力达到了 600mm，防聚能弹穿甲能力达 800mm ～ 1300 mm。上述各种防护技术在主战坦克上的应用，构成了当今坦克的综合防护系统，有效地提高了主战坦克的战场生存能力。

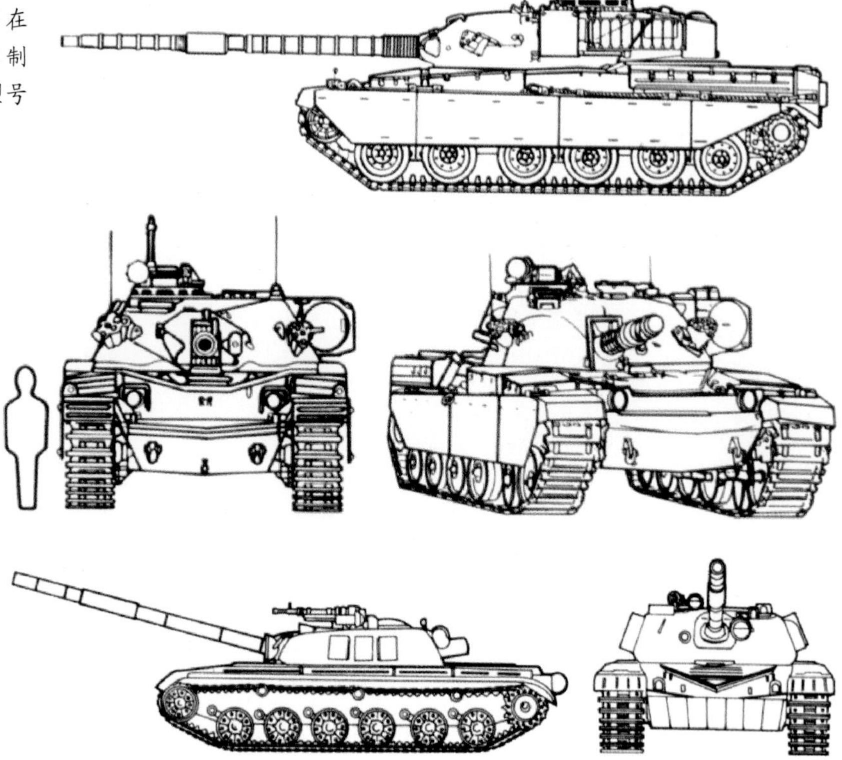

右图 “酋长”是 1960—1970 年，西方唯一能够在火力和装甲防护上与苏制 T-64、T-72 坦克相抗衡的型号

右图 T-72 主战坦克的原型之一——174M

上图 T-72 坦克群在突击

上图 集结中的 T-72 坦克群

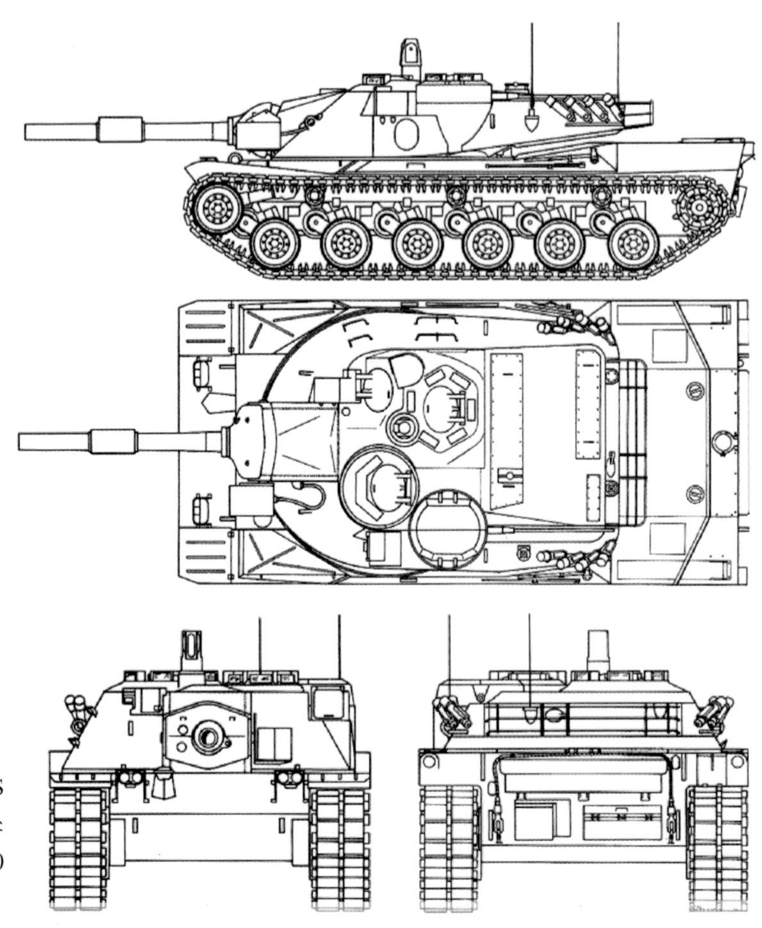

右图 使用CVWS M150 152mm 口径两用炮的 MBT70 主战坦克

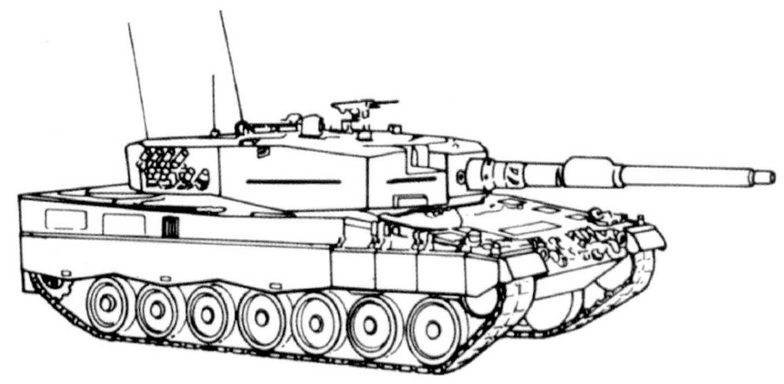

左图 第三代主战坦克的典型代表——豹 IIA4 主战坦克

目前，世界各军事强国都在积极组织人力、财力，在新技术应用上继续发展和改进主战坦克的性能。首先，应用电子信息技术不断提高坦克的综合作战效能。目前世界上的先进坦克，都是以电子信息技术为突破口的，作为提高其指挥控制和综合作战效能的最主要的技术手段。例如，美国的M1A2SEP主战坦克进攻能力提高54%，防护能力提高将近一倍，其改进之处最主要的是增加了电子信息系统。法国“勒克莱尔”主战坦克曾被称为第一种21世纪的数字化坦克，设置了“战场信息管理系统”，其电子信息设备占整车成本的一半以上。德国的“豹II”、英国的“挑战者2”都增设了相类似的系统。其次，应用综合集成的技术措施和方法优化总体设计。例如，国外大力发展坦克综合电子系统，提高了指挥控制和综合作战效能，同时使总体设计得到优化；正在开发的现代综合火控系统，向多传感器的瞄准射击系统发展。包括mm波雷达、第二代热像仪在内的多传感器自动跟踪火控系统，利用mm波雷达测距精度高和热像仪分辨率高的特点，可大大提高坦克全天候的射击精度和不良天气条件下的作战能力；发展坦克综合防护系统，综合多种传感器及各种反抗措施，实现目标检测、识别、威胁告警（包括超近反导、激光红外干抗、发射烟幕及规避）等多种反击手段，大大提高了坦克的战场生存能力；通过综合集成手段，进行坦克外形优化设计、应用吸收雷达波的涂层、抑制坦克自身各种特征信号等综合措施，大大提高坦克的隐身效果，达到防被探测、被发现的目的。此外，通过坦克与其他兵种武器之间的“横向技术”综合，提高坦克在体系对抗中的作战效能。例如：美国M1A2SEP主战坦克的车际间信息系统，可以通过软/硬件的统一标准和通用化，将步兵战车、武装直升机和自行火炮等构成“横向一体化”的综合战

上图 与“勒克莱尔”的情况类似，也曾以豪华的车辆电子系统而引起轰动的日本90式主战坦克

上图 目前世界上的先进坦克，都是以电子信息技术为突破口的，作为提高其指挥控制和综合作战效能的最主要的技术手段。例如，美国的M1A2SEP主战坦克进攻能力提高54%，防护能力提高将近一倍，其改进之处最主要的是增加了电子信息系统

斗系统，大大提高体系对抗中的作战效能。再次，增加新功能系统。随着坦克技术的发展，为了适应未来高技术战争的要求，指挥控制性、生存能力、可靠性、维修性及综合后勤保障性在现代先进坦克中的作用更加突出。例如：法国“勒克莱尔”坦克包括武器系统、机动系统、生存力系统、指挥与控制系统、综合后勤保障系统和训练模拟系统。

铿锵前行——关于坦克的未来

当前主战坦克存在的主要问题是体积、质量越来越大。一些先进的主战坦克车高达 214m ~ 216m，战斗质量达 62t 左右，严重影响了它的战区机动和战略机动；车辆电子技术应用程度尚不能适应高新技术战争要求；新型防护技术的发展对 120mm ~ 125mm 口径火炮提出了严峻的挑战；防空、防地雷等问题也亟待解决。为使主战坦克适应未来战场的需求，目前看来，未来主战坦克的设计和技术发展趋势大致是这样的：在设计理念方面，由于主战坦克是地面战争大量使用的近战武器系统，在设计下一代主战坦克时，各国都在扩大功能、提高性能的前提下，开始注意提高坦克的多用途能力。通过高综合系统匹配和技术优化，使其向低矮化、轻量化、数字化、隐身化方向发展，以获取先进的系统性能，提高战场生存能力。通过系统优化设计，实现无人炮塔技术、低矮动力舱技术、机器人技术、新型火控技术等在坦克上的综合应用，以降低车高，减轻车的质量，提高战场生存能力。通过模块化、组合化技术，研制新型复合装甲、反应装甲等，提高主战坦克战场应变能力和适应能力。

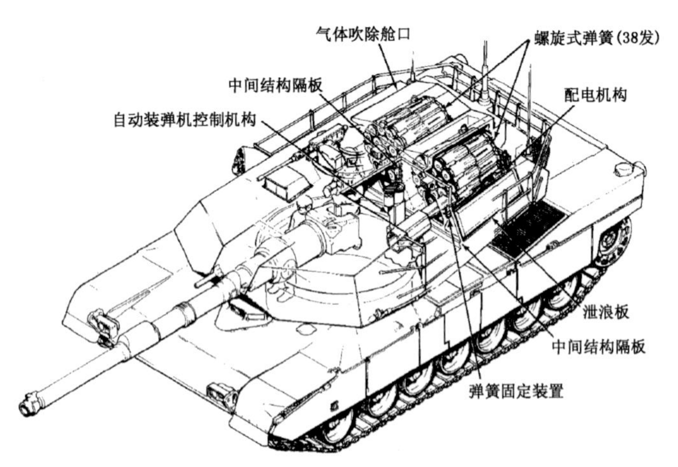

上图 装有 140mm 坦克炮及自动装弹机的 M1 坦克改进方案

上图 美国的改进型 M1 坦克试验车

而在具体的技术趋势上，未来主战坦克的演进则可能是这样的：在武器系统方面，发展大威力火炮，增大火炮口径，由目前的 120mm ~ 125 mm 增大到 130mm ~ 140mm，并研制与之相配的动能弹、聚能弹，以及适应城市作战需要和毁伤新型主战坦克的大威力杀伤爆破弹和远距离毁伤新型主战坦克的炮射导弹等。研究新能源火炮，如电磁炮、电热化学炮、电热炮等，下一代坦克能否达到工程应用，还取决于关键技术和系统小型化技术的突破。发展新型火控系统和自动装弹机构。新型火控系统研制在观念上应从有人炮塔转变为在无人炮塔中实现对目标的搜索、观察、跟踪、瞄准和射击。自动装弹机构要发展高可靠、数字化、双向供弹技术。上述新型大威力火炮配以新型火控系统和自动装弹系统等构成的新型武器系统，具有强大的威慑能力和在临战条件下实施快速反应、精确打击的能力。

上图 美国 CATTB 计划技术验证车方案样车

在动力系统方面，进一步发展和完善高性能的传统推进系统技术。通过降低柴油机（燃汽轮机）高度、机械—液力传动装置高度与高性能的悬挂装置技术等合理匹配，实现紧凑、低矮的传统推进系统。新型混合式电推进系统已进入研究阶段，它对路面变化有良好的自适应能力，其特点是噪声小、热辐射小、战场生存能力强等。可以预测，随着技术的成熟，它将是传统推进系统的有力竞争对象。

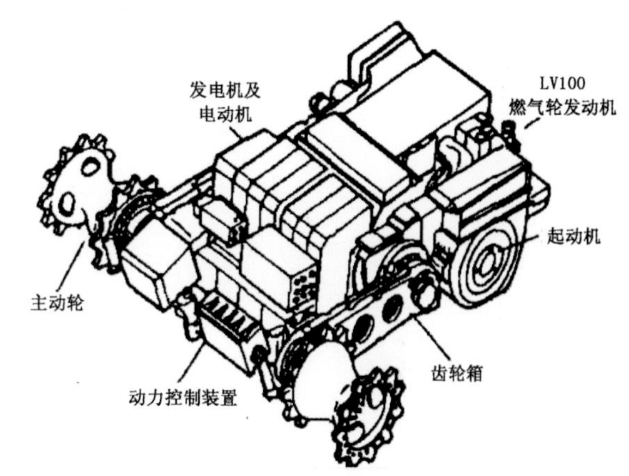

上图 美国在 CATTB 计划中发展的电传动装置

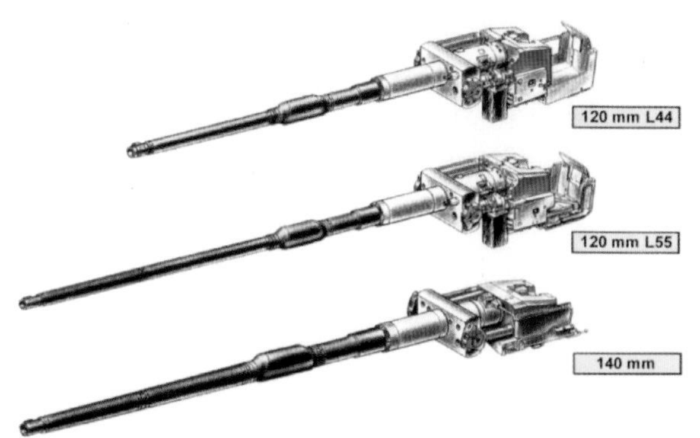

上图 莱茵金属公司的 120mm ~ 140mm 坦克炮演进示意图

上图 装有 140mm 滑膛坦克炮的豹 II 样车

在防护系统方面，未来战争主战坦克面临全方位的攻击。为使下一代坦克适应未来战争的要求，需要在现有的综合防护系统基础上进一步研究解决如下问题：降低车高，减小中弹面积。加强研究反武装直升机的杀伤爆破弹、炮射导弹或车载导弹技术。未来坦克受到的威胁，除当今的穿甲弹、破甲弹之外，还可能受到大威力杀伤爆破弹、导弹等的攻击。为此，应开展主动防护装置和防崩落产生的二次效应技术的研究。①防地雷技术。对地雷防护除传统的扫雷犁、重型扫雷辊外，应开展对掩埋地雷探测器和排雷系统在坦克上的应用研究。②隐身技术。下一代主战坦克应在降低被敌人肉眼发现、降低噪声、降低热信号和防雷达等技术在坦克上的应用进行研究。③在原综合防护系统上，再应用上述技术，构成下一代主战坦克的整体防护体系。

在光电对抗与电子信息系统方面，未来战争中光电对抗系统将达到与火力、机动、防护三大性能同等的地位。车辆电子设备正向具备指挥、控制、通信、侦察、监视功能方向发展，使坦克和装甲车辆适应打赢电子战的能力方面发展。事实上，随着地面战场信息化的发展，信息数字化技术已成为除火力、机动、防护以外的坦克战斗力的第四大要素。

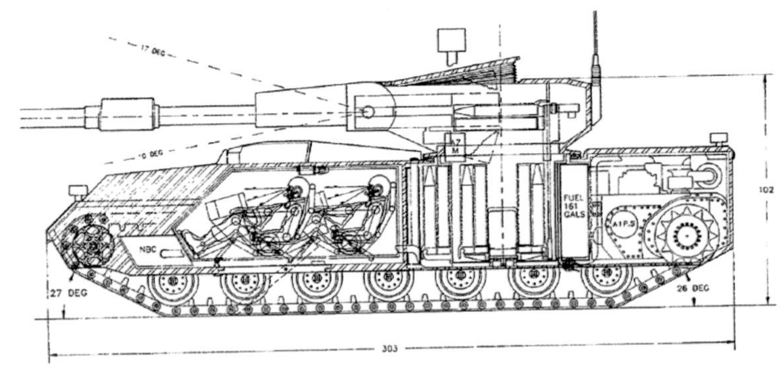

左图 值得注意的是，此前一度被热吹的“双人坦克”理念，却受到了“两人战斗的三人乘员组”这一新理念的有力挑战

另外，随着自动化技术的提高，未来主战坦克的整体设计可能产生重大变化。但值得注意的是，此前一度被热吹的“双人坦克”理念，却受到了“两人战斗的三人乘员组”这一新理念的有力挑战——俄罗斯阅兵式上出现的T-14“舰队”主战坦克似乎就是一个很好的风向标。西方国家自20世纪90年代以来，便不断在各种场合鼓吹“两人坦克”的优越性——一系列诸如《生存力是两人坦克的最好理由》《两人坦克——该是进行现实性审查的时候了》这样产生了重要影响力的文章被相继抛出。这些文章除了对构成一辆“主战坦克”的各种各样的系统进一步发展进行评论以外，主要就是“鼓吹”把未来主战坦克的乘员减为车体内的两人。这些文章阐明的观点是，既然可以以自动装弹机取代装弹手，那么基于以火炮自动瞄准装置取代炮长的可能性，电子设备和自动化设备的应用使坦克在总体布局上有了进一步发展的空间，坦克乘员完全有可能减为两人，从而减少车辆的体积，使其获得较好的防护（事实上，如果将乘员减为两人，可以解决一系列问题：增强坦克防护性；实现乘员操作备份制；全面实施人体工程学要求；减轻坦克重量和缩小外形尺寸）。

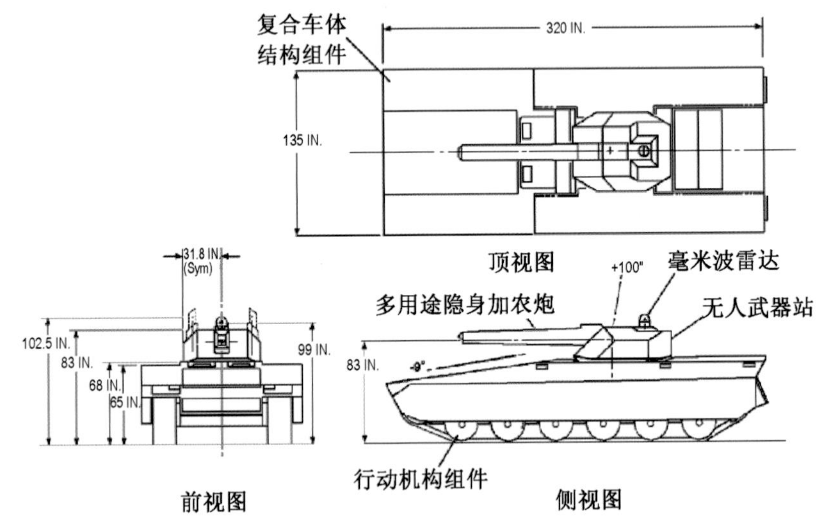

上图 采用双人乘员组的美国未来主战坦克方案之一

西方坦克设计界对此给予了热烈回应，美国提出的两名乘员无人炮塔式坦克方案受到了广泛的关注。这个方案的特点在于，坦克车体长度与宽度（至履带）的比例接近完美的1.5 ：1，可提供良好的转向性能。该设计方案采用6对负重轮。炮塔高度与“艾布拉姆斯”炮塔高度相似，但它正面投影面积将减少50%，侧面投影面积将减少40%。因为坦克大部分装甲（约9t）安置在车体前部，致使车辆重心靠前（位于第二和第三负重轮之间）。乘员出入坦克可直接从乘员室顶部舱口通过，即使火炮指向正前方，且处于最低俯角时，乘员也可以出入坦克。乘员舱口盖配有电动和手动操纵装置，并配置有行军驾驶用的防风沙玻璃挡板。在车底部一个座位下方设有一个应急安全门，用于顶部舱门损坏打不开，或者在特殊情况下（例如在敌火力下）乘员可从此门爬出车辆。乘员室内部空间十分拥挤，每个乘员所占宽度仅有70cm。污染的空气经由左侧乘员舱口后部进口处吸入通风过滤装置（三防装置），而通风过滤装置则安装在坦克车体前下装甲后部的凹槽中。经通风过滤装置净化调节的空气被输送到乘员的脚部位置，然后再进入电子设备室……

下图 两名乘员的美国CATTB计划技术验证车方案之一

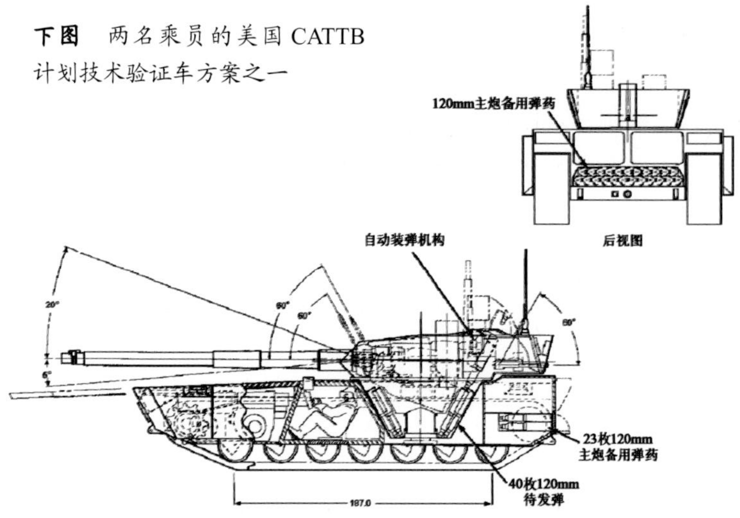

上图 我们在T-14的布局中，看到的是一种大有深意的“三乘员无人炮塔”方案

然而美国人并非唯一对“两名乘员无人炮塔”式坦克方案进行过论证的国家，俄罗斯人同样是先行者。早在20世纪70年代，苏联莫洛佐夫机械制造设计局就开始了两名乘员未来坦克的论证，并在总设计师莫洛佐夫的领导下，持续进行了研制工作。哈尔科夫设计局还制造了两名乘员未来坦克样车。20世纪90年代，俄罗斯“特种车辆”无限股份有限公司也开展了两名乘员未来坦克项目的研制工作。该型坦克方案采用了动力装置前置的总体布局，采用燃气轮机，并制作出了底盘和行动部分模型。正是通过这些谨慎的论证，俄罗斯人深刻地了解了“两名乘员无人炮塔”式坦克方案的不足，他们认定“两名乘员组将是走向错误的一步”，“现实可能要求用可靠的自动装弹机代替一名人工装填手，但代替炮长却是另外一回事，因为把炮长的责任加在对坦克车长的要求上并不能取代炮长，取代

的却是坦克车长，这样看来代价就太高了，而且在很长的一段时间里，这一点都不会以技术的进步为转移”。也正因为如此，我们最终在T-14的布局中，看到的是一种大有深意的“三乘员无人炮塔”方案——坦克乘员不配置在炮塔内，所有三乘员将进行所谓的“半并排式”配置，即乘员座位前后稍微错开配置，两名乘员稍靠前，一名乘员稍靠后。这种方案可以保持坦克车体两侧足够的防护水平，以及能够为乘员提供中等的舒适条件。虽然相比于真正的并排式配置，这种所谓的“半并排式”配置，第三名乘员的腿要伸到前面两名乘员中间，稍稍影响舒适度，并使坦克长度增加约80cm，重量增加5t。故使T-14行动部分采用了7对而非6对负重轮布局，设计战斗全重增至50t以上。但带来的好处却显而易见——坦克车体长度与宽度（至履带）的比例达到了相当理想的1.7 ∶ 1；无人炮塔正面部分装甲提供的保护乘员室防御攻顶弹药的面积最小；第3名乘员两侧释放的空间不但可以用来放置食品、药品和饮用水，更为未来提升侧向防护力留下了富裕度。

上图 随着未来技术的进步，或许电子设备和自动化设备的应用已经可以取代炮长的位置，但微妙的是，此时T-14车体内的“第三名乘员”不但不会失去其存在的价值，反而会成为强调“总体设计先进性”的绝佳体现

事实上，我们之所以用“大有深意”一词，来形容T-14采用的“三乘员无人炮塔”方案，并非故弄玄虚，这其中的理由十分充分。一方面，尽管采用了高度自动化的无人炮塔，但作为世界上第一种全新设计的采用无人炮塔的量产型中型坦克，经验丰富的俄罗斯人显然并不认为现有技术可以完全取代炮长的位置，所以无人炮塔与“第三名乘员”同时出现在T-14的设计中并不令人感到突兀，对先进技术的追求与对技术成熟性的追求，在这个方案中得到了完美的统一（苏联 / 俄罗斯的部件技术水平不如西方，但又强调总体设计的先进性，所以我们在苏 / 俄的坦克设计中，往往能看到这种经过深思熟虑的“妥协”）。另一方面，这种布局也为将来进行再次“技术充填”埋下了伏笔。随着未来技术的进步，或许电子设备和自动化设备的应用已经可以取代炮长的位置，但微妙的是，此时T-14车体内的“第三名乘员”不但不会失去其存在的价值，反而会成为强调“总体设计先进性”的绝佳体现——T-14或其后继型号，将转变为“两人战斗的三人乘员组”，其潜在战场价值是无法估量的。要知道，迄今为止，除了在“沙漠盾牌” 里匆忙地提供的睡眠保障系统外，还没有一个国家认真尝试过要改变车辆里的这种乘员布置方式，以使乘员能24小时连续工作，但T-14显然具有这样的潜力。目前的3名或是4名坦克乘员都是一起工作，在同样的时间内同样疲惫，而如果能够利用未来自动化技术的进步，允许一名乘员在24小时的战斗日内进行睡觉休息，并以极为方便的形式接替同伴的工作，那么对提高坦克耐久性战斗力的意义是显而易见的。

“幸运”的是，对将所有 3 名乘员在车体内将进行所谓的“半并排式”配置的 T-14 而言，要做到这一点（即“两人战斗的 3 人乘员组”）可谓轻而易举——这种布置的好处在于 3 名乘员角色互相替换方便，在理论上不需要变换位置；在所有 3 个位置均有驾驶和射击控制装置的情况下，坦克的作战使用在一般情况下两个人就可以应付，“第三人”仅简单地开关他的显示器，切断他的控制器，就可以睡在他的乘员位置上，而休息之后重返工作的乘员只需打开显示器开始工作即可。更重要的是，这种新的乘员制度将要求所有 3 名乘员训练达到同样高的标准，能操纵控制坦克的所有系统，将提供乘员组操作的一致性，这是目前“3 人或是 4 人”乘员制度所不能提供的。况且乘员在经过 4 小时休息重返工作以后，处于相邻位置上的同伴还可以扼要地给他讲述战术形式，让他迅速进入“状态”，换句话说，任何情况下，只要保持一位乘员不经准备即能参与操纵坦克，就可以以充分的效率使坦克继续战斗，这就意味着甚至车长也能进行轮休，以便保持连续多日执行战斗任务的体力和精力。显然，我们用“大有深意”来形容 T-14 采用的“三乘员无人炮塔”方案，并非故弄玄虚的“噱头”，至少在理论的深度上，T-14 已经可以被视为一个相对成熟的设计了。

上图 我们用“大有深意”来形容 T-14 采用的“三乘员无人炮塔”方案，并非是故弄玄虚的“噱头”，至少在理论的深度上，T-14 已经可以被视为一个相对成熟的设计了

结语

时至今日，坦克已经走过了百年的发展历程，然而其生命力仍然十分旺盛。在“空地一体战”理论指导下的高新技术战争，还没有发现任何新型武器装备在地面战争中可以代替坦克。现代化的坦克能在复杂的地面环境条件下，实实在在地完成突击作战、进攻追击、侦察和反突围，以及坚守阵地等战斗任务，这就确定了在未来战争的地面战场上，由高新技术重新武装起来的主战坦克仍将是陆军的核心力量。

上图 在未来战争的地面战场上，由高新技术重新武装起来的主战坦克仍将是陆军的核心力量

英 国 篇

英国坦克的百年发展

陆地战舰的狂想——英国坦克发展史 1915 ~ 1919

克劳塞维茨有句阴沉的话曾被职业军人们经常引用："杀戮是一种可怕的图景，这个事实必须使我们更加认真地对待战争，而不是为我们提供了一个以人道为名而不去厉兵秣马的借口。"这句话在率先完成了工业革命的英国人听来，不异于"金玉良言"——他们拥有一支强大的海军和一支实力有限的陆军，但决定性的战场却既可能在海上也可能在陆地，所幸大英帝国有条件也有理由为一场世界大战进行各种"合理"或是"不合理"的准备，这就使"坦克"这种划时代的战争机器率先出现在英国人手中变得顺理成章起来。不过需要说明的是，本文所阐述的并非是一部循规蹈矩的"英国坦克发明史"——在人们耳熟能详的"小游民""过顶履带"背后，这段历史的真相或许需要从"黑"处品味才有味道。

上图 无论是职业军人还是民间幻想家都在痛苦地思索着打破僵局的战争手段，但令人颇感诧异的是，最有效的战场突破工具却并非出自陆军军人之手

上图 作为一种集火力、机动和防护于一体的突破工具，英国人发明的坦克打破了堑壕战的僵局

战争方式的转变

在19世纪末到20世纪初的这段时间里，与享受工业革命技术成果最早的海军不同，技术对陆军的冲击不那么具有戏剧性。但1914年爆发的第一次世界大战却是一个分水岭，在开战短短两个月后，很多职业军人就意识到这场战争的不同之处——战场上机枪被大量使用，堑壕纵横，铁丝网密布，碉堡林立，使得防御工事变得异常坚固，步兵的密集队形与骑兵的冲锋陷阵不再是战无不胜的保证，交战双方往往难以突破对方的防线，谁要进攻，谁就会遭到惨重的损失——戴着白手套、修饰得漂漂亮亮的军官走在他们部队前面18米处，士兵们则穿着与军官们不相上下的醒目裤子和上衣，伴随他们的是团旗和军乐队，以使敌人胆战心惊，但这种进攻在德军的机枪和火炮面前无不以血流成河、丢盔弃甲而告终。数百万大军就这样僵持在纵横千里、互相交错的泥泞战壕中。

对于步兵们向由铁丝网、战壕与机枪结合的敌人防线实施进攻时的惨状，一位英国军官曾这样写道："每当步兵前进，整个战场就立即完全

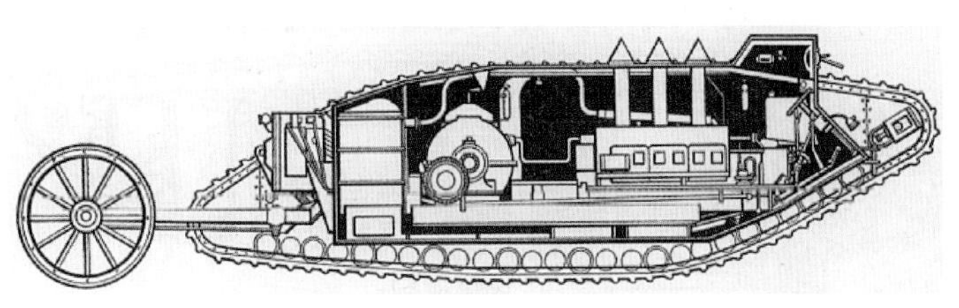

上图 对于打破堑壕战僵局的战争手段，德国人寄希望于战术的精妙和士兵的素质，而英国人却更相信机械的力量

被弹片所覆盖，倒霉的士兵像野兔般被打翻。他们都很勇敢，不断冒着可怕的炮火冲锋前进，但毫无用处。没有一个人能在向他们集中射击的炮火下活下来。军官们都是杰出的。他们走在队伍的最前面约 20 米处，就像阅兵行进那样，但是到目前为止，我没有看见一个能前进 50 米以上而不被打翻的”。显然，以弹仓式步枪和机关枪为基础的大规模战争，并不能当做政治的工具来使用，最多也只是一种无利可图的工具。无论在哪里，都不能躲避子弹的威胁，对于一个建设良好的堑壕体系，也不能进行决定性的突破。在这种情况下，无论是职业军人还是民间幻想家，都在痛苦地思索着打破僵局的战争手段。然而，战线两侧的职业军人们最终做出的选择却大不相同——德国人寄希望于战术的精妙和士兵的素质，而英国人却更相信机械的力量，这便有了 1916 年 9 月 15 日索姆河战役中那著名的一幕……

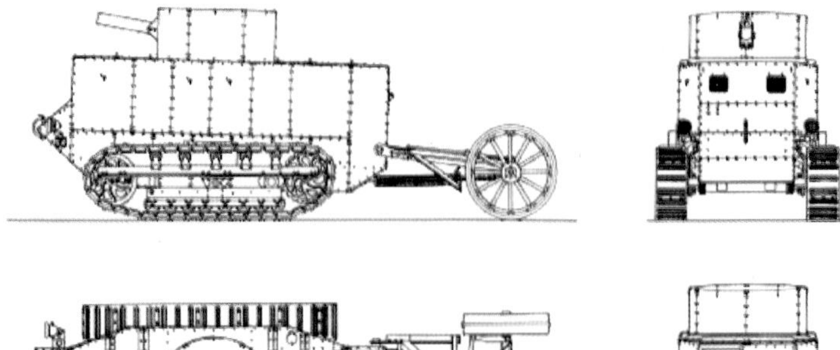

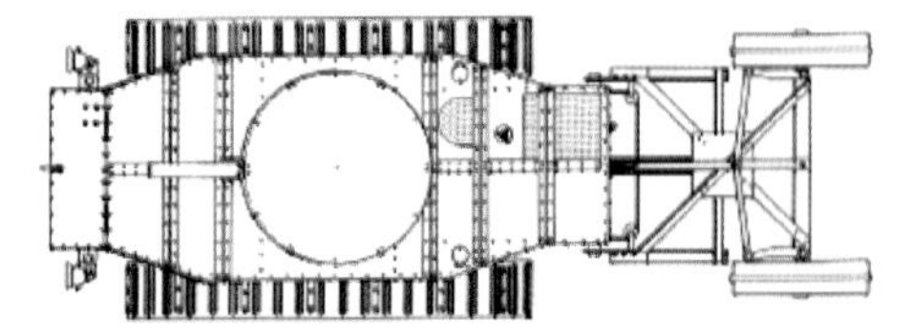

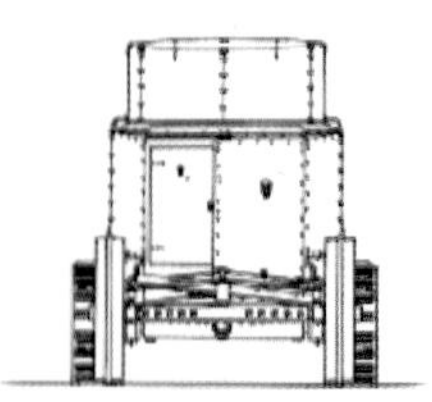

上图 被称为“崔斯顿机器”的“小游民”初始样车（车体是用锅炉板钉在角铁架上而成，安装在履带式行动装置上。为了使车辆保持平衡，在车体后部转向轴上装有一对导向轮。全部武器都在车内。发动机安装在车内后部，动力通过离合器传递到位于驾驶员座位之后的两速变速箱、蜗杆和差速器上。传动链再把动力从差速器轴的两端传回中平衡轴的齿圈上，在履带架内的另一条传动链再把动力传递到后轮轴的主动轮上。两名驾驶员坐在车体前部一条横贯车宽的长凳上。右侧的驾驶员能通过油门踏板和中心变速杆控制发动机，并能利用方向盘进行平稳的转向。急转弯时，左侧的驾驶员以制动器制动差速器的轴端，从而刹住某一条履带）

多管闲事的海军——创制“陆地战舰委员会”

从某种意义上来讲，对所有经历了 1916 年 9 月 15 日这一天的职业军人们而言，坦克并非是一种新事物，而只是旧事物的一种延续手段。因为早在这一天到来之前的 100 多年间，随着冶金学、化学、弹道学和机械学等诸多工业领域的进步，就已经出现了类似的集大成者——装备机械化动力和大口径火炮并覆盖钢制装甲的海军战舰，至于坦克最初诞生机构的称谓“陆地战舰委员会”更是一语道破了两者间的天然联系。有意思的是，由于“坦克”在日后军事史上的地位如此显赫，以至于当初的每一个参与者都竭力地夸大自己在其中的作用，以至于“坦克”的发明史仿佛成了一场扑朔迷离的“罗生门”。当然，事情的真相还是可以被大体还原出来的。

上图 陆地舰队思路的终极想法自然是陆地无畏舰

上图 最终制造出来的“小游民”样车取消了车顶旋转炮塔，以改善爬坡和越壕能力，此外，其车体底盘行动部分与“崔斯顿机器”也有所不同

开战之初的 1914 年 8 月，作为英国唯一的官方战地记者——皇家工程兵军官欧内斯特·斯温顿少校向英帝国防御会议秘书莫里斯·汉基写了一个备忘录，建议参照柯尔特公司制造的履带式

拖拉机，制造一种有装甲、带武器、能越野的战车，并附上了一个草图。汉基随即将这份备忘录在国会内阁成员中散发出去。尽管备忘录本身被陆军大臣的基钦纳“枪毙”了，但却在时任英国第一海军大臣的温斯顿·丘吉尔那富于想象的大脑中激起一阵狂涛。事实上，著名科幻作家威尔斯（H.G. Wells）在 1904 年出版过一篇短篇小说，书名就是“陆地装甲舰（Land Ironclads）”，而涉猎广泛的温斯顿·丘吉尔恰好是这部小说的读者，再加上英国皇家海军航空队曾在比利时西部参加了一些战斗，使用了一些装甲汽车，效果不错，但令人遗憾的是装甲汽车无法离开道路，而斯温顿的建议恰好弥补了这种缺陷（皇家海军航空队除了在天上有飞机和飞艇，在地上也成立了英国第一个，也是当时英国唯一的一个机械化部队——装甲汽车中队。使用的是劳斯莱斯装甲汽车（Rolls-Royce Armoured Cars））。

上图 正像作战武器发生变化一样，战争的特点也发生了变化，这是毋庸置疑的事实。但在战术上不可忽视的是，武器是因为文明的变化而变化的，武器的变化不是孤立形成的

于是 1915 年 2 月，在多管闲事的嫌疑下，温斯顿·丘吉尔在海军部秘密设立了一个“陆地战舰委员会”。这些海军军人凭借直觉相信，只有一种像海上战舰那样，将强大的火力、坚固的装甲防护和良好的机动性集于一身的陆地机器，才能打破地面战场被堑壕、机枪和铁丝网凝固住的尴尬局面（丘吉尔的更深层用意是以其特有的充沛精力鼓励由皇家海军给“陆地战舰”配备人员，促使海军对陆战施加一些影响）。于是陆地战舰委员会在斯温顿少校和机械化的积极倡导者克劳姆普顿上校的帮助下，以当时的轮式装甲车和履带式拖拉机为基础制定出设计方案，开始着手将“陆地战舰”由纸面上的空想变成现实……这项看起来有些异想天开的计划最终收获了丰硕的成果——“坦克”。

上图 坦克最初诞生机构的称谓“陆地战舰委员会”一语道破了坦克与装甲舰两者间的天然联系

“小游民”背后的“旗舰”

作为坦克的原创发明国，英国人在坦克的发明中经历的种种故事或许早已广为流传，但终究还是有一些背后的“隐秘”鲜有人知。尽管“坦克”这种陆地战舰的横空出世对陆军而言是一种难以言喻的恩赐，但作为由皇家海军主导研制的一种地面战争机器，“坦克”在诞生初期却不可避免地打上了深深的海军印鉴。在皇家海军军官们的脑海中，他们将按照一支海军舰队的标准打造陆上舰队，而既然是舰队，那就要主次分明，主力舰、次等主力舰（战列巡洋舰 / 巡洋舰）、驱逐舰乃至辅助舰只都要一应俱全。也正因如此，在 1915 年 8 月，在皇家海军航空兵维尔森中尉的协助下，克劳姆普顿上校以英国“佩德雷尔”履带式拖拉机和美国“布劳克”拖拉机为基础设计出了“小游民”。但在“陆地战舰委员会”眼中，这却不过是一个相当于轻型巡洋舰的小角色——真正的主角还没上场呢。事实上，英国皇家海军是当时世界上最具有创意与最能接受新奇事物的军队组织，“小游民”的出现不过是“大舰队”

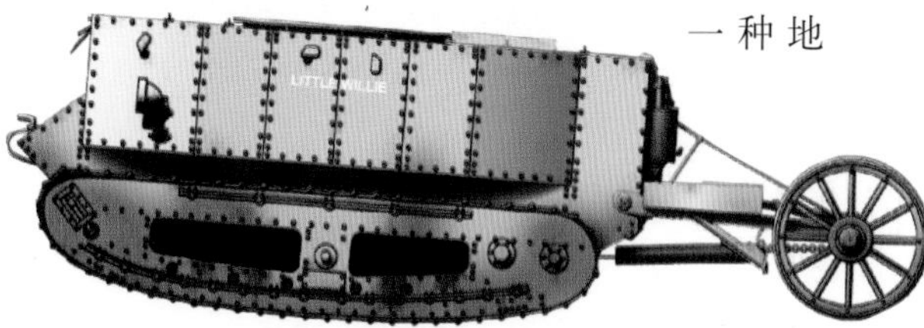

上图 “小游民”的出现不过是“大舰队”计划的一部分

计划的一部分，而整个计划的核心则是陆地舰队的“无畏舰”——“陆地战舰委员会”为之起了一个言简意赅的名称——“旗舰”。显然，自设计工作展开伊始，“陆地战舰委员会”对“大飞象”就有一个旗帜鲜明的定位。与人们想象中的不同，“旗舰”与“小游民”从一开始就是两个并行项目，而且这种行事风格也符合皇家海军的一贯做派，毕竟要打造一支陆上舰队，皇家海军积累了几百年的经验正可以大派用场——技术或许不够成熟，但舰队的结构却已经了然于胸，没有必要再走弯路，一支舰队从建设伊始就要大小舰只配套齐全。

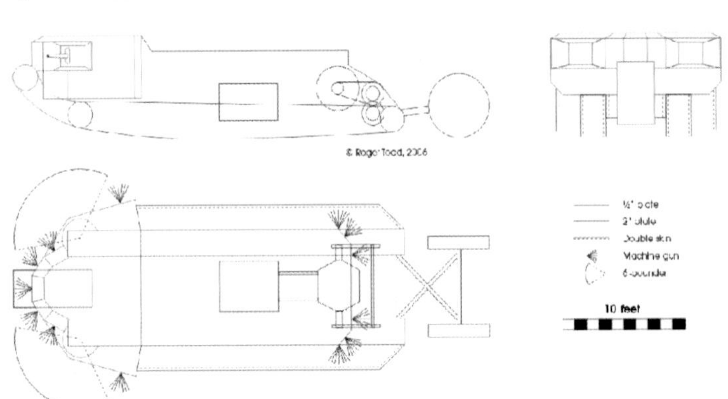

上图 “陆地装甲舰队旗舰方案”与欧内斯特·斯温顿上校的报告中的建议差距颇大（在总体设计上这台陆上“旗舰”的新意却相当有限——本质上不过是“小游民”的放大版）

不过，承担主力舰职责的“旗舰”在尺寸和吨位上都与“小游民”相差悬殊，技术难度也自然成比例攀升，这使得“旗舰”遭遇了痛苦的难产。要知道，作为一艘陆地上的“无畏舰”，“旗舰”在“陆地战舰委员会”的心目中必须是坚甲与利炮的完美结合——装甲钢板至少要有1英寸厚，不但能够抵挡步、机枪弹的密集射击，防止炮弹破片对乘员的杀伤，甚至还要能够直接抵御德军77mm以下口径速射火炮的直接打击；而在拥有如此重盔厚甲的同时，主炮口径不应低于5英寸，以确保能够摧毁坚固的永备火力点，并在与敌前沿轻型炮兵的对射中占据上风。“陆地战舰委员会”的核心人物之一，服务于帝国防御会议（Committee of Imperial Defense, CID）的皇家海军上校莫里斯汉克（Maurice Hankey 1877 —1963）对这个构想非常赞赏，而“陆地战舰”概念最早的倡导者欧内斯特·斯温顿（Ernest Swinton 1864—1951）上校（此时已获军衔晋升）更是宣称只有具备如此性能的陆上装甲战舰，才真正能够在炮兵的配合下通过壕沟障碍向敌人纵深实施突破，并因此对“小游民”在试验中的表现大加指责（1915年9月11日，被称为“崔斯顿机器”的“小游民”初始样车在“陆地战舰委员会”面前进行了公开展示，可惜由于研发时间过于短促，很多主次系统都尚未发展成熟，机械结构及系统整合都未能经受住严格的环境考验，暴露出许多功能的不足，以及严重的机构缺陷——不但无法跨越大多数的德军壕沟，薄薄的低碳锅炉钢板更是令人忧心忡忡）。在1915年12月26日欧内斯特·斯温顿上校提交“陆地战舰委员会”的报告中，干脆明确指出用于地面的“主力舰”必须要能够抵挡德军77mm野战炮的直接轰击。然而，职业军人们所憧憬的陆地“无畏舰”理想，在工程师们看来却是一场不折不扣的噩梦。

在蹉跎了将近一年时间后，1916年4月12日，由民间的林肯威廉福斯特公司（William Foster & Co. Ltd）操刀，一张被称为“陆地装甲舰队旗舰方案”的草图终于在绘图板上完整地显现了（而此时，比“小游民”更为完善的大游民已经以MK1的制式型号投入了量产。1916年1月29日英国陆军对首批29辆“大威利”进行试验。试验结果表明：“大威利”可以跨越10～12英尺宽的堑壕，达到了陆军的要求）。这是一台45吨重的庞大陆上机器，尽管这个数字相对于海军主力舰动辄2万～3万吨的质量来说微不足道，但考虑到已经开始量产的“大威利”（MK1过顶履带坦克）战斗全重也不过区区28吨，那么45吨的陆上战舰完全当得起“旗舰”这个称号——也许凭借45吨的战斗全重与庞大的体积，这样的“怪物”如果能够出现在1916年的战场上，那么其存在本身就是一种无形的压力。不过，在总体设计上这台陆上“旗舰”的新意却相当有限——本质上属于“小游民”的放大版，拥有2英寸厚的哈维钢装甲板（使用表面渗炭工艺制成的镍钢装甲，2英寸的哈维装甲防御能力相当于3.5英寸熟铁复合装甲，与制造锅炉使用的含碳量在1.7%左右的低碳钢板不可同日而语），由于车速不高，同样源于

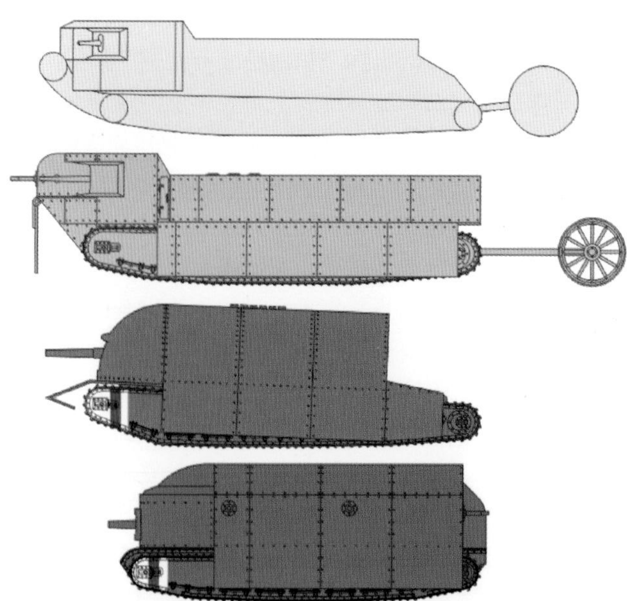

上图 各种版本的“陆地舰队旗舰方案”演进示意图

柯尔特拖拉机技术的加长履带式底盘仍然没有任何悬挂缓冲装置（负重轮与底盘采用刚性连接），履带以铆钉方式固定钢板块与履带链条，并以单鞘式连轴杆对接活动轴承串联成为完整的履轨。履带式底盘之上是一个超出其宽度约 1/3 的长方形装甲箱体，但作为驾驶和主要火力平台的箱体首部采用了一个多边体结构：其顶棚与装甲箱体有着 1.5 米的高度落差（以获得更佳的观察视野和前向射界），除了在箱体四周开有 9 个机枪射击口，以形成周密的近距自卫火力网外，箱体两侧首尾处还各安装有一对 6 英寸舰炮。有意思的是，6 英寸相当于 152mm 口径，尽管与正在量产中的“大威利”相比，这已经是相当大的炮了，而且海军对大口径火炮的研制和使用也的确更有经验，但陆军的仓库中也并非没有类似的火炮。至于之所以一定要选用舰炮，倒不是陆地战舰委员会狭隘的军种意识，真正的原因在于当时陆军的火炮都是属于为开放式空间进行的设计，炮架及制退器、高低机、方向机等的结构上没有去考虑狭小空间中操作性的紧致化与合理化设计。在火控、瞄准等方面也只有海军火炮才有为在炮塔中使用的独特设计（换句话说，陆军没有一门火炮可在密闭式的空间里操作，只有海军才有）。而且不但海军的火炮与陆军火炮在炮架及方向机、高低机等方面的设计不同，海军火炮还配置有直管瞄准装置而陆军没有，海军火炮弹道平伸炮口初速高而陆军相反等。这一切都说明，海军火炮更适宜改装作为“陆上装甲舰”的主要火炮。另一点值得注意的是，尽管海军火炮本来就是为安装到炮塔里的紧凑设计的，而海军战舰使用旋转炮塔的历史在当时也超过了半个世纪，但在 45 吨的旗舰上仍然采用的是炮廓而不是炮塔，这似乎足够令人费解。不过，这其实同样是有原因的——旗舰的“舰体”被设计得过于高大，由此带来的重心过高问题导致无法设计一个能有效进行 360 度回转并从容进行射击的炮塔，只能退而求其次，以重心较低的炮廓式设计加以解决。

至于旗舰的车尾则与作为其设计范本的“小游民”一样，安装了一对液压控制的轮子，用来协助转向和增强跨越堑壕的通过性（这个装置的功能有 3 个：①改进车体的平衡。②协助车辆穿越壕沟。③ 帮助车辆的转向，但最主要的目的实际上还是加大离去角，改善越壕性能）。当然为了与大大增加了的战斗全重相匹配，一台 800 马力的潜艇柴油机代替了原先的 105 马力福斯特戴姆勒 6 缸汽油引擎，以驱动这个堡垒般的“陆上无畏舰”。值得一提的是，“小游民”出局的原因在于越壕能力过差——从设计初衷来讲这当然是一个致命的弱点，所以尽管“旗舰”的基本设计只是“小游民”的按比例放大，但在如何增强越壕通过性方面却还是花了一些心思。要知道，履带式车辆的越壕宽主要取决于自己的车体长，车体越长，越壕越宽，战场通过性能也就越好，一般来讲，坦克的越壕宽是自己车体长的 1/2。从这个角度来看，由于这艘“旗舰”的履带接地长（履带式车辆停放在规定的水平场地上，测得的两侧最前和最后两个负重轮中心距的平均值）由小游民的 5.3 米增加到了 9.1 米，因此越壕性能要优越一些。不过，制约履带式车辆越壕能力的又不仅仅在于履带接地长一项。事实上，针对德国军队标准战壕的特点而言，无论是最初的“崔斯顿机器”还是后来的“小游民”，接近角过小都是导致其越壕性能低劣的更重要原因（接近角即车体前端突出点向前轮所引切线与地面间的夹角。接近角越大，越不易发生因车辆前端触及地面而不能通过的情况。反之，接近角越小，越容易发生因车辆前端触及地面而不能通过的情况）。于是，尽管在结构上受制于“小游民”的基本框架，没有采用过顶履带的极端方式，但“旗舰”还是通过将前诱导轮的位置提高并一直延伸到车首炮台下的方法，使接近角达到了60度，显著改善了越壕能力。

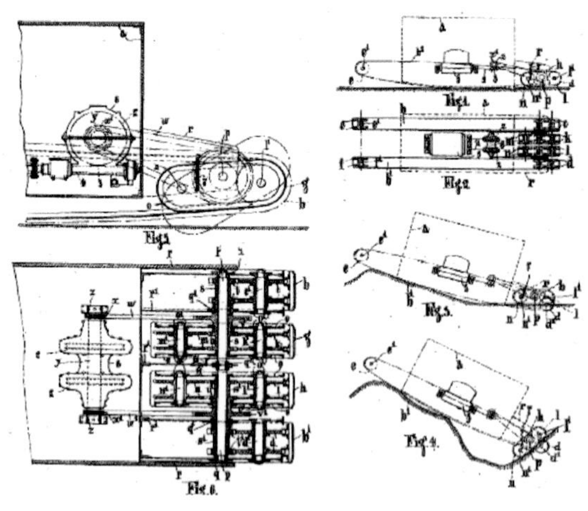

上图 作为“陆地装甲舰队旗舰”的一个改良版本，“福斯特战斗坦克”在底盘部分的创造性设计被认可，但这同时也进一步增加了对机械可靠性方面的困扰

福斯特战斗机器

对于“陆地装甲舰队旗舰”的初样，并不是所有人都买它的账。作为“陆地战舰委员会”主要技术智囊的“皇家海军航空队设计小组”组长沃尔特.戈登.威尔森少校（Major Walter Gordon Wilson 1874—1957），就在1916年5月6日由帝国防御会议主持的一次相关会议上毫不客气地指出，“……将鱼雷艇放大20倍也不会得到无畏舰，得到的只能是愚蠢的骡子……该方案在设计上显然过于天真，过长的履带将使其难以转向，成为战场上敌人的靶子……”。客观来讲，威尔森少校的指责在相当程度上是正确的，特别是关于转向问题表现出了相当的技术专业性（作为一名穿着海军军服的航空军官来说，这一点实在难能可贵）。于是，到1916年6月13日，一个在原有设计上经过改良的方案又出现了。

尽管林肯威廉福斯特公司（William Foster & Co. Ltd）在向帝国防御会议介绍他们的新方案时，称之为“福斯特战斗机器”，但实际上这个方案仍然不过是之前那个“陆地装甲舰队旗舰”初始设计的改进。当然，变化总是有的，而且这种变化也不仅仅体现在称呼上。首先来讲，“福斯特战斗机器”（也称“福斯特战斗坦克”）的防护理念要比“陆地装甲舰队旗舰”更为强调全面防护而不是重点防护。为此，除了同样周身遍布2英寸厚的哈维钢装甲板外，“福斯特战斗坦克”还在延伸出车首的“炮台”下方悬挂了一块2英寸厚的哈维钢装甲板，用以遮蔽在敌人火力下脆弱的正面履带板。出于同样的原因，车体两侧也悬挂有两块1/2英寸厚的哈维钢装甲侧裙板，用以为原先毫无遮蔽的行动部分和履带提供基本防护。当然，由重点防护向全面防护的过渡并不是没有代价的，林肯威廉福斯特公司估计整车的战斗全重将至少达100吨，但糟糕的是，由于800马力的潜艇柴油机很可能要优先供应海军而导致供货量不足，这个比原设计超重约65%的大家伙只能使用2台105马力福斯特戴姆勒6缸汽油引擎来驱动（两台引擎的输出功率全部汇总到一套传动系统中，而并非简单的一台对一侧履带），实际上与28吨的大游民的动力水准相当，“小马拉大车”发动机导致功率不足的局面将是必然的。

与防护理念的变化相反的是，另一个设计理

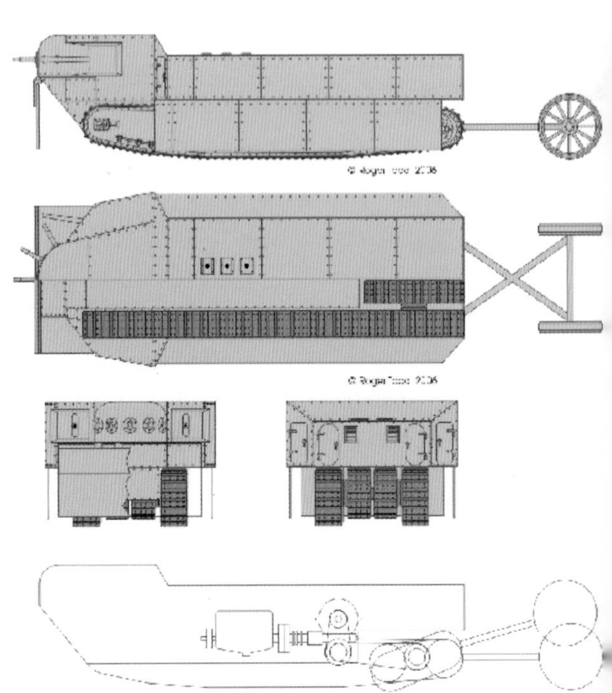

上图 “福斯特战斗机器”这个方案本质上不过是之前那个“陆地装甲舰队旗舰”初始设计的改进

念上的区别在于，“福斯特战斗坦克”放弃了原先“陆地装甲舰队旗舰”打算赋予全车周向全面火力的企图——车尾的4 ~ 6挺机枪被取消，全部火力都被集中到了车首炮台。这一方面反映出为加强防护性所付出的增重代价必须以这种方式来弥补，另一方面也反映出“福斯特战斗坦克”在整体设计理念上更倾向于一种突破工具。事实上，“福斯特战斗坦克”这种设计理念上的调整与当时的战局变化密不可分。当一战进入1916年时，情况已经明朗：上帝是站在大工厂和大军队一边的。军语辞典中的一个新词——“工业动员”把各交战国的工厂引向战争的无底洞，对农场实行监督，征收所得税，实行食物配给制。无数的弹药和军事装备从各种机器中倾泻出来，然而再多也总是需要的。英国这位海上霸主，这个“靠大海生活达千年之久”的英国，如今也开始靠大陆生活了。1916年1月，它破天荒地采用了征兵制，投身于组建大规模的陆军。这是一个对这次战争及对英国未来将产生深远影响的决策，这意味着战争在西线进入了大屠杀的消耗阶段，而这种可怕的消耗战在摧毁敌人的同时也必将拖垮自己，于是深知自己也拖不起的英国人开始迫切寻找一种“决定性”的突破工具，而不只是一艘威风凛凛、能够四面放炮的陆上主力舰。

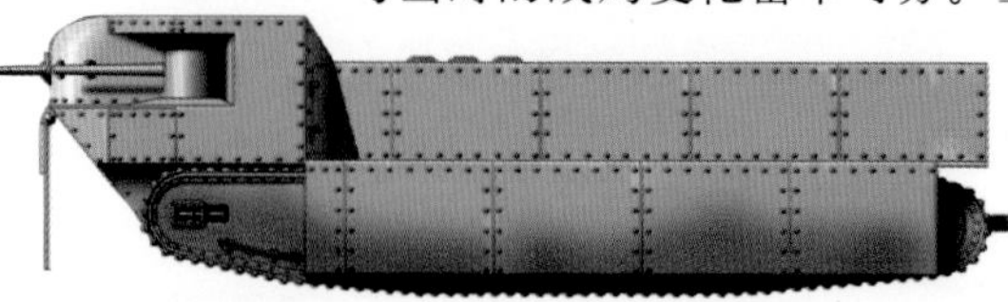

上图 “福斯特战斗机器”侧视图

也正因为如此，为了增强作为一种突破工具的战场效能，“福斯特战斗坦克”在设计上最大的特色在于底盘后段增加了两条与尾轮作刚性连接的内侧辅助性履带，用以提高越壕和转向能力。这两条辅助履带的设计相当有创意。其结构整体由一套液压机构控制，既可以升降（在路况良好的平地行驶时升起，以提高行驶速度），也可以实现在0 ~ 30°之间的转动，从而达到增大离去角，提高越壕和跨障能力的目的。同时，这两条履带对于改善坦克的转向性能也大有裨益。正是由于这两条辅助履带的存在，“福斯特战斗坦克”在传动/转向系统的设计上得以采用机械拉杆控制

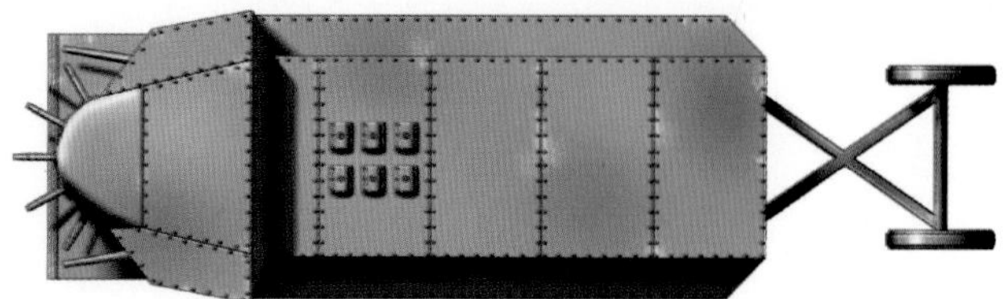

上图 “福斯特战斗机器”俯视图

大小制动带和闭锁离合器相结合的方式来实现较为理想的转向性能。松开小制动器并结合闭锁离合器时，传动系统只与外侧履带主动轮铰联，转向机整体回转，底盘直线高速行驶。松开大制动器，制动小制动器并使闭锁离合器分离，传动系统与内外侧履带同时铰联，转向机起减速器作用，可以增大内外侧主履带的主动轮扭矩。制动大制动器，松开小制动器并分离闭锁离合器，内外侧履带的主动轮均不输出功率。转向操纵杆有第一和第二位置。将一侧操纵杆拉到第一位置，并配合相应的大小制动器和离合器动作，转向机与外侧履带行动系统铰链，底盘能够实现以2.9倍履带中心距的转向半径向操纵侧不稳定转向；将操纵杆拉到第二位置，并配合相应的大小制动器和离合器动作，转向机与内外侧履带行动系统同时铰链，底盘能够实现以0.89倍履带中心距的转向半径向操纵侧精确转向。显然，巧妙的传动/转向系统与液压控制的内侧辅助履带是“福斯特战斗坦克”真正的亮点所在，但这也同时增加了这艘改良版“陆地装甲舰队旗舰”的制造难度和生产成本，此外，对于在机械结构上如此复杂设计所导致的可靠性问题，帝国防御会议也持审慎的保留态度，这个方案在被沃尔特·戈登·威尔森少校这样的技术专家仔细研究后建议“继续改进”。

上图 “福斯特战斗机器”底盘结构示意图

言过其实的“过顶履带”

在“陆地战舰委员会”的规划中，那支“陆

上装甲舰队”将是一个舰种齐全的军事编组，然而吨位越大、技术难度越高——这一点与海上舰队并没有什么本质区别。结果，在大吨位的“无畏舰”因技术瓶颈裹足不前，小吨位的“驱逐舰”又被鄙夷弃用的局面下，“巡洋舰”却因大小适中的吨位和相对平缓的技术难度而在舰队中率先下水——这就是“大游民”过顶履带坦克之所以出现在1916年9月索姆河前线的真相。事实上，可以将1916年9月15日坦克在索姆河战场的出现理解为工业化时代一场出人意料但又在情理之中的陆上海战。是的，英国人终于不堪忍受机枪、堑壕和铁丝网造成的杀戮之苦，将改头换面的装甲舰推上了陆地，以求打破僵局。这些陆上装甲舰的最初表现也的确令人眼前一亮。1916年9月15日这一天，英国以21个步兵师的兵力，在18辆坦克的支援下，在10千米宽的正面上分散攻击，5个小时内向前推进了5千米，这个战果以往要耗费几千吨炮弹，牺牲几万人才能取得。而1917年11月20日在康布雷，更多的英国坦克又在6英里宽的阵线上对有限的目标发动了进攻。尽管在450多辆坦克中，只有300辆到达进攻出发线。在前12个小时战斗中，便已有一大半伤残毁损，所剩坦克大部分不是因机械故障而未能坚持到24小时结束，就是因驾驶员精疲力竭而无法开动，只剩少量坦克，集中起来又进行了一天的战斗。但到第二天为止仍然攻占了宽度低于19千米的突出部，突入德国防线9.6千米。这是从1914年以来在西线最成功的一次突破，更是在难以置信的短时间内完成的。应该说，这样的结果既在情理之中，但又有些令人诧异。要知道，海上的军人们已经在极其类似的境况下战斗了几十年，局面从没有过如此偏颇，那么索姆河战场上的陆上战舰“坦克”却为什么能收获如此显著的战争效果？显然，对此只能有一种解释：一方突然将海上的战争手段用在了陆地上，另一方却对此毫无防备，但无论如何也不应该是陆地战舰“坦克”自身的作战效果是压倒性的，或是缺乏有效的对抗手段所致……

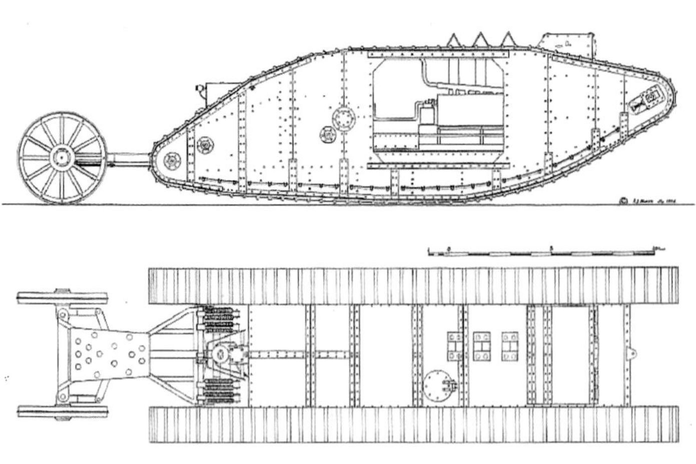

上图 英制Mk1菱形过顶履带坦克侧/顶视图（作为基于陆地战舰设计理念的战争产物，坦克实际上是一方突然将海上的战争手段用在了陆地上的结果）

事实上，如果以索姆河会战为起始点，就会发现在“坦克”这种陆地战舰“上岸”的初期，其象征性的威慑意义要远大于本身的战场价值。一方面，坦克的出现在德军中曾经造成了极度的惊恐，甚至在战斗结束了相当一段时间之后，德军士兵仍然惊魂未定。德军第3军团的参谋长对其上级做了这样的报告：“在最近这次战斗中，敌人使用了一种新型作战武器，这种武器极为有效但又十分残酷。”不过，这些初期的坦克之所以能够取得成功，却主要应当归功于它在德军士兵中所产生的巨大心理作用。难怪德国人最初倾向于把坦克视为一种不正当的武器。与其说是坦克打败了德军士兵，不如说是德军士兵在遭遇坦克后低落的士气打败了自己。对此，富勒在评论康布雷地区的坦克作战时就曾一针见血地指出：“坦克的主要价值在于对士气的影响，

上图 早期过顶履带坦克由于技术上并不完备，且制造工艺和材料粗糙不堪，这使其象征性的威慑意义实际上要远大于本身的战场价值

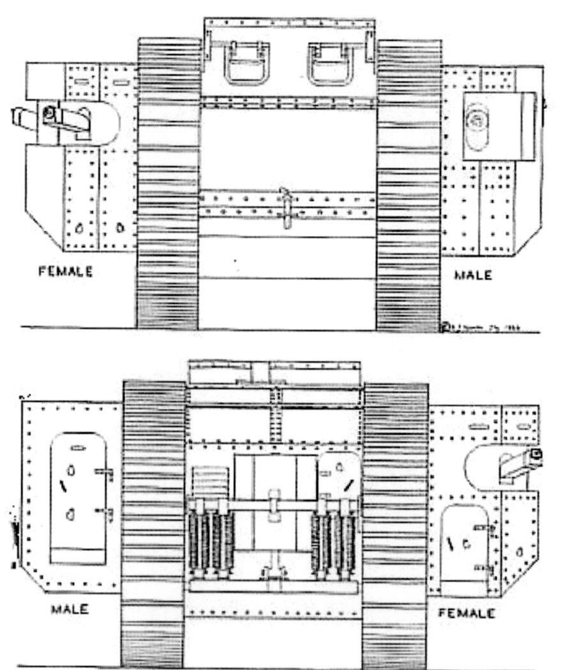

上图 英制 Mk1 菱形过顶履带坦克正 / 后视图（作为钢制装甲舰的陆上“复制品”，“坦克”也还远未达到应有的成熟）

其真正目的是威慑而不是摧毁敌人。”换句话说，虽然相比于技术革命对海军的冲击，技术对陆军的冲击不那么具有戏剧性，这使 1914 年参战的军队实际上仍然保有 19 世纪的那些战术和作战概念，但坦克出现的严酷现实却表明这些军队用以参战的每个战术概念都已经过时了。

另一方面，与人类历史上第一件将巨大的机动能力、同火力和防护成功地组合成一体的机械化战争机器——钢制装甲舰相比，作为它们的陆上“复制品”，“坦克”也还远未达到应有的成熟。按照当时评价海军战舰的标准来看，投入索姆河会战的“过顶履带坦克”只是一些设计仓促、制造工艺粗糙不堪的劣质“战舰”——这些由薄薄的低炭钢板围成的菱形铁盒子只能以 5.56 千米 / 小时的最大速度行驶，而且在行进时乘员舱内活似一座人间地狱，噪音巨大的发动机不但使舱内温度升高到 30° 以上，排出的有毒废气更是令人难以忍受，甚至需要佩戴一种笨重的防毒面具。而在全车 8 名乘员中，只有车长和驾驶员两个人知道坦克当时的位置和行驶的方向，其余的炮手基本上什么也看不到，就连乘员互相之间的沟通

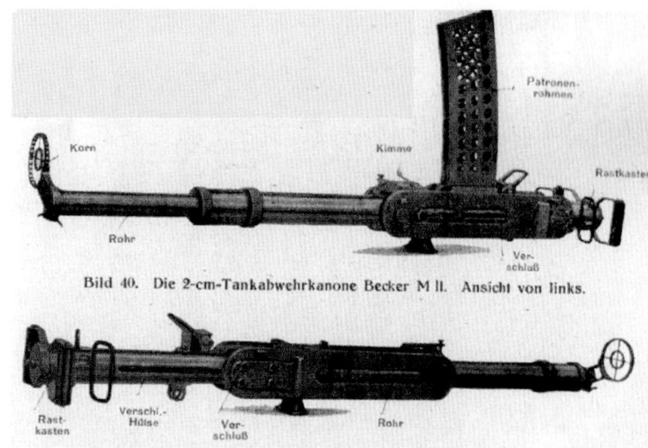

上图 在 1916—1918 年的战场上，尽管列装数量较少，但贝克 M11 20mm 自动炮同样是一种较为理想的反坦克武器

也只能依靠彼此间的手势勉强进行。更糟糕的是，从机械状况的可靠性上来看，这些初出茅庐的“陆上战舰”根本是不堪使用的铁棺材——早在运抵法国参战之前，在英国本土训练坦克乘员时，第一批制造出的坦克中多数实际上就已经损坏，以致后来预定参加索姆河会战的只有区区 60 辆。而在这 60 辆坦克中开出车场的只有 49 辆，其中 36 辆到达了进攻出发线，在步兵前面或和步兵一起发起了冲击，但只有 9 辆依靠自己的能力最后开了回来，其余都因为机械故障或翻在沟里而动弹不得，白白损失掉了，完好率只有 15%。

也正因如此，面对这种刚刚上岸但并不完备的“陆地战舰”，其实只要克服掉最初心理上的震撼，即便这些看似吓人的庞然大物没有因自身机械故障垮掉，就是只凭现有的武器也一样能够应付，而根本无须去研究制造专门的反坦克武器。事实上，坦克的最初“受害者”——对战争技术一向敏感的德国人很快就意识到了这一点。英国的过顶履带坦克使用的并非是真正意义上的装甲钢板，而只是一些被蔑称为“锅炉钢”的低碳钢板，并且厚度也仅仅在 5 ~ 12mm 之间，这就使德国人手中的大部分武器实际上都能有效击毁这些做工粗糙的战争机器——甚至普通的步枪和机枪就能办到。事实上，当带有铅芯的步机枪子弹命中坦克表面时，弹体首先会被撞扁，接着铅芯被从壳体内挤出，形成一个以圆周状向外辐射的“溅射体”。在高速碰撞的作用下，铅芯已近乎变成流体，并以近乎爆炸的速度向四周扩展，对人体有着致命的杀伤效能。不幸的是，对初期的坦克

上图 被德军缴获的英军MkII菱形过顶履带坦克（由于制造工艺粗糙，车体外壳遍布大量缝隙，这使得普通的步机枪弹能对早期坦克形成严重威胁）

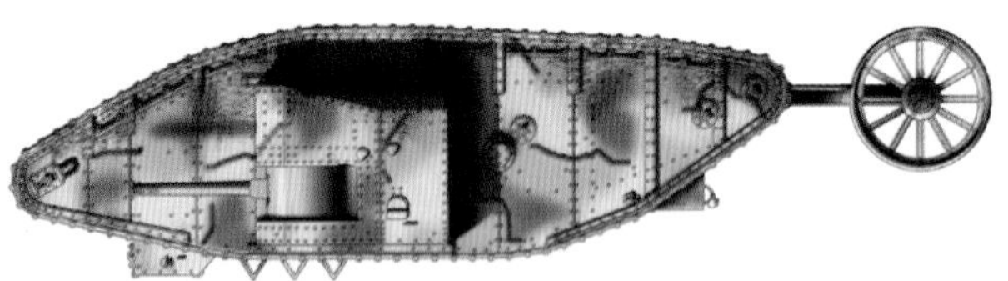

上图 MKI“雄性”坦克

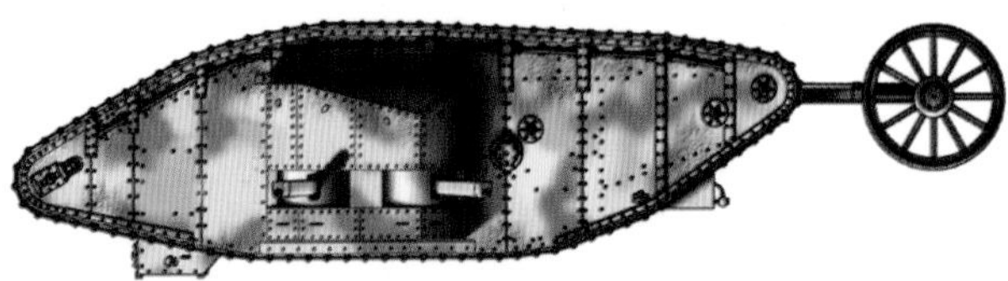

上图 MKI“雌性”坦克

上图 MKIV“雄性”坦克

上图 MKIV“雌性”坦克

来说，由于窥视孔、观察缝、枪炮发射孔和手枪射击孔等大大小小的缝隙遍布周身，这就使普通的步机枪弹有了可乘之机——通过缝隙和接合部进入坦克战斗室的铅质“溅射物”往往使得铁盒子内的乘员苦不堪言，轻者挂彩，重者送命。

普通的步机枪弹尚且能给早期坦克造成严重威胁，那么在对抗坦克的问题上，特制弹药的有效性或许就更高了。K型子弹的实战应用也很好地说明了这一点——尽管这种弹药在配发部队时坦克还未被发明，但当坦克出现后，前线士兵很快发现了K型子弹的另外一种用途。为了对远距离目标和带有防护的目标进行精确瞄准射击（比如防护前沿堑壕内的哨兵与瞭望哨的薄钢板），K型子弹比普通子弹重，并且含有一颗碳化钨弹芯，这不但使其远距离射击精度比普通的铅芯子弹要高，而且对于钢板的侵彻性能也要远远好于普通铅芯子弹——显然有着与生俱来的反坦克潜质。实战经历表明，在800米距离上，K型子弹对付英国早期过顶履带坦克的6～12mm低碳钢板的有效性着实令人吃惊。这对首先吃过坦克苦头的德军而言意义重大，不仅意味着普通步兵通过密集射击的“溅射体”杀伤法能在理论上对坦克乘员形成威胁，更由于K型子弹的存在而拥有一种真正有效的反坦克能力。当然，尽管早期坦克自身有着无可辩驳的脆弱性，而步机枪这类轻武器在一定程度上也的确能够利用这种脆弱性而对其造成损坏，但并不能因此认定只拥有轻武器的步兵就必须承担起对抗坦克的主要职责。而且让步兵去面对这些由外裹钢甲并能够徐徐推进的庞然大物也是不公平的——很少有步兵具有如此好的心理素质：能够在这种隆隆而来的坦克怪物步步逼近时，一直不间断地用手中的步机枪射击，直至这个怪物在碾过他们头顶前侥幸停下（当然，步兵在如何阻击坦克方面也的确发生了一些今天看来匪夷所思的反坦克战例。曾经有过这样的记载，一些德国步兵，三五成群地蜂拥到坦克上，用他们的手枪对着坦克装甲上的各种孔洞，向车内进行射击。在另一些情况下，他们则把集束手榴弹放到坦克顶部，将装甲顶部炸扁。还有就是德军步兵曾经用手抓住机枪，试图将其拖出车体之外。

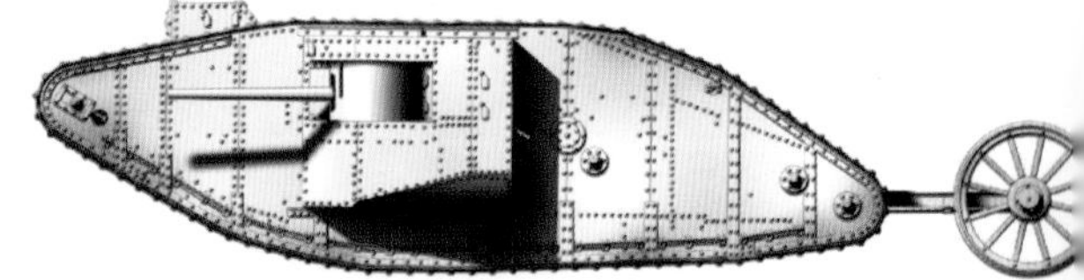

上图 “大游民”原型车

还有一辆坦克是被步兵含磷手榴弹消灭的，这种手榴弹通过窒息作用杀死了坦克的全体乘员，但

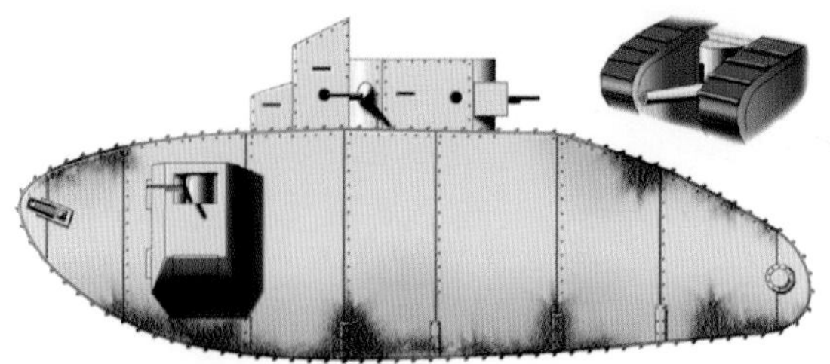

上图 MK VI 过顶履带重型突破坦克

个别战例显然说明不了什么，也不具备现实性的普遍意义）……

“陆军化”的“大飞象”

有意思的是，在“MKI”型过顶履带坦克走下生产线之后，“陆地战舰委员会”的人员成分已经发生了显著的变化，陆军人员的比例开始提高，而海军人员的影响则开始减弱。再加上在不久前的索姆河前线，MKI 型坦克作为陆上装甲舰队的先遣“巡洋舰队”已经率先投入了作战使用，对于陆上装甲舰只的认识开始由纸面转向实实在

上图 1916 年 9 月 15 日，在索姆河会战期间，第一次使用了坦克。由于机械的故障和战场上恶劣的地形，投入战斗的坦克为数很少，但它还是显示出一种可能：只要有了改进的机器，增加它的数量并集中使用，而不是分散出去，那么僵局就能打破。德国人的记录证明，“人们面对坦克时，感到无能为力”。也就是说，他们觉得自己被解除了武装。遗憾的是，英军的高级将领并没有认识到这一点。结果，直到康布雷之战为止，坦克都被零星地消耗掉了

在的战场。所以，当归属帝国防御会议框架下的“陆地战舰委员会”于 1916 年 9 月 17 日再次开会时，对于“陆上无畏舰”项目的定位、用途乃至设计理念都与之前有了相当大的区别，更多的想法、更多的细节乃至更贴近实战的构想开始被讨论出来。事实上，在陆军人员看来，“陆地装甲舰队旗舰”或者说其改良版“福斯特战斗坦克”的舰体本身——底盘部分的设计十分令人感兴趣，对于引擎的选择也有其现实的合理性，问题的关键在于这些陆地主力舰的“上层建筑”完全是按照海军思路来的：它们在直线性思维下被设计得过于高大，贪大求全的堆砌式风格在海上或许行得通，但在动

上图 因机械故障在战场上抛锚而被德军缴获的大批英制 MKI 过顶履带坦克正在被装车运回德国

力水准羸弱的陆地上就显得过于粗枝大叶，而陆军需要的是比 MKI 型过顶履带坦克更大、更有压迫感，但整体设计较为紧凑、防护性能更优、火力配制适度而战斗全重却大幅下降的重型突破战车，所以有必要在拉长了履带的同时把车身缩短，这样车身与履带融合在一个防弹外形优异的流线型车体中，较利于装置炮塔且车身装甲整体性较为严密，而其他主次系统的设计与安装也更容易整合在一起。不过，流线型装甲车体需要的形状复杂，用轧制均质钢不容易制造，必须使用浇铸装甲。

也正因如此，“陆上无畏舰”项目继“陆地装甲舰队旗舰”和“福斯特战斗坦克”之后的第三个方案看起来的确有些不同。这个被称为“大飞象”的设计，战斗全重 48 吨，除了取消尾轮外，底盘部分基本沿用了“福斯特战斗坦克”（包括发动机和传动系统），只有车体是完全重新设计的——一个鲸鱼状的流线型铸造装甲外壳被严丝合缝地扣在了履带式底盘上。当然，由于体积的原因，这个平均厚度 2 英寸的流线型铸造装甲外

壳不可能是一次性铸造成型的，而是从头到尾被分成4部分浇铸，然后由铆钉+焊接的方法将它们制成一个整体。此外还值得注意的是，用浇铸装甲制造车体在制造工艺上是一大挑战。在不久之前，浇铸装甲几乎只是用来制造海军炮塔，而现在却要连形状复杂的车首也要用浇铸装甲来制造。虽然能够浇铸出的铸件复杂的形状，其厚度和曲率也各式各样，在防弹外形上较之垂直的轧制钢板占优，但要控制确切的厚度却比较困难。鉴于铸造工艺的性质，一定厚度提供的防护力就不如相同厚度的轧制均质钢装甲，并且由于气泡和沙眼的关系，也无法像轧制装甲板那样随意割开几个射击口（这将以装甲强度的下降为代价）。

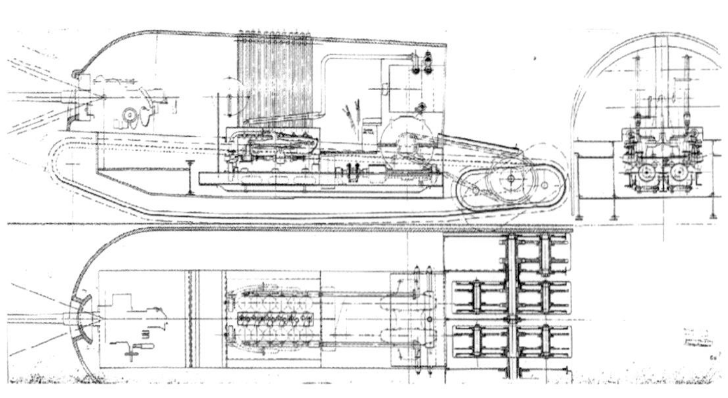

上图 “大飞象”的“A方案”结构示意图

所以“大飞象”不再是一种百货商店式的移动武器库，而是十分干净洗练，只在车体正面安装了一门12磅炮——这实际上反映了一种比“福斯特战斗坦克”更为彻底、务实的突破理念：“对进攻来说，只有两件事情是必要的，即了解敌人在什么地方和决定应该怎么干，至于敌人想干什么是无关紧要的。”事实上，通过索姆河前线的实战经验，陆军军官们比皇家海军更清楚这类陆上战舰对于敌人的真实威胁来自于什么——究竟是在于“舰载”火炮和机枪的数量还是在于庞大舰体迫近的事实本身（这种设计目标在本质上是追求精神效果，因为自身的火力导致敌人的死伤并不能使敌人退却）。对此，一位德军俘虏的话可谓一语道破天机：“在多数情况下，官兵们都认为战车的迫近即可算是中止战斗的良好借口，他们的责任感可以使他们面对着敌人的步兵挺身而斗，但是一旦战车出现之后，他们就会感觉到已经有了充分的理由，可以投降了”（当面前的对手不能用步枪或机关枪遏制住时，他们就本能地夸大危险，以减轻他们投降或逃跑行为的耻辱）。更何况“大飞象”作为舰队核心，主要用途在于带领“小型舰只”完成最艰难的突破，并在突破达成后停止前进，以舰载大口径火炮对继续前行的小型舰群进行火力支援，因此用于近距自卫的机枪和小口径火炮都是不必要的累赘。

“过顶履带”的替代者——“B方案”

到了1916年11月，“大飞象”再一次被改进，演变成了所谓的“B方案”（此前的“大飞象”是“A方案”），并企图将其作为一种标准型号，取代并不那么成功的MKI型——这实际上是一种更典型的陆军思维。与“A方案”相比，“B方案”的显著特点在于，两条内侧辅助履带长度被按比例拉长到外侧主履带的2/3，底盘整体长度却被缩减到27英尺9英寸（8.23米）——与MKI型已经相差无几（主要意图是增加坦克履带接地面积，降低单位压强，提高通行性能），车体装甲外壳则保持了“A方案”的流线型铸造式风格，但为了有效抵御德军77mm野战炮的攻击，前装甲厚度被提高到了3英寸，战斗全重因此上升到60吨。为了平衡因前装甲厚度增加而引起的重心偏移，整个车体外

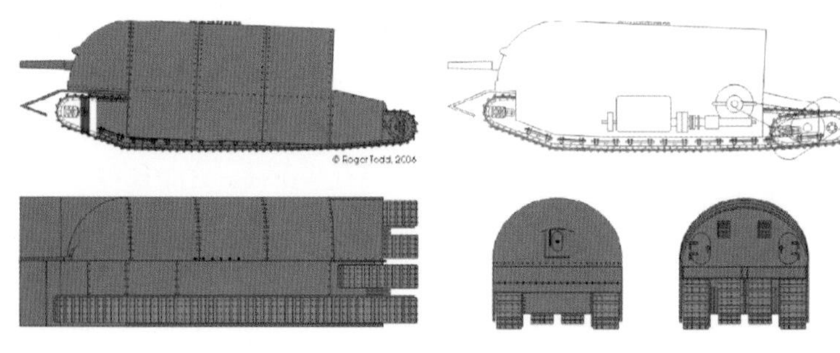

上图 “旗舰”项目能够进化到相对务实的“A方案”已经说明，在陆军人员眼中雄心勃勃的陆地无畏舰只是一个脱离陆地战场实际的海军式笑话

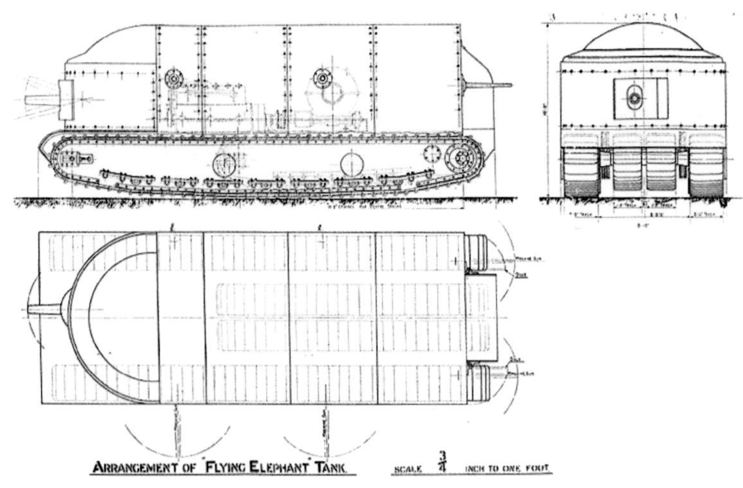

上图　“B 方案“结构示意图

壳的安装位置被后挪了，并且在车体四周和尾部开了 6 个机枪射击孔。同时，借鉴 MKI 型坦克投入实战以来的使用经验，“B 方案”车体内部战斗室的设计要比之前完善许多——乘员室内装有比较好的通风设备，在车辆顶部和两侧设有安全门，引擎的冷却问题也得到了重视，能够通过尾部散热器把热气排出车外，并且车上还增设了消音器，以降低车辆噪音，从而改善了乘员的工作条件。“B 方案”的出现实际上预示着曾经雄心勃勃的“陆地舰队旗舰”已经回归平淡——无畏舰的概念被放弃了，剩下的只是一个用于打头阵的重装甲突破工具（毕竟发展坦克有其单一而特殊的目的——即为步兵在前沿向战壕和铁丝网后的步枪、机枪冲击时开辟道路）。然而，这并不意味着“B 方案”能够走下绘图板的前景就是坦途一片了。

事实上，从索姆河开始，已经制造出来的“陆上战舰”——MKI/III/IV 型过顶履带坦克——就没有得到正确的使用，之后更是出现了进一步被误用的情况。它们未能在干燥天气、在未受炮击没有弹坑的地面上、在容易使用坦克进行突然袭击的地区一下子全部使用坦克（事实上也做不到这一点，因为机械故障而无法使用的坦克总是很多），而是把它们作为步兵辅助物三三两两地投入沼泽地与弹坑地里。敌人已对这种零零散散使用坦克的方法习以为常，何况这些坦克自身已陷入泥泞动弹不得。结果到 1916 年末，英国陆军中的许多高层单位几乎已经认定坦克毫无用处，坦克的机械性能不能维持长期战斗，要实施计划之外的大规模战场机动是完全不可想象的。而西线战争计划的特点却恰恰在于其整体效果取决于其实施的速度——假设纵深穿透与外向运动之间出现 2 ~ 3 天的间歇，则敌人防线势将从豁口的两侧迅速反扑合拢，一整套新的防御工事网将阻挡自己军队继续向前推进。于是，坦克给人留下的最深印象不过在于对士气有巨大的影响。诚然，此时的坦克当然是一种物质性武器，但更应该说是一种心理性的武器。富勒在评论这一时期的坦克作战时就曾说过：“坦克的主要价值在于对士气的影响，其真正目的是威慑而不是摧毁敌人。”这确实是一条深刻的教训（也就是说，攻击敌人的神经系统，进而瓦解敌指挥官的意志，这比粉碎敌方士兵的肉体更为有利），但在这种武器刚刚登上战场之际不免失之过窄。于是，那

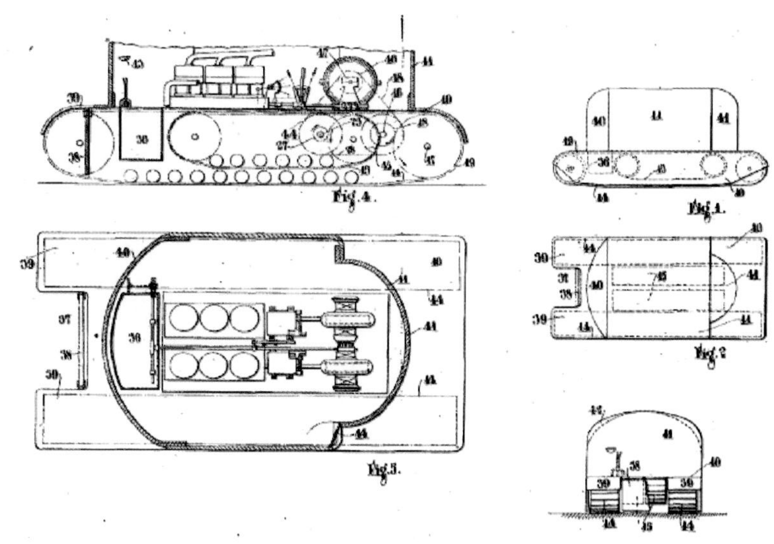

上图　“大飞象”项目“B 方案”底盘的一个改进设想

些华而不实、自以为是的人又开始老调重弹，对这种非专业的应急手段大加指责。即便是丘吉尔这样的怀有热情者，也认为自己过高地估计了坦克的能力，“……对于这种武器的使用原则是大胆而激进的，但它所依据的理论还未被证实，而且战争的实际情况也是千差万别……”。

这种负面看法综合在一起的后果最终对“B方案”的生存造成了致命的威胁。远远低于预期的使用效果，使得英国军方对比MKI过顶履带坦克更大更重的项目始终顾虑重重，并理智地意识到无论是100吨、60吨还是48吨的陆上战舰，都将是机械可靠性上的一场灾难（这种看法后来被证明相当具有前瞻性，1917年11月20日在康布雷，英国坦克兵在6英里宽的阵线上对有限的目标发动了进攻，这是一次把理论应用在实践中加以检验的机会。但在450多辆坦克中，只有300辆到达进攻出发线。前12个小时战斗中，已有一大半伤残毁损，所剩坦克大部分不是因机械故障而未能坚持到24小时结束，就是因驾驶员精疲力竭无法开动）。而“帝国防御会议”与“陆地战舰委员会”也在详细研究了自1916年9月15日陆上装甲舰投入使用以来的作战经历后，产生了将陆上装甲舰加以放大也不会对战局产生决定影响的悲观结论——大兵们仍然挺立着直至战死，部队仍然推进缓慢，蠕蠕而行，而用来制造这种大型陆上装甲舰的资源对于消耗战来说只能是一种可怕的浪费。结果，本来有可能代替各种过顶履带坦克的“B方案”最终还是沉睡在了绘图板上——1917年2月中旬，一纸命令宣告了项目的终止。

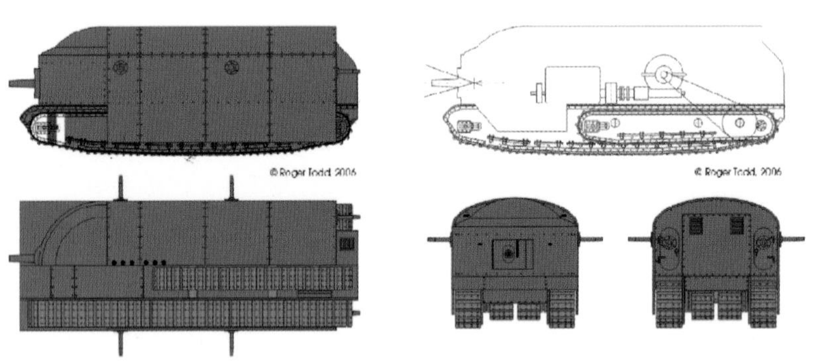

上图 “B方案”突击坦克（发展坦克有其单一而特殊的目的——即为步兵在前沿向战壕和铁丝网后的步枪、机枪冲击时开辟道路，所以“B方案”的出现，实际上预示着曾经雄心勃勃的“陆地舰队旗舰”已经回归平淡）

结语

英国人发明坦克的过程实际上是一段混乱而又晦涩的“黑”历史——大名鼎鼎的“过顶履带”只是浮出水面的冰山一角。事实上，因诞生之初过于浓烈的“海军元素”，那支规模宏大的“陆上装甲舰队”实际上是虎头蛇尾，“驱逐舰”和“无畏舰”都夭折了，只有“巡洋舰”勉强下了水。然而，即便是成功走下绘图板的“巡洋舰”——“过顶履带系列”，人们对其的评价也是毁誉参半。不过，对于这种结局本身却不必过于悲观，因为这不过说明当人们处于一个时代的末尾和另一个时代开端的交界时刻，所必然要经历的一种临产时的阵痛罢了。从技术的角度看，英国人发明的“陆地装甲舰”无疑是内燃机时代的产物；而从军事的角度看，英国人发明“陆地装甲舰”则是为了打破由机枪、堑壕、铁丝网和速射火炮组成的盾而产生的矛，是第一次世界大战堑壕胶着战的必然结果。但绝大多数人在这种“怪物”出现后的十多年中也没有意识到这绝非是矛，也不是盾，而是三大要素——火力、防护和机动的统一体。不幸的是，这一点正是“英国坦克发明史”的悲哀所在——军队的摩托化和机械化必然要改变组织战斗的程序和思想方法，而此时军队的组织形式却还没有为机械化时代的到来做好准备。

"旺盛的创造力"——英国坦克发展史 1919 ~ 1945

英国是毋庸质疑的坦克发明国。然而，在这个了不起的发明背后，却是一颗"保守的心灵"。事实上，英国人一直试图以不触犯社会变革的传统模式进行一场工业化战争，并且鼓励维持这一传统——在战术层面之外，坦克显然就是这种思想的产物，即一部按照"能够通过武力使用方式的'技术性'而非'社会性'重组，达到令人满意的高效"而打造的战争机器。也可以说，英国人之所以在世界大战中热衷于技术创新，并因此发明了"坦克"，实际上不过是为了回避社会的结构性改革对军队的冲击（或者反之亦然），以维持军内现存等级体制。然而，第一次世界大战的经验表明，这种设想的代价对于他们的士兵和国家来说十分高昂，英国人指望以军需采办革命而非军队改革来取得战争胜利的想法差不多完全落了空，战术 / 作战机会主义和技术型战争动员的代价超过了收益的增长，这就使得第一次世界大战结束后，英国军方对坦克之类的新式武器系统及其生产商(即"新"资本工业)怀有某种"怀疑""怨恨"和"失望"，并对两次世界大战之间乃至第二次世界大战中的英国坦克发展产生了深刻的影响。

右图 英国于两次大战期间研发的维克斯 MK IIB 轻型坦克

20 世纪 20 年代——轻型坦克大行其道

尽管在富勒将军的"1919 计划"中，以"赛犬"为代表的中型坦克备受青睐，突破能力强悍的重型坦克也受到了应有的重视。但令人感慨的是，战争一结束，英国坦克却一下子进入了"轻型化时代"。当然，这其中的原因并不难理解。首先来讲，当时英国并未感到有任何明显的、较近期的未来敌人，而严重的财政压力加上厌倦战争的普遍心理状态（因为第一次世界大战中牺牲惨重，人们厌战情绪遍及四方，形成了强烈的和平主义潮流。尤其是在英国和美国，许多人直截了当地主张国际间交往应排除与战争的任何关系），促使很多英国人相信，依靠其海空军力量就能够避免卷入未来的欧洲大战，保证其岛国安全，而英国陆军则应该变得充分伸展于海外，行使其维持帝国治安的传统职能，这一职能的优先地位由《十年准则》的规定得到了辩解。《十年准则》是内阁的一项指令，起初在1919年为下一个财政年度发给各军种部，但是后来被当做滚动式的（从而这10年的

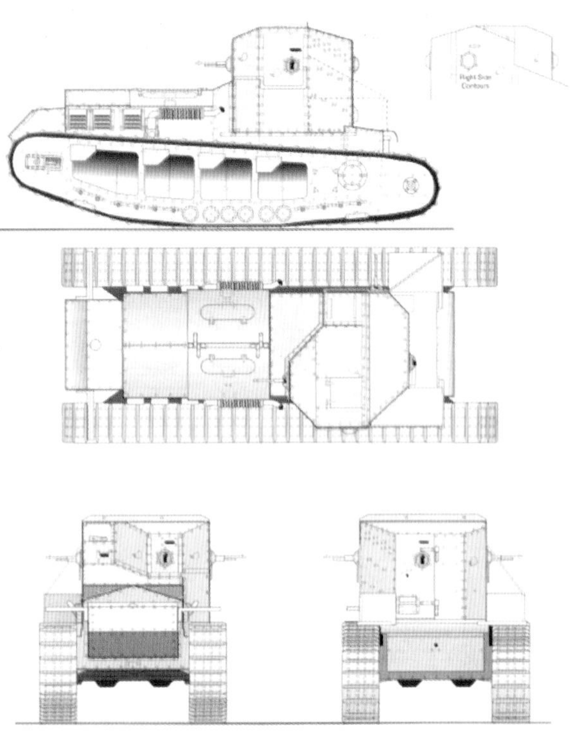

上图 1917年年底出现的英制“赛犬”中型坦克

上图 “赛犬”中型坦克侧视图

最后期限永远不会靠近），一直保持到1932年为止。该指令说：“为做出最新评估，特设定大英帝国在未来十年不会参与任何大规模战争，无须为此目的组建任何远征军。”而在这个大背景下，耗资巨大的陆军机械化计划自然备受争议——任何为陆军添置昂贵技术装备的计划几乎都会遭到两院的否决。结果，1914～1918年空前的国家战争努力的主要经验教训没有得到任何系统的总结和记录，直到1932年为止，英国的年度国防预算和编制不断被削减，军事开支和人员数量遭到急剧砍削，大多数军工企业被关闭或转为民用生产——作为一个直接后果，幸存的军火生产企业要想在这个军费紧缩的大环境中继续生存下去，就只能将希望更多地寄托在军队负担得起、公众形象也较为温和的轻型坦克的生产上。

上图 英制维克斯“E” 6吨轻型坦克

另外，尽管如英国著名的J•F•C富勒少将及其信徒巴兹尔•利德尔•哈特都明确预言装甲兵和机械化陆军将有巨大作用，但他们的理论却多少有些言过其实，这反而引起了军方实权人物的反感。事实上，上述两位军人作风多少有些“夸夸其谈”，在陆军装甲机械化方面所提的主张，往往过于轻率而容易引起争议。举例来说。整个20世纪20年代期间，在各种非正统和有争议的出版物中，富勒都是担当机械化战争的激进提倡者们的头号喉舌（富勒此前已经作为革命性的“1919年计划”的制定者享有显赫名声，该计划设想在近距空中支援下，使用约5000辆重型和中型坦克纵深突进约20英里，那将使得德军指挥体系陷于瘫痪）。他在1919年的一篇获奖论文中断言，坦克能够彻底取代步兵和骑兵，而且各种大炮——既包括榴

弹炮、加农炮，也包括迫击炮和防空炮——为了自身的生存也必须发展成某种形式的坦克。他预计，需要 5 年时间将陆军改编为一个个机械化师，此后再需要 5 年来克服各种偏见和既得利益。他如此预言显然是太激进了，而且不可避免地马上触犯到了一些固有机构的利益，几乎即刻就树敌不少。结果，这种急功近利的呼吁既影响了他们的上级，从而低估了装甲机械化陆军的潜在能力，也让相当一部分高层军官感到难以理解，或者说是不愿意理解富勒吹捧的“坦克部队”为什么需要配置如此多类型的机械化车辆，特别是感觉起来相当复杂、陌生而昂贵的那部分最为令人排斥（面对一个不熟悉的新生事物，他们的既有权威将受到严峻挑战）——在这种情况下，轻型坦克反倒成了一个令各方面都能接受的对象，它的结构足够简单，因此更接近于传统的马匹而易于理解。

上图 1925 年的维克斯 A3E1 型轻型坦克样车

总之，由于各种错综复杂的原因，在整个 20 世纪 20 年代乃至 30 年代初期，在英国坦克工业的产品系列中，轻型坦克成为了最人丁兴盛的一族，其型号繁杂到令人难以尽数——比如 1925 年的维克斯 A3E1 型轻型坦克、1928 年的维克斯 A5E1、MKE A 型轻型坦克、A4E6 – A4E10 轻型坦克、1930 年的维克斯 A4E13 – A4E15 轻型坦克、1931 年的维克斯 A4E16- A4E18 轻型坦克、1933 年的维克斯 MKIIB、A4E19、L2E1 轻型坦克、1935 年的维克斯 MKV 轻型坦克……虽然限于篇幅，这份长长的名单只能截取极为有限的一部分，但这其中既有标新立异者，也有日后大名鼎鼎者。比如，1925 年的维克斯 A3E1 型轻型坦克是历史上少见的双炮塔分别位于车头和车尾的多炮塔坦克，而且在设计上极尽简约，履带由廉价的铸造钢板制成，发动机由公共汽车引擎发展；1928 年的维克斯 MK.E A 型 6 吨级轻型坦克，更成为了日后苏联、波兰等国的参考范本，其苏联版本便是名声显赫的 T-26，产量超过了 8000 辆以上。值得注意的是，作为这一时期英国坦克发展路线“轻型化”的更典型产物，以“卡登·洛伊德”为代表的 tankettes

上图 “卡登·洛伊德”超轻型单人坦克

上图 “卡登·洛伊德” MK IV 超轻型坦克

上图 “卡登·洛伊德”MK VI 超轻型坦克（早期型）

上图 “卡登·洛伊德” MK VI 超轻型坦克

上图 “卡登·洛伊德”MK VIB 超轻型坦克

上图 日本陆军步兵学校所装备的“卡登·洛伊德”MK VI

上图 1932 年初随日本海军陆战队入侵上海的“卡登·洛伊德”MK VIb。拍摄地点是日本海军陆战队司令部大门口，位于今江湾路和四川北路交接处

不应被忽视。将这类单人或是双人“轻型装甲战斗车辆”称为“超轻型坦克”其实并不妥当。因为按照当年约翰·卡登和薇薇安·洛伊德的设计意图，这类车辆主要是用来在战场上运载 1 ~ 2 名士兵和一挺机枪，并提供必要的装甲防护，实际上是介于轮式装甲车与“真坦克”之间的一种“东西”，无论是作战用途、价格还是大小都是如此，以至于被戏称为tankettes，大致相当于“准坦克”的意思。不过，今天的汉语中并没有严格对应 tankettes 的词语，因此被称为“超轻型坦克”也就勉强合适了。

在一系列“卡登·洛伊德”超轻型坦克中，最为成功的要数 1928 年出现的 MK VI 型（此时，约翰·卡登和薇薇安·洛伊德两人的卡登·罗伊德拖拉机公司连同坦克设计，都被著名军火制造商维克斯 - 阿姆斯特朗公司收购，两人也成为该公司的设计师）。为了向和平年代手头并不宽裕的军方大量推销，MK VI 在设计上采用了彻底的“简约”风格——不但车体采用毫无遮拦的“敞开式”结构，全部两名乘员的主要军械只有一挺英军制式维克斯 7.7mm 水冷机枪（外置于车体的活动式枪轴上），动力和行动部分的部件也尽量取自廉价的民用车辆，以求进一步降低成本（如 22.5 马力发动机就取自著名的“福特 T 型”轿车——这种最为大众化的廉价民用轿车在当时的地位类似于今天的比亚迪 F0）。至于其改进型 MK VIb 虽然要略为复杂一些，重新设计了车体和半封闭式的战斗舱（侧面较小的垂直护板改为更高大的梯形护板，两个独立的护罩被一个大号护罩所取代，以将作战仓完全封闭），但整体上仍然没有改变简单廉价这样一个最基本的设计意图。

上图 保存在英国博文顿坦克博物馆（Bovington Tank Museum）的“卡登·洛伊德”MK VI

在出色的商业宣传中，“卡登·洛伊德”MK VI 被描述成这样一种万能车辆——既可以作为作战车辆直接投入战场，也可以胜任装甲拖拉机、火炮牵引 / 搭载车和步兵机枪车的角色，同时作为一种可以提供最基本的火力、机动和装甲防护的履带式机械化车辆，这辆车还有一个最为抢眼的优点——廉价（其售价只相当于一辆“赛犬”中型坦克的1/6，或是一辆 FT-17 轻型坦克的

1/3）。这一点，不但对于那些穷国来说是一个致命的吸引力（可以代替价格昂贵的“真坦克”），就是对那些富国来说，也有着足够的诱惑——毕竟在那个军费普遍遭到削减的和平年代，大量采购“卡登·洛伊德”MK VI，至少有利于维持部队的机械化程度，而耗资巨大的“全坦克化”军队则是不可能的。也正因如此，由于不遗余力地宣传，再加上在设计上深谙客户心理，“卡登·洛伊德”MK VI 很快成为了当时国际军火市场上一等一的抢手货——不但英国军队自己采购了 348 辆各型“卡登·洛伊德”MK VI（主要是作为机枪搭载车，少量为轻火炮牵引车、迫击炮车和烟雾弹车。需要说明的是，348 辆这个数字在当时是一笔相当

上图 卡登·洛伊德 MKII“巡逻坦克”

大的军火订单，特别是考虑到 1918 年之后，英国的年度国防预算和编制不断被削减。不仅军事开支和人员数量遭到急剧砍削：大多数军工企业被关闭或转为民用生产，高于师级的建制被取消，如此数量的一笔订单也就有了更特别的意义——英国陆军在过分延展于维持帝国治安这一传统职能的同时，仍然没有忘记提高陆军机械化程度的必要性），还卖给了另外 16 个国家，并有 6 个国家购买了生产许可证。甚至“二战”中著名的“布伦机枪车”在某种程度上也可视为“卡登·洛伊德”的衍生型号。

20 世纪 20 年代中后期——中型、重型坦克的有限发展

尽管在第一次世界大战之后，英国陆军陷入了一种奇怪的“战争衰退症”，对中型乃至重型坦克的采购几乎全部停止，然而出于出口牟利和技术探索的双重目的，仍有一些试验性的中型、重型坦克样车被制造出来，并被英国陆军少量试用。

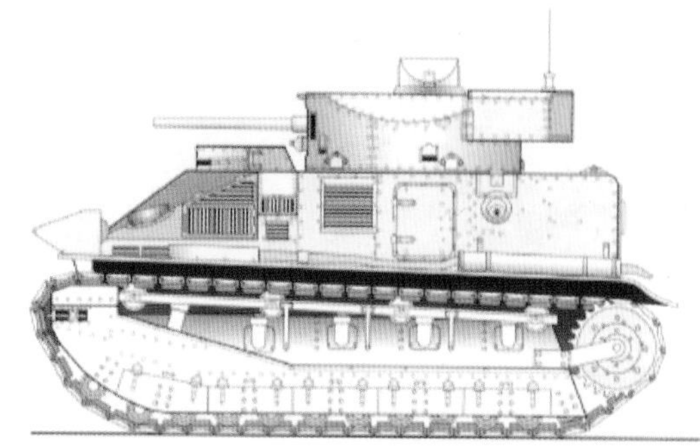

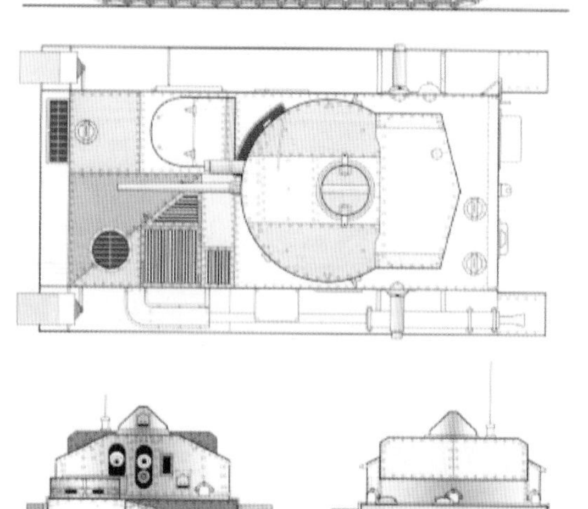

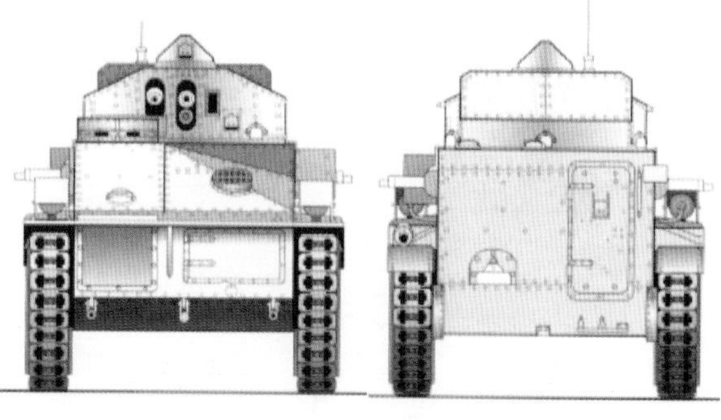

上图 英国于二次大战之间发展出的一系列试验型坦克之一——维克斯 MK II 中型坦克样车

上图 1924 年的维克斯 MK IA 中型坦克样车

比如，1924 年到 1926 年出现的维克斯 MK I/II/III 系列中型坦克，是第一批正式采用旋转炮塔的英国坦克。1922 年英国陆军总参谋部提出未来新式主力型坦克将是一款 12 吨重、安装 1 门 47 毫米炮、装甲能抵御重机枪直接射击的中型坦克。关于坦克车的外形设计，军方明确提出要抛弃菱形坦克设计的要求，即采用箱式车体、坦克发动机前置、

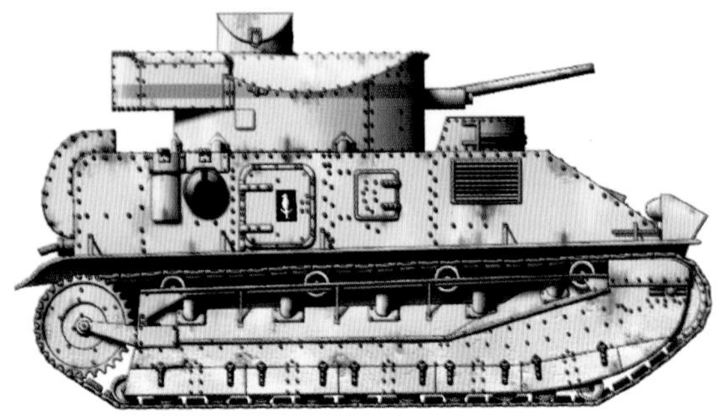

上图 1926 年的 MK II CS 中型坦克

上图 1925 年的 维克斯 MK II 中型坦克样车

战斗室及炮塔位于战车中后部位置。陆军总参谋部稍后赋予该型坦克 A2E1 的实验型号。维克斯公司的设计人员以成熟的 MK I 型全履带火炮牵引车

上图 1926 年的 维克斯 MKII CS 中型坦克

为基础，在车体前部发动机舱安装装甲，后部座椅被拆除，用来安装战斗室，并在上面加装了一部炮塔。炮塔式样包括顶部双斜面的圆筒结构和另一款方锥形结构，很快试验车就被制造出来了，并向英军高层进行了展示，并得到首肯，军方在炮塔上选择了圆筒结构，先是被命名为维克斯 MK I 型中型坦克，在稍做改进后，又被重新命名为维克斯 MK II 中型坦克。

维克斯 MK II 型中型坦克的布局为发动机装甲舱位于坦克前部左侧，驾驶舱位于右侧，中央由隔断钢板分隔。车身两侧各由 7 块 0.25 英寸厚的钢板铆接，车底则采用 6 片装甲板。车身上部

上图 演习中，一辆维克斯 MK II 中型坦克将一辆作为假想敌的 MK IV 过顶履带坦克击毁

安装有一部可以自由 360° 旋转的圆筒形坦克炮塔，内装 1 门 3 磅炮（47 毫米）和 4 挺点 303 口径哈奇开斯机枪，其中一挺位于炮塔后部，可以进行大仰角防空射击。炮塔两侧上部装甲略显倾斜，顶部中央为车长指挥塔。车身两侧设有出入舱门，旁边各设有一挺水冷式维克斯机枪。维克斯 Mark II 中型坦克的动力系统包括一台 90 马力的阿姆斯特朗 • 西德尼航空汽油发动机和一套非同步多组圆片式离合控制 4 挡变速箱。另外维克斯中型坦克打破了发动机后置的传统布局，整套机械系统散布在坦克车底部，其中变速箱位于车长脚下，齿轮箱和行星齿轮箱位于车体后部坦克油箱的正下侧。该车行动部分采用 5 套双轮组垂直盘簧悬挂，不同的支撑簧应用多级差形变量，可以起到很好的减震效果。但是这也有一个非常棘手的问题：双轮悬挂中小轮轮轴的机械强度不足，小负轮容易脱落得一片狼藉。虽然 MK II 中型坦克得到了英国陆军的少量试用，但维克斯决心获取更大的商业成功。于是，他们在将 MK II 中型坦克的车体布局进行了调整后（即将 MK I/II 的底盘调换了方向，由动力舱前置改为后置），研制出了被称为 MK III 的改进型号。虽然英国陆军对 MK III 中型坦克兴趣索然，但日本人却独具慧眼买走了两

上图 维克斯 A6E3 中型坦克

上图 维克斯 A7E2 中型坦克

辆被称为“维克斯 C”的中型坦克样车，并最终在这两辆样车的基础上，模仿出了自己的 89 式中战车。有意思的是，或许是日本人对 MK III 中型坦克的钟情鼓舞了维克斯，在英国军方拒绝投资的情况下，该公司自费用 MK III 中型坦克进行了大量改进，先后制造出 A6 与 A7 两个系列的试验型中型坦克，虽然这些试验车市场反应冷淡，但却为英国坦克的后续发展积累了大量的技术底蕴。

与中型坦克的情况类似，在轻型坦克大行其道的时代中，英国重型坦克也获得了相对有限的进展——很有名气的“独立”号多炮塔重型坦克便是其中的代表作。以富勒上校为首的英国坦克战研究委员会曾明确提出：“重型坦克的主要武器应能在 1000 码（914 米）的距离上击毁敌方的坦克，同时还要有独立于主武器的两个机枪塔。”于是，英国维克斯公司于 1923 年提出了一个大胆的方案，在一个主炮塔的四周各加一座小炮塔（实为机枪塔）。由于这一方案极具创造性，英国皇家陆军部极为赏识，当即奖给维克斯公司 4 万英镑的开发奖励金。在 80 多年前，这可是一笔相当可观的犒赏。经过一年多的努力，维克斯公司于 1925 年底制成了世界上第一辆多炮塔式坦克，名为 A1E1“独立号”。由于具有多个炮塔，因此获得了“陆上战舰”的美称。“独立号”坦克的战斗全重为 31.5 吨，车长 7.75 米，车宽 32 米，车高 2.66 米，乘员 8 人。它的最大特点是有 5 个独立旋转的炮塔。主炮塔位于中央，装 1 门 3 磅火炮（口径 47 毫米）及 1 挺“维克斯”7.7 毫米水冷重机枪。在主炮塔四周，有 4 个能独立旋转的辅助炮塔（机枪塔），各装 1 挺“维克斯”重机枪。“独立号”坦克的动力装置是特制的 V 型 12 缸水冷汽油机，最大功率达 257 千瓦（350 马力）。仅研制这台发动机，就花费了 27000 英镑。尽管车很重，但由于马力强劲，最大速度仍达到了 31 千米 / 小时。装甲厚度为 13 ~ 28 毫米。从 1926 年到 1933 年，英国军方对“独立号”坦

上图 A1E1“独立号”重型坦克侧视图

上图 A1E1“独立号”重型坦克样车

克进行了多方面试验，结果还算令人满意。但是第一次大战的血腥大杀戮令劫后余生者和普通民众念念不忘，心有余悸，这使重型坦克的公众形象十分负面，再加上这种多炮塔式坦克造价高得吓人，而 1929 年又爆发了世界性的经济萧条，这使“独立号”的前景变得十分黯淡。不过正所谓“墙里开花墙外香”，在英国不被接纳的“独立号”，最终却在苏联生根发芽——利用西方经济危机的契机，苏联人一举购入了 2 辆“独立号”样车，在进行了详细析解研究后，复制出了自己的 T-28 中型坦克，直到车体更大、形象更为狰狞的 T-35 出现之前，一直作为红军装甲力量的象征，受到人们的“顶礼膜拜”。

革命性的理念——步兵坦克与巡洋坦克

1929 年英国出版了第一本机械化战争官方指南。这就是布罗德的小册子《机械化装甲集群》(Mechanized and Armored Formations)，因其封面的颜色被广泛地称为“紫色入门书”。这本手册对 20 世纪 30 年代及第二次世界大战英国的装甲战信条有重要影响，而且在德国也被予以仔细研究。布罗德思想的核心在于，认为坦克主要应当被用在进攻中发挥其火力和“持续的突击”威力，因而理想的情况是应当将它们编为独立的战役力量

来使用——这实际上是对富勒学说的一种官方解释。尽管在小册子中作者布罗德持有可以理解的谨慎态势，但鉴于当时坦克的性能和组织状况，他所勾画的图景——独立使用装甲兵力量突破敌人防线、切断其交通联络并打乱其后方——仍被视为一种脱离了时代背景的空想。不过，站在今天已经“十分超然”的角度上，就应该发现，这个小册子在几年后其实引起了英国陆军不动声色的真正重视——1934年，英国陆军决定跳出轻型、中型、重型坦克的窠臼，重新划分为“步兵坦克”与“巡洋坦克”两大类别，从而宣告了一种兼具“革命性”和“合理性”理念的诞生。

上图 A9E1 巡洋坦克

上图 A10 巡洋坦克

上图 A13“盟约者”巡洋坦克

上图 A15“十字军战士”巡洋坦克

上图 A24“骑士”巡洋坦克

上图 A27M“克伦威尔”巡洋坦克

上图 A30“挑战者”巡洋坦克

上图 A34“慧星”巡洋坦克

当然，将“步兵坦克”与“巡洋坦克”的划分称为“革命性理念”，无疑是一件注定要引起争议的事情。这其中的原因在于，长期以来通过来自各方面的反复灌输，“步兵坦克”与“巡洋坦克”始终被视为一种“军事保守主义”的活化石而受到嘲讽。然而，这种所谓的“嘲讽”，暴露的却是始作俑者的“断章取义”和“别有用心”，以及人云亦云者的“无知”和“盲从”。要知道，导致产生“步兵坦克”与“巡洋坦克”这一划分的战术背景，是英国陆军官方正式承认了机械化部队的战役力量属性，进而确认坦克需要同时承担突破和发展胜利两个角色；导致产生“步兵坦克”与“巡洋坦克”这一划分的技术背景，则是英国陆军认识到在时代技术条件的局限下，能够同时承担突破和发展胜利两个角色的“万能坦克”不可能被制造出来，而继续坚持将坦克按吨位级别进行轻型、中型、重型坦克的粗犷划分，却又不对其战术上的用途进行明确，那就只能“诱使”制造商和工程师在发展方向上误入歧途，最终的恶果将是机械化部队背离其作为战役力量的根本属性。显然，如果弄清产生“步兵坦克”与“巡洋坦克”这一划分的战术和技术背景，那么只要在同一时代中稍做“横向”对比，再愚钝之人也不难看出其中的精妙——这种划分背后所代表的“理念”，不但在“革命性”上与如今广受称道的苏式、德式“理念”毫不逊色，而且更

上图 A11“马蒂尔达 I”步兵坦克

上图 A12“马蒂尔达 II”步兵坦克

上图 A15“瓦伦丁”步兵坦克

上图 A22“丘吉尔”步兵坦克

上图 A43“黑王子”步兵坦克

上图 “十字军战士”MK III 巡洋坦克

多了一分“理性”在其中。

最后需要提及的是，否认“步兵坦克”与“巡洋坦克”这一划分的“革命性”和“合理性”，并试图以各种借口迷惑公众的始作俑者，其实有很大嫌疑是当时鼓吹机械化战争的那批“旗手”——如派尔、马特尔、珀西•霍巴特，以及名气更大的富勒和利德尔•哈特等人。这其中的奥妙在于，这些人强烈要求组建的是与旧式军队结构毫无瓜葛的“装甲师”（实际上就是成为独立的兵种），而英国陆军当局却选择了将传统兵种逐渐机械化，这些涵养不够的激进者因此感到“受挫”，并将自己“理想上的挫折”看成是一个反动的参谋本部蓄意阴谋所致，有意或无意的诋毁也就因此开始了……然而无论如何，“步兵坦克”和“骑兵坦克”的技术方向最终成为了 1934 ~ 1945 年英国坦克发展的主流。作为一种结果，“马蒂尔达”“瓦伦丁”与“丘吉尔”3 个型号成为了“步兵坦克”

的典型，而“十字军战士”“克伦威尔”与“彗星”3 个型号则成为了“巡洋坦克”的典型。或许人们今天对它们的评价仍然是毁誉参半，但有一个事实却无可回避——从北非到柏林，英国人正是驾驶着它们打赢了那场战争。

值得一提的成就——“围帐式两栖坦克”

英国是水陆坦克的发源地，除了一战末期的 MK IX 水陆坦克样车外，苏联在两次世界大战之间发展出的一系列水陆坦克，如 T-37、T-37A 和 T-38，其实都是英制

上图 DD 型“谢尔曼”是英国人无奈下的一个杰作

“卡登·洛伊德”A4Ell 轻型水陆坦克不同程度的模仿品。也正因如此，为了有朝一日能够反攻欧洲大陆，当英国人在 1940 年 8 月开始重新琢磨起两栖装甲战斗车辆时，他们并不是一穷二白的。在放弃了为坦克加装浮箱的笨拙方案后，为坦克加装“浮渡围帐”的想法又开始受到青睐。所谓浮渡围帐，是一种合成的纺织尼龙材料（即防水帆布）制成的柔软的气囊结构，围帐下边固定在车体的装甲外壳上，在充气后可依靠若干个钢支架展开形成一个很大的空间，为坦克提供足够的储备浮力。同外挂舷侧浮箱相比，这种方案显然更为轻便，拆装速度也大有改进（只需要简单的工具，一个车组只需 20 分钟左右的时间，便能为任何一辆坦克架设起一圈围帐，而这种速度用于拆卸笨重的浮箱来说是不可能的），更重要的是，浮渡围帐不但在理论上能够对任何现有的装甲战斗车辆实施低成本改造，而且由于围帐本身能够折叠，即便是展开状态车体宽度也在可接受范围内，对所需运载船只的要求大大放宽。也正因如此，浮渡围帐方案一经提出便被帝国战争部大加赞赏。

1941 年 5 月，英国工程师们对一辆 MK VII 轻型坦克进行了改装（战斗全重 7.6 吨的 MK VII 后来演变为一种空降轻型坦克，即“小郡主”），

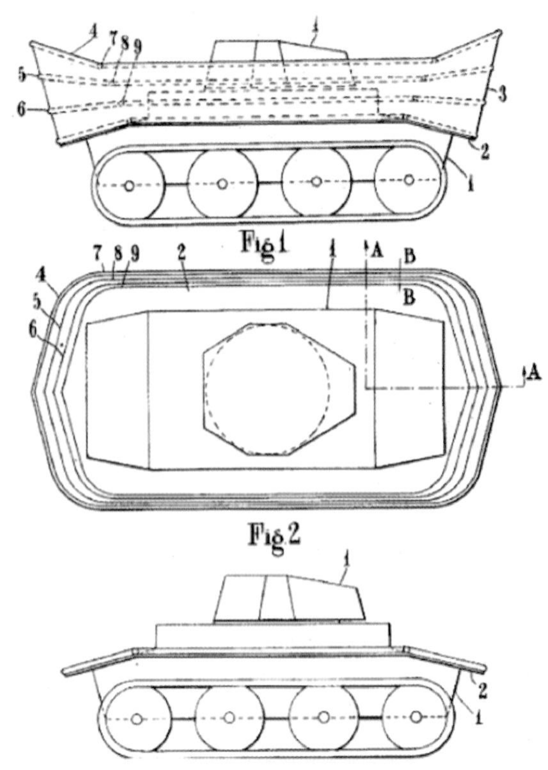

上图 围帐型 MK VII 轻型坦克示意图

上图 MK VII 轻型坦克后来演变为“小郡主”空降坦克

上图 围帐型 MK VII 轻型坦克样车

先于伦敦北部的布伦特水库进行了初步试验（这里也是 1923 年世界上第一辆水陆坦克——MK IX 水陆坦克样车的试验厂），然后又在朴茨茅斯港

进行了成功的海上浮渡试验，初步证明了以浮渡围帐对现役坦克进行改造，使之成为一种可靠的两栖装备是相当可行的（而且成本低廉）。值得注意的是，此时的战争局势发生了相当大的变化。当 1941 年 6 月 22 日，德国全面入侵苏联的"巴巴罗萨行动"开始后，英国人的战争形势似乎变得明朗起来——德军主力的东移实际上彻底解除了英国本土遭受纳粹入侵的可能性，对欧洲大陆的反攻已经可以被提上日程了。在这种情况下，以浮渡围帐对现役坦克进行改造来解决两栖装备不足的问题，为将来的两栖登陆做准备，显然具有特别重要的现实意义。于是到了 1942 年 5 月 21 日，一辆 16 吨重的"瓦伦丁"步兵坦克也进行了加装浮渡围帐的改装（与只靠履带划水推进的 MK VII 轻型坦克不同，同样使用围帐浮渡的"瓦伦丁"在车体后部加装了两个由引擎链条传动提供动力的螺旋桨，水上航速预计将达到 6.7 千米 / 小时）。可惜在朴茨茅斯港的试验中，这辆坦克却因浮渡围帐破损而发生了沉车事故，2 名乘员不幸丧生。但令人奇怪的是，这次悲剧性的试验并没有影响两栖型"瓦伦丁"的定型投产，至于这其中的原因则并不轻松。英国政府在 1942 年春天受到要求

上图 DD 型"瓦伦丁"两栖坦克

开辟第二战场的巨大压力。

在这个背景下，当 1942 年 3 月 28 日英军突袭圣纳泽尔之后，蒙巴顿领导的联合作战司令部在 1942 年 4 月开始制定以大部队袭击法国海滨城市迪厄普的计划时，第一反应当然是要抓住尽可能多的两栖装备——两栖坦克自然是其中的重中之重。也正因如此，虽然在 1942 年 5 月 21 日的试验中，使用浮渡围帐的"瓦伦丁"发生了沉车事故，但这并没有妨碍帝国战争部在 1942 年 5 月 27 日批准这种两栖坦克以 DD 型"瓦伦丁"的名义定型投产（有意思的是，DD 实际上是 Duplex Drive 即"两栖驱动"的首字母缩写，但这个官方称呼后来却变成了戏谑的"唐老鸭"（Donald Duck）），并要求在 3 个月的时间内，为即将到来的"大规模"两栖登陆作战改装 450 辆。虽然因为种种原因，这批 DD 型"瓦伦丁"最终没能参加过任何实战——迪厄普的海滩并不利于登陆：海滩狭窄，海滩后是一条高 7 英尺的海堤（登陆前英国人认为只有 3 英尺），坦克必须在炸开海堤后才能驶过海滩，冲入市内；而到了 1944 年的诺曼底登陆时，这种坦克又显得过于老旧，按照 1944 年的标准，无论是火力、装甲还是机动性能都不足以满足高强度的欧洲战场环境——但英国人的发明却最终在美制"谢尔曼"坦克上得到了完美的施展。

上图 1945 年 3 月 24 日，强渡莱茵河的 DD 型"谢尔曼"

通过 DD 型"瓦伦丁"的训练使用过程中获得的大量经验，DD 型"谢尔曼"更为完善——比如，根据 DD 型"瓦伦丁"围帐强度低，在恶劣海况下围帐可能被撕裂进水的缺陷，DD 型"谢尔曼"的围帐支撑杆由 DD 型"瓦伦丁"的 13 根增加到 36 根（DD 型"谢尔曼"的围帐气囊数量也是 36 个）；又鉴于即便围帐没有损坏的情况下，过大的海浪仍有可能越过围帐灌入车体，造成沉车事故（训练中大约有 10 辆 DD 型"瓦伦丁"因此沉在了英国海岸，至今仍然沉睡在那里），DD 型"谢尔曼"不但增加了围帐高度，而且在车体装甲板上安装了 2 台外置式水泵用于排水；此外，考虑到在浮渡过程中，海水同样有可能通过进 / 排气管进入引擎，造成坦克在海面上趴窝，成为危险的活靶子，因此有些 DD 型"谢尔曼"引擎舱舱盖上的进 / 排气管进行了延长垫高，或者干脆安装了两个烟筒式的大型"水喉"——这一个细节成为了 DD 型"谢

上图 基于M4A4的英军DD型“谢尔曼”

尔曼”不同于DD型“瓦伦丁”的另一个显著区别。总之，即便不考虑基型车的战斗效能，单就两栖性能而言，DD型“谢尔曼”也要较之DD型“瓦伦丁”更为完善，并因此在1944年6月的诺曼底登陆中发挥了无可替代的显著作用。

结语

“坦克”本身就是英国人的原创性发明，虽然这种原创性中蕴含着“偶然性”，但这一事实至少表明英国人的想象力不容忽视，而在1919—1945年这段时间里，英国人围绕“坦克”的“创作力”仍然保持旺盛状态。当然，或许由于创作力过于“旺盛”，这一时期制造出的英国坦克所引起的争议，要比此前和此后任何一个时期都大。然而，英国人或是他们的坦克真的“古怪”么？这固然是一个见仁见智的问题，但却绝非英国军事权势集团的所谓“反动思想”所致，人们需要的或许是更深层次上的思考和理解。

“依然是经典”——英国坦克发展史 1945～2015

历史是必然性和偶然性的混合体。在经历了两次世界大战之后，“日不落帝国”昔日的风光已经不再，但英国作为大国的历史并没有落幕，直至今天人们依然能看到它在世界舞台上绝非是可有可无的演出。事实上，如果将维多利亚时代的不列颠帝国看做是一颗耀眼恒星的话，那么1945年后的英国就更像是一颗迟暮之年的红矮星——曾经燃烧的“内核”即将熄灭，但落日余晖仍然能让人感到足够的炙热。“日不落帝国”衰落了、解体了，但至少英伦三岛老牌工业国的底子尚在，雄厚的技术实力和工业基础依然令人无可小窥，独领风骚的英国坦克继续驰骋在全世界。

上图 FV101“蝎”式轻型坦克

“百人队长”的满堂彩

“百人队长”可以视为战后英国坦克工业对战时经验进行全面反思的产物。如果说在1934年英国人将坦克划分为“步兵坦克”与“巡洋坦克”，是基于战术的合理性与技术的局限性而做出的一种妥协。那么在经历了6年军事科技加速发展的世界大战，到了战争结束的1945年，进行了大量技术论证的英国人确信，技术已经能够为战术进行更为合理的资源重构——“步兵坦克”与“巡洋坦克”分别负担两个任务——即突破和发展胜利的任务，可以集中在同一个型号的坦克上。英国人是这样想的，也是这样做的。到了1945年1月，在“彗星”巡洋坦克的基础上，英国坦克设计局设计了一种

上图 装20磅炮的早期型“百人队长”

“加强版本”，这种加强版本的“彗星”被称为A41。此时，二战已经接近尾声，英国陆军决定直接把A41坦克配备给装甲部队，它们随作战部队参加德国境内的战斗，在战斗环境下接受检验，这个行动被称为“哨兵行动”。1945年5月14日，6辆A41离开英国南安普敦前往比利时安特卫普港，此时，战争已结束两周时间了，英国人的实战检验计划落空了。但英国陆军仍然决定让“百人队长”在欧洲大陆接受长途行军等项目的测试。离开安特卫普5天后，6辆A41坦克首先要行军650千米前往英国第7装甲师师部。从那时起一直到7月底，这6辆坦克先后造访了英国驻德国和南欧国家的几乎每一支装甲部队，所到之处皆大受欢迎。唯一的批评声来自坦克驾驶员，A41坦克属于重型车辆，但它的方向操纵和换挡却没有助力，这对于驾驶员来说是一个非常费劲的体力活。

上图 “百人队长”MK 5 主战坦克

1945年，通过检验的A-41坦克设计定型并正式量产，军用编号为百人队长MK1型，主要生产厂家是利兹的皇家兵工厂、爱尔斯维克的斯克斯有限公司，发动机由里兰发动机公司提供。4年后，也就是1949年，百人队长正式交付英国陆军。百人队长一共有13种型号，MK5型之后的每种型号又有两种变形，堪称家族庞大，型号众多。但百人队长系列坦克的车体结构基本没有大的改动，车体为焊接结构，两块横隔板将车体分成前后3部分。前部左侧是储存舱，内装弹药和器材箱，右为驾驶舱。车体中后部依次是战斗舱和动力舱，这是典型的传统坦克舱室布置方式。驾驶员有1个向左右开启的双扇舱盖，每扇舱盖有1个潜望镜。圆锥形铸造炮塔体上焊有顶装甲板，炮塔和火炮总重13吨，炮塔座圈直径为2300mm。车长指挥塔在炮塔顶装甲右侧，左侧是装填手出入舱口（它和补弹口都严重破坏了炮塔的密封性和防护能力，这种设计在20世纪50年代坦克日益强调三防性能的背景下被摒弃），炮塔两侧外部带有装甲储物箱，后部有1个储物架。车长指挥塔可以由车长手动进行360°旋转，指挥塔上有1个双开式舱盖、1个带弹道分划的潜望式瞄准镜和7个潜望观察镜，车长位置处可以安装1个红外探照灯。装填手舱口有1个前后对开的双扇舱盖和1个潜望式观察镜。

早期的百人队长MK1/2型坦克装有1门17磅（77mm）火炮，这显然是以毁伤二战后期坦克装甲为标准的。随着时代的发展，17磅炮已经越来越不适应战后坦克装甲的急剧增加。百人队长从MK3型开始改为1门带抽气装置的20磅炮（83.4mm），携弹量65发，可发射初速度为914米/秒的榴霰弹、初速度为1432米/秒的曳光脱壳穿甲弹和初速度为601米/秒的榴弹，火力大为增强。百人队长MK5型坦克安装了一代名炮——L-7 105mm线膛坦克炮，它也正式拉开了英国陆军主战坦克“线膛路线”的序幕。L-7 105mm炮可以发射曳光脱壳穿甲弹，有效射程为1800米，发射碎甲弹时有效射程为3000～4000米，训练有素的炮长和装填手可使射速达到10发/分。105mmL-7式火炮使用的弹种有L-28A1式曳光脱壳穿甲弹、L-52A1式曳光脱壳穿甲弹、L-64式曳光尾翼稳定脱壳穿甲弹、L-63式曳光脱壳教练弹和L-35式碎甲弹。上述弹种均为英国皇家兵工厂制造的整装式炮弹，发射药由电击发火帽引燃。北约国家同口径炮弹也可毫无困难地在L-7炮上使用。其他辅助武器还有火炮左侧炮塔内安装的1挺7.62mm并列机枪、

上图 百人队长从MK3型开始改为1门带抽气装置的20磅炮（83.4mm）

车长指挥塔上的1挺7.72mm高射机枪。值得一提的是，早期型号的百人队长采用了独特的测距机枪，机枪口径为12.7mm，最大射程为1800米，使用时发射3个点射曳光弹。测距机枪是全稳定的，炮长可以选择手操纵机构进行俯仰和旋转运动，也可以动力驱动方式进行非稳定和稳定方式的俯仰和旋转运动，还可以进行动力驱动的应急单一速度的旋转运动。测距机枪后来又被激光测距仪所取代。初期制造的百人队长坦克火控设备简单，直到20世纪60年代许多英国百人队长坦克才补装了红外驾驶灯，在火炮左侧安装了主动红外探照灯，车长和炮长还装有红外瞄准镜。

上图 “百人队长”MK5型坦克安装了一代名炮——L-7 105mm线膛坦克炮

由于出色的整体设计，百人队长保持着旺盛的技术生命力，而战场表现更是博得了“满堂彩”——从1956年的苏伊士运河到历次中东战争乃至南亚次大陆，“百人队长”在一个又一个战场上证明了自己的价值所在。对此，“百人队长”在以色列国防军（IDF）中获得的口碑很能说明问题。“百人队长-肖特”的优异表现与AMX-13轻型坦克的不堪一击形成鲜明对比，更重要的是它重防护的思想特别适合以色列兵员有限的国情——1973年10月6日和7日的戈兰高地防御战中，清一色装备“百人队长-肖特”坦克的拉菲尔·埃坦准将第36师级部队第7和第188装甲旅，创造了战争史上的奇迹。“百人队长-肖特”坦克在这场史诗般的迟滞防御战中发挥了重要作用，它炮塔前正面152mm和车体正上方118mm厚的均制钢装甲带来的良好抗弹性，以及合理的车体结构和内部设备布置使它具备了良好的战场生存能力。从1973年10月6日下午2点叙利亚军队发起总攻到10月8日黎明，虽然第7和第188装甲旅几乎完全被打散建制，坦克和人员损失殆尽，但他们迫使叙利亚军队在戈兰高地留下了近600辆坦克残骸，极大地挫伤了叙军的锐气，为后备部队的集结参战赢得了宝贵的时间。战后，以方公布的“百人队长-肖特”坦克损失数量仅在200辆左右，而与之对抗的叙利亚军队则几乎丢掉了两个半装甲师，这一比例堪称惊人。虽然在1973年以后，由于性能日渐落后，再加上当时以色列已经从美国获得了更先进的M60A3主战坦克，而自行研制的梅卡瓦MK1主战坦克也即将完成，“百人队长-肖特”坦克逐渐失去了它在以色列国防军中的支柱地位，但高达1100辆的装备规模却仍占以色列装甲部队的半数。

强悍的“酋长”

“百人队长”的巨大成功鼓舞了英国人，于是为了保持英国坦克的先进性，1958年英国军用车辆和工程发展中心设计了一种被称为FV 4201的下一代坦克方案，1959年初制成第一个1:1的木模型，年底制成第一辆样车，于1961年第一次公开展出。1961年7月至1962年4月又制成6辆样车交部队试验。在经过几轮修改后，1963年5月“酋长”主战坦克设计定型并投产，1965年开始装备英国陆军。“酋长”主战坦克一经列装，便被西方世界公认为世界上最先进和最具战斗力的坦克，这种说法甚至也得到了“铁幕”内侧的默认。以时代标准而言，FV4201“酋长”在一定程度上代表了西方坦克技术的最高水平，甚至可以说是一种“不道德“的设计——这种重达55吨

上图 1989年西柏林阅兵式上的“酋长”

的装甲怪物，完全是为了在莱茵河一线，以 T-55 4 倍有效射程的距离上，从容击毁任何一辆出现在战场上的苏联坦克，然后凭借重盔厚甲全身而退这样一个目的，不惜工本特别打造的。其 L60 型 2 冲程直列 6 缸对置活塞水冷多种燃料发动机、梅利特 - 威尔逊（Merritt-Wilson）差速转向系统和电液式变速操纵装置无不闪烁着大英帝国在坦克技术上的一切精华，至于那门 L11 120mm 线膛炮更是超越于时代的存在。

上图 L11A5 120mm 线膛坦克炮被西方公认是当时世界上精度最高、射程最远、威力最大的坦克炮。正是这门令人恐怖的巨炮，成就了冷战中“酋长”的赫赫威名。

很难说得清，究竟是 L11 120mm 线膛坦克炮成就了“酋长”这辆车，还是“酋长”这辆车成就了 L11 120mm 线膛坦克炮。不过，随着 1965 年首批酋长 MK3 正式形成初始作战能力，英国人自信“酋长”所拥有的是一门世界上最好的坦克炮，一如之前的 QF 17 磅炮、QF 20 磅炮乃至 L7 105 毫米线膛坦克炮在同类武器中所处的地位，甚至还要更为杰出——这门膛压达 4250 千克 / 立方厘米，有效射程 4 倍于苏制 T-54/55 坦克的 120 毫米线膛坦克炮，绝非是通过简单扩膛得来的产物，而是集内弹道学、外弹道学和冶金学等多种先进技术和制造工艺于一身之大成者。结果当 1968 年，真正成熟的“酋长”MK5 开始加入英国陆军皇家装甲兵战斗序列时，英国人的确拥有了当时地球上第一流的装甲机械化技术兵器，这不仅仅是因为酋长 MK5 在拥有“战列舰级别”装甲防护的前提下，换装了功率达 750 马力（2100 转 / 分时）的 L60 MK8A 柴油机（酋长 MK5 的机动性能因此接近美制 M60A1 的水准），加装了完善的 NBC 防护系统并对火控观瞄设备进行了全面升级，更为重要的是其 L11A5 120mm 线膛坦克炮被西方公认是当时世界上精度最高、射程最远、威力最大的坦克炮。正是这门令人恐怖的巨炮，成就了冷战中“酋长”的赫赫威名。

上图 正在进行机动性演示的“酋长”

为了生产“酋长”坦克，英国在利兹皇家兵工厂和维克斯 (Vickers) 厂各建了一条生产线。两条生产线总共为英国陆军生产了 860 辆“酋长”主战坦克，于 20 世纪 70 年代初完成生产任务。1971 年伊朗订购了 707 辆“酋长”MK3/3P 和 MK5/3P 主战坦克，以及一些装甲抢救车和架桥车，这些订货已于 1978 年年底前全部交货。伊朗从英国得到 187 辆称为 FV4030/1 型的改进型“酋长”坦克，这些坦克比“酋长”MK5/3P 能载更多的燃料，改进了防地雷性能，加装了减振器，采用自动变速箱有限公司（Self-Changing Gears Ltd）的 TN12 型自动传动装置。需要说明的是，“酋长”式坦克在英军中少有实战机会，倒是伊朗装备的 FV4030/1 打出了“酋长的威风”。两伊战争中，伊朗“酋长”式坦克是地面部队的重要武器，外界普遍认为它的性能强于伊拉克的 T-62 坦克，也强于伊朗人的美制 M60 或 M48 坦克。在伊拉克装甲部队占有数量优势的情况下，正是依靠“酋长” 式坦克和人力优势才使伊朗得以在战场上维持均势。1981年1月5日，伊朗人发动了旨在夺回边境重镇苏桑吉尔德的战役，进而威胁伊拉克首都巴格达。伊朗总统巴依萨德尔亲自坐镇胡齐斯坦省省会阿瓦士的地下指挥部，前线共投入了1个装甲师、2个步兵师、1个炮兵师和大量的伊斯兰革命卫队，总兵力超过3万人，拥有350辆“酋长”式主战坦克。

上图 “酋长”在两伊战争中大出风头

进攻开始时非常顺利，受到奇袭的伊拉克军队土崩瓦解，但到1月7日夜间，抵抗逐渐加强了，伊拉克装甲部队在后方完成集结，准备对伊朗军队发动反击。1月10日，双方的装甲突击集群在苏桑吉尔德南面的沼泽地带爆发了激烈的遭遇战，这是400辆T-62坦克和350辆“酋长”式坦克的生死对决，伊拉克方面还有大量空军参加战斗。战斗伊始，“酋长”式依靠1500米远距离上首发命中率的优势，一辆接一辆地把T-62打成冒烟的废铁。但“酋长”式也有缺点，其55吨的战斗全重在雨季土质松软的地区机动困难，而44吨的T-62则灵活得多。在近距离的战斗中，T-62也惩罚了对手，它的115mm滑膛炮也摧毁了不少“酋长”式坦克。伊拉克的米24武装直升机加入战斗后，伊朗人的优势消失殆尽，他们的美制AH-1武装直升机由于缺乏零件动弹不得，结果是“酋长”式坦克对苏桑吉尔德的突击最终被伊拉克军队挫败。但不管怎么说，在漫长的两伊战争中，“酋长”式坦克始终是一件威力强大的武器，这也是后来萨达姆•侯赛因决心从苏联引进装备125mm滑膛炮的T-72M坦克的根本原因之一。

最后的“挑战者”

“酋长”主战坦克再次证明了英国坦克技术的先进性，然而为了保持这种先进性，就必须不断以新项目进行技术牵引。英国人深谙其中之味，所以“酋长”坦克后继车型的研发从20世纪60年代末期就已经开始了。1968年，英国军用车辆工程设计院（Military Vehicles and Engineering Establishment）制造了1辆装有外装火炮的坦克样车；1971年在另1辆以“酋长”为基础的坦克上安装了乔巴姆（Chobham）复合装甲，该坦克型号为FV4211。1974年，伊朗向英国订购了707辆经现代化改造的“酋长”MK5P坦克，同时提出增加发动机功率的要求，从此以后英国便开始了FV4030坦克系列的研制工作。由于时间紧迫，经两国商定，由英国先生产187辆装有改进型电子操纵传动装置并提高了燃料储备能力和抗地雷能力的FV4030/1型坦克，然后生产125辆安装882千瓦(1200马力)发动机和TN37型传动装置的FV4030/2型坦克。当伊朗看到FV4030/3型坦克方案时便决定停止购买FV4030/2型坦克，改为订购1225辆FV4030/3型坦克，但因价格上涨过快和伊朗国内发生政变，订购合同未能兑现。不过，虽然伊朗订购FV4030/3型坦克的可能消失了，但此时英国与德国联合研制未来主战坦克（FMBT）的计划也泡了汤，这就使FV4030/3获得了起死回生的机会——在对这种出口型坦克稍做修改后，英军以“挑战者”的名义接纳了它。

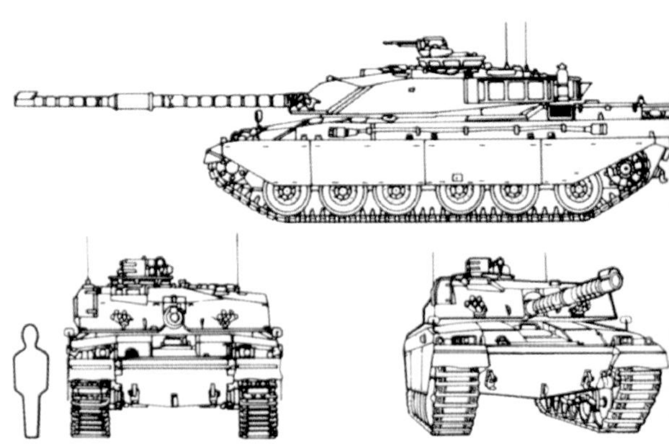

上图 “挑战者1”主战坦克三面图

1978年9月，英国国防部和利兹兵工厂签订了一项价值3亿英镑的243辆挑战者坦克的生产合同。该坦克是在FV4030/3型坦克基础上发展的。1982年12月，英国陆军参谋长代表军方接收了挑战者坦克，这标志着利兹皇家兵工厂做好了生产该坦克的准备。1983年3月，利兹皇家兵工厂向英国陆军交付了第一批挑战者坦克。到1989年，英国陆军装备该型主战坦克的坦克团总数已经达到 7 个，替换了大约 440 辆“酋长”。挑战者于 1991 年的第一次海湾战争中首度接受了战火洗礼。在这次战争中，一度不为外界所看好的“挑战者”表现得相当出色。英国陆军的主要参战单位是第 1 装甲师的第 7 装甲旅（该旅素有“沙漠之鼠”的称号）和第 4 机械化步兵旅，共装备 157 辆挑战者主战坦克（另有 12 辆挑战者装甲抢救车参战），担任联军地面攻势中最重要的左翼——横越伊南沙漠，切断伊军朝巴格达撤退的路线，并捕捉伊军装甲部队，尤其是伊军最精锐的共和国卫队。

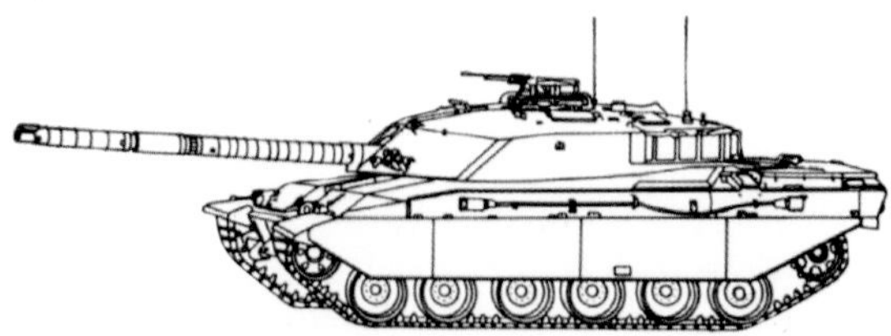

上图 “挑战者 1”在海湾战争中大出风头

在 5 月 25 日，英军第 7 装甲旅接触伊军两个装甲旅，该师的挑战者坦克首度在实战中大显身手，痛击伊军部队。次日第 7 装甲旅继续朝科威特的首都——科威特市快速挺进，沿路上挑战者仍然以压倒性的姿态痛击路上的伊军装甲部队。在这天的战斗中，一辆挑战者利用热成像仪，在 5100 米外击毁了一辆伊军 T-55 坦克，这是人类历史上最远距离的一次成功“坦克猎杀”，将线膛炮的长距离精确度优势发挥得淋漓尽致。在整个海湾战争中，挑战者共击毁 300 多辆伊军各式坦克和装甲车辆，而仅有一辆挑战者被击毁。值得注意的是，在海湾战争中，英国陆军还进一步强化了挑战者的防护能力，包括在车头和炮塔正面加装皇家兵工厂制造的高爆反应装甲，原有的侧裙板也被维克斯公司研制的被动式装甲裙板取代；此外，参战的挑战者还配备了皇家兵工厂新研制的 L-26 型翼稳脱壳穿甲弹（该弹种最初是为 L30 120mm 坦克炮设计的，炮弹威力较原有的 L-23A1 大幅增加）。

上图 艺术家笔下的“挑战者 II”

应该说“挑战者”主战坦克在海湾战争中的表现给人们留下了深刻的印象。不过，由于当时英军仍有大约 500 辆各型“酋长”主战坦克在服役，为了替换这部分车辆，英国军方希望能以一种改进版“挑战者”而不是现有的“挑战者”来进行填补。这一决定最终导致了“挑战者 II”主战坦克的出现。“挑战者 II”型主战坦克由“挑战者”主战坦克改进而来。英国的坦克历来重视防护性能，“挑战者 II”除采用改进的“乔巴姆”装甲外，还加强了顶部装甲防护。该坦克战斗全重 62.5 吨，长（火炮向前）11.55 米，宽 3.50 米，乘员 4 人。它的最大时速为 59 千米，在同类主战坦克中是最慢的，不过这并非是技术原因，而是英军的战术理念所致。“挑战者 II”型的另一个最大特点是继续坚持使用线膛炮，而大多数国家采用大口径滑膛炮作为坦克炮。它装备 1 门由 L11A5 120mm 线膛炮改进而来的 L30A1 120 毫米线膛炮，炮身上装有膛口校正参照系统和炮管排烟装置。炮塔可 360 度旋转，武器射角为 – 10 ～ + 20 度。它携带 120 毫米炮弹 50 发，包括尾翼稳定脱壳穿甲弹、高爆破甲弹或发烟弹等。其辅助武器为 1 挺位于主炮左侧的 7.62 毫米链式机枪，以及 1 挺位于装填手舱门外的 7.62 毫米高射机枪。

上图 重装甲型“挑战者 II”主战坦克

总体来说，与“挑战者”相比，“挑战者 II”进行了 16 项重大改进，主要包括采用 L-30 型 120 毫米线膛炮、新型的 TN-54 型自动变速箱、新型的乔巴姆装甲、新型的火控系统和增强顶部防护的新炮塔等。其中以火控系统的改进最大。这种火控系统是 M1A1 火控系统的改进型，包括新型火控计算机、稳像式三合一炮长瞄准镜和全电式炮控系统等。也就是说，在火控系统的技术水平上，挑战者 II 已经赶上了 M1A1 和豹 II 的水平，弥补了自己的最大短板。“挑战者 II”型主战坦克

1998 年 6 月开始服役。至 2002 年，英国皇家陆军所有的现役坦克团基本上都装备了该型坦克。令人遗憾的是，“挑战者 II”很可能成为英国坦克最后的“绝唱”。“坦克将成为过去的记忆——英国在 1993 年后停止坦克的生产”，英国《星期日邮报》2009 年 5 月 3 日用充满怀念味道的标题描述英国的这一历史性决定。由于英国政府未来将不再生产坦克，英国最大的武器生产商 BAE 系统公司宣布关闭自己生产“挑战者 II”主战坦克的工厂，英国这个坦克原创性发明国结束了对这种“陆战之王”的生产。《星期日邮报》称，英国结束主战坦克的生产是源于对未来战争形式的判断，并指出包括退役陆军将军帕特里克·梅尔赛尔在内的许多英国军事专家赞同这种做法，他们认为当前的冲突需要的是小型和轻型的装甲武器。梅尔赛尔表示，重型坦克已经不适应现代战争的要求。然而对于这类“专家”的见解，人们应该接受么？

上图 基于“挑战者 II”底盘的装甲工程车

要知道，马其诺防线是在“专家”指导下建造的，“专家”提出的战斗机上“航炮无用论”也曾使越南战争中美国空军遇到极大的尴尬，现在或许又轮到了坦克？“坦克无用论”在“二战”以来的 60 年里时有所闻。在“专家”的建议下，加拿大陆军在 2003 年打算将已经老旧的“豹 I”坦克退役，用“斯崔克”中型轮式装甲车代替。但是加拿大陆军在阿富汗面对只有轻武器和路边炸弹的塔利班时，深切感到轻型甚至中型装甲车的不足，只好临时抱佛脚，从荷兰买了一批二手的“豹 II”坦克。为了应急，甚至临时从德国借了 20 辆“豹 II”坦克空运到阿富汗以供急用。实际上，坦克不是反游击作战的理想装备，否则拥有世界上最多坦克的苏军在阿富汗早就成功了。在反游击作战中，坦克唯一的优点是装甲厚，威力小一点的地雷或爆炸装置不能伤其筋骨。用坦克作为巡逻队的先导或者垫后，或许可以把游击队吓跑，但很难剿灭游击队。但对于在阿富汗“熬日子”而只想着全身而退地回家的西方士兵来说，坦克是一个不错的定心丸。游击战尚且如此，在大规模、高烈度战争中，坦克的作用更是举足轻重。孙子云：凡战者，以正合，以奇胜。自人类进入机械化战争时代以来，在地面战争中，以坦克为主的重装甲力量就始终是“正”的主体，没有了坦克的地面战争是不可想象的。也正因如此，英国人为什么终止坦克的生产，这里面的苦楚想必令英国人很难消受，英国舆论也因此充满了酸溜溜的味道……

结语

不可否认的是，即使在黑暗时代的迷雾中，也有能够在现代军队里引起共鸣的东西，这一点在英国的武装力量中表现得尤为明显。英国是靠海军立国的，对于陆军并不太重视。德雷克、纳尔逊在海上打出了大英帝国，库克、温哥华则把大英帝国的触角延伸到世界的每一个角落。丘吉尔海军部长的经历是他当首相最重要的资本，达尔文也是在搭皇家海军的顺风船周游世界时琢磨出进化论的道理的。因此在历经千年战火淬炼而形成的英国传统军事观念中，对于“不那么重要的”陆军有着与海、空军皆然不同的看法——海军和空军是配置了人的装备，而陆军则是配置了装备的人。但人的因素显然是最难以捉摸的，所以英国陆军军事行动的“科技含量”相对较少，实际上是作为皇家海军在陆地上的延伸而存在着。不过，应该清醒看到的是，绝对和相对不可割裂开来。由于在 17 世纪率先完成了全面而彻底的工业化，在长达 300 年的时间里，英国政府拥有把最新科技成果运用于一切战争形态的技术性优势。因此尽管地位并不太受重视（相对于皇家海军而言），但英国陆军在技术装备的发展上却仍旧引领着整个世界——这种引领以 1916 年索姆河战场上过顶履带坦克的出现为标志，达到了顶峰。此后，虽然经历了两次世界大战国力每况愈下，但英国“坦克”却始终坚持着自己的风格。

上图 “酋长”主战坦克侧视图

英国坦克的设计思想

英国是毫无争议的坦克“原创性”发明国，甚至于“坦克”这个中文名词都源于英文单词TANK，可以说坦克（TANK）这个词对于英国人来说是一种骄傲。也正因如此，几乎不必再做过多的铺垫便可明白，这个国家的坦克设计理念是极为值得重视的。

下图 英国是“坦克”的原创性发明国

前言

英国人给世界的印象似乎总是温文尔雅、彬彬有礼的绅士形象，然而在和英国人加深接触后，就会发现他们其实是一个充满矛盾的人群。例如：英国人以保守著称于世，但英国未成年少女怀孕率竟然是世界最高的；英国人白天沉默内敛，可每当入夜，各地的英式酒吧间间爆满，充斥着欢声笑语……这样的一个民族能够发明“坦克”，似乎是天经地义的，因为这本来就是一种充满了矛盾的战争机器。事实上，也许是近代的历史让英国人做得太多、见得太多，他们好像更内敛、更善于思考；平时金口不开，有机会时有板有眼，滔滔不绝。这也成了英国人的秉性，而这种“秉性”反映到英国坦克的设计理念中，也就变得格外绵长而有味道。

“破天荒的伟大成就”——一战中的英国坦克设计理念

大部分英国人具有与他人格格不入的孤傲特质。孤傲（exclusiveness）是英国人最明显的性格特征，他们不愿意和别人多说话，从来不谈论自己，感情不外露，更不会喜形于色。其他国家的人很难了解英国人的内心世界。英国人为什么具有孤傲的性格特征呢？原因有二。第一，英国是一个岛国，英吉利海峡（English Channel）割断了它和外部世界的联系，英国人甚至不把自己看做是欧洲人。第二，英国人对本民族的历史感到非常骄傲和自豪。其中，詹姆斯钦定本圣经（King James Authorized Version of the Bible）和莎士比亚的戏剧对西方及世界文化产生了巨大的影响。英国议会（Parliament）是欧洲最古老的议会，英国是世界上第一个完成工业革命（Industrial Revolution）的国家……特殊的地理位置和与众不同的文明史使得英国人形成了孤傲的特质，而这种特质一旦与战争领域相结合，则往往会碰撞出惊人的天赋——坦克的发明就是如此。1915 年，英国制造第一批履带式“战车”的目的，在于使一种武器能像海军的装甲舰那样，不但起伏地运动而且能在一定的防护条件下投入战斗，以打破堑壕战的僵局。对此，作为坦克发明过程中不可或缺的一个人物，丘吉尔回忆录中的一段摘录，是很能说明问题的：

上图 由于圆满达成了“突破堑壕”这一预定设计目标，一战中英国坦克的设计理念是成功的

“在战争爆发后的头几个星期，英国海军部就奉命承担保卫英国免遭空袭的责任。于是，我们就有必要命令以敦刻尔克为基地的飞行中队驻扎在比利时与法国沿海，以攻击敌人可能在入侵领地上建造的齐柏林飞艇或飞机库。这就导致组建装甲车中队，以保护我们海军飞机可能需要使用的前沿基地。敌人深受装甲车之苦，便挖断了公路，我立刻寻求各种办法填补坑坑洼洼的公路。与此同时，装甲车数量开始剧增，但是正当它们随着数量增多而开始显示威力时，双方战壕线的两端已经延伸到了海边，不再有任何开阔空间可供装甲车运动，两翼也已无迂回余地。由于我们已无法绕过战壕，显然只有从战壕上方越过去了……

履带车这类车辆可以用于摧毁敌人的铁刺网，控制敌人的火力。这些车辆要么不用，要用就必须一起使用。它们应秘密布置在整条进攻线上，每隔两三百码布置一辆。在进攻前 10 分钟或 15 分钟，它们应通过最佳路线推进到前边空旷地带，在准备进攻的地点穿越我们的战壕。它们能通过任何普通的路障、沟渠、防护墙或战壕。每辆履带车携带 2 ~ 3 挺马克沁式重机枪，并且装备火焰喷射器。除非被野战炮迎面击中，否则它们将势不可挡。到达敌人的铁刺网区，它们将转向左面或右面，与敌人的战壕平行前进，扫平敌人的胸墙，并以略微蛇行的路线碾碎敌人的铁刺网。在战斗中，由于履带车十分接近敌人的战线，所以对方大炮对它们也无能为力。通过这样造成的突破口，持盾步兵可以奋勇前进。如果使用大炮清除铁刺网，必须在几天前就要宣布进攻的方位和即将开始的时间。但是依靠履带车，在铁刺网清除之后进攻几乎就可以立即展开，也就是进攻可以赶在敌人进行增援或采取任何特殊防卫措施之前。履带车实际上能够跨过敌人的战壕，并且继续推进切断敌人的交通壕；但是目前没有必要急着走这步棋，以后可一步一步走。一旦敌人的前线落到了我们的手中，为履带车寻找深入推进的最佳点就容易了。履带车什么样的坡都能爬。简而言之，它们是移动的机枪扫射塔和铁刺网碾毁机。"

事实证明，英国人是这样想的，也是这样做的。在大约一年的时间里，英国人果真将一种履带式装甲战车投入了战场。这种被称为"坦克"的履带式装甲战车，尽管在各种结构部件，如发动机、转向装置、车体及火炮炮架等，都存在许多技术问题。但在西线的战斗中，即便是在最不利的地形条件下，最终还是经受住了考验。现在看来，由于圆满达成了"突破堑壕"这一预定设计目标，一战中英国坦克的设计理念是成功的，作为战术引领技术的一个典型产物，英国人制造的履带式战车，避免了在不得不实施的进攻中大量的生命损失。故此必须认为，这是英国军事决策人员、军事技术人员及前线官兵们破天荒的伟大成就。

"停滞中的创新"——20 世纪 20 年代的英国坦克设计理念

不可否认，"坦克"的发明带有浓郁的应急色彩，"始作俑者"英国人深谙这一点，这不免引起了一战结束后，对这种"战场急救车"的轻视。而且一战结束之后的英国并未感到有任何明显的、较近期的未来敌人，针对法国、苏联和美国制定的应急方案——如果它们可以被这么称呼的话——现在看来带有纯属玄想的味道。再加上尽管在第一次世界大战中，法国和德国相继制造出了技术水平类似的"坦克"，美国也通过英国和法国提供的图纸和技术资料，成功仿制出了这

上图 苏联内战中英国的"赛犬"中型坦克

种时髦的战争机器，但无论是法国人、德国人还是美国人制造的“坦克”，都与英国人自己“制造”的坦克在战术意图上没有区别——它们在本质上都是大小不一、形态不同的“堑壕突破机”。

更何况英国人相信，依靠其海空军力量能够避免卷入未来的欧洲大战，保证其岛国安全。因为第一次世界大战中牺牲惨重，人们厌战情绪遍及四方，形成了强烈的和平主义潮流。也正因如此，在整个20世纪20年代，除了海军军舰外，英国军方不但因《十年准则》的出台，对任何昂贵技术兵器的继续发展失去了“原动力”（《十年准则》是内阁的一项指令，起初在1919年为下一个财政年度发给各军种部，但是后来被当做滚动式的（从而这10年的最后期限永远不会靠近），一直保持到1932年为止。该指令说：“为做出最新评估，特设定大英帝国在未来10年不会从事任何大规模战争，无须为此目的组建任何远征军。”关于《十年准则》的影响一直有争论，但几乎不可怀疑的是，它抑制了各军种内超越常规的思想和尝试），坦克部队的建设成为最不受重视的问题。当然，这并不是说英国人要放弃坦克，他们只是继续把坦克仅仅看做是突破的工具，起到辅助步兵的作用。这个观点不仅为第一次世界大战的经验所证实，而且还留下数以千计的剩余坦克可资证明。当时坦克速度慢（每小时4～8英里），限制了行程（12～25英里），机械性能不可靠，装甲防护力弱，武器不足，这样就把装甲兵的发展局限于与步兵同步，并接受了步兵的战术思想。这种状况不延续到所有老坦克都磨损报废不会停止，结果，在整个20世纪20年代英国坦克的设计理念并未跳出“突破堑壕“的窠臼，对于坦克与坦克的作战问题则拒绝给予严肃考虑。

上图 艺术家笔下的维克斯6吨轻型坦克（双机枪炮塔）

不过值得注意的是，尽管由于一战时生产出的大量旧式坦克仍然未被磨损淘汰，以至于将英国坦克设计师的思维主要局限于“堑壕突破机”的范畴。但价格低廉而机动性能好的轻型坦克也以一种不同寻常的理由受到了英国军方的青睐。事实上在英国，陆地战争所需武器的选择，一部分取决于帝国的防务需要，另一部分则取决于引起争论的、可能要派往欧洲大陆的远征军的需要。也正因如此，对当时大英帝国防务所需而言，最需要的是机动性最大化的机械化武器，如轻型坦克和大炮，

上图 “布伦机枪车”源于20世纪20年代的“卡登·洛伊德”超轻型坦克

装甲汽车和机枪运载车等。因为关于帝国的防务需求从来没有引起过争论，所以这类武器在订货单上一直占优势。但即便如此，出于适应“充分伸展于海外，行使其维持帝国治安传统职能”的英国陆军新角色，以及迎合出口市场可能需求的目的。在 20 世纪 20 年代，不断在萎缩中挣扎的英国军事工业终归还是对固守“堑壕突破机”的坦克设计理念实施了一定的“突破”——这一时期出现的某些英国轻型、中型坦克，被或多或少地赋予了巡逻、警戒和侦察等新职能，这实际已经在概念上对“坦克”的定义进行了某种拓展。

“不寻常的划分”

——20 世纪 30 年代到两次世界大战期间的英国坦克设计理念

到 20 世纪 30 年代初，英国陆军部和参谋本部又一次开始日益担忧英国陆军兵员减少，装备恶化，无力履行可能的义务承诺。同 1914 年以前相比，计划中履行欧洲以外义务的远征军在规模上小得多，随时开赴战场作战的有备程度也较差。正是在这些不利条件下，进行了 1927 ~ 1931 年间引人注目的机械化混成部队尝试性演习。虽然这些演习的规模较小，而且鉴于当时坦克的性能和演习的组织状况，富勒、利德尔·哈特等人所勾画的图景——独立使用装甲兵力突破敌人防线、切断其交通联络并打乱其后方——被证明仍是一种空想，但这些战术性探索仍为打破英国坦克设计理念的桎梏提供了契机，不再把坦克仅仅看做是突破的工具。另外，到了 1933 年后，随着纳粹党徒在德国的全面掌权，公然表现出了侵略性的和追求改变现状的对外野心，导致英国就可能承担的义务对自己的武装力量进行一番彻底审视，这在政治层面上也为英国坦克设计理念的突破提供了“充满危机感的动力”。

上图 装 QF17 磅炮的“挑战者”巡洋坦克侧视图

上图 1945 年 7 月 21 日柏林阅兵式上的“挑战者”巡洋坦克（1945 年 7 月 21 日英军单独在其占领区内也举行了一次规模可观的阅兵式）

同时需要看到的是，在一战结束后的十几年间，坦克在设计和性能上的改进成果丰硕，这无疑为设计理念的变革进行了技术层面的积淀。20 世纪 30 年代制造的新式坦克就是这些成果的体现，其中坦克悬挂装置、装甲、发电和传动装置，以及车辆自身之间的通信联络最为重要。此外还有液压气动装置，可增大火炮威力而不增加后坐力。陀螺稳定仪，在理论上可使坦克在行进中进行稳定射击。所预见的装甲车辆无线电通信系统也是成果之一。虽然上述成果在理论上还未达到预想的要求，20 世纪 30 年代初的坦克也远非富勒、利德尔·哈特所想象的那样理想，但与 1918 年笨拙的过顶履带坦克相比较，是一种很大的改进。就像 1906 年的“无畏”号战列舰是 1862 年“班长”号的“改进型”一样，技术的进步是醒目的。坦克在技术改进后，其车速、行程增大、在通行性能、机件的坚牢度、单车和集体的机动性等方面都日益提高。这使英国军方内部的某些有识之士开始意识到，仅仅将坦克归结为一种步兵支援武器、一种堑壕突破机器已经不合时宜，将坦克武器限制在机枪和小口径步兵炮的水平上更是愚蠢——随着技术水平的提高，不可避免的结果将是引起坦克对坦克的作战。

于是，从 20 世纪 30 年代中期开始，英国坦克设计理念开始向两个独特的方向发展：一是发展归属骑兵部队并在其建制内作战的“巡洋坦克”，二是发展在步兵控制之下直接作战的“配属步兵坦克”。前者以机动性见长，火力则开始突出与同类作战的需求，对装甲防护的要求是次要的。其最重要任务是：压制和消灭敌人师、军炮兵的炮兵连，剥夺防御的炮火掩护和保障，然后压制和消灭预备队、指挥枢纽和补给基地，也就是压制一切，以削弱并在物质、精神上瓦解防御；后者则是一战时期坦克设计理念的延续，仍属于一种堑壕突破机器，以重型装甲和对有生力量、土木工事有效果的杀伤性火力为重。值得注意的是，两次世界大战之间是坦克战术与技术发展思想的探索和实验时期，各国从本国实际出发纷纷研制和装备了多种类型的坦克。而当时的英国之所以将坦克以立法的形式划分为“步兵坦克”和“巡洋坦克”两类，除了复杂的军事和政治原因外，也有对技术发展潜力估计不足的谨慎因素在其中——根据对当时技术水平的现实性考量，英国人并不认为有可能制造出既可满足侦察、警戒和巡逻任务，又可满足步兵支援任务的所谓“万能坦克”。结果第二次世界大战中，军事技术的极速发展超出了英国人的想

上图 “瓦伦丁”巡洋坦克

上图 装有“77mmHV”短管 QF17 磅炮的慧星巡洋坦克侧视图

上图 艺术家笔下的“丘吉尔 DD”两栖步兵坦克

上图 “丘吉尔”步兵坦克的终极改进型——“黑王子”重型坦克

象，仍然固执地按照“步兵坦克”“巡洋坦克”划分的英国坦克设计理念变得越来越不合时宜，以至到战争末期，由“克伦威尔”巡洋坦克不断技术升级而来，机动、火力、装甲全面均衡的“百人队长”，终于将由“丘吉尔”步兵坦克升级而来的“黑王子”挤落马下，便是一个再好不过的说明——技术的发展一旦使“万能坦克”由不可能变得可能，“步兵坦克”“巡洋坦克”的划分便就此寿终正寝了。

“精明而保守”——战后的英国坦克设计理念

第二次世界大战后期，英国人意识到应设计一种在战场上能掌握战斗主动权的坦克，而且这种坦克能在战场上进行有效的进攻与防御，并能靠坦克本身的火力与对方坦克的火力相对抗。基于此，英国于 1943 年开始设计的 A41“巡洋坦克”，实际上已经大幅度地偏离了原先的“巡洋坦克”概念——其设计理念是把防护性、机动性和火力同等看待。于是，以“百人队长”坦克的出现为标志。二战末期，在果断抛弃了“步兵坦克”与“巡洋坦克”的划分后，英国人成为最早确立“主战坦克”概念和完成主战坦克设计的国家，而且其坦克设计理念随着技术的不断发展而不断修正。战后初期的英国人认为，基于二战中的装甲战经验，在直接的火力战斗中，在开阔地机动作战时，在摧毁敌方坦克和反攻时，以及对步兵进行直接火力支援时，将“巡洋坦克”与“步兵坦克”两种角色合二为一的坦克，都将起着重要的作用。事实上，这个概念本身看起来并不比英国人据此设计的坦克本身显得更加古怪。很显然，英国人的“主战坦克概念”实际上就等同于“多用途坦克概念”，这对英国陆军来说是非常有利的——战后，英国陆军所能保有的坦克数量是受到严格限制的，增加坦克的功能就是增强英国陆军的战斗力。

上图 艺术家笔下，装 L11 120mm 线膛坦克炮的 FV 4202 重型坦克大战 IS-4

上图 由于英国陆军规模有限，装备的坦克数量不多，所以必须保持足够的任务弹性，坦克在战场上还应该对付更多的目标，而不应该仅仅是针对坦克

这其实是从侧面表明，在英国人的作战思想中，坦克不仅仅是作为一件反坦克武器存在的，由于英国陆军规模有限，装备的坦

克数量不多，所以必须保持足够的任务弹性，坦克在战场上还应该对付更多的目标，而不应该仅仅是针对坦克。英国曾经有过称霸世界的辉煌历史，这种君临天下的感觉已经成为他们性格中不可磨灭的一部分。20 世纪 50 年代的美国国务卿艾奇逊曾经这样评价英国的尴尬局面："英国失掉了一个帝国，却没有找到一个角色。"但令人感兴趣的是，这种政治和国际地位上的今不如昔，却并没有在英国人的坦克设计中找到痕迹。随着时间的推移，英国主战坦克的设计理念逐步发生了变化。起初，英国人将主战坦克的防护性、机动性和火力放在同等位置看待。但后来，英国人又改变了这一观点，把火力置于优先地位，其次是防护性，最后才是机动性。英国人认为，机动性并不能真正代替防护性，只有防护性提高后才能充分发挥机动性，特别是在防御中，因为在这种情况下，为了提高生存能力，只能有限地利用其机动性，因此不能为了达到较好的机动性就低估了防护性的作用。这种设计思想从"百人队长"的后期型号开始显露，到 20 世纪 60 年代设计的第二代"酋长"主战坦克上已经体现得非常明显。这种英国第二代主战坦克，除了火力加强外（"酋长"主战坦克主要用于对坦克作战和支援步兵作战。在选择主要武器时，曾对 105 ～ 120mm 的滑膛炮和线膛炮进行了对比试验。认为 105mm 火炮在中等距离上对付未来坦克，其威力和命中率尚显不足，因此决定采用 120mm 口径的线膛炮），防护性也提高了，如前装甲厚度达到 150mm，并减小了倾角，使之具有良好的防弹流线型。为了降低车高，英国人在"酋长"主战坦克上采取的措施之一是将驾驶员座椅向后靠躺，并相应地设计了适合仰卧式的操作机构，为了提高防护性，可谓煞费苦心。在 20 世纪 60 年代，此车曾轰动一时，许多国家对它产生了极大的兴趣。

上图 英国作为坦克发明国，长期引导着世界坦克设计理念的"潮流"，所以为后人留下了不少经典之作

中东战争后，英国主战坦克的设计理念又一次发生了变化。英国坦克设计界开始重新认识到提高机动性的问题。认为主战坦克的加速性应当好，越野速度应当高，这样才能在战场上迅速离开危险地带，因此强调火力仍然放于优先地位，至于装甲防护与机动性则要同时考虑。如果说英国"酋长"主战坦克是以犀利的火力、出色的装甲防护和较低的机动性为特点，那么在其第三代主战坦克——"挑战者"上，其机动性开始弥补传统设计上的不足，成为火力第一，而装甲防护与机动性处于同等地位指导思想下进行设计的第一种英式主战坦克。有意思的是，正是由于将机动性放在了与装甲防护同样重要的位置上，所以和设计"酋长"主战坦克时一样，重量又成为有争议的问题。起初，英军总参谋部计划书把未来坦克的重量限制在 54.8 吨（这实际上仍是"酋长"主战坦克的重量），但是还在研制制定 MBT-80 主战坦克方案时，英国坦克设计界就已经得出了结论——如果新坦克仍然保持"酋长"的重量，则不可能增强装甲防护性能，而机动性能的增益也将被抵消。必须使坦克的重量增加到 60 ～ 62 吨，这样才有可能增强车体、炮塔首上装甲及侧装甲的防护力，并使机动性的提高得到保障。为了佐证这种观点，英国军用车辆工程设计院的设计

人员提出了 50 ～ 60 吨坦克之间差别不明显的论点，以作为增加重量可行性的依据。譬如，在单位功率和单位压力相等或有一定增加的情况下，在机动性、平均行驶速度、发动机加速性及通过性能将大致相同或是略有增强的情况下，公路桥的承重量将是限制坦克重量的一个主要指标。为此，英国人对欧洲战区工程建筑物的分布情况进行分析。其分析结果是，大部分公路桥可供载重量 20 吨的车辆通行，这就意味着无论是重量 50 吨，还是 60 吨的坦克均能压垮这种承重力的公路桥，而承重力 50 吨和 60 吨的公路桥分布在欧洲各地。在各种研究和分析的结果中使军方确信可使重量上限指标达到所需的 60 ～ 62 吨。

结语

英国作为坦克发明国，长期引导着世界坦克设计理念的“潮流”，所以为后人留下了不少经典之作，如“过顶履带”“丘吉尔”“百人队长”和“酋长”等，都是人人称道的坦克“上品”，不过，许多人对英国坦克又有一种“异类”的感觉，外形“怪模怪样”是他们对英国坦克的评价。可以说，与同时代的许多坦克相比，英国坦克大多是一些外形怪异，但细节却又精致得让人难忘的设计。这实际上透露的是一种桀骜不驯的设计理念——或许英国人的保守（conservativeness）为世人所知，但英国人却认为他们的做事方式是最好的、最合理的。英国绅士虽然古板，可是有时也会突发奇想，而且敢干，当然，想对了就成为创举，为世界坦克做出贡献，想错了无疑就会造就一个“怪物”。虽是“怪物”也是为坦克界总结了经验教训，归根到底还是贡献。遗憾的是，英国坦克设计理念或许在二战之前一直领先世界，但战后因各种政治和经济原因开始逐步衰退，从一流坦克大国没落入二流行列。英国在 1956 年苏伊士运河危机后，帝国野心最终崩溃，需要缩减国防开支，结果“桑斯风暴”不但席卷了英国航空工业，大英帝国的坦克工业也受到波及，这体现在其坦克设计理念逐渐趋于平庸上。随着时光的流逝，英国坦克工业的地位已经如夕阳落日，以前众多坦克制造商云集英伦的场面早已成为过去，该倒闭的倒闭，英国坦克特有的味道也越来越淡，这是趋势，谁也阻挡不了……

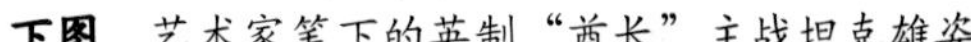

下图 艺术家笔下的英制“酋长”主战坦克雄姿

英国坦克的作战使用

俗话说，“需求牵引技术推动”。在机械化战争启蒙时期尤为如此。事实上，完全可认为，作为划时代陆地战争机器的“原创性”发明国，英国人的“坦克”从一开始就是战术引领技术的产物。然而，英国人关于坦克的作战理念，又经历了哪些变化和波折呢？

《1919 计划》——最早的装甲兵作战理论体系

堑壕、机枪和铁丝网吞噬了大量的生命，而“突破”堑壕的需求则催生了坦克。然而，在创造出这种战争机器不久，有些英国人就试图站在一个更有“高度”的位置上来拓展坦克的用途。当然如此一来，就不得不提及一位名为“富勒”的英军军官。第一次世界大战爆发时，已经步入中年的富勒还只是一位不太知名的英军上尉。但当大战硝烟尚未散尽时，他却以创新的思想和实践赢得了世界性声誉，以超前的装甲兵作战理论博得了人们的敬重。1915 年 7 月，在富勒的强烈要求下，他离开了负责的后勤运输岗位投身前线。第二年 2 月，他发表了《从 1914—1915 年的战役看作战原则》，对《野战条令》进行猛烈抨击，并提出了自己的纵深突破理论及 8 条作战原则。这篇文章意味着富勒已经不再局限于眼前的事务，开始了对整个战争规律和未来陆军发展方向的探索。

上图 在创造出这种战争机器不久，有些英国人就试图站在一个更有“高度”的位置上来拓展坦克的用途

1916 年 8 月，他被任命为第 7 集团军副参谋长。在第 7 集团军参谋部，富勒结识了一大批志同道合的同僚。随着战争进程的发展，他的突破思想开始深入人心，现在的问题就是找到一种可以胜任这种重大军事变革的武器。8 月 20 日，富勒看到了英军的威力巨大的新式武器——坦克，他兴奋地叫喊起来：“坦克，就是它”。从此，他和这个铁皮怪物结下了不解之缘。索姆河战役开始后，富勒闻讯早早赶到现场观察。他在集团军司令部全面分析坦克在战争中使用的利弊，研究坦克运用的方法。他一再在文章中指出，坦克的使用必须贯彻集中的原则，大量地集中使用在重要地区和主要方向上。他认为，如果能大量集中地使用坦克，英军完全能在 1917 年内击败德国。命运终于垂青了大声疾呼的富勒，英军新组建的坦克部队选择了他担任副参谋长。到任后的富勒开始深入了解坦克的各种技术数据和性能指标，每天和参谋们在实地研究坦克战术。作为参谋长的富勒敏于思考，富有创意，富勒迎来了他军旅生涯最辉煌的日子。1917 年 2 月，他撰写和颁布了《第

上图 英军在分散使用坦克屡战屡败之后，富勒的理论得到了尝试

16号训练要则》，初步形成了人类机械化战争的历史上第一个比较系统完整的坦克作战理论框架。

英军在分散使用坦克屡战屡败之后，富勒的理论得到了尝试，富勒也因此迎来了他军旅生涯的最高点——1917年11月的康布雷战役。在这场战役中，英军在富勒的指挥下集中381辆坦克突然袭击，突破了德军铺设的反坦克壕，实现了战线上的重大突破。但这场胜利完全出乎英国远征军黑格元帅的意料，以至于他没有准备足够的预备队来扩大这一成果。即使这样，英军以不到4000人的伤亡消灭了大量德军，仅俘虏就达4000人。战役结束后，英国伦敦所有的教堂钟声齐鸣以庆祝这场重大胜利，这是一战中唯一的一次。兴登堡将军后来在日记中写道：“英国在康布雷战役的进攻第一次揭示了用坦克进行大规模奇袭的可能”，而富勒也由于此战奠定了坦克作战权威的地位。到1918年，富勒的机械化战争思想已基本确立，并于8月完成了著名的《1919计划》——其核心内容是集中11500辆坦克对德军实施战略进攻，以重型坦克在全线实施多点突破，紧跟其后的大量中型和轻型坦克从突破口进入，向纵深进行不间断的战略冲击，直至德军崩溃……这一计划准确地预见了未来战争的特点，系统地描述了新的作战形式，它标志着富勒军事思想的形成和机械化战争理论的基本成形。同时富勒还首次描述了坦克和飞机协同作战的构想，强调了飞机在保持制空权的同时协同打击地面目标，还具体勾画了联军的作战方案。二战后西方军事家一致认定《1919计划》是“一份战争史上的经典文件”。遗憾的是，这一计划并没有得到英军统帅部的采纳。1918年8月8号开始的亚眠战役中，坦克再一次发挥了重大作用，且再一次印证了富勒的坦克战理论。富勒在此战后认识到，没有建立以坦克、摩托化部队为核心的强大战役预备力量，就难以充分利用战役突破的效果，实现摧毁敌人防御体系的作战目标。他把攻击敌军大脑和神经，瘫痪敌人作战体与运用坦克部队实施纵深突击的思想进一步结合，从而更加丰富和完善了他关于机械化战争的理论。

上图 1916年8月20日，富勒看到了英军的威力巨大的新式武器——坦克，他兴奋的叫喊起来：“坦克，就是它”

“冷漠”背后的激情

一战结束后，富勒的装甲兵作战理论在形式上并没有被英国官方所接受。事实上，这同英国自身的军事传统及其军方从第一次世界大战中汲取的经验教训有很大关系——除了康布雷战役中坦克的表现尚可称道外，大部分有坦克参与的战役都乏善可陈，甚至是令人不满。而且英国出于其地理条件和战略目标的考虑，一贯轻视陆军建设，投入的军费比例一向偏低，于是一旦战争结束，耗资巨大的“装甲兵”在军方高层眼中自然成为了最不受重视的“兵种”——战时规模一度膨胀到4700辆的装甲部队被削减到只剩5个营（当然，英军装甲兵成为正式的独立兵种是二战爆发前夕的事情，这里的“装甲兵”是带引号的）。另外，英军在第一次世界大战中阵亡 75 万人、负伤和中毒 150 万人的惨痛教训，导致英国在战后制定和实施了一系列消极的方针政策。这些政策对陆军建设产生了巨大的负面影响。但尽管如此，作为坦克诞生地的英国，仍具有孕育装甲部队的良好土壤，而且在 20 世纪 20 年代中期到 30 年代中期对完善坦克和装甲部队作战理论做出了巨大贡献。

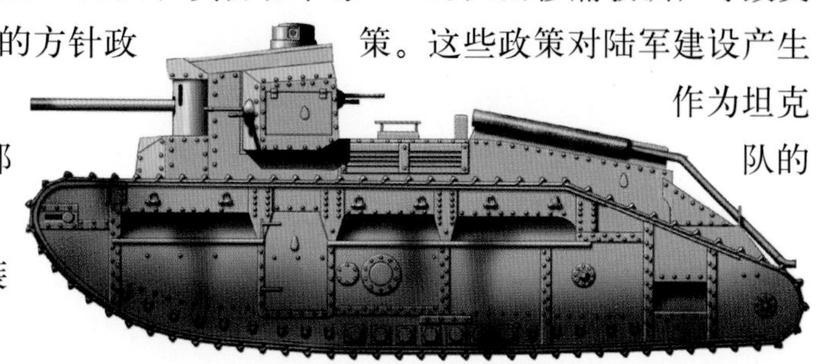

上图 英国出于其地理条件和战略目标的考虑，一贯轻视陆军建设，投入的军费比例一向偏低，于是一旦战争结束，耗资巨大的“装甲兵”在军方高层眼中自然成为了最不受重视的“兵种”

事实上，在两次世界大战期间，英国人在装甲战理论方面的思想酝酿之活跃，连同特别在机械化战争问题上试验余地之广泛，令全世界都感到嫉妒，以至于今天各国的装甲兵军官都将 J. F. C. 富勒和利德尔·哈特视为奠定现代装甲战理论的“开路先锋”。富勒已经作为革命性的“1919 年计划”的制定者享有名声，该计划设想在近距空中支援下，使用约 5000 辆重型和中型坦克纵深突进约 20 英里，那将使得德军指挥体系陷于瘫痪。在整个两次世界大战期间的时间里，在各种非正统和有争议的出版物中，富勒继续担当机械化战争的激进提倡者们的头号喉舌。例如，他在 1919 年的一篇获奖论文中断言，坦克能够彻底取代步兵和骑兵，而且大炮为了自身的生存也必须发展成某种形式的坦克。他预计，需要 5 年时间将陆军改编为一个个机械化师，此后再需要 5 年来克服各种偏见和既得利益。相比于以引人注目的自信和张扬“开辟道路”的富勒，与其亦徒亦友的利德尔·哈特的装甲战主张更为“平和”一些。利德尔·哈特是一个比富勒年轻 17 岁、经验也少得多的军人，在 19 世纪 20 年代末以前他们一直是机械化战争问题上的小伙伴。通过经常会面和大量书信交流，他俩彼此帮助提炼和发展他们的思想。富勒是一个更加大胆、更具活力和原创性的思想家，利德尔·哈特则比较平稳和机智，而且作为一个军事论辩家不那么浮华。所们可以通过以下两点觉察出这两位装甲战理论先驱的想法不同之处。第一，利德尔·哈特提出了比较详细、比较现实的计划，旨在使英国陆军在经过 4 个阶段后逐渐向一支“机械化军队”转变，而不是一下子的跃进。第二，他虽然将坦克放在优先地位，但总是强调机械化部队需要步兵（或称“坦克陆战队”）作为其有机的组成部分，富勒却在大部分场合将步兵降为一种纯粹从属性的角色，作用仅是保护交通线和固定的基地。

上图 利德尔·哈特提出了比较详细、比较现实的计划，旨在使英国陆军在经过4个阶段后逐渐向一支“机械化军队”转变，而不是一下子的跃进

可以说，在塑造英国装甲战理论的过程中，利德尔·哈特发挥的作用远比富勒更有价值。到 20 世纪 20 年代中期，利德尔·哈特（他在离开军队后很快成了一位著名的军事

问题著作家）已逐渐形成了“新型军队”概念，这种军队行动起来不用公路和铁路，一天挺进100英里。在其小册子《巴黎：或未来战争》当中，他将自己关于未来战争方式的思想清晰地概述出来，并且勾画了机械化部队令人振奋的前景：“一旦认识到坦克不是一种额外的武器或步兵的单纯辅助，而是现代形式的重骑兵，它们真正的军事用途就显而易见了，那就是以尽可能大的规模予以集中，予以使用，决定性地打击敌军的阿基里斯之踵——构成其神经系统的交通线和指挥中心。如此，不仅可以见到机动性被从堑壕战的陷阱中解救出来，而且由此可以见到与其单纯的机械原理相反的指挥才能和战争艺术的复兴。”在利德尔·哈特、富勒等人的影响下，英国装甲战理论不但在纸面上“丰满”起来，而且也在实践中进行着验证。1925年9月，英国陆军举行了自1914年以来的第一次大规模演习。这场为期3天的演习目的之一是检验新型机械化作战思想。为此，演习双方各配属一个坦克营。在演习第一天，临时凑成的“机动部队”步兵在距离进攻出发阵地16千米的地方下了汽车，因很晚才抵达目的地而丧失进攻良机，马匹运输队和运输车辆也发生了拥堵现象。虽然演习结果令人失望，但也有一定的积极作用。陆军大臣拉明·沃辛顿·埃文斯在富勒的陪同下观看了演习，对机械化陆军建设产生了浓厚兴趣。他在1926年3月的预算讲话中宣布，英军将建立一支包含各兵种的小型机械化部队，在一个主要训练中心专门用做试验目的。1926年2月，乔治·米尔恩爵士担任英军总参谋长，英军装甲部队建设有了进一步发展。

上图 尽管是坦克发明国，但英军装甲兵成为正式的独立兵种却是二战爆发前夕的事情

在两次世界大战期间所有担任过英军总参谋长的人当中，米尔恩的思想最超前，最富于进取心。他走马上任之后，接受了利德尔·哈特的建议，让富勒担任他的军事助理，并赋予这个通常由资历较浅的军官担任的职位以“智囊”的作用。米尔恩在阅读了利德尔·哈特1925年出版的《巴黎：或未来战争》一书之后大受启发，并因此导致了1926年年底的一次更大规模的装甲机械化部队演习。1926年11月13日，为了实现未来机械化作战，米尔恩在坎伯利为内阁和自治领的总理们组织了一次令人瞩目的装甲战示范性演习。各种类型的机械化车辆都参加了这次行动。在演习中，滂沱大雨使演习地域成为一片泥潭，但这恰恰凸显了履带式车辆对轮式车辆的优势。整个演习展示了一场装甲机械化战争的所有战术性要素，包括自行火炮、坦克、飞机与地面进攻相配合，对敌防御阵地同时展开突击等。在萨利斯布里平原进行的这场机械化部队与步兵对抗演习一开始，轻型坦克侦察分队在弗雷德里克·派尔中校的指挥下，令人吃惊地向前疾驰了40千米，到达指定地域巩固阵地之后仍不见敌方踪影，最后由于“敌方”部队相距甚远，而不得不中断演习。当时，派尔中校和利德尔·哈特一致认为，装甲部队应该一直保持快速推进，直到与敌遭遇并展开激战，阵地则应该由随后跟进的摩托化步兵部队去占领……尽管演习被迫中断，但负责演习的伯内特·斯图尔特少将对此并没有

表示不满。他对观看演习的来宾评论道：“我知道，你们当中许多人不会喜欢轻型坦克分队在这些演习中运用的战术。你们会认为这是在冒险。但是我向你们保证，在装甲战中这些战术将会得到应用，它们有可能获得成功，总会有一些人以这种方式去冒险一试。所以你们必须做好应对它们的准备。”尽管英军在 1926 年的演习中暴露出机械化部队的作战配合问题，但也揭示了机械化作战方式的潜力，这才是演习的重大意义所在，以至于演习过后，总参谋长米尔恩激动地宣布，在未来的某一天，英国陆军将全部成为“装甲部队”。

到 20 世纪 20 年代末，英国陆军部和参谋本部开始日益担忧英国陆军兵员减少，装备恶化，无力履行可能的义务承诺。同 1914 年以前相比，计划中履行欧洲以外义务的远征军在规模上小得多，随时开赴战场作战的准备程度也较差。正是在这些不利条件下，进行了 1927 ~ 1931 年间引人注目的机械化混成部队尝试性演习。虽然这些演习的规模较小，而且到头来证明是一个虚假的开端，但它们当时在国外引起了相当大的兴趣和羡慕，而且对于英国官方认可的装甲战理论的塑造更是功不可没。比如，1927 年 8 月在索尔兹伯里平原进行首轮正式演习的所谓机械化部队是一个大杂烩，由装甲车、轻型和中型坦克、骑兵、拖拉机牵引炮、卡车和半履带车运送的步兵等七拼八凑而成。旅长杰克·柯林斯上校依其各自运载工具的公路行进速度，将全旅分成“快速”“中速”“慢速”3 个分队，然而这不符合它们的越野能力。正如利德尔·哈特在《每日电讯报》中报道的那样，结果是一个蜿蜒盘旋达 32 英里的超长队列，常常在瓶颈地带挤成一团。缺乏无线电通信和有效的反坦克炮（由彩旗代替）只是诸多严重缺陷中的两个。然而即使如此，这番演习仍然证明了机械化部队比传统的步兵和骑兵优越，而且已经在利用演习中获得的经验进行自我进化。

到了 1928 年的演习时，这支被重新命名为“装甲兵”的部队配备了 150 台无线电装置，然而适用的坦克和运载工具仍然总是短缺。仅有 16 辆轻型坦克可供使用，而且它们缺少炮塔，仅仅装备了机枪。尽管设计出了老式维克斯中型坦克的优秀替代品，但是资金的缺乏阻碍了它们的开发。步兵采用汽车运输无法使之在越野时跟得上坦克。不过，1928 年演习最成功的一点，在于经过事先反复操练的迂回机动表演，其目的在于给高级官员、访问观摩的显贵和国会议员们留下深刻的印象。至于英国装甲战理论验证阶段的顶峰是英国皇家坦克第一旅在 1931 年举行的演习。与其所有的前身不同，这支部队完全由履带车辆组成。另一项重要的特征在于，各坦克营内的每个连都由一部分中型坦克和一部分轻型坦克组成，证明这两种坦克可以协同作战。通过将无线电台和彩色旗结合起来作为坦克互相之间的联络方式，查尔斯·布罗德旅长形成了一种操练方法，可以使得全旅约 180 辆坦克按照他的命令作为一个整体迂回机动。布罗德指挥该旅在大雾中行进数英里穿过索尔兹伯里平原，准时出现于观摩现场，并且以“出神入化的精确性”列队驶过进行检阅的陆军委员会，至此，演习以大获成功告终。事实上，正是通过上述生机勃勃的演习，英国政府才于 1929 年出版了第一本机械化战争的“官方指南”——这就是布罗德的小册子《机械化装甲阵列》（即著名的“紫皮书”），该书内容的观点浓缩了利德尔·哈特等人主张的精髓部分，对第二次世界大战乃至战后的英国装甲兵作战理论影响极为深远。

逆流中的进步

事实上，考虑到来自政治上的大量制约因素，再加上公众对第一次世界大战之结果的日益增长的幻灭，英国在两次世界大战期间居然还产生了富勒、利德尔·哈特这类出类拔萃的装甲战理论家，并且率先演练了实验性的机械化部队，完善了自己的装甲部队作战理论，这一切实在是令人诧异。如何解释这一现象呢？首先，英国鼓吹装甲战的军事理论家们大都作为当时的低级军官，亲身体验了第一次世界大战中作战的低效和浪费。他们深信不久便会有一场新的大战，对国际条约或国际联盟几乎不抱半点信心，因而念念不忘汲取一战的“正确教训”，检讨军队的框架结构，恢复作战的机动性，并因此醉心于由发动机推进的装甲战争。其次，20 世纪 20 年代英国在战术观念和战略思想两方面都活跃昌盛，在理论家们对于剖析并且得益于 1914 ～ 1918 年的痛苦经历的关切背后，有着相当大的公众推动力。最后，也是更重要的一点在于，由于当时在近期内没有明显的敌人，因而有了一种相对宽松的氛围，在这种环境中英国有关装甲战争的理论能够以类似于纯科学或是纯学术的方式被发展出来，其理论层次的冗度和健壮性让人吃惊。也正因如此，尽管英国装甲战理论仅维持了一小段生机勃勃的实验期，但影响却几乎是“永久性”的。

事实上，在这一小段生机勃勃的实验期过后，来自军方领导人的推动和鼓舞显著减小。这其中部分原因在于保守派强调装甲部队的成功对陆军传统兵种造成冲击所带来的负面影响。保守派认为，不应该建立一支装备新武器（即坦克）的部队，而应该在整个陆军中实行机械化和摩托化。保守派的这个观点是以牺牲建立独立的装甲部队为代价来加强步兵的攻击力，实质则涉及是否改变陆军以步兵为主要进攻力量的关键问题。同时与传统的军事保守主义一起向英国装甲兵的鼓吹者们开刀的还有 1930 年的财政危机。另外需要指出的是，作为创建英国装甲兵作战理论的元老和最有热情的鼓吹者，性情和专业上的挫折使得富勒言谈行文越来越尖刻，越来越虚张声势。他甚至提出，“由于战争关系到种族存亡，由于民主国家不愿进行根本的军事改革，因而一种比较专制的制度或许必不可少”的奇谈怪论。所以并不奇怪，这不但引起从上到下军中大部分军官的反感，并促使其在 1933 年以少将的军衔被迫离开了军队（后来干脆成为了英国法西斯运动的支持者），而且也使其鼓吹的装甲兵理论由于深深的“富勒烙印”而一度声名狼藉。结果这一切因素综合在一起，使验证英国装甲兵作战理论的试验陷入了低谷。

上图 1945 年柏林胜利阅兵式上，规模庞大的英军装甲机械化纵队登场

在政治上的质疑中、在保守派的反对声中，再加上经费紧缺，先是在 1928 年，英国陆军部宣布解散成立仅一年的试验型装甲部队。然后是 1930 年，在经济危机的冲击下，英国政府无限期推迟组建 4 个坦克旅的 5 年计划。不过，尽管名声已经变差的富勒将军引

起了人们对英国装甲兵作战理论偏见，但在利德尔·哈特等人的不断完善下，这一理论已经显示出了足够的“人格健全性”，因此很快就摆脱了笼罩在自己身上的阴影，重新开始在逆境中推动“履带”转动起来。以1931年英国官方颁布“紫皮书”的修订版——《现代编队》为标志，拥有足够理论支撑的英国装甲兵建设重新走上了正轨。1933年11月，英国陆军部批准皇家坦克军团第1坦克旅为正式建制。该旅由机械化步兵、炮兵旅和支援部队组成，实质上就是一个装甲师的构架，在某种程度上意味着装甲兵已经成为英国陆军的独立兵种。到了1934年，英军正式将坦克旅扩建为装甲师的前身——机动师，并于同年9月举行了一次机动师与步兵师的对抗演习。演习证明，独立装甲部队的灵活性、机动性和火力均大大超出了常规部队。虽然在演习最后阶段，南部军区司令伯内特·斯图塔特将军出于训练而非展示部队的目的，设计了一系列复杂而棘手的战役战术课题。机动师的中型坦克太陈旧，无法连续进行远程机动，并出现了指挥上的一些错误，导致演习以机动师的失败告终。于是，保守派趁机发难，否定了在战争中使用装甲部队实施远距离战略突击的可能性。这使英国装甲部队的建设再次陷入了低谷，以《现代编队》为代表的装甲战理论也遭到了半公开的否定，但历史最终证明，这一切不过是黎明前的黑暗而已……

在战火中淬炼

一般认为，早在“坦克”诞生之前，英国便已经有了相关的战术理论，并因此产生了在技术层面将其贯彻的迫切需求，“坦克”由此出现，而在工业界将“坦克”从构想变为现实后，英国军方体系化、系统化的装甲兵作战理论也随之开始酝酿。两次世界大战期间，则是英国装甲兵理论形成、成熟的关键时期——利德尔·哈特、富勒的名字因此如雷贯耳，享誉世界。到了第二次世界大战时期，以蒙哥马利为代表的一些“坦克将军”，正是按照“紫皮书”的原则去指挥“英国坦克群”，从北非的沙漠、意大利的山区和法国的平原，一直打到德国的腹地，并在那里终结了这场战争——同时，以“紫皮书”为代表的英式装甲兵作战理念，也在这场铁与血的考验中不断淬炼完善。到了冷战中，随着英国陆军全部实现装甲机械化，英式装甲兵作战理念实际上已经成为英国陆军作战理念的代名词。然而尽管如此，也许在细节上随着技术的发展不断进行着修订，但“紫皮书”的烙印仍然清晰可见——英式装甲战的精髓，始终在于以不断的“机动”瘫痪敌人，由此指挥才能重新成为决定性因素，战役也将是“艺术作品，而非仅仅挥洒热血”。

上图 随着英国陆军全部实现装甲机械化，英式装甲兵作战理念实际上已经成为英国陆军作战理念的代名词

上图 英式装甲战的精髓始终在于以不断的“机动”瘫痪敌人，由此指挥才能重新成为决定性因素

英国坦克的制造技术

在人们的通常印象中，英国人大都有些性格古怪，这种“怪”反映到坦克外形和性能特点上则有些令人不可接受——从“过顶履带”到“丘吉尔”，从“百人队长”“酋长”到“挑战者”，很少有哪种英国坦克被认为是“均衡而有美感”的。再加上战场上的英国坦克，很多被认为没有以“正确的方式得到正确的使用”，对于英国坦克的评价也因此变得毁誉参半。然而，如此不一般的审美情趣，反映的固然是“任性”的设计理念，但这种“恶趣味”的背后又是怎样一些“有个性的技术”在支撑呢？

上图 L11A5 105mm 线膛坦克炮雄姿

被差评的动力

尽管英国大兵打开限速器，开着“十字军战士”在沙漠中“飚车”的故事为人津津乐道，但整体而言英国人对坦克机动性的看法一向有些极端，这表现为对坦克动力的研发不够“上心”——早期的英国坦克大多用航空发动机“凑合事”（当然，这是因为英国人始终有着一流的航空发动机技术），甚至到了“百人队长”时代，还在用源自二战“梅林”活塞式航空发动机的“流星”MK4B 活塞式汽油机。但到了在 20 世纪 50 年代末上马 FV4201 项目（即“酋长”）时，总算是将机动性的位置稍微提前了一些，并因此决定研制一种专用的坦克动力——这在英国人研发坦克的历史上是不多见的，其成果则是大名鼎鼎的 L60。这是一种 2 冲程直列 6 缸对置活塞水冷多种燃料压燃式发动机，早期生产的 L60 标定功率为 478kW（650 马力），后来通过将鲁茨扫气泵的效率提高到 65%，并对材料和进排气口的结构做了一些改进，使功率提高到 551kW（750 马力），满足了设计要求，成为了世界上最早投入使用的实用型 2 冲程坦克柴油机，具有体积小、重量轻、单位功率高的突出优点，使一向饱受非议的英国坦克动力多少出了点风头。然而，尽管在 2 冲程坦克柴油机的实用化方面拔得头筹，但由于扫气严重、油耗高、噪音大，“酋长”主战坦克所用的 2 冲程柴油机始终无法进入现代化坦克动力的“主流”行列。

上图 “百人队长”主战坦克原有的“流星”MK4B 活塞式汽油机实际上是在高速航空发动机的基础上产生而来，转速高而扭矩小

上图 L60 发动机是一种 2 冲程直列 6 缸对置活塞水冷多种燃料压燃式发动机

事实上，作为一种在结构上“别出心裁”的 2 冲程对置活塞式发动机，L60 到 20 世纪 80 年代其技术水平已经落后于时代，而且在长期的使用过程中，除了二冲程柴油机的固有缺陷外，英国陆军还发现该机存在热负荷与机械负荷高和高度过大的问题，早已引起了部队的不满。在这种情况下，英国在发展下一代主战坦克的过程中，又回到了传统的 4 冲程柴油机的路线。不过，由于在坦克专用动力上技术积累有限，再加上又过于强调军民两用，所以相比于同时期的西方水准，英国坦克发动机水平不高。以应用于“挑战者 1/2”的康达（Condor）12V-1200 型涡轮增压柴油

机为例，为满足军民两用的需要，该机在研制时提出了下列要求：曲轴箱和气缸盖不采用轻合金材料而能达到军用的重量目标；限制最高转速，以适应普通工业用途（包括 50 ~ 60Hz 的发电装置）；限制应力水平，以便采用适合民用的材料和常规工艺方法；尽可能地减小重量和尺寸，并采用公制计量单位。作为一种企图兼顾的结果，该发动机虽然设计原则力求结构简单，总体布置紧凑，又采用了较高压比的涡轮增压中冷技术、进气加热系统、高灵敏度的电子调速器和电子伺服控制装置，以及新型混流式风扇等技术，但由于同时也采用了技术落后的铸铁气缸盖和曲轴箱的箱体结构，结果其 2300r/min 时功率仅为 882 千瓦（1200 马力），单缸功率仅达 73.5 千瓦（100 马力）——无论是大功率还是单位功率，都明显低于同时期以美、德为代表的西方坦克动力，同时动力系统的可靠性问题在部队使用中也广受诟病。

动力系统的“差评如潮”，不但影响到了英国坦克的声誉，更影响到了潜在的市场前景。也正因如此，面对“挑战者 2”惨淡的外销业绩，英国人只得为其换装可靠性极高的德国 MTU 公司的“欧洲动力模块”，以挽回颓势——这一举动显然从一个侧面表明，英国坦克在发动机技术上存在致命的短板。该动力模块包括最大输出功率为 1.1 兆瓦的 MTU883 12 缸涡轮增压柴油机（横置）、伦克 HSWT-295 型变速箱（5 前 3 倒），以及液压调整的双销履带。采用欧洲动力模块后，改称为“挑战者 -2E”的出口版坦克单位功率从挑战者 2 的 14.1 千瓦/吨提高到 17.6 千瓦/吨，公路最大速度从 56 千米/小时提高到 72 千米/小时。欧洲动力模块不仅使挑战者 -2E 的发动机总功率得到提高，而且就动力部分的体积和重量来看，欧洲动力模块也比原来挑战者 -2 坦克采用的 800 千瓦动力系统更为紧凑。这样就可以省出更多的空间用于增加燃油携行量，其结果就是挑战者 -2E 的最大行程达到了 550 千米，性能提升的幅度十分可观。

不重视火控系统

英国人根据自己的实战经验认为，坦克就任何立场而言都是一种“视距内武器”，因此没有必要将火控设计得十分复杂和昂贵。这类火控系统都是通过一些传感器将收集来的数据输入弹道计算机，求出弹丸准确的飞行弹道，以保证首发命中。然而这些传感器都要求有比较复杂的保养技术，才能使其精确地工作。但事实上，即使是在良好的工作状态下，也不能保证输出给弹道计算机的数据是恰当的，例如横风传感器测得的风速不能代表炮弹出膛后经过千米距离的实际横风风速。传感器测得的药温也不能代表炮弹出膛后所经受的环境温度，所以一些传感器输出

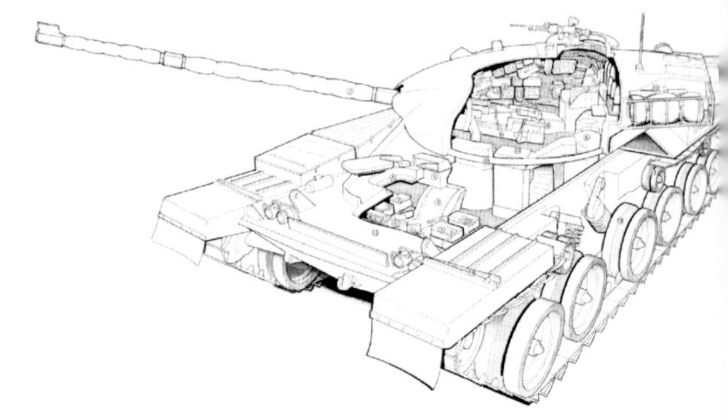

上图 装 L11A1 120mm 线膛坦克炮的 FV 4201 方案。英国人根据自己的实战经验认为，坦克就任何立场而言都是一种“视距内武器”，因此没有必要将火控设计得十分复杂和昂贵

给计算机的数据本身就有一定程度的误差，保证不了首发命中。此外，在多数情况下，炮长瞄准线与炮口火线间的准直度（或平行度）是不能连续校正的。二者之间的关系会随环境温度引起的炮管弯曲而起变化，所以炮长也不容易确保火炮的瞄准精度。使用装有复杂火控系统的炮长，如果首发不能命中靶时，往往感到手足失措。大多数炮长在发射第 2 发弹前采用手工修正的办法，这样一来就失去了火控系统的意义了，所以不宜设计过于复杂的火控系统，只装备少而精的传感器，能保证首发射击时距离误差低于 50 米就可以了。炮长和车长可以根据首发弹着点，在第 2 发炮弹射出之前进行修正。

上图 英国坦克的 L21A1 12.7MM 测距机枪

事实上，在英国人的观念中，“首发”本身就可以视为火控系统的“传感器”，它可以指出影响弹道的“药温”“炮管跳动”“磨损”“风速”和其他参数的综合效果，这样就可以免去许多复杂设备的安装、调试与维护，而且节省出炮塔内部的一部分空间，火控系统的成本也随之降低。也正是在这种观念的指导下，在很长一段时间里，都能在英国坦克上，并且只能在英国坦克上看到一种“奇葩”装备——测距机枪。以多型“百人队长”主战坦克和“酋长”主战坦克早期型为例，其安装的 M8A1 或是 L21A1 式 12.7MM 测距机枪使其颇有英国味道。其测距机枪的原理是，主炮射击前使用并列安装在火炮上方的 M8A1 测距机枪进行瞄准射击。所谓并列安装，就是机枪与火炮相对位置固定，一同俯仰（炮长可以选择手操纵机构进行俯仰和旋转运动，也可以动力驱动方式进行非稳定和稳定方式的俯仰和旋转运动，还可以进行动力驱动的应急单一速度的旋转运动）。射手发现目标后，首先目测判定距离，装定相应的机枪表尺，操纵测距机枪发射 1 个短点射，一般发射 3 发曳光弹；如果曳光弹命中目标，就按照此时机枪表尺距离在瞄准镜中装定火炮某弹种的表尺瞄准射击；如果曳光弹没有命中目标，射手就根据观察到的曳光弹偏差情况，进行射击修正，直至曳光弹命中目标，再用火炮射击。由于在直射距离内，机枪弹和炮弹的弹道相差不多，这样做是十拿九稳的。事实上，测距机枪不仅仅是测距仪的替代品，也是“首发”的替代品，可以视为英国人对坦克火控系统所持观点的“浓缩”。

然而，随着时代技术的进步，英国人这种不重视火控系统的观点越来越受到来自各方面的普遍质疑。仅以“挑战者 1”在当年“银杯奖”上的“悲惨遭遇”为例。由于“挑战者 1”的火控系统由“酋长”主战坦克改进而来，精密程度及综合性能均不如 M1、豹 II，在历年北约坦克射击竞赛中的表现都不理想，首发命中率也不算高。在 1987 年举行的加拿大“陆军杯”（也称为“银杯奖”）坦克炮射击大赛上，“挑战者 1”和 M1、豹 II 同台比武。较量的结果是 M1 坦克炮的命中率达到 94%，豹 II 为 92%，而挑战者 1 仅为 75%。每发弹的平均射击时间是 M1 为 9.1 秒，豹 II 为 9.6 秒，而挑战者 1 则长达 12.61 秒。两项成绩的比较，“挑战者 1”坦克差距明显。这使专门训练了数月、打了 6585 发炮弹的英国皇家轻骑兵团的坦克兵们倍感耻辱。当然，在 1991 年的海湾战争中，一辆“挑战者 1”曾在 5100 米外成功“解决”了一辆伊军 T-55 坦克，这是海湾战争地面战中联军坦克距离最长的一次成功猎杀，但业内人士普遍认为，这应归因于将线膛炮的长距离精确度优势发挥得淋漓尽致所致，而非火控系统的功劳。

执着于“线膛炮”

不可否认，英国人的坦克炮都是值得夸赞的工艺品，无论“做工”还是性能均是如此。然而，或许是太过成功，这使英国人同样变得有些偏执，其表现之一就是执着于“线膛炮”。自从二战末期，英国皇家兵工厂的“17磅炮”在“萤火虫”身上打出了好名声之后，英国人对线膛炮的痴迷就一发不可收拾。QF 17磅炮在射速和精度上与德军70倍径75mm坦克炮相当，但在反装甲威力上则要高于前者——使用次口径碳化钨芯脱壳穿甲弹（APDS）的情况下，1000米距离内的穿甲能力与德军71倍径88mm坦克炮接近，是一个不折不扣的杰作。在QF 17磅炮的基础上，英国人再接再厉——作为QF 17磅炮的一个放大版本，QF 20磅炮其长达70倍径的身管、高达1350米/秒的炮口初速度（发射次口径碳化钨芯脱壳穿甲弹（APDS）），以及结构新颖的抽气装置，令其备受世界瞩目。如果说QF17磅炮是英国坦克炮技术的一个里程碑，那么在经历了QF20磅炮这个出色的过渡之后（安装有QF20磅炮的早期型“百人队长”出口成绩

上图 装有QF17磅炮的“萤火虫”曾经是一个传奇

上图 “IS-3危机”成为英军抛弃QF17磅炮，追求更大口径坦克炮的直接动因

上图 各种装QF 17磅炮的英式坦克，在IS-3面前只能落得这样的下场

左图 一度令英国人感到骄傲的“彗星”，在IS-3面前也只能以悲剧而收场

已经相当不错，为英国赚回了2亿英镑的外汇），英国人的线膛坦克炮技术在105mm口径的L7上又迎来了一个辉煌——这门由QF20磅炮扩膛而来的105mm坦克炮，身管长度保持不变，口径加大了25%，炮膛容积增大了50%，由于身管仍达51倍径，弹丸相对行程达6以上，这样既增大了弹底推力面积，又能保证加大装填密度后发射药仍能在膛内燃烧完毕，并充分膨胀做功，从而获得了1470米/秒这样一个在当时看来不可思议的炮口初速度，一举将英国坦克炮的声望推向了巅峰，其影响至今仍在回荡。不过，英国人对于更大口径线膛坦克炮的追求却并没有止步。

上图 装QF 20磅炮的“百人队长”MK3

继L7A1 105mm线膛坦克炮后，英国人在两代120mm坦克炮上继续坚持了线膛炮的路线——L11 120mm线膛坦克炮被装到了“酋长”上，L30 120mm线膛坦克炮则被装到了两型“挑战者”上。然而，与L7A1获得的好评如潮不同，人们对L11 120mm线膛坦克炮的反应已经趋于冷淡，到了L30 120mm线膛坦克炮出现时则已经是“嘘”声一片——时代已经变了，在东西方坦克开始普遍以滑膛坦克炮为“主流”的背景下，英国人在线膛坦克炮上的“坚持”似乎显得有些“不合时宜”，以至于一个个“固执”“保守”甚至是“反动”的大帽子接连扣了过来。然而，时至今日，英国人在这个问题上却依旧我行我素。英国人果真固执的无可救药了么？未必。线膛炮相对于滑膛炮劣势是有其时代性的——在当时来讲，所谓的线滑之争，本质上是一个弹药问题。如果线膛炮也能够像滑膛炮那样发射同样长径比的长杆次口径尾翼稳定脱壳穿甲弹，那么滑膛炮在坦克上好不容易取得的优势地位就必然发生了动摇。而现实往往比想象中来得更快，1972年美国为M68 105mm线膛坦克炮研制的M735次口径长杆脱壳穿甲弹上开始尝试应用滑动弹带技术，革命性的技术突破已经出现，线膛炮不能发射尾翼稳定结构的口径长杆脱壳穿甲弹的问题其实已经解决了（所谓的滑动弹带技术实际上是一个特殊装置，该装置能使与膛线咬合的弹带旋转，而弹体保持稳定）。而且尽管理论上采用尾翼结构的弹芯长径比不再受到限制，但弹芯材料的强度问题却无法回避，并不是可以随心所欲想加多长就加多长的，所以随着时间的推移，这个问题已经越来越淡化了。在这个问题上的线滑之争，实际上达到了平衡。事实上，目前英军L30 120mm线膛炮所配的尾翼稳定脱壳穿甲弹弹芯，已经与RH120/M256系列120mm滑膛炮实现了通用。进

上图 在苏联威胁面前，英国人认为即便是装备L7A1 105mm线膛坦克炮的“百人队长”也不足以保持技术优势了

一步说，采用线膛炮发射尾翼稳定脱壳穿甲弹，还可以利用滑动弹带解决弹丸必要的微旋问题，而不必像滑膛炮那样为解决弹丸微旋问题还要在弹托上制造斜孔或利用不对称尾翼（即使是滑膛炮，尾翼脱壳穿甲弹也是要旋转的，只不过滑膛炮在离开炮口的时候弹体是不旋转的，它的尾翼与弹体有一定的角度，在这个角度的作用下，弹体会开始旋转，逐渐达到要求）。有些试验甚至表明，用线膛炮发射尾翼稳定脱壳穿甲弹弹着点散布要更小一些。

上图 L11A5 120mm 线膛坦克炮细部特写

另外，理论上讲，滑膛炮更便于加工一些，但从 RH120 的实际情况来看，由于要求的光洁度更高，内膛喷镀工艺更复杂，所以二者的成本并不会相差太高。还有人想当然地认为，滑膛炮没有线膛阻力，因而提高了初速度，但实际上在全部能量中，膛线摩擦造成的能量损失还不到 3%，所以即使有所损失，也不致成为降低初速度的主要因素，况且滑膛炮也并非完全没有内膛摩擦损失。至于说滑膛的磨损低于线膛，理论上也是的确如此，但目前尚未见到足够有说服力的证据。同时，还需要引起注意的是，必须要考虑整个使用周期内，因训练弹不同而造成滑膛炮与线膛炮在使用成本上的差异。训练弹成本不同在于，尾翼稳定训练弹要比旋转稳定弹贵得多，实际上，一门坦克炮发射全装药实弹的费用相当于炮管的 10 ～ 15 倍，而相应的训练弹费用则高达 50 倍，由此可见训练弹在成本中的重要性，训练弹所占的总费用要

上图 英国人对于第二代 120mm 坦克炮的痴迷，也可以说是源于技术层面的自信

上图 英国第二代 120mm 线膛坦克炮有效射程 4 倍于 D-10T 100mm 坦克炮

上图 装备 L11A5 120mm 线膛坦克炮的“酋长”主战坦克，一度令英国人拥有了当时世界上最具威力的装甲技术装备

比实弹和火炮多得多，而滑膛炮所用的全都是尾翼稳定训练弹，所以线膛炮在使用周期内的费用要比滑膛炮少得多。最后，线膛炮在发射除长杆次口径尾翼稳定脱壳穿甲弹之外的弹种时，弹丸在飞行中是高速旋转的，而旋转可以保持轴向的稳定性，并受气流 / 风的影响较小，因此弹丸更容易保持方向稳定性，远程攻击时精度更高 ，这对于破甲弹和榴弹来说尤其有利。而滑膛炮由于是通过尾翼保持稳定性的，因此在远程攻击时精度要比线膛炮差一些，线膛炮在面对战场上多种作战任务时有更强的适应能力，而这一特点显然更为适合后冷战时代目标越来越多样化的今天。英国人的固执也未尝不是一种远见，时间和战场的考验终会证明一切。

“乔巴姆”装甲的启发

英国坦克向来有重视装甲防护的传统。到了“挑战者”时代，该坦克车体和炮塔使用的“乔巴姆”复合装甲更被视为第二次世界大战以来坦克设计和防护方面取得的最显著成就，与等重量钢质装甲相比，大大提高了抗破甲弹和碎甲弹的能力，但体积和重量增加不多，例如装有“乔巴姆”装甲的“挑战者 1”坦克比“酋长”MK5 型仅增重 7 吨，但装甲防护却经受住了最严峻的战场考验。1991 年，名为“沙漠军刀”的海湾战争打响了。1991 年 2 月 25 日，装备 157 辆“挑战者”I 型坦克的第 7 装甲旅奉命向科威特城进发，行进途中与数量明显占优势的伊拉克坦克部队遭遇，经过一整夜激烈的战斗，英军以无一坦克受损而击毁伊军 300 辆 T-72 等型号坦克的战绩取得绝对胜利。100 小时的地面战争结束后，英国第 7 装甲旅旅长科丁自豪地说：“挑战者”的防护力无与伦比，它是为战争造的，而不是为了竞争……科丁的自豪是有道理的，尽管两代“挑战者”在世界军火市场上并没有争得多少份额，但它在坦克发展史上却仍能占有重要地位，其主要原因便在于其率先采用了具有开创意义的“乔巴姆”复合装甲，使坦克的防护能力跨上了一个新的台阶。

上图 具有开创意义的“乔巴姆”复合装甲，使英国坦克的防护能力跨上了一个新的台阶

“乔巴姆”是英国一个并不起眼的小镇，英国的一个著名装甲研究院位于这里，“乔巴姆”复合装甲就得名于装甲研究院所在地。由于重视装甲防护的传统，英国人始终在新型装甲材料和结构的研究领域保持着旺盛的“劲头儿”。为了提高坦克的防护能力，英国乔巴姆装甲研究院的专家经过十几年的反复试验，终于研制成功这种后来称为“乔巴姆”的复合装甲——从海湾战争的实践来看，坦克业内人士将“乔巴姆”装甲的出现视为坦克防护领域一次划时代的飞跃并不为过。据一般情况认为，“乔巴姆”装甲能有效防护破甲弹、碎甲弹和钨弹芯脱壳动能弹，防护穿甲弹的能力是均质钢装甲的 3 倍。而“乔巴姆”装甲防弹能力强，源于它是一种有多层结构的复合

装甲，它的内层和外层均是又硬又韧的钢装甲，中间一层则是厚厚的陶瓷装甲，用做装甲夹层的陶瓷装甲，如氧化铝、氧化锆等，不仅硬度高，耐高温，抗热冲击性好，更重要的是它在高速冲击下的强度（科学上称雨果组弹性强度）要比钢高出 10 多倍，可以有效地抵御破甲弹金属射流和高速穿甲体的冲击。可以认为，在“乔巴姆”装甲中，起主要作用的是中间厚厚的陶瓷装甲。不过尽管这里说得似乎很清楚，但也仍仅仅是它的一些皮毛，至于“乔巴姆”装甲的各层到底有多厚？它的各层装甲的成分如何？结构和加工工艺方面有什么诀窍？由于英国人一直将其作为“机密中的机密”，所以尽管“乔巴姆”装甲已经发展了不止一代，但“外人”仍然所知甚少。不过即便如此，“乔巴姆”装甲毕竟启发了人类对“复合装甲”的兴趣和实践，其开创性意义是不容忽视的。事实上时至今日，先进的装甲防护仍然是英国坦克最为凸出的技术优点之一。

上图 先进的装甲防护，时至今日仍然是英国坦克最为突出的技术优点之一

结语

很难说，英国坦克的“古怪”究竟是来自于“偏执”的设计理念，还是有长有短的“技术特点”所致。然而无论如何，“被差评的动力”“对火控系统的漠视”“对于线膛炮的执着”和“对重型装甲的痴迷”，毕竟构成了饱受非议却仍然我行我素的“英式坦克范儿”。当然，事物始终是在发展变化的，支撑起英式坦克的技术特点也不会是一成不变的。2009 年 5 月，英国最大的武器生产商 BAE 系统公司宣布，关闭“挑战者 2”型坦克的生产厂。这意味着，作为“坦克摇篮”的英国已不再生产新的主战坦克。当时，不少媒体纷纷对英国坦克工业的衰落感慨万千。殊不知，此举大可不必。就在坦克生产线关闭前一年，2008 年，BAE 超过美国波音公司，以年度销售额 324 亿美元成为当年“世界第一大军火企业”。而此前一年，2007 年，BAE 完成了历史上最大的一笔收购，将美国装甲控股公司收入囊中，装甲车辆业务也扩大了一倍，成为全球最大的地面武器装备生产商。如此看来，关闭坦克生产线与其说是割肉放血，不如说是减轻负担，有利于集中资金和科研力量，进行重点项目的研发。到了 2010 年年底，BAE 首次向外界披露了大批未来地面车辆的设计概念，包括 567 项技术和 244 个平台，并透露了其中 7 种平台概念的技术细节。军方透露，47 项技术将很快投入使用，英军未来的地面装备也会改头换面。其中，不少技术相当前沿。例如，BAE 设计了一种“可呼吸”装甲蒙皮，装甲车辆可将柴油机或燃料电池推进系统排出的水释放到蒙皮上，能减少红外热信号，降低车辆与背景的温差，从而实现红外隐身。2011 年，BAE 对外公开展示了其“隐身装甲”。一辆挂载其研发的模块化防红外隐身装甲的 CV90 型步兵战车，不仅能在红外夜视仪的显示屏上“隐身”，甚至能模拟一辆轿车的外形……这或许意味着英国坦克技术会发生一些突变？请拭目以待。

苏联（俄）篇

苏联（俄）坦克的百年发展

蹒跚的启动——苏联坦克发展史 1920 ~ 1936

作为坦克百年发展史上“最重要的一环”（至少是之一），历经近百年发展的苏联（俄）坦克是必须被提及的。那么在这近百年的漫长岁月里，苏/俄坦克工业的主要成就是必须被弄清楚的。

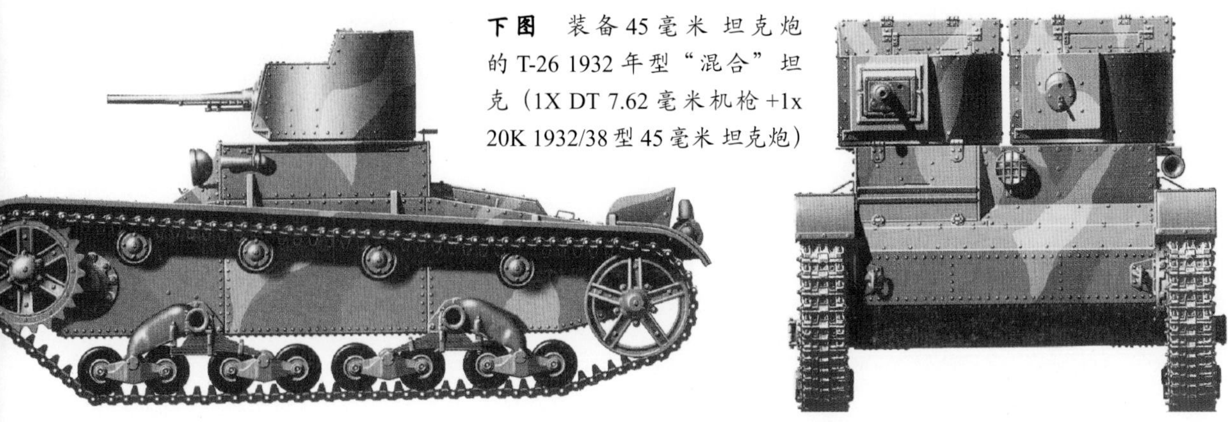

下图 装备45毫米坦克炮的T-26 1932年型“混合”坦克（1X DT 7.62毫米机枪+1x 20K 1932/38型45毫米坦克炮）

特殊的缘起

第一次世界大战后，出现于西线战场的坦克作为一种新兴武器吸引了世界上几乎所有国家的极大关注，这不仅包括那些成功地制造出坦克的参战国，还包括那些没有能力制造坦克，但一直在观察并反思着西线战争的国家，苏联便属其一。第一次世界大战的惨痛经历告诉新生的苏联，静态战争是一场没有赢者的角斗，只能导致每一方的人力和物质资源的完全耗尽。也就是说，哪一方的家底薄，哪一方便先倒下，在这种实力的比拼中，一切战争计策都成为了华而不实的表演。然而，这种残酷的战争规则却是国内战争中的圣彼得堡所无法接受的，原因很简单，经过了4年东线战争的消耗，早先沙俄帝国积攒的实力已被消耗一空，面对由协约国武装起来的白卫军，苏联已经没有本钱再去打一场消耗战。幸运的是，白卫军的实力其实也相当有限，他们同样没有足够的本钱去打一场硬碰硬的消耗战，结果在3年的苏联国内战争中，出现了一种奇特的战争形势，双方都尽力避免在壕堑中流尽最后一滴血，于是他们便不停地运动，企图在运动中寻求以最小代价歼敌最多的机会。另一方面，俄国自古以来的哥萨克骑兵传统无疑非常适合国内战争的这种战争形式，不过这场战争发生的时间毕竟是20世纪20年代，现代化的元素也就不可避免地渗透进了正在广袤的俄罗斯土地上进行的这场厮杀。于是，作为骑兵的天然延续，一战中首先出现于西线战场的坦克，以一种完全不同的理由引起了红军的深刻关注。

上图 1930年“五一”节阅兵式上通过红场的MC-1坦克纵队

从仿制起步

1918—1920 期间，红军已经拥有少量装甲兵的兵器，包括装甲列车、装甲汽车和一些缴获的坦克。其数量虽少，但在打击白匪军的作战中仍发挥了一定的作用。1920 年，苏联红军建立了第一批汽车坦克队。每队有 3 ～ 4 辆缴获的坦克、3 ～ 4 辆摩托车、3 辆轻便汽车、4 辆载重汽车和 1 个铁道列车编组（约 30 节车厢）。到 1920 年底，共组建了 11 个汽车坦克队。它们似乎标志着红军的坦克部队已经像是一棵幼苗那样破土而出。

上图 1920 年，苏联红军建立了第一批汽车坦克队，拥有一些包括法制 FT-17 轻型坦克在内的技术装备

然而，如果没有完整的生产制造工业体系，红军的坦克部队也只能像是无源之水那般迅速枯竭。对于这一点，苏联领导人很早便意识到了问题所在，于是建立了包括坦克制造业在内的完整军事工业体系的计划，在夺取政权不久便在摸索中逐步展开了（当然，这里面不乏争论乃至争吵，但在国内战争的严峻形势下，军事工业还是以一种不可思议的速度在急速恢复与发展）。1919 年春，红军乌克兰第二集团军在南部战场缴获了白卫军的两辆法制“雷诺”式轻型坦克。其中的一辆被运往红色索尔莫沃机器制造厂进行分析研究。当时，列宁同志指示军事工业委员会，要在 1921 年春天之前制造出 15 辆仿造“雷诺”坦克的轻型坦克。那个时候，苏维埃政权刚刚成立，接收的是沙皇俄国的烂摊子，不仅没有汽车工业，重工业也少得可怜。想制造出能用于战斗的坦克，面临的困难可想而知。负责研制工作的红色索尔莫沃工厂没有能力制造整车，装甲板要由彼德格勒的伊热尔工厂生产，动力装置要由莫斯科汽车制造厂生产。

上图 “巴黎公社”号 KC 轻型坦克

第一辆坦克的生产于 1920 年 2 月开始，当装甲板和动力装置于 6 ～ 7 月间运到后，8 月份总装完毕。这种坦克称为 K C 坦克，是“红色索尔莫沃”（К р а с Н о е С о р М о В о）的缩写。8 月 31 日，开始进行试验。这辆坦克行驶了 60 千米，显示了良好的技术性能。随后，再对试验中发现的问题加以改进。1920 年 12 月 1 日苏联第一辆坦克诞生。不久，又生产了 14 辆 KC 坦克，分别以“巴黎公社”“红色战士”“伊利亚•莫罗曼”“无产者”“暴风雨”和“胜利”等名称命名。尽管现在看来，KC 坦克是极为简陋的原始坦克，不过在当时看来，这种坦克的性能却相当不错（它的战斗全重为 7 吨，乘员为 2 人，装有一门 37mm 火炮和一挺 7.62mm 机枪，最大行驶速度为 8.5 千米 / 小时。比起只装一种武器的“雷诺”轻型坦克，这是一种进步。KC 坦克从 1921 年起在苏军中服役，直到 1940 年）。作为苏联生产的第一种坦克，从 KC 坦克诞生之日起，红色装甲力量真正开始了第一步。

摸索中前行

KC 坦克只能算是测绘仿制，要想拥有真正的坦克制造能力，自行设计阶段是必不可少的。不过当时间到了 1922 年，苏联政府开始着手医治国内战争造成的满目疮痍，红军部队开始大规模复员。特别是为了保障国民经济的正常运行，有限的资金大都被用于改善人民生活水平，因此包括坦克兵、航空兵等技术兵种的建设速度被相对放缓，红军装甲部队的规模仍然维持在了国内战争结束时的水平。好在这种停滞期并没有持续很长时间。虽然苏联刚刚成立时，根本没有完整的重工业体系，更谈不上坦克制造了，国内工业企业至多只能偶尔完成一些修理工作，生产出的十几辆 KC 坦克实际上是工人用榔头手工敲出来的样车。但是在帝国主义列强包围下依然处于风雨飘摇中的红色政权，又迫切需要装备战斗车辆来加强红军的战斗力。于是 1924 年 5 月 6 日，国防工业中央管理局在莫斯科成立，这是苏联国家坦克制造工业发展史上的一个重要事件。原因是在这个系统中，成立了一个分管坦克设计和制造的部门，它在 1926 ~ 1929 年间被称为 Ordnance Arsenal Trust 总设计局（GKB OAT）。这个设计局的任务就是研制履带战斗车辆并协助工厂建立生产线，使图纸成为实际的产品。然而，由于缺乏必要的工具和设备，GKB OAT 的早期工作几乎没有什么成效。尽管如此，GKB OAT 仍与国内几家实力比较雄厚的机械制造厂尝试合作（其中包括哈尔科夫机车厂——Kharkiv Locomotive Plant，该厂在 1923 年设计并制造了共产主义（Kommunar）履带拖拉机，由于拥有生产履带车辆的生产设备和一定的经验，所以被认为拥有建立坦克生产线的良好基础），组织技术力量和生产设备，建立坦克生产企业，为真正意义上国产坦克的诞生做准备。

左图 MC-1 轻型坦克侧视图

下图 MC-1 轻型坦克三面图

1926 年夏，GKB OAT 开始制定新式轻型坦克的设计方案，预定这种坦克将与步兵、骑兵共同作战。而在此后的 1928 年，苏联正式出台了关于研制和生产坦克的官方文件——即国防工业中央管理局在 1927 年 12 月 1 日发布的第 1159/128 号文件，文件规定“……应当立即考虑在哈尔科夫地区建立坦克和拖拉机生产线……”（哈尔科夫地区档案馆，93 号档案文件、第 5 页）。根据这些决议，1927 年 12 月底，当时的哈尔科夫机车厂挑选了几位拖拉机设计师组成了坦克设计小组（Tank Design Team），由一位年轻的机械工程师伊万 •N• 亚历克先科领导。这个设计小组最初的任务便是与 GKB OAT 密切合作设计这种轻型坦克，项目代号为 1-12-32，同时向工厂提供设计图纸并参与建立坦克生产线的筹备工作（后来随着设计工作范围的扩大，1928 年初，哈尔科夫机车厂获准扩大设计小组的规模，再招入 8 名设计师。莫洛佐夫机械设计局的雏形就此建立起来）。经过一番努力，哈尔科夫动力机车厂于 1927 年 5 月顺利制造出了第一辆样车，被称为 M 型轻型坦克。严格地说，这辆样车身上仍然保有相当多的 FT-17 元素，但年轻的苏联工程师们在自主设计方面所做的努力仍然不可忽视。经过对 M 型轻型坦克的多次试验和改进，新的轻型坦克于 1928 年 7 月正式定型，定名为 MC-1 轻型坦克。不过，由于当时苏联国内的工业生产形势仍十分严峻，特别是缺少生产轴承和电器设备的工厂，限制了坦克装甲车辆的生产。1928 ～ 1931 年底，共生产了 960 辆 MC-1 轻型坦克。这种坦克一直在苏军中服役到 1942 年。苏联卫国战争开始的 1941 年夏天，大约有 200 辆 MC-1 坦克被改装成 T-18M 坦克，并安装了 45mm 火炮。此外，除了 MC-1 轻型坦克外，1927 年制造成功的 Б A-27 装甲车是苏联研制的第一种装甲车。它是一种 4 轮战斗车辆，重 4.1 吨，乘员为 3 人，装甲厚 8mm，装一门 37mm 加农炮，1 挺 7.62mm 机枪，最大时速约 30 千米，共生产了约 300 辆。总的来说，这一时期苏联坦克工业在摸索中取得了一定的成绩，红军装甲力量也有了团一级单位。但坦克的数量较少，研发与生产能力均非常薄弱，只能算是苏联红军装甲兵的创业阶段。

拿来主义与红军装甲兵的壮大

1929 年 7 月苏联政府批准了第一个全面系统的坦克生产计划，目标是生产超轻型坦克、装甲汽车、自行火炮、装甲牵引车和其他专用车辆。但在意识到光靠本国的工业能力不可能生产出所有型号坦克的技术装备后，时任陆海军人民委员和苏联革命军事委员会主席的伏罗希洛夫向中央国防委员会递交了一份有关报告。在这份报告的基础上联（布）中央委员会副主席奥尔忠尼启则（G.K.Ordzhonikidze）决定派一个军工代表团出访国外以获得技术和装备方面的经验和技术。有意思的是，就在苏联人讨论这个坦克生产计划的同时，一场人类历史上从未有过的经济危机爆发了，这使一切都变得可能了。从 1929 年 10 月 24 日纽约股市的疯狂下跌开始，危机很快从美国蔓延到全球，袭击了几乎所有的资本主义国家。在第一次世界大战中，欧美发达国家的损失是 1700 亿美元，而 1929 ～ 1933 年这次全球经济危机造成的损失则达到了 2500 亿美元，危机震撼了整

上图 第一个 5 年计划中，苏联坦克工业利用西方技术取得的成果之一——T-27 轻型坦克（早期型号）

下图 T-27 的模仿原型——英国卡登·洛伊德 MK IV 超轻型坦克

新命名为 25-V 型坦克（有些资料上称为 K-25 坦克）。另外，苏联也购买了它们的仿制许可证。依照生产计划，1930 ~ 1931 年期间，需要制造 290 辆超轻型坦克，然后每年生产 400 辆。但无论如何，卡登·洛伊德超轻型坦克无法让苏联工程师们完全满意，他们很想让这种坦克更加现代化。他们增加了外壳的尺寸，改良了行走装置，并将机枪改为 DT 机枪。另外一些改进使这种坦克能执行科考任务，探测苏联的地理及气候环境。由于这些改

个资本主义世界，也充分暴露了自由市场经济的弊端。1933 年，整个资本主义世界工业生产下降 40%，各国工业产量倒退到 19 世纪末的水平，资本主义世界贸易总额减少 2/3，美、德、法、英共有 29 万家企业破产。资本主义世界失业工人达到 3000 多万人，几百万小农破产，无业人口颠沛流离（垄断资本家们为了保持垄断价格，不惜把棉花铲了埋入地里，把牛奶倒入臭水沟，把咖啡倒入大海，把成群的牛羊毁掉，而广大失业工人却忍受着饥寒交迫之苦）。

在濒临崩溃的窘迫情况下，欧美的资本、技术和人才开始转移到苏联寻找出路。苏联政府明智地抓住了这次千载难逢的机会。1929 年 12 月 30 日，以红军机械与装甲车辆管理局（Automotive and Armoured Vehicle Administration）局长哈列普斯基为团长的苏联军事技术考察正式开始了访问，先后走访了德国、捷克斯洛伐克、法国和英国，然后到了美国。在资本主义国家所遭受的严重金融危机与苏联人手中坚挺的金卢布双重作用下，哈列普斯基此行的收获相当可观。事实上，通过以极其低廉的价格从西方国家获得核心技术，正是这一时期苏联坦克工业从轻型坦克、重型坦克到装甲汽车，乃至水陆坦克，取得全面成果的奥妙所在。直接通过拿来主义方式得到的 T-27 轻型坦克是这其中的典型代表。

1930 年，苏联从英国购进了最初一批 26 辆卡登·洛伊德超轻型坦克。在苏联，它们被重

上图 安装有 45 毫米加农炮的 MC-1 改进型 T-18 轻型坦克（1941 年选择车况较为理想的 MC-1 坦克改装了 200 辆）

进，这种坦克最终与英国的设计有很大不同。因此，在1931年2月13日，这种坦克被命名为T-27。T-27由两个工厂生产：列宁格勒的布尔什维克工厂和在诺夫哥罗德新建的汽车制造厂（后来被称为GAZ厂）。T-27的外壳是用轧制装甲铆接而成的，也有部分用的是焊接，其顶部有两个方形的舱口。这种超轻型坦克装备有一挺7.62毫米的1929年型DT机枪。T-27超轻型坦克没有任何通信工具，坦克之间的信息传递全靠旗语，这也是那时苏联坦克的特征之一。它装有一台GAZ-AA四缸汽油发动机（是福特-AA发动机的仿制品），额定转速220转/分。乘员有两人，分别是驾驶员和车长/机枪手。这种坦克用于给机械化的红军执行侦察任务。到1932年结束为止，红军已经组建了65个营级坦克部队，每支部队装备大约50辆超轻型坦克。未来，这些部队将被削减到23个。在早期的红军机械化部队中，T-27超轻型坦克担任着非常重要的角色。但后来，由于许多更加现代化型号的发展，T-27渐渐退居二线。在1937年1月1日，有2547辆T-27坦克正在服役。在1930年代，T-27坦克在中亚成功地被运用。直到1930年代末，T-27坦克才退出了红军的一线部队，此后便用于训练任务。在改装后，T-27坦克可以用于牵引37毫米或45毫米的火炮。

上图 T-37A 1933年型轻型水陆坦克三面图

不过作为T-27坦克最重要的一种改进型号，T-37水陆两栖坦克在这一时期的苏联坦克发展史中占有更重要一些的地位。T-37源于苏联在20世纪30年代打算发展的一种准备用来执行侦察任务的轻型两栖坦克。实际上这个想法的灵感同样来自他们于1931年购入的那几辆维克斯卡登·洛伊德超轻型坦克——这其中有8辆为变形车A4E11型轻型两栖坦克。苏联人对此深深着迷并打算着手研制自己的两栖坦克，他们据此改出了自己的T-33，一种与英国货相似的东西。但应该看到，A4E11并不能满足苏联人的要求，所以毫不奇怪的是，T-33没能成为苏联人的主力轻型侦察坦克。重新设计的工作持续到1933年直到第一辆T-37从生产线上开出。原型车达到了苏联红军的要求，这个时候的T-37除了继承了两栖能力外，与T-33全无相似之处，T-37只能靠外壳上的浮囊泅渡内陆的水道，比如小溪和小河，并依靠装在后部的一个螺旋桨与舵在水中行驶。T-37是一种小巧的，在单炮塔上安装一挺7.62毫米DT机枪的超轻型双人坦克，其最大装甲厚度仅为9毫米厚。作为苏联生产的第一种水陆坦克，T-37具有奠基的意义。尽管水上航速不高，但采用了螺旋桨式水上推进装置，在技术上是一大进步。此外，由于重量较轻，T-37坦克还可以由重型轰炸机进行空运或是空投。T-37水陆坦克装备到苏联红军的装甲侦察分队和步兵部队的建制坦克营，用来代替过时的T-27超轻型坦克，遂行侦察任务。排长和连长乘坐的指挥坦克上配有无线电台，机枪塔上有框形天线。总的看来，T-37坦克已具有水陆坦克的基本特征。但是它的形体太小，抗风浪的能力较差，水上行驶的速度较低，火力和防护力也较弱，显示出“草根时代”水陆坦克的不足。但是能在 20 世纪 30 年代就生产出用于实战的水陆坦克，总生产量在 1000 辆以上，这本身就是一项了不起的成就。

上图 T-26 的模仿原型——维克斯 6 吨轻型坦克

至于很有名气的 T -26 轻型坦克的出现，可以说是苏联利用西方世界经济危机的“窗口期”，从英国人手中抢购到的最有价值的技术成果之一，对苏联坦克技术的发展产生了深远影响。 T-18 坦克（也就是人们熟知的 MS-1）在 20 世纪的 20 年代被研发。后来，又相继研发了 T-19 和 T-20，计划用于取代 T-18。不过因为它们在发动机上存在问题，所以研发任务被耽搁了下来，直到苏联人从英国购买了维克斯 E 坦克的生产许可证后上述计划全部暂停（但这也不是意味着直接进行大规模生产，而是试图在维克斯 E 的基础上发展一种新型坦克）。1929 年 5 月 28 日，根据苏联政府和维克斯公司签订的协议首批 15 辆坦克运抵苏联。这些坦克被称为 V-26。1930 年，原列宁格勒的布尔什维克工厂在 H·巴雷科夫和 C·金兹鲍格工程师的领导下，开始参照从英国购买的这批维克斯 E6 吨轻型坦克进行改进设计，制造出 20 辆类似的坦克，定名为 TMM-1 和 TMM-2 坦克。在和其他设计的 T-19、T-20 坦克一道进行对比试验后，1931 年 2 月 13 日，革命军事委员会决定采用以维克斯 6 吨坦克为基础设计的新坦克，并正式命名为 T-26 轻型坦克，从 1932 年起，以列宁格勒的基洛夫工厂为主的一批工厂开始大量生产 T-26 坦克。起先，基洛夫工厂被命令开始生产这些坦克。不过当时工厂的机器和设备仍旧在建设中，所以位于列宁格勒的布尔什维克工厂也接受了相同的命令。后来，布尔什维克工厂被拆分为两个单独的工厂，即布尔什维克工厂和第 174K.E. 伏罗希洛夫工厂。在 10 年间这些工厂总共生产了超过 12000 辆 T-26 坦克。最后一批 T-26 在 1941 年初交付红军使用。1931 ~ 1940 年期间，共生产了 12000 余辆 T-26 系列轻型坦克，是第二次世界大战前苏军装备数量最多的一种坦克。以当时的水平来说，在 1931 ~ 1939 年之间。T26 系列坦克和 BT 系列坦克的水平在世界上是最高的，可以看一下，美国——这个未来的坦克大国的坦克还没有装甲汽车多，英国的马蒂尔达还在设计中，法国的雷诺系列也还在计划生产中，德国的武装拖拉机也刚从设计图纸中完成．所以 T26 的先进性是很高的，其后期型装备的 45 毫米反坦克炮和双人炮塔在当时是很有前瞻性的设计，与同时期日本生产的 89 式、95 式相比较，T-26 的先进性至少是一代的问题。

大名鼎鼎的 BT 快速坦克则是另一种利用西方世界经济危机这个绝佳契机，苏联坦克工业从美国人手中得到的珍贵“礼物”。 哈列普斯基率领的苏联军事技术考察代表团在访美期间，仅仅用 10000 美元便买到了克里斯蒂悬挂系统的专利权。1930 年苏联又决定直接向美国订购两辆克里斯蒂坦克（实际上只是两辆底盘）——可以想象，如果不是经济危机，抛开意识形态问题不谈，美国的资本家们对于这个数字是连谈都不必谈的，但经济危机的残酷使一切都改变了，面对苏联人的金卢布，美国资本家们做出了让步。美国方面愿意提供所有的技术援助，递交所有的生产蓝图和生产坦克的技术工序。约翰·克里斯蒂本人（John Christie）也表示愿意用两个月的时间来到苏联参加磋商会和帮助组织生产。另外，在没有建立外交关系的情况下，美国政府甚至承诺给苏联工程师机会，来新泽西的罗威（Rahway）工厂学习和工作（不过，在这些技术援助中没有包括“自由”发动机，是因为苏联在这之前便已经获得了生产许可证来生产本国的 M-5 发动机）。在以近乎打劫的方式获得了美国人的这一最新技术成果后，

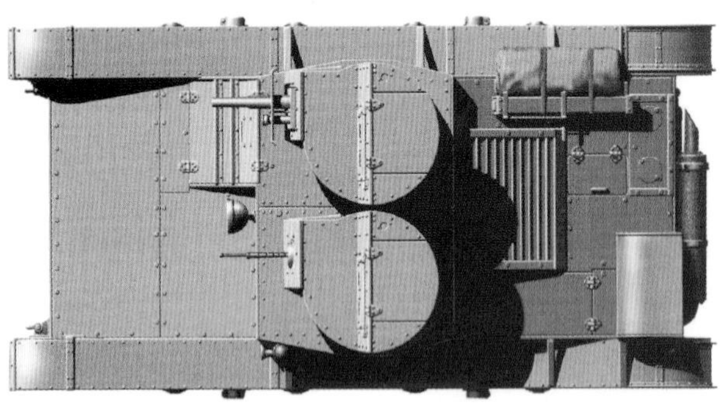

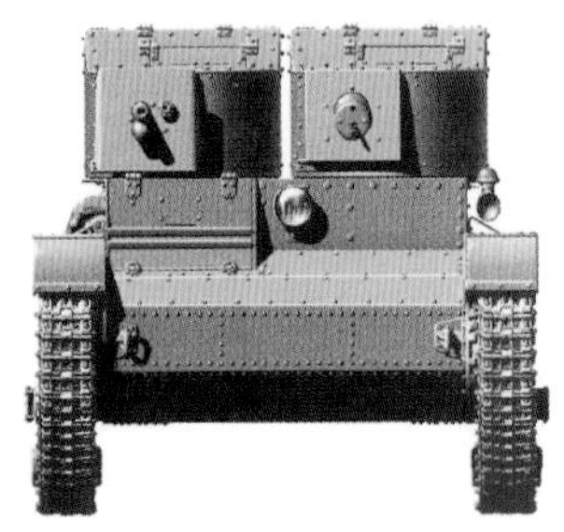

上图　早期型 T-26 轻型坦克四面图

通过对克里斯蒂坦克的拆解分析，经广泛试验，这种美国坦克最终在美国工程师的帮助下，由哈尔科夫工厂试制成功，称为 BT-1 快速坦克。BT 坦克从 BT-2 起开始大量生产，并进行多次改进，先后研制成功 BT-C、BT-5y 和 BT-5A 等多种型号。1935 年研制成功 BT-7 快速坦克，较之前几种车型有重大改进。1936 年研制成功的 BT-HC 型试验坦克，对 T-34 坦克的生产起了很大的推动作用。到 1937 年底，苏军共装备了近 5000 辆 BT 系列坦克，成为当时装备数量仅次于 T-26 坦克的苏军装甲兵的重要装备。

上图　BT-2 快速坦克侧视图

上图　BT-5 快速坦克侧视图

小结

以 T-26 系列坦克及 BT 系列坦克的大规模量产为标志，截止到 1934 年，苏联装甲部队已经在规模上位居世界首位，共拥有各类坦克 5000 余辆——单就数量而言，此时红军拥有的战斗车辆甚至超过了英法两国的总和。然而，这段时期苏联坦克发展的一个显著问题却是缺少原创性，生产的绝大部分坦克装甲战斗车辆都是国外产品的模仿品——即使是在视觉效果上给人以极大冲击的 T-28 多炮塔式中型坦克也是如此。不过，这种情况随着苏联工程师经验的积累及工业基础的逐渐壮大而开始出现了变化……

上图　T-28 中型坦克是维克斯 16 吨多炮塔坦克的苏联仿制品

战火中的淬炼（苏联坦克发展史 1937 ～ 1947）

西班牙内战可谓是苏联坦克发展史的一个重要分水岭，在这场战争之前，苏联坦克工业虽然已经为红军提供了数量可观的坦克装甲战斗车辆，但这其中的绝大部分都是对国外产品或直接或间接的模仿，原创性是相当有限的。不过，随着西班牙内战的结束，以及两个 5 年计划的成功实施，这一切迅速发生了改变——苏联自己的坦克设计风格开始形成了。

下图　T-34/76 1944 年型

对西班牙内战的反思

苏联红军从西班牙内战中得到的真正收益在于对坦克设计要求的反思，以及由此导致的苏联坦克技术的重大革新。这是因为，无论苏联红军是否在战术方面从西班牙内战中获取了有益的教训，但对派往国外的 T-26 与 BT-5 两种红军主力坦克的不满却在红军坦克部队官兵中迅速蔓延开来（但是国外对 T-26 的评价却比红军自己要积极许多，这种红军标准的 NPP 坦克被认为是一种强健的有能力的战车，原因是与“可怕”的意大利 CV 3/35 超轻型坦克、装甲差火力弱的德国 I 号轻型坦克及西班牙陆军的老旧的雷诺 FT 轻型坦克相比较，尤其出色。法西斯叛军的几种坦克都只装备机枪，因此在战斗中不可能打败 T-26，而它们的装甲又太薄无法抵御 T-26 的 45 毫米火炮。T-26 相对于意、德坦克是如此的优越，以至于佛朗哥为缴获每辆 T-26 悬赏 500 比塞塔，摩洛哥军队在这方面显示了特殊的才能）。于是，新一代的 NPP（步兵支援型）、DPP（远距离步兵支援型）和 DD（远距离行动 / 使用型）坦克的研制很快便被红军机械与装甲车辆管理局（Automotive and Armoured Vehicle Administration）提上了日程（此时的红军机械与装甲车辆管理局（Automotive and Armoured Vehicle Administration），由因西班牙内战而迅速闻名的红军“坦克专家”D・G・巴甫洛夫（Kombrig D. G. Pavlov）领导）。

下图　T-34/76 1944 年型

上图 国际纵队坦克团装备的 BT-5 快速坦克

苏式风格开始初现——从 T-26S 到 BT-7M

在改进红军坦克部队技术装备的一系列动作中，红军机械与装甲车辆管理局（Automotive and Armoured Vehicle Administration）的最初做法令人无可厚非。由于 BT 系列与 T-26 系列在红军中高达上万辆的列装数字，按照西班牙战场上获得的经验对这两种车型进行改进不失为一种明智之举。于是，对 BT 与 T-26 系列坦克的广泛改进开始了。BT 与 T-26 的设计都是在红军取得任何坦克战的经验之前开始的，因此西班牙战争暴露出了一些设计者没有预见的重要缺陷——而前线反应最强烈的缺陷要数装甲防护过于薄弱的问题。于是，在西班牙内战结束的当年，一种改进型 T-26S 坦克便很快出现了（实际上包括 1938、1939、1940 年 3 个型别）。这种新型 T-26 坦克的发动机与火炮原封未动，但使用了倾斜装甲，并拥有全焊接式的车身与改良过的炮塔（原本单纯的圆筒状炮塔被修改成防弹性能更好的形状，从侧面看起来就是一个长椭圆形）。不过，T-26S 身上另一项不起眼的改进却具有更为实际的价值。在西班牙的战斗中，苏联坦克手们发现 T-26 的瞄准具设计存在严重缺陷，由于炮塔人员只拥有一具视角有限的潜望瞄准镜，当关上舱盖后，乘员（驾驶员）只能使用装甲玻璃的观察缝。更糟糕的是，乘员只有很短的时间来测定敌方目标位置，但对一些隐蔽得很好的目标来讲——尤其是小型反坦克炮，这几乎是不可能的。因此乘员们一般都在作战行动时开着驾驶员口盖及炮塔口盖，以获得足够的视界。结果，西班牙战场上 75% 的坦克乘员伤亡是由于在战斗中被迫开启舱盖造成的。当西班牙内战结束后，这一问题很快便在 T-26S 上得到了解决（实际上是 1939 年获得的波兰战利品提供了最后的解决方法，红军在后来的坦克设计中采用了仿造的波兰 Gundlach 坦克潜望镜）。

上图 T-26 1939 年型（装甲增强型）侧视图（1941 年 11 月 苏联红军第 5 装甲旅西部特别军区）

上图 T-26S（1938 年型）（1938 年，研发了装备有新型焊接圆锥炮塔的 T-26，坦克装备有一门最新型的 20k 1932/38 型 45 毫米炮，改进了火炮的瞄准设备，增大了坦克油箱的容量）

至于对 BT 系列坦克的改进思路则与 T-26S 差不多——红军机械与装甲车辆管理局（Automotive and Armoured Vehicle Administration）给出的技术要求是，保留原来的 45 毫米火炮，但装甲需要进行一定的增强，同时在机动性方面则要求有大幅度提高。不过，由于 BT 快速坦克（俄语中快速坦克的字头缩写）的研制工作早就超出了当初计划时的范围，事实上，这种以今天的标准仍然算是快得出奇的坦克，已经越来越向成为一个规模庞大的系统工程方向发展，可以说它的目标不再仅仅局限于研制一种新型坦克，而是制定一个全新的完整的车系发展规划。于是，在 1933 年的 BT-5 之后（即唯一被派往西班牙的 BT 型号），BT 系列坦克的进一步改进工作仍然被不断推进着，T2K 设计局的工程师们在 1935 年研制出了更新的后续车型——BT-7 坦克（也就是说，红军还是留了一手，并没有将他们最新型的 BT 坦克派往西班牙）。BT-7 坦克安装了性能更先进的 M17-TV-12 汽油发动机（每分钟 1760 转，功率为 372 千瓦。这种发动机是德国宝马汽车公司发动机的苏翻版，最初是为飞机设计的，早期的 TB-3MF-13 重型轰炸机使用的就是这种引擎），并对传动系统做了大的改进。其中一些坦克还安装了高射机枪。1935 年，在 BT-7 坦克基础上还改进研制了一种安装 1 门 KT 76.2mm 榴弹炮的原型车。在西班牙内战结束后，这种装有 KT 76.2mm 榴弹炮的 BT 坦克被迅速定型为 BT-7A（它被称为“炮兵坦克”（artillery tank），用于为进攻坦克提供直接火力支援，实际上是一种轻型自行火炮）。

因为已经存在更新的基型车，所以红军机械与装甲车辆管理局（Automotive and Armoured Vehicle Administration）要求对 BT 系列坦克的改进要以 BT-7 为基准。这个建议的结果便是产生了 BT-7M——一种虽然名气不大，但在苏联坦克发展史中占有承上启下重要意义的型号。这里之所以对 BT-7M 给予了这样一种定位，主要是基于以下两点：首先，BT-7M 由一台 183 厂研制的 B-2 柴油机驱动，开世界坦克发展史坦克专用柴油发动机之先河；其次，同 BT-7A 的情况一样，少量 BT-7M 坦克在安装了大口径的 KT 76.2 毫米榴弹炮，并加强了装甲防护后，成为了 BT-7MA 型火力支援坦克。至于 BT-7M 上的这两处重要改进，后来都体现在了大名鼎鼎的 T-34 上，所以 BT-7M 的存在意义也就可想而知了。

左图　BT-7M 原型车

右图　同样采用轮履两用结构的 T-29 试验型中型坦克

革命性的T-34

不过，领导红军机械与装甲车辆管理局（Automotive and Armoured Vehicle Administration）的“坦克战专家”D·G·巴甫洛夫（Kombrig D. G. Pavlov）对红军坦克需求方面的理解也就仅此而已了。显然，无论是T-26S还是BT-7M都只是一种修修补补的权宜之计，但D·G·巴甫洛夫（Kombrig D. G. Pavlov）认为这已经足够了。然而，一些坦克设计师却有着不同的看法。早在1938年初的时候，哈尔科夫动力机车厂的设计队伍便出席了军事委员会在莫斯科召开的一个会议，会上国际坦克团负责技术事务的指挥官助理，阿列克山德尔· 维特洛夫（Aleksandr Vetrov）回答了有关在西班牙的经验教训的问题，包括丰特斯·德·埃布罗和特鲁埃尔的战斗。当他们离开时，米哈依尔·I·科什金（BT-7M的设计者）更坚定了自己的信念，即红军机械与装甲车辆管理局（Automotive and Armoured Vehicle Administration）的要求纯粹是胡闹！新的快速坦克应该有更厚的装甲，以防御比在西班牙遇到的德国37毫米反坦克炮更为犀利的武器攻击，并且应该有一门比T-26和BT的老式45毫米 “鸟枪”更好的大口径火炮。1938年8月，科什金在苏联最高军事委员会上以极大的勇气陈述了自己对新一代中型坦克的革命性设计理念：“这将是一种通用坦克，比轻型坦克装甲更厚、火力更强，比重型坦克机动性更好，既可以用于支援步兵，也可以用于装甲集群作战。”事实上，不顾官方的犹豫与“短视”，哈尔科夫动力机车厂早在官方正式批准项目之前，便自行开展了有关方面的预研。

幸运的是，早在1937年10月，苏联红军机械与装甲车辆管理局（Automotive and Armoured Vehicle Administration）便要求183工厂研制一种全新的快速轮履两用坦克，因此这个有违上之嫌的研究计划得到了很好的掩盖。为了完成这个重要的设计任务，米哈依尔·I·科什金从KB-190和KB-35设计局挑选了部分工程师，组织了一个小型设计局——KB-24。其21名成员包括：米哈依尔·I·科什金、亚历山大·A·莫洛佐夫、A·A·莫洛施塔诺夫、M·I·塔尔希诺夫、V·G·马丘辛、P·P·瓦西里耶夫、S·M·布拉金斯基、雅·I·巴朗、M·I·科托夫、尤·S·米罗诺夫、V·S·卡连京、V·E·莫依先科、A·I·斯帕依勒、P·S·先图林、N·S·科罗琴科、E·S·鲁宾诺维奇、M·M·鲁里耶、G·P·福缅科、A·I·阿斯塔霍娃、A·I·古杰耶娃和L·A·布莱施密特。此后在不到一年的时间里，新组建的KB-24设计局完成了A-20轮履两用坦克的设计工作。A-20坦克是严格按照红军汽车与装甲车管理局的要求来设计的，这基本是一种重新设计的BT-7M，与BT-7M最大的不同是采用了全新的外形。在世界坦克发展史上，它真正全面采用了倾斜装甲板，这种防护运用原则很快为各国所接受，至今仍在影响着各国主战坦克的设计。由于A-20坦克在性能上与BT-7M相比提高的程度并不算大，因此，设计局开始将工作重心转移到了对A-20的进一步改进，也就是T-32坦克上。它与A-20快速坦克最重要的不同是放弃了轮履两用的行走系统而采用了单一的履带式行走系统。放弃轮履两用式行走装置的原因有两点，其一是简化坦克设计，便于战时的大规模制造；其二是可将行走系统节

上图 T-34/76的4辆原型车（顺序从左至右BT-7M；A-20 L46 45毫米坦克炮（T-34项目的原始试验车，行动部分仍为轮履两用设计）；A-32试验车（车体没有后来的T-34/76坦克高，车体侧甲板带倾斜度，装57毫米口径火炮，火炮装在球形支架上，并且为增厚装甲而拉长了底盘，负重轮改为独立弹簧悬挂，外形已经很接近后来的T-34了）；A-34（T-34/76 M1939）（换装了L11 L31 76.2毫米榴弹炮，T-34/76定型前最后的试验车）；T-34/76 1940年型（L11 L31 76.2毫米榴弹炮））

上图 A20原型车

省出来的重量用于加强装甲防护。T-32 坦克还安装了威力更大的 76.2 毫米火炮。1938 年 8 月，在最高军事委员会上（Supreme Military Council），讨论了苏联红军机械与装甲车辆管理局的生产任务，科什金设法获得了制造 A-20 轮履两用坦克和 T-32 坦克原型车的许可。1939 年中，A-20 和 T-32 坦克原型车先后完成并交付苏联红军测试。测试委员会认为“这两种坦克在性能和技术指标上都超越了以前设计的坦克”，但委员会认为这两种坦克仍然不够好，还没有达到值得推荐成为制式装备的程度。

左图 T-34/76 1940 年型

右图 T-34/76 1941 年型

左图 T-34/76 1942 年型早期型

右图 T-34/76 1942 年型后期型

右图 T-34/76 1943 年型早期型

上图 T-34/76 1943 年型后期型

上图 T-34/76 1944 年型早期型

1939 年爆发的苏芬战争成为 A-20 和 T-32 坦克的第二阶段测试的实验场。实战清楚无误地表明，只有全履带式的坦克才能满足在恶劣地形（特别是在秋冬季节）上的战术机动性要求，这也进一步宣判了轮履两用式行走装置的“死刑”。但是实战也表明，T-32 还需要增强其战斗力，尤其是在装甲防护方面。留给设计局升级改进 T-32 坦克、加强其装甲防护和火力的时间非常有限，但设计局成功完成了这两方面的改进。改进后的原型车被命名为 T-34 坦克。无疑，克里斯蒂独立式垂直弹簧悬挂系统、B-2（Б Д-2）柴油机与 41.5 倍径的 76.2mmF-34 加农炮是 T-34/76 获得成功的 3 个最重要因素，再加上宽幅履带与倾斜式装甲的运用，使苏联人在“不经意”间就达到了装甲战车发展史上的一个巅峰——人类此前从未造出能在火力、机动和防护上取得如此平衡的装甲车辆。重要的是，这一切早在 1940 年就已经成为了现实。显然，对苏联红军而言，T-34 是西班牙战争所带来的最好礼物，如果没有这场战争，很难想象会有这种东西。就这样，当 1940 年 6 月 T-34/76 从生产线上大批开出时，苏联红军得到了世界上最好的坦克：划时代的机动性、打击力和良好的装甲防护、低矮的侧影、高可靠性及低廉的生产成本使它全面超越了世界上的任何一个同类，包括不久后令整个欧洲颤抖屈服的德国战车都在其面前相形见绌。

上图 T-34/85 1943 年型

上图 采用冬季迷彩的 T-34/85 1943 年型

近来有关 T-34 设计源起的研究结果与一般认为的苏联武器设计是一种简单的传送带式过程的观点不同，原来的观点认为苏联军队根据其战术原则提出要求，工业部门和设计局只是照此做出精确地反映文件要求的东西。但如果设计局忽视了西班牙的经验，而只是机械地按照军队的要求去做的话，下一代的苏联坦克就会是一种平庸的设计——大概与英国同时代的那些巡洋坦克不无区别。哈尔科夫设计局的行为是武器设计中成功的技术创新的卓越体现——并有一种超越现实而预见到未来威胁的能力，坦克设计以此为基础。从组织上来说，苏联的设计局有能力这么做，因为他们在设计过程中被赋予令人惊讶的自由度。在评价未来的技术需求时，坦克工程师们反而比红军指挥员们更能有效地利用西班牙的经验教训。事实上，如果图哈切夫斯基能够看到 T-34，这位对一切新事物和先进技术都特别敏感的元帅定会敏锐地注意到，一种能够将其纵深作战原则中所需要的 NPP（步兵支援型）、DPP（远距离步兵支援型）和 DD（远距离行动 / 使用型）3 种坦克的使命合而为一的全能型坦克出现了。

上图 KV-1 1939 年初期生产型

下图 修整中的 T-34/85 1944 年型及其搭载步兵

上图 柏林战役中的 T-34/85 1944 年型

被误读的“伏罗希洛夫”

与因二战而声名鹊起的“红色魔鬼战车”T-34 相比，同一时期的 KV“重型坦克”却因机动性差、火力薄弱、机械可靠性不佳而广受批评。然而，很少有人意识到，他们对于 KV 坦克的重重指责很可能是出于知之甚少而导致的误解——这同样是一种充满了原创性苏式风格的作品。虽然 KV-1 在后世坦克史学家的眼中几近一无是处，并因此成为科金这个“政治总设计师”愚蠢浪费的证明。但作为两次大战间对一系列重型坦克样车尝试的结果，特别是相较之前的 T-28、T-35，苏联红军最终在战前决定选择 KV-1 其实很难说就是一个糟糕的决定，至少绝不仅仅只是“过得去眼”而已。事实上，KV 坦克根本就不是通常中所描述的那样——“是一个与 T-34/76 形成轻重高低搭配的型号”。究 KV 坦克的本质，其与 T-34/76 的关系更多的是一种并行的竞争关系，或者说是贵族气派的替代者——两者都是为满足“通用坦克”的需求而研制的，不过最后谁也没能真正实现这个目标，在如何做到火力、机动和防护三大性能的平衡上二者的风格差异是显而易见的（或者说对“平衡”的理解各不相同）。前者更轻、更快、乘员更少、造价更便宜一些，是低端版本的“通用坦克”，后者更重、更大、乘员更多、更慢、更贵一些，是高端版本的“通用坦克”，但两者的发动机与火炮部分干脆可以说是完全一样的，并且同样都使用了倾斜式装甲板设计和宽幅履带……显然，基于克里姆林宫方面“大也就意味着强”的心理，在基本设计理念非常接近的前提下，只能是列宁格勒而不是哈尔科夫方面的“通用坦克”作品更受青睐。后来之所以将两种“通用坦克”同时投入量产，并且 T-34/76 的产量逐渐超过了 KV，不过是因为前者的生产成本要明显

左图 1942年德国国防军第1装甲师装备的KV-1E重型坦克

高于后者，出于确保数量优势的考虑，哈尔科夫的作品才作为KV的补充“侥幸”过关。

要知道，在1940年6月德军装甲集群用40天时间横扫整个法国的辉煌，引起了苏联方面的密切注意。德国人以动制静地突破了法国人引以为自豪的马奇诺防线。苏联军队内部一阵惊呼“德国人盗窃了我们的理论，取得了如此成功，而我们却在走回头路！”作为事情最后的结果，苏联人开始恢复此前被解散的机械化军——但这又不仅仅是恢复，而是一个规模庞大得吓人的扩编计划。然而，这个仓促的计划却是一个不折不扣的临时抱佛脚的产物，红军新的装甲部队编制方案完全出自于一个好高骛远的空洞想象，不但脱离了红军现有的技术装备与人员情况，而且也脱离了苏联军事工业的承受能力。按照苏联国防委员的方案，红军将在1941年6月前首批组建8个机械化军（每个下辖2个坦克师和1个摩托化师），2个独立坦克师，然后从1941年2月开始，再组建第2批20个机械化军。1个机械化军将由2个坦克师、1个摩托化师、1个摩托车团、1个通信营、1个工兵营，以及空军分队组成。每军下辖官兵36000人以上、1031辆坦克（其中包括546辆作为主力的“通用坦克”）、268辆装甲车，以及358门火炮和迫击炮。如果按照这个编制需求，全部29个机械化军共需要31400多辆各型坦克装甲车辆，“通用坦克”要占整个数字的一半，也就是15000辆左右，按照KV坦克烦琐的生产过程与高昂的生产成本，显然是一个天文数字。

下图 1941年9月乌克兰前线的KV-1C“胜利属于我们！”号英雄坦克

上图 KV-1S通用坦克

事实上，对于军事机构来说，为了保持数量，它常常不得不牺牲一种武器所可能达到的最佳质量——部队数量减少意味着组织基础的动摇，哈尔科夫方面的设计显然更多地迎合了这种需求。但另一方面，对以科金为代表的大部分技术人员来说，数量本身没有什么价值，他追求的唯一目标只是在最高开支限额内获得“最佳”的武器系统，也就是说这种武器系统的各种性能都要达到最理想的水平，KV坦克就是这种思想的典型代表。但也正因如此，面对如此庞大的数字，原先以KV为主而T-34/76为辅的计划不得不进行调整。从1940年7月开始，把最初生产200辆T-34坦克的计划增加到600辆，其中500辆在哈尔科夫共产国际机车厂生产，100辆在斯大林格勒拖拉机工厂生产——T-34/76的生产自此全面展开，并且很快就超过了KV坦克的生产速率，在数量上成为了红军新式坦克的主流（在战争过程中T-34/76坦克的生产产生了一定变动，生产线使坦克生产变得简单化，并降低了成本。新的自动化流程使钢板焊接变得更为牢固。同时对早期的 F-34 76mm 炮的设计模型做了改动，由原来的 861 个部件减少到 614 个部件，短短两年，坦克生产成本由 1941 年的 269 500 卢布减少到 193 000 卢布，后又减少至 135 000 卢布。而且坦克生产对工人要求也进一步降低，妇女儿童甚至是伤员老人都可以参与其中）。但从战术角度来看，KV 坦克却并非那么不堪。对坦克来说最重要的“三大指标”通常是火力、机动和防护。1940 年开始量产的 T-34/76 正是因为在这 3 点上做得非常出色，取得了很好的平衡，这使其在单项技术并不出色的情况下，获得了巨大的成功。当然，这并不是说该车就是万能的——由于双人炮塔过于狭窄，T-34/76 的人机功效就很令人失望。尽管在此后的两年中不断地进行艰难的战时改进，但所有装备 76.2 毫米炮的 T-34 仍然严重受制于两人炮塔的局限，车长和炮长的任务过重，既分散了精力，影响对全车的指挥，又直接拖慢了开火反应速度和及时规避，结果战斗力始终得不到充分发挥。也正因如此，尽管对苏联红军而言 1941 ~ 1942 年的坦克战大都杂乱而没有章法，但拥有 3 人大型炮塔的 KV-1 还是比 T-34/76 显示出了一定的优越性，在其基础上派生出的 KV-2 不但成为了纳粹德军挥之不去的恐怖回忆，也为二战末期威名赫赫的“斯大林”重型坦克的出现，奠定了最基本的设计框架……

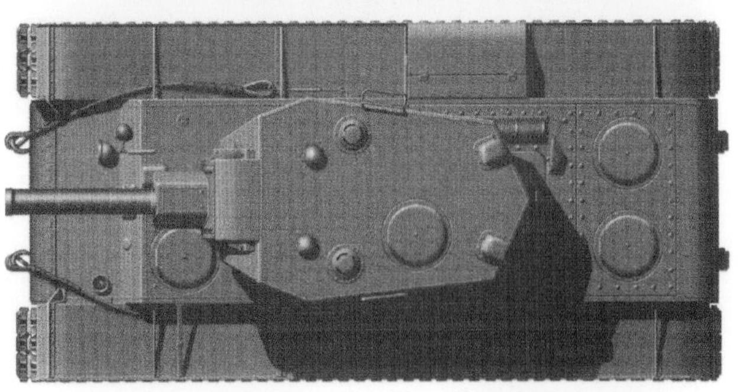

上图 波罗的海沿岸军区第 3 机械化军第 2 坦克师装备的 KV-2 1940 年型重型坦克

左图 KV-85 重型坦克侧视图

右图 1944 年 3 月第 63 近卫重型坦克团装备的 IS-1 重型坦克

简单既是好——战争中的“特产”

1941 年 6 月 22 日战争爆发，苏联在各方面损失惨重。当年 9 月，失去 150 万平方千米国土，约 7500 万人口沦陷敌后，一年内苏军战斗减员 804 万人，其中死亡 250 万人，被俘 434 万人，伤残 120 万人。开战半年，工业总产值跌至战前的 48%，黑色 / 有色金属板和轴承等关键武器材料的生产一度停顿。到 1942 年，煤、生铁和钢的产量分别从 1940 年的 16600 万吨、1500 万吨和 1800 万吨下降到 7500 万吨、500 万吨和 480 万吨。但是苏联的后方动员机制很快运转起来。战争爆发两小时，最高层就发布了“关于战争状态”的命令，规定了公民劳动义务、征用运输工具及生活必需品定量供应等措施。1941 年 6 月 26 日发布了“关于战时职工工作时间制度”的命令。1941 年 6 月 30 日，苏联成立国防委员会，作为战时最高权力机构。1941 年 7 月，将综合性的国防工业人民委员部改组为航空、造船、军械和弹药 4 个专业人民委员部，并从中型机器制造人民委员部中分离出专门的坦克制造人民委员部，11 月，将普通机械制造人民委员部改建为火箭装备人民委员部，专门负责火箭炮和迫击炮生产，原有的经济委员会被改组为国防、冶金、燃料和机械制造 4 个专业经济委员会。

上图 IS-2 重型坦克侧视图

左图 T-60 1941 年型

右图 T-60 1942 年型

左图 T-70 1942 年型早期型

左图 T-70 1942 年型后期型

苏联的领土极其辽阔，因而有着很大的回旋余地，可以承受初期大片国土的暂时沦陷。同时，也使大量军工企业能搬迁到远离前线的腹地，而不至于影响军事装备的生产。相反，对于德军来说，要击败苏联，就必须占领大片地区，至少是主要工业区和政治中心，而这对于兵员有限的德国来说是极其困难的。即使德军能攻占莫斯科，苏联凭借乌拉尔等地的工业区也能继续战斗下去。所以工业东迁是苏联战时动员的重要措施。1941 年 6 月 24 日成立的疏散委员会从 6 月 29 日就安排了 11 个航空厂搬迁的计划，到 1941 年下半年从西部搬迁了 2593 个工业企业的设备和大量物资。1942 年 5 月，基本完成乌克兰、白俄罗斯和波罗的海沿岸地区企业的转移，第二阶段又疏散了斯大林格勒和北高加索等南部地区企业。整个东迁过程中，铁路共运输工业设备 150 万个车皮，运送职工 1000 多万人，其中日俄战争后建成、工业化中得到完善的西伯利亚大铁路发挥了重要作用。不少内迁企业平均不到两个月就在新址开始运转，有些甚至在中途或露天就部分开工，苏联军事工业的整体形势正在复苏（由于战争条件，采取了一种几乎是 24 小时工作制，就是机器不歇人休息，轮班倒制度，所以西伯利亚的工业很快地发展起来了）。即使在最艰苦的 1942 年，苏联飞机产量仍达到两万架以上，几乎是德军的两倍。苏联巨大的工业能力压倒了纳粹德国，成为制胜的利剑。而苏联欧洲部分来不及搬迁的工厂，也在尽一切可能维持着生产——T-60/70 轻型坦克就是这样一种情况下的特殊产物。从综合性能上看，T-60 和 T-70 可能不值一提，然而在那个特定的时间和特定的环境中，“存在即是有效，简单即是好”这样一个烙印却正是从 T-60/70 开始被深深地打下了。

上图 由 T-60 坦克底盘与 ZIS-3 76.2 毫米加农炮组合而成的 SU-76 自行反坦克炮

上图 SU-76M 自行反坦克炮

值得一提的是，同样是在这种战争环境的逼迫下，基于“简单而有效”的设计原则，苏联坦克工业还设计制造了一种全新的装备——无炮塔式自行火炮 / 反坦克歼击车。早在莫斯科保卫战中，红军最高统帅部便发现，作战中发挥作用最为巨大的是反坦克炮。反坦克炮用于两种情况：“在防御上，用于敌人已经突破防线并迅速前进，而己方要不惜代价加以阻止的时候，在进攻上，用于己方部队已突破敌之防线迅速推进，而敌对我翼侧发动攻击，以图造成我突击部队与后方隔断的时候。在这两种情况下，反坦克炮必须将敌人坦克阻止在坚决不允许敌人通过的预定线上。牵引式反坦克炮由于其结构重量重而不能机动，故将被迫战斗到阵亡为止！”也正因如此，反坦克炮部队的损失肯定总是非常大的，苏军炮手们在反坦克炮的炮身上都写着“别了，祖国！”的标语。由于反坦克部队将敌人阻止在预定线上，却可以挽救整个师，整个集团军。最凶猛的进攻遇到了最顽强的抵抗，那些苏军的反坦克炮手怀着满腔报国的热情，无数苏军反坦克炮炮手在他们生命的最后一刻点燃德军的坦克。随后，德军的150毫米榴弹炮把暴雨一般的炮弹倾泻到苏军反坦克炮阵地之上，漫天的JU-87和JU-88轰炸机投下冰雹一般的炸弹，投向那些无法移动的苏军反坦克炮阵地。反坦克炮炮手为阻挡敌人坦克的进攻做出贡献，随后大批苏军的榴弹炮、迫击炮等曲射炮对德军坦克后面的那些机械化摩托化步兵进行致命打击。由于反坦克炮没有自行的手段，他们的牵引车在战斗中隐蔽在阵地后方。在敌人致命的炮火之下，一旦反坦克炮抵挡不住，牵引车想把炮拖离战斗是完全不可能的事情。所以对炮手来说，当他们阻止敌人越过其固守的阵地时，只有两种选择，要么击退敌人的进攻，要么死亡。

上图 SU-85坦克歼击车雄姿

上图 装备M-30 122毫米榴弹炮的SG-122自行火炮

左图 SU-85M坦克歼击车

右图 基于KV底盘的SU-152自行火炮

左图 SU-122自行火炮

下图 基于 IS 底盘的 ISU-152 自行火炮

这时，德军装备 75mm StuK 40 L/48 加农炮的 StuG 3 F/8 突击炮（实际上这种突击炮已经成功转型为反坦克歼击车）引起了苏联红军最高统帅部的注意——这种武器似乎完美地解决了红军反坦克炮部队缺乏自行手段及装甲防护能力的矛盾。再加上这种武器造价便宜，不需要制造炮塔及一些其他的部件，而且更大的战斗室空间不但可以安装大威力的火炮，还可以增加其前部的装甲厚度。于是，在后方坦克工业的努力下，红军自己的自行火炮 / 反坦克歼击车相继出现了（SU-76、SU-85、SU-122、SU-152、SU-100）。与痴迷于复杂机械的德国人不同，苏联人对更简单些的东西保持着更大的兴趣。而从这个角度来讲，战争期间兴盛起来的无炮塔反坦克歼击车很合苏联人的胃口——这种战时恶劣条件下的应急产物，以一种十分简单的方法，就将厚重的装甲与大口径坦克炮很好地结合了起来，在为红军提供了一种有效的坦克代替品的同时，还节省了大量的资源。于是在崇尚“简单就是美，量多就是好！”的苏联人眼中，这简直是一种无可挑剔的“创造”——一件单纯的“武器”，而不是“机械”的特质是如此的突出，军人们为此满心欢喜，工程师们也因此踌躇满志。于是整个战争中，大量各种型号的无炮塔反坦克歼击车被苏联坦克工业制造了出来，送交到红军战士手中，并随之转化成一种令人畏惧的力量，狠狠地打击了法西斯。

上图 苏联红军第 208 独立自行火炮旅装备的 SU-100 坦克歼击车

上图 1945 年 3 月乌克兰第一方面军第 13 坦克军装备的 SU-100 坦克歼击车

结语

通过对西班牙内战经验的种种反思，苏联设计师终于开始了真正意义上的创作——在经过一连串失败后，成功的 T-34 与 KV 宣告了“苏式坦克设计流派”的出现，而这一切的背后则是两个 5 年计划积累起的雄厚工业基础。此后，苏联坦克工业又在伟大的卫国战争中经受了严酷的洗礼，简单实用的风格被“固化”了下来。战后，一个属于苏式坦克风格的时代全面来临了……

上图 1941年6月22日，卫国战争爆发时，苏联红军装甲兵拥有的主要作战装备

传承与竞争（苏联坦克发展史1945’以后）

自20世纪30年代实现工业化以来，苏联就长期保持着世界最大坦克生产国的地位。二战时期，苏联生产的10万多辆各型坦克成了为最终战胜法西斯的有力保证。战后，居安思危的苏联坦克设计师并没有停下脚步。事实上，作为世界上坦克技术发展较早的国家之一，经历了第二次世界大战的磨砺之后，冷战中的苏联成为了世界上研制和生产坦克最多的国家（或者干脆可以认为是世界头号坦克强国），也基本形成了“简单、有效、便宜”这样一个设计风格。

左图及下图 源自乌克兰哈尔科夫厂的下塔吉尔集团以 T-34 系列奠定了自己在苏联坦克工业中的地位

五厂两局——风格中自有流派

早在 20 世纪 30 年代中期，苏联初步形成了哈尔科夫和列宁格勒两个坦克生产中心和 4 个生产厂。但在 1936 年，这两个生产中心都经历了重大的人事变动。“共产国际”哈尔科夫蒸汽机车厂，即 183 厂，有了一名新厂长和一名新总设计师。新厂长是马克萨廖夫，他在形式上是保持坦克生产线持续运转的关键人物，但是推动哈尔科夫坦克厂生产的真正人物却是总设计师科什金及其接任者莫洛佐夫。至于列宁格勒的 3 个坦克厂，也于 20 世纪 30 年代中期经过了改组，到 1937 年，只留下一个总设计局负责监督 3 个厂的生产。这 3 个厂分别是：伏罗希洛夫工厂（即 174 工厂）；布尔什维克工厂（即 100 工厂），又称特种机械样机设计工厂；列宁格勒基洛夫工厂（即 185 厂）。这其中基洛夫工厂居于主导地位，该厂新任厂长是萨尔茨曼，但这 3 个工厂的总设计师却是伏罗希洛夫元帅的女婿科金。到了 1941 年 6 月 22 日之后，由于战争的缘故，苏联的坦克研制生产格局又发生了变化，以至于深刻影响到了战后苏联的坦克的研发和生产，并因此在独树一帜的苏式坦克风格中，出现了两个关系微妙的“流派”。

下图 源自列宁格勒基洛夫厂的鄂木斯克集团以 KV 和 IS 系列赖以成名

由于列宁格勒是德军当前进攻的目标，因此斯大林 1941 年 6 月 24 日召见萨尔茨曼和马雷舍夫，商量把列宁格勒工厂搬迁到乌拉尔车里雅宾斯克。1941 年 7 月 23 日，大约有 15000 名工人及其家属开始迁移。随着德军的步步推进，1941 年 9 月 15 日，哈尔科夫工厂也奉命准备迁移。莫洛佐夫及其工人于 1941 年 10 月 19 日开始向乌拉尔转移，并在下塔吉尔安顿下来。列宁格勒工厂于 12 月 10 日完成了搬迁。列宁格勒基洛夫工厂与车里雅宾斯克拖拉机厂合并，并完成了生产线的扩建。1941 年 10 月 6 日，该厂改称车里雅宾斯克基洛夫工厂。哈尔科夫工厂的情况也类似，它与下塔吉尔的乌拉尔铁路车厢厂合并。车里雅宾斯克工厂自称“坦克城”，而下塔吉尔工厂将继续成为世界上最大的坦克厂。虽然到了战争末期，上述坦克厂开始向列宁格勒和乌克兰回迁，但仍有相当部分的技术和生产力量留在了当地。这样，到 1945 年战争结束时，苏联就有了 4 个大的坦克厂和 1 个坦克生产分厂，即列宁格勒基洛夫工厂、车里雅宾斯克工厂、下塔吉尔工厂和哈尔科夫工厂。至于在鄂木斯克的第 5

个厂，作为分厂，归属列宁格勒基洛夫厂（这个厂的人员是列宁格勒基洛夫厂未迁入车里雅宾斯克的人员，但该厂受到科金设计局的控制，在 20 世纪 90 年代后期以前，基本上没有拿出自己的产品）。虽然这 5 个坦克生产厂构成了战后苏联坦克工业的基础，但在内部却分成了两个坦克生产研发联合体：原科金的列宁格勒坦克设计局，西方在战后称其为鄂木斯克集团；科什金的哈尔科夫设计局，后被称为下塔吉尔集团（换句话说，苏联所谓的四大坦克研制基地，实际上还是归属于两个超级复合体，那就是鄂木斯克集团与下塔吉尔集团）。鄂木斯克集团在二战期间的产品有 KV-1、KV-2、IS-2 和 IS-3，战后是 T-10、T-64 和 T-80 坦克；下塔吉尔集团在二战中的产品有 T-34 和 T-44 坦克，战后是 T-54、T-55、T-62、T-72 和 T-90 主战坦克。

下图 T-54/55 的起源——T-44/85 试验型坦克

由 T-44 到 T-62——成功的传承

战后苏联坦克成功的开端，可以说始于 T-44 这个型号，而 T-44 本身却是在战争末期出现的，在某种程度上可以视为 T-34 的延续，这就向人们深刻地揭示了战后苏联坦克循序渐进的传承关系——由 T-44 发展而来的 T-54/55 也绝非是一种“革命性设计”，而是对战争经验的一种总结。具体来说，T-34 优秀的设计使得它代替了大多数苏联轻型、中型和重型坦克成为红军的中坚。每一次战役都使得 T-34 坦克得到了不断的发展和进步，这最终在 1944 年直接导致了 T-44 坦克的产生。这种新型坦克的炮塔就是基于 T-34-85 型，但横制的发动机、底盘、悬挂和行动部分都是重新设计的。它拥有比 T-34-85 型更低的侧面投影面积和更为简化的可生产性。战争结束前只有 150 ~ 200 辆早期型 T-44 得以生产。1945 年 6 月，战争的硝烟刚刚散去，下塔吉尔集团就打算根据战争中的经验去制造一种“全能型坦克”，于是通过在 T-44 的炮塔内塞入一门 D-10T 100 mm 坦克炮，并在炮塔顶部安装一挺 12.7 mm DShK 防空机枪的做法，使苏联人基本上得到了一种与 T-34 有血缘关系，但又基本是全新型号的坦克。后来经过进一步修改炮塔设计，这种坦克拥有了一个更为响亮的新编号 T-54。

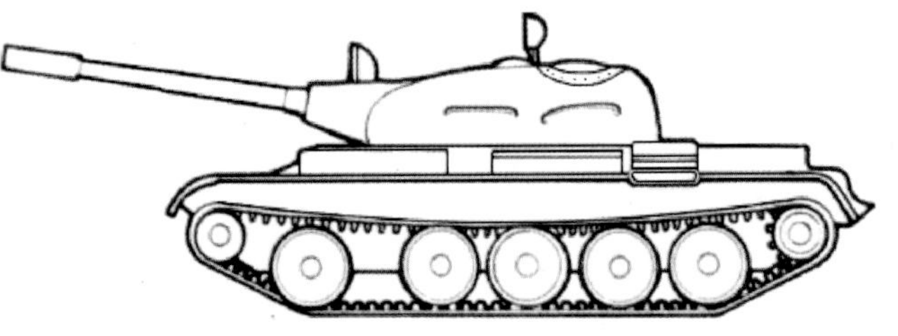

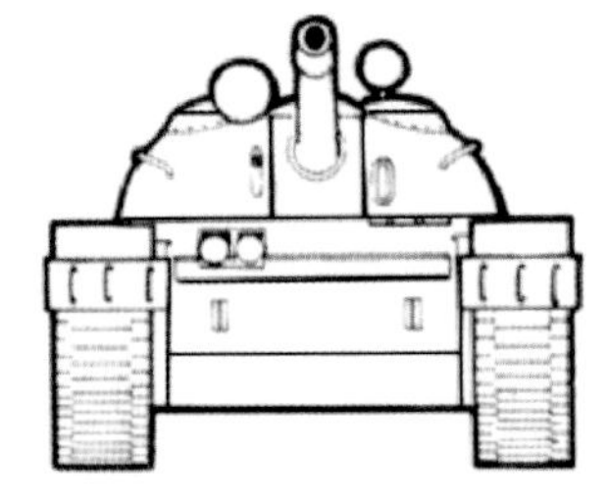

上图和左图 以时代标准而言，由 T-44 发展而来的 T-54/55 系列不失为一种理想中的“全能型坦克”，也因此被认为是主战坦克的开山作品之一

1949 年，苏联 T-54 坦克首次亮相，而实际上 T-54 坦克于 1947 年就已经诞生了。在当时来看，T-54 不失为一种理想中的“全能型坦克”，因为它造型低矮，装甲较厚，火力与机动性也较好，而且相对其他国家同级别的坦克来说，它的重量要轻，这就意味着苏联坦克的设计达到了一个相当高的领先水准。不过，苏联人对 T-54 并不是完全满意的，以至于 T-54 仍是一个过渡性车型，其生产数量和型号较少，T-54 坦克主要有 6 种型号，分别是 T-54 基本型、T-54A（安装了抽烟装置，并安装了火炮双向稳定器）、T-54AK 指挥车坦克（安装了大功率通信设备）、T-54M（T-54A 的改进型，性能接近 T-55 坦克）和 T-54B 坦克（安装了红外夜视观察设备），其后出现的 T-55 很快取代了 T-54 的位置。T-55 有多个型号，互相之间的区别主要体现在火控和炮控系统的完备性上，而它们与 T-54 的主要区别则是安装了功率为 580 马力的 B-55 发动机（T-55 坦克的型号复杂，主要有 T-55 基本型、T-55A（装有附加装甲模块套件并拥有核、生、化三防设备）、T-55M（装有“波浪”1

火控系统与烟幕发射装置）、T-55AM（使用“波浪”2 火控系统，可以发射炮射导弹）、T-55AM2（装有“波浪”3 火控系统）、T-55AMD（装有125 毫米火炮，使用 T-72 坦克的火控系统）和 T-55AMV（装有热像仪和类似于 T-90 坦克使用的火控系统以及 T-72 坦克的动力系统））。以后又将所有的 T-54 做了改装，提高到 T-55A 的标准，以至于后来西方国家习惯称为 T-54/55 系列。整个系列坦克的总生产量在 10 万辆以上，成为了战后早期最重要的苏联坦克。这不仅是因为这两种坦克在和平时期的生产数量多，更因为它们代表了当时和以后很长一段时期内世界坦克设计的最高水平，而且在半个多世纪的局部战争中都可以看到它的身影。直到 21 世纪初的车臣战争、阿富汗战争和伊拉克战争，T-54/55 坦克都还在发挥着它应有的作用。

上图 T-54/55 系列代表了当时苏联乃至全世界坦克设计的最高水准

不过，下塔吉尔集团并不认为 T-54/55 系列的基本框架就止步于 T-55，他们在 1960 年前后推出的 T-62 主战坦克，在相当大的程度上仍可视为 T-54/55 系列的进一步发展。T-62 实际上只是一种较大型的，而部件性能有所改进的 T-54/55 坦克。它的车身比 T-55 宽且长，而且更为流线型，炮塔比 T-55 直径大 100 毫米，并向后移了 400 毫米。主要改进之处在于装备的 115 毫米滑膛炮能够发射尾翼稳定脱壳穿甲弹，这种弹的最大优点是初速度高，炮管磨损少，对目标的侵彻能力强。T-62 坦克于 1961 年公开亮相，当时给西方带来了不小的震撼，于是刺激了美军装有 L7 型 105 毫米火炮的 M60 坦克的问世。T-62 坦克的装甲更厚，火炮口径更大，但重量却没有大幅度提高，车内有完善的三防装置，可适应核战条件下的作战。早期 T-62 坦克的火控系统与 T-55 坦克是一样的，测距装置为光学合像型。T-62 坦克采用了 2A20 型 115 毫米火炮，并在世界上首次装备了尾翼稳定长杆脱壳穿甲弹（此前坦克使用的穿甲弹都是旋转稳定的穿甲弹，长径比不大，穿甲威力不强），初速度达 1615 米 / 秒，所以不需要太好的火控系统也能命中目标。因此，早期 T-62 坦克的火控系统非常简陋，比 T-55A 坦克还差，不过很快就装备了更为先进的“波浪”2/3 火控系统。为 T-62 坦克研制的“波浪”2/3 火控系统最后也装到了 T-55 的后继型号坦克上。

上图 T-62 主战坦克，在相当大的程度上仍可视为 T-54/55 系列的进一步发展

T-62 坦克的主要型号为：T-62A 基本型（未装弹道计算机，火炮仅高低向稳定）、T-62K 指挥坦克、T-62M（装甲与火控增强型，火炮双向稳定，装有激光测距仪，安装“波浪”2 火控系统，主装甲结构加强，可安装附加模块装甲与爆炸反应装甲）、T-62V（动力装置与 T-72 相同）、T-62M1（加装“波浪”3 火控系统）、T-62MK 指挥坦克和 T-62MV（装备改进的火控系统和更新式的附加装甲模块）等坦克。苏军认为 T-62 坦克坚固，可靠性强，火力强大，性能优良，在未来 10 年内足以对付来自远东的任何地面威胁，所以 T-62 坦克基本上都部署在乌拉尔山以东地区，绝大部分部署在与中国、蒙古交界的地区，但在两次车臣战争中，由于 T-62 被认为更适合当时的战场环境，对其投入使用的力度甚至超过了 T-72 和 T-80。

被时代抛弃的“猛犸”

与下塔吉尔集团 T-54/55/62 系列的成功传承形成鲜明对比的是，同样由二战时期 IS-2 重型坦克传承而来的 IS-3 ~ T-10 系列重型坦克却是一个失败的典型。当然，事情要从 IS-3 说起。德国投降之后，无论是英、美盟军方面还是苏军方面，在各自的占领区内，大大小小的阅兵式便从未间断。而随着最后一个轴心国成员——日本于 1945 年 8 月 15 日最后停止抵抗，这种欢庆的气氛被推向了高潮。

1945 年 9 月 7 日，盟军决定在柏林举行正式的胜利国官方阅兵大游行。尽管此时的柏林已是一片断壁残垣，但这次阅兵式的盛大与壮丽仍给人留下了难以磨灭的印象。在阅兵主干道一侧的观礼台上，挤满了美、苏、英、法四大战胜国的将军们——苏联德国占领区武装力量总司令朱可夫元帅、美国第 3 集团军群司令官 S·巴顿上将、英国占领区总司令罗伯逊将军和法国占领区总司令 P·科尔尼格将军，作为最显赫的贵宾位于观礼台的第一排。

左图 IS-3 是苏联在二战中生产的最后一种重型坦克，也是战后苏联装备的第一种重型坦克

由美、苏、英、法 4 国抽调部队组成的地面集群作为阅兵式的主角，在主干道上以分列式队形依次通过检阅台。打头阵的是由苏联红军第 5 突击集团军第 9 步兵军第 248 近卫步兵师组成的方阵，紧随其后的为法国第 2 步兵师及英国皇家第 131 近卫步兵旅，美国著名的第 82 空降师则作为徒步方阵的阵尾。经过了不长的一段间隔后，美国第 705 装甲营的 24 辆 M-24 轻型坦克及 16 辆 M-8 侦察车拉开了盟军机械化纵队的开进序幕。此后，法国第 1 装甲师第 3 坦克团的 M-4 中型坦克与 M-2 半履带输送车及英国第 7 装甲师的“克伦威尔”巡洋坦克似乎将阅兵式推向了高潮。但有人已经开始注意到，此时在远处，一阵柴油机特有的低沉轰鸣声已经响起。观礼台上久经战阵的将军们马上意识到，强悍的红军装甲部队即将登场了（与二战中各国坦克普遍使用汽油机的做法不同，苏军坦克几乎清一色装备了柴油机）。然而，令西方的将军们大惊失色的是，出现在视线中的红军坦克，既不是大名鼎鼎的 T-34/85，也不是传说中主炮威力令德国人极为挠头的 IS-2，而是一种从没见过的重型坦克——骇人的 122 毫米口径火炮，独特的龟壳形铸造炮塔与箭簇状车体正面装甲，给在场的人们以极大的视觉冲击（在战争中，重型装备特别是像 IS-3 这样最新装备的相关情况是高度保密的，更不用说具体数据了）。单从这种重型坦克独特的外形上，西方将军们便能很轻易地得出这样一个结论——自己的坦克，无论是已经投产的还是在绘图板上的，没有任何一种型号能够与之匹敌（德国人的设计图纸上倒是可能有，但他们已经战败了）。事后，惊恐的西方盟军得知，这 52 辆苏联装甲巨兽的型号为 IS-3——一种 IS-2 的改进型号。

左图 由 IS-3 衍生而来的 IS-4

IS-3 是苏联在二战中生产的最后一种重型坦克，也是战后苏联装备的第一种重型坦克。其原型车于 1944 年底通过试验，随即投入小批量生产，但此时战争已接近尾声，因此未能参加任何同德军进行的战斗，在随后的远东战役中也未有参战的记录，可谓生不逢时。IS-3 坦克全重 46.5 吨，乘员 4 人。与“前任”IS-2 相比，它具有更厚的装甲（炮塔前部装甲板厚度达 230 毫米）、更矮的车身、更大的装甲倾角和更接近半球形的炮塔外形，因而具有更好的防弹效果。可以毫不夸张地说，IS-3 重型坦克拥有它那个时代最强的生存能力。时至今日，IS-3 的装甲重量占整车战斗全重的比率也仍然是世界各国坦克中最高的。由于战争时期条件的限制，IS-3 仍采用了与 IS-2 相同的 V-2-IS 四冲程 12 缸水冷柴油机，最大功率仅有 520 马力。由于动力不足，其最大公路速度只能达到 37 千米 / 小时，最大越野速度仅为 19 千米 / 小时，最大公路行程也只有 185 千米。不过，就当时重型坦克的

上图 T-10/10M 成为苏联重型坦克的绝唱，也意味着鄂木斯克集团的暂时挫败

机动性能而言，这已经算比较高的水平了。IS-3 的主要武器也与 IS-2 相同，为一门 122 毫米 D-25T 坦克炮，水平射界 -3 ～ 20 度，弹药为 10 发穿甲弹和 18 发高爆榴弹，在以最大仰角发射 27.3 千克的榴弹时，最大射程可达 16000 米。虽然该炮威力强大（发射被帽穿甲弹时可在 1000 米距离上穿甲厚度为 160 毫米，在 2000 米距离上穿甲厚度为 120 毫米），但也存在射击俯角偏小，射速慢（分装式弹药射速只有 1.5 ～ 2 发 / 分），弹药也太少等不足；再加上是由 A-19 野战加榴炮改进而来，射击精度不高，因此火力效果在当时只能居于中上等水平。IS-3 从 1946 年开始大规模生产，共制造了 2311 辆，在战后重型坦克中的产量仅次于后来的 T-10。除苏联自身使用外，它还少量出口到波兰、捷克和埃及等国，曾参加过中东战争。IS-3 最后一次露面是在 1982 年敖德萨军区的演习中，但直到 1995 年才正式从军械库中除名。

在经过了 IS-4/5/6/7 等型号的过渡之后，到了 1948 年底，苏联决定在 IS-3 基础上发展一种新型的不超过 50 吨的重型坦克，以科金（J.Y.kotin）为首的设计小组很快就推出了“730 工程”。1950 年春天，首批样车在库宾卡通过了测试。政府同意在经过改进后投入生产，并定型为 IS-8。因为改进之处较多，所以这种重型坦克在完善过程中先后被更名为 IS-9 和 IS-10，1953 年 3 月又再次改名为 T-10。T-10 坦克基本型装有 122 毫米 D-25TA 加农炮和 12.7 毫米同轴机枪（改进后的 DShK）。1956 年以后，又在其改进型 T-10A 上加装了双向

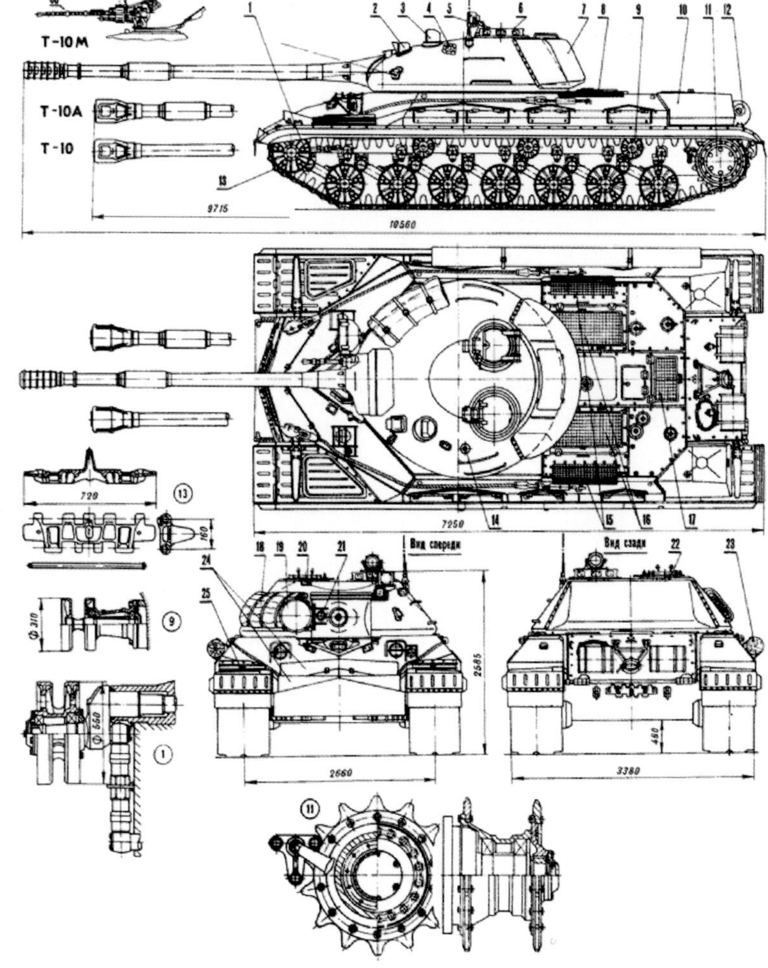

下图 作为 IS 系列重型坦克在战后的延续，T-10/T-10M 是一种复杂、昂贵但作战效能却十分有限的失败作品

稳定器，在1957年服役的T-10B上则加装了夜视仪。T-10系列中最重要的型号是1957年投产的T-10M，这也是世界上最后一种批量生产的重型坦克。它装有M-62-T2（2A17）加农炮、双向稳定器和夜视装置，并配备“三防”装置。1963年又加装了一种名为OPVT的潜渡装置。到1966年停产时，各型T-10共生产了3000余辆，是战后产量最大的重型坦克。但它从未出口，也从未在战争中使用，最后于1993年退役。事实上，尽管“斯大林”系列不断将重型坦克的发展推向一个又一个顶峰，但由于重型坦克在重量和结构（以及随之而来的造价和可维护性）上的缺陷，它越来越难以适应苏联军方战后“高速度、大纵深”的作战思想。尤其是进入20世纪60年代以后，装有115毫米滑膛炮的T-62主战坦克进入苏军服役，它比IS-3及后继者T-10轻10余吨，但115毫米滑膛炮侵彻力比122毫米的D-25T还大50%，同时可靠性也要高得多，在综合性能上超过了昂贵的T-10。尽管此时服役中的IS系列也在不断地完善和发展，但属于重型坦克的时代却早已经过去了。

上图 过分的“先进”令T-64麻烦不断，但相比同时期的MBT-70，T-64系列仍是实用的

重起炉灶的T-64与高端的T-80

当下塔吉尔集团推出T-62时，鄂木斯克集团的T-10M其实就已经输了。不过，鄂木斯克集团并不甘心于此，于是这便有了“重起炉灶、里外三新”的T-64。事实上，虽然“简单、有效、便宜”的设计风格是苏联坦克工业界的共识，但这并不意味着就一定要在原有的型号上修修补补——T-64就是一个大量应用了最新技术的全新设计。T-64坦克与苏联以前任何型号的坦克都没有直接关系。它不是T-62坦克的改进型，与后来的T-72坦克也毫无瓜葛。更确切地说，T-64是鄂木斯克集团在二战后研制的第一种坦克。T-64坦克整合了当时的高新技术，基本上没有沿用以往坦克的设计，从发动机到火控系统，从装甲结构到链式履带，都是新研制的。除了首辆样车采用了T-62坦克上的115毫米火炮外，可以说与T-62坦克再无任何共同点。

T-64系列坦克首次使用了自动装弹机、二冲程柴油发动机和稳像式火控系统等多项新技术，分为T-64、T-64A和T-64B、T-64BM，以及T-64BV 5种型号。最早生产的T-64坦克沿用了T-62坦克的115毫米滑膛炮。T-64A坦克安装了125毫米滑膛炮，并采用了新型弹药和改进型火控系统。T-64B坦克采用了125毫米两用炮，炮膛内安装有1根L型导轨，使火炮既可发射常规炮弹，也可发射AT-8“鸣禽”反坦克导弹。T-64BM坦克首次采用了复合装甲，并采用了双侧变速箱。T-64BV坦克在车体和炮塔的主要部位安装了爆炸反应装甲，以有效破坏破甲弹爆炸形成的射流，提高抵御破甲弹的能力。虽然T-64系列坦克改进后的装甲还算坚固，火控系统也不错。但由于二冲程柴油机始终有问题，所以T-64系列坦克的产量相对并不大。不过，以T-64坦克为起点，苏联主战坦克在30余年的发展时间里，自始至终都在延续和贯彻紧凑型3人坦克的发展思路，包括廉价的T-72、复杂昂贵的T-80，以及打算既抓先进技术也适当兼顾经济性的T-90，均未能走出T-64规定的套路。鉴于T-64的独特地位，对其“另眼看待”并不是没有道理的。

就可以发射与T-72坦克相同的激光制导导弹了。T-80坦克的主要型号包括T-80基本型、T-80B（安装炮塔裙板）、T-80BK指挥坦克、T-80BV（可安装爆炸反应装甲）、T-80U/M·1989、T-80UD（采用乌克兰生产的柴油发动机）、T-80UK指挥坦克、T-80UM（装有热像仪）、T80UM1（装有主动防护系统）和T-80UM2（拥有全新炮塔及采用隔舱式设计的“黑鹰”坦克。

左图 为了保持T-64的技术领先地位，T-80走的同样是“高端”路线

继T-64之后，T-80是鄂木斯克集团为了保持其“领先”地位而推出的另一种“高端”型号。虽然T-80与T-64坦克有很深的血缘关系，但共同点却不多。由于T-64坦克的二冲程柴油机不可靠，所以T-80坦克采用了燃气轮机。这导致T-80坦克与T-64坦克的维护大不相同，也使其后勤保障部门叫苦连天。T-80坦克采用了与T-64B坦克和T-72坦克一样加厚了的主装甲。T-80坦克的正面装甲是苏联所有坦克中最厚的，炮塔最厚处达500毫米。但T-80坦克的装甲防护并不全面，其侧、后部装甲不堪一击，别说火箭弹，就连小口径机关炮的攻击也难以抵御。鄂木斯克集团为此将炮塔设计成类似三角形的样式，正面比较平而且宽，侧面向后缩。这样，敌人在前面很大角度范围内根本看不到炮塔侧面，就可以有效避免敌人攻击炮塔侧部了。鄂木斯克在火控系统方面下了很大工夫。T-80坦克的火控系统比T-72的更好，新型T-80U坦克的火控系统甚至比T-90坦克还好。但T-80坦克的夜视装置不如T-90。不足之处是，T-80坦克的火炮与自动装弹机仍然沿用T-64坦克的，虽然减轻了苏联后勤部门的压力，但因该型装弹机不能将弹壳抛出车外而带来一些负面影响。另外，乌克兰的T-80UD坦克采用的都是K型装弹机。早期T-80坦克可发射与T-64坦克相同的AT-8“鸣禽”反坦克导弹。从T-80U坦克与T-80UD坦克开始，

下图 虽然T-80与T-64坦克有很深的血缘关系，但共同点却不多

毁誉参半的T-72与混合式的T-90

T-64的入役似乎让鄂木斯克集团将苏联坦克工业界的“头把交椅”抢走了。然而，下塔吉尔集团却并不甘心如此——T-72就是其最有力的反击。事实上，作为今天知名度最高的一种现役苏式坦克，T-72的出现多少算是一个意外。在T-64坦克大量装备部队后，由于定型前根本没有经过充分测试与论证，各种问题就逐渐显露出来。这可能是任何新装备都可能存在的通病。T-64坦克的二冲程柴油机工作不可靠，经常中途熄火；火控系统不可靠，常常失灵；机械故障也不断发生。苏军逐渐发现，T-64坦克几乎没有任何一个部件是可靠的，可用性很差。为了解决这一问题，苏联军方希望下塔吉尔集团也加入到T-64坦克的“改进”中去。不过，这样的一个决定却让下塔吉尔集团钻了空子——经下塔吉尔方面“改进”后的“T-

64”坦克除了与原来的T-64坦克使用相同的125毫米火炮外，其他再无任何共同之处。火控系统和动力装置都不一样，甚至连履带都不同。这根本就不是什么改进的T-64坦克，分明就是一种全新的坦克。尽管新坦克与T-64坦克毫无共同点，但由于应用了太多新技术的T-64可靠性问题一直无法得到妥善解决，于是只得将其命名为T-72，并投入大量生产。这是苏联首次开了一个同时采购两种毫无共同点，且性能类似的坦克的先例。

上图　T-72是在遵循T-64设计理念的前提下，用较低端的实用技术进行重构的一个型号

T-72坦克使用了与T-64不同的C型自动装弹机，射速仅为8发/分，但安全性比T-64坦克的K型装弹机高很多。这种装弹机的弹药水平摆放，且装在套子里，装弹机分两次分别装填弹头与发射药。因为是水平摆放，弹药之间有一定的距离，并有容器隔离，所以T-72坦克的弹药安全性相对较高。此外，C型装弹机在火炮射击完毕后，会把弹壳直接抛出车外，这样在复杂地形高速行驶时不会影响坦克的安全。T-72的型号非常多，主要有T-72、T-72A、T-72M、T-72B、T-72M1、T-72BM/B1、T-72S和T-72BV/B2。其中T-72基型坦克使用合像测距装置，T-72A与T-72M使用激光测距仪，但测距数据只能手工输入弹道计算机，所以上述3种型号的T-72坦克并不具备实际意义上的“动对动”的射击能力，射速也达不到8发/分，一般实战中最多4发/分。T-72B坦克之后的改进型坦克就具备了将测距仪数据直接输入计算机的能力，射速与命中率都超过了前三者。

以前西方一直认为T-72是在T-64基础上发展而来的简化型坦克，而实际上从设计伊始，T-72的思路就与T-64存在很大不同。T-64是苏联高新装甲技术的一个综合平台，T-72则是侧重实用性、经济性和出口可能的产品，但该车确实利用了部分T-64上的成熟技术来进一步提高自身性能，不过，这种利用受到了严格的成本限制。T-72坦克制造简单且可靠耐用，堪称下塔吉尔集团继T-34坦克后的又一名作，不但在苏联大量服役，还畅销到了世界各地。此外，东欧、南亚和中东等10多个国家还购买了生产权，并在1982年的黎巴嫩战争中一战成名，T-72坦克几乎成了苏联坦克的招牌。不过，由于在海湾战争中T-72表现不佳，苏联坦克的声誉受到了致命打击，这也迫使下塔吉尔集团决心对T-72进行进一步改进，最终导致了T-90的出现。事实上，T-90坦克仍是T-72坦克的改进型，实际上就是在T-72B1坦克底盘上安装了T-72B2坦克的炮塔，并全面更新了火控系统，由于性能比T-72B2坦克有很大提高，所以被命名为T-90坦克。T-90是俄罗斯目前综合能力最高的坦克，由于使用了T-72坦克系列中最重的底盘和炮塔，所以动力装置也进行了更新，以保持良好的机动性。

下图　T-90坦克仍是T-72坦克的改进型，实际上就是在T-72B1坦克底盘上安装了T-72B2坦克的炮塔，并全面更新了火控系统许多人认为，T-90 主战坦克的研制与车臣事件有关。其实，该坦克是在车臣事件之前研制的。按照俄罗斯官方的说法，研制该车的主要目的是解决坦克型号过多的问题。俄罗斯陆军装备的T-64、T-72 和 T-80 主战坦克在总体性能上没有明显区别，但在设计上却有本质差别。这给部队燃料、备件、工具、设备及保养器材保障工作带来了很大的困难。从经济观点看，车辆型号多样化已造成浪费。因此，俄军在更新坦克的过程中，决定逐渐把 T-90 主战坦克变成俄军使用的单一生产型坦克。把 T-90 主战坦克作为俄罗斯陆军的标准型坦克，在俄军高层中也有不同意见。目前，T-72、T-80 和 T-90 主战坦克都在不断改进升级，将 T-90 主战坦克作为标准型坦克的目标并未实现。

结语

在走过了 95 年的发展历程之后，俄罗斯坦克工业迄今仍以旺盛的姿态迎接着来自未来的挑战，各种新型号样车还接连不断地带给人们以“惊喜”。事实上，在装甲装备发展研究上，苏联（俄罗斯）往往走在西方国家的前面。目前俄罗斯战略与技术分析中心负责人宣称，俄罗斯军队现有装甲车辆的数量和质量足以应付局部战争，在今后 20 年内用不着采购新坦克。俄罗斯国防部装甲兵总局官员说，在近期内俄罗斯不会对北约国家或任何其他发达国家进行全面战争，因此看不到在近期发展与采购坦克和装甲车辆的重大需求。在决定为远期计划采购一种新的主战坦克之前，对现有坦克进行现代化改进是可能的。该局提出的对新型主战坦克的要求是，要有低矮的外形，使其难以被击中，它将比 T-90 主战坦克具有更快的速度和更好的乘员防护……

朴素的雄壮——苏联坦克的设计思想

T-34 的辉煌仅仅是一个开端，冷战中的苏联坦克迎来了真正的大发展，仅 T-54/55 系列的产量就高达 4 万多辆。在 1981 ～ 1986 年间的冷战高峰，苏联、波兰和捷克 3 国的坦克产量，被认为达到了美国、英国、联邦德国、意大利和法国等西方主要国家坦克总产量的 2 倍。北约与华约组织坦克装备数量对比达到了 11000: 26200，即 1:2.4。显然，作为长时间以来世界上首屈一指的头等坦克大国，苏联在世界坦克发展史上占有极为重要的地位。然而，苏联坦克在设计上究竟有着怎样的一种风格和特点，却是很少有人能真正明白的。

左图 重量轻、体积小、结构简单，在关键部件突出有限的先进性，这样一个设计思路在苏联坦克上得到了集中体现

右图 坦克车辆设计就是保证实现战术、技术和性能，对三大性能进行平衡，至于对这三大性能如何进行平衡，则要看设计理念。从这个角度来讲，KV-2 算是苏联坦克的非主流存在。

苏式坦克的设计理念

坦克的火力、机动性和防护能力三大性能之间，三大性能与战斗全重、寿命周期、成本之间都是互相矛盾的。为了提高坦克的火力，要求安装口径更大的火炮，更加完善、复杂的火控系统与观瞄设备，更多的更大尺寸的弹药，这些都需要增加战斗室的容积，而由此会使得坦克战斗全重和外形尺寸加大，机动性和防护能力下降……提高防护能力则要求外形尺寸特别是高度尺寸更小，这样装甲厚度才能更大……而坦克车辆设计就是保证实现战术技术性能，对三大性能进行平衡，至于对这三大性能如何进行平衡，则要看设计理念。那么苏式坦克的设计理念究竟如何呢？苏联坦克在研制上采取的政策是循序渐进，由近及远，一代接一代，实施演变进化，而非采取革命性措施。因而坦克的研制周期较短，成本较低，投产快，更新换代早。苏联坦克设计师对 T-34、T-44、T-54/55、T-62 乃至 T-64、T-72、T-80、T-90 等历代坦克的设计，一直在沿用前代坦克的基础上，将主要部件加以改良和更换，进而产生新一代坦克的“传统”—— 即使被认为是革命性的 T-64 其实也是这一设计理念的产物，该型号同样是对悬挂、火控、火炮乃至发动机进行了逐次替换后的一个结果（或者说是结果之一）。

上图 苏联坦克在研制上采取的政策是循序渐进，由近及远，一代接一代，实施演变进化，而非采取革命性措施

左图 T-64/72/80/90 之间在设计上的继承性一向为人们所津津乐道

苏式坦克的总体布局

坦克布局是将武器系统、动力传动系统、装甲防护系统、火力控制系统、以及行动部分和乘员等合理地布置到车上有限的空间内，以便最大限度地发挥各系统的战斗效能。总体布置原则上决定坦克部件的数量及其相互位置、车体和炮塔的结构，进而最终确定坦克的外形。总体布置是坦克设计过程中最为重要的一个环节，它在很大程度上决定了坦克的设计成功与否。总体布置的主要目标是，在规定的重量和轮廓尺寸范围内，使坦克获得最高的战斗性能指标。要实现这一目标，根本的布置方式在于，在满足总体布置指标要求的情况下，尽可能减少装甲壳体包裹的车内容积。这样，节余出来的重量储备就可以用于提高坦克主要战斗性能的水平，尤其是提高坦克的防护能力。

战后的苏联坦克在设计中，很早就采用了与西方坦克不同的做法——将发动机横置。这在一定程度上构成了苏式坦克总体布局的一个首要特点，尽管这种做法带来了一些复杂的问题，比如增加额外的齿轮传动箱，而且如果发动机和传统装置结合不可靠，还会给车辆带来大量可靠性方面的问题。但在实践中，从 T-44 后期型开始，苏联人却一贯采取了这种基本布局，原因在于所有的“麻烦”都被一个优点抵消了——发动机横置可以大大缩短车体长度，而车体长度的缩短则是降低战斗全重、采用大口径坦克炮等最关键的一个因素（T-44 坦克和 T-54 坦克的特别之处在于，V 型 12 缸柴油发动机的布置由纵置改为横置。其柴油机与传动系统连接在一起，布置在单独的动力传动舱内，使动力传动舱的长度缩短

上图 T-54/55 车族体现了苏式坦克设计的传统优势——综合性能均衡，而且结构简单，生产成本低廉，装备数量巨大

了650毫米，这就使得战斗室的长度增至车体总长的30%，炮塔座圈直径增大将近250毫米，并首次用大威力的 100 毫米火炮取代 T-34/85 坦克上的 85 毫米火炮）。

苏联坦克在总体布局中另一个值得注意的特点，则是注重车体的低矮（车体长、宽、高的变化对坦克战斗全重的影响为1:3:7，也就是说，降低车高对降低战斗全重的影响最大，也对减少车内容积影响最大）。事实上，苏联人通过实践认识到，炮弹的弹着分布并不是混乱的，它经常分布在车体的靠上位置，因此苏联人认为缩小炮塔要比缩小车体本身效果更好。也正因如此，从 T54 开始，苏联坦克的炮塔被普遍设计成了半球形，企图获得一个体积最小、质量最轻但防护效果却最好的车体外形（苏联坦克设计师与西方设计师相比，更加重视坦克良好的避弹外形，苏联长时间采用可获得完美避弹外形的铸造装甲，铸造装甲是由装甲铸钢冶炼浇铸而成的，大批量生产成本低廉，可大量快速生产制造。铸造装甲可以得到不同的部位均匀过渡到不同厚度和理想的倾斜角，以及可造成跳弹的流线型外表面。但是因为铸钢内部组织不够密实，有柱状晶、偏析、气孔等缺陷，所以一般来说铸造装甲抗弹性能要比轧制钢装甲低 10%）。

同时，苏联人为了降低车高和减少坦克体积，还采取了其他一些措施。比如减少乘员人数，这又导致了自动装弹机最早出现在苏联坦克而不是技术水平更高的西方坦克上，成为标准配置（在现代坦克内，各乘员所占体积大约分别为：车长 0.35 米^3，炮长 0.5 米^3，驾驶员 0.8 米^3，装填手 1 米^{3}以下（装填手身高为 1.6 ～ 1.7 米的情况下）。装有自动装弹机的坦克，取消了装填手，对降低战斗室的高度极为有利）。另一个降低车高和减少坦克体积的措施则是限制乘员身高，如规定乘员身高在 1.63 米以下，这对于当年拥有 2.5 亿人口、大量中亚裔兵源的苏联来说，并不是什么麻烦的问题。此外，由于始终存在着要“大打特打世界大战”，以“数量换质量”的思想，苏联坦克的结构比较简单。总的方针是不要多余的装置，力求简单、可靠。比如 T-54/55、T-62 的悬挂采用的是大直径负重轮，而且每侧只有 5 个，没有托带轮，减振器比较少，履带则是单销式结构。至于 T-64 虽然一度稍显复杂化，但到了 T-72，苏联坦克又回归了这种简单实用的“传统”，这一点从 T-72 的产量远远高于 T-64/80 系列就可见一斑。

主炮口径与战斗全重

苏联为了在与北约可能发生的大规模战争取得胜利，不断增强坦克炮的威力，企图在火力上始终压过对手。这一点表现在，同时期苏联坦克在与西方坦克的对比和竞争中，坦克炮口径不断增大，总要比西方同时代坦克领先 5 ～ 10 毫米，而且率先采用了高初速的滑膛炮和长杆式尾翼稳定脱壳穿甲弹，这就是苏联坦克在设计中必须要注意的特点之一。

在朝鲜战争中，朝鲜人一度用苏联 T-34/85 上的 D-5T 85 毫米炮有力地教训了西方装 75 毫米 /76.2 毫米炮的 M4“谢尔曼”和 M24“霞飞”。后来，随着美国装 90 毫米炮的 M46 开始大量列装，苏联人深感 85 毫米炮威力不足，于是将 SU-100 坦克歼击车 D-10S 坦克炮稍做修改后，装到了 T-44 的底盘上，由此产生的 T-54 坦克成为了一代经典，在综

上图 装备大口径坦克炮，同时整体设计紧凑低矮的 T-64 主战坦克

合性能上基本上压倒了同时期的西方坦克。西方各国为了对付 T-54/55，于 20 世纪 60 年代初，纷纷在新一代主战坦克上安装 105 毫米甚至是 120 毫米的线膛坦克炮，在这种情况下，苏联人深恐火力优势就此丢失，再次采用了加大坦克炮口径的法宝——先是在 T-62 上安装了 115 毫米的滑膛坦克炮，然后又在 T-64 上安装了 125 毫米口径的滑膛坦克炮和转盘式自动装弹机，从而一举将火力优势保持了近 20 年的时间，直到 RH120 的出现才告终结。有意思的是，苏联坦克炮的口径虽然比西方大 5 ～ 10 毫米，但坦克的战斗全重却比西方同时期坦克低一个量级。如苏联 T-54/55 重约 36 吨，T-62 重约 37.5 吨，T-72 重 40 吨，T-80 重约 45 吨，而相应的西方坦克，美国的 M46 重 41.7 吨，M60 重 46.3 吨，M60A1 重 48 吨，基本型号的 M1 重 54 吨，基本型号的早期型豹 II 重 55 吨，基本型号的酋长重 54 吨就很能说明问题，也从一个侧面说明了苏联坦克在设计上的成功。

可以说，由于战术要求，苏联的坦克重量较轻，所以在单纯的防护指标上比起西方坦

右图 从 T-62 开始，苏联坦克始终在坦克炮口径上稳压西方一头

克稍逊一筹，十几吨的防护重量不是通过技术可以抹杀的。但是通过种种手段，T 系列坦克的正面防护完全可以同西方坦克相抗衡，因为在东西方冷战时期，作为主要战场的中欧，苏联人总是集中足够数量的坦克在适于坦克机动的地理环境下造成突破，这时候，侧翼有友军的保护，而仅仅需要把坦克正面对向敌人，而较大的火炮口径获得了火力上的优势，造成突破后，由于较轻的重量体积，后勤负担小，道路适应性好，可以快速地向敌人纵深挺进。所以说，轻而紧凑并装备有大口径坦克炮的 T 系列坦克是用于平原进攻作战的，是针对苏联大纵深作战思想而设计的一种坦克，是一种适应大规模消耗战争的产物。

硬币的另一面

坦克的设计理念，实际上就是一种妥协的艺术，那么苏联坦克这种追求简单、实用、尽量轻、小，但又要装上尽可能大口径坦克炮的设计理念，会付出什么样的代价呢？概括起来，苏联坦克有着如下一些缺点：比如，低矮的车高固然是一个值得夸耀的优点（T-62 为 2208 毫米、T72 为 2265 毫米），但带来的缺点却是限制了火炮的俯仰射界，使战术使用受到限制（T-62 只有 −4 度 37 分 ～ +17 度，T-72 为 −7 度 ～ +18 度，远远小于同时期的西方坦克）。当然，苏联人并不是没有注意到因为坦克炮俯仰射界有限而对战术运用造成的影响，但苏联人之所以如此设计与其奉行的作战思想和地理环境有极大的关系，很难说究竟是不是一个所谓的“缺点”。事实上，第二次世界大战中，苏联得到的经验是，坦克的主要对手是坦克，坦克要以坦克为主要打击对象，所以苏联人率先采用了主要用于针对坦克作战的滑膛炮。而苏联的预定战场是中欧和北欧，可能发生战事的地域大都为坚实的平原地带。这样一来仰角大小的优劣就不那么明显了。而苏联所奉行的进攻战略也不需要坦克进行掘壕驻守，那样火炮的俯角作用也就不

上图 艺术家笔下的 T-80B。苏联坦克追求简单、实用、尽量轻，但又要装上尽可能大口径坦克炮的设计理念

上图 坦克的设计理念，实际上就是一种妥协的艺术，T-34/76 正是一种在“妥协”两字上深得其味的经典型号

大了。苏联坦克的火炮俯仰角度之所以较小，很大程度上是因为苏联人强调的是平原进攻战略，而不是复杂地形下或者是防御作战能力，并非是单纯的技术原因。

同时，苏联坦克另一个被广泛指责的“缺点”是不重视人机工程因素及乘员的生存问题。车内空间狭窄，乘员感到不适，会过早地感到疲劳，削弱了战斗力（在武器装备的生产和使用过程中，由于对“人—机—环”方面的因素考虑不足，有时导致装备的效能只能实现 50%～70%）。另外，在车体内部布置上，存在较大的问题，如在 T-54/55、T-62 坦克的车体前部两侧，布置了弹药和油箱（T-62 是弹架油箱），在历次局部战争中，因中弹后被击毁的苏联坦克数量相当可观。不过，客观地分析，之所以如此设计，也与更深层次的原因不无关系。苏联人的坦克防护思想更重视坦克整体战斗力的防护。苏联人认为，在战场上失去战斗力的坦克是无用的，只有能够发挥战斗力的坦克才会对战斗产生影响。一辆丧失战斗力的车辆，在大纵深作战条件下，很难再恢复战斗力，比如纵深突击的快速集群，如果不是获得整个战役的胜利，一旦车辆抛锚是很难回收并恢复战斗力的。所以在防护上，苏联人与西方以坦克成员为核心的防护不同，是对于整车的防护，所以在设计上没有采用诸如西方的弹药隔舱设计，而是采用更紧凑的结构来获得更坚固的装甲和低矮的车型，以减少弹丸对整车的命中率，防护整车不受到伤害。这种设计思想对于具有坚定意志的军队来说是适应的。但是对于不坚定的军队来说，这种车辆简直就是一场灾难，很容易产生对武器的强烈不信任感，甚至会远离这种不安全的武器，抛弃自己的装备逃之夭夭，这在 2003 年美军进入伊拉克的作战中已经得到了证明。而注重于整车防护等设计思想仿佛也与意识形态和社会结构有莫大的关系。

当然，苏联坦克抽烟排气系统设计普遍不佳，坦克在长时间连续作战时，乘员往往会因为有毒气体积聚过多而中毒，这也从另一个侧面反映出苏联坦克在设计上确有疏漏之处。但应当看到，苏制坦克布置的主要优点是结构紧凑，外形低矮，车辆相对较轻，截面面积小，防护能力强。其缺点是车内乘员空间狭小，乘坐舒适性差，发动机和传动装置的维修保养比较困难，不过由于苏制坦克发动机和传动装置的结构和工艺性几近完美，可靠性又高，因此弥补了维修保养上的不足。

值得注意的继承性

西方对苏联坦克的评论，往往过多地强调了苏联坦克“简单、粗糙、乘员工作条件恶劣”等缺点。这在一定程度上固然是实情，但也是对苏联坦克的设计思想，以及大量生产和使用坦克的特点缺乏正确的理解。事实上，从使用观点来看，简单有效的武器才是最好的武器。苏联坦克把大口径的火炮、适当厚度的装甲和可靠的动力装置最有效地结合到一个防弹性能良好的、紧凑的车体内，并配备有简单、有效的行动装置及其他车外设备，这样的总体设计是西方坦克所不及的。所以在很多情况下，苏联的坦克设计被认为是世界第一流的。比如苏联的坦克设计师们对于经过使用考验的、成熟的老部件，从不轻易丢弃，而是不断改进，挖掘潜力，用于制造一代又一代的新车。如 B2 坦克柴油机就是一例，该发动机是第二次世界大战前，由一种舰艇发动机经过改进，用做坦克动力装置的。该发动机一向以结构紧凑著称，至今已使用 4 0 多年，做了不断改进。它先后用于 T-34、T-54/55、T-62 和 T-72 等各型坦克，功率由 B2-34 的 500 马力提高到 B2-54 的 520 马力，然后又采取强化措施提高到 58 马力。在此基础上，通过改进工艺，提高制造质量，以及采用涡轮增压来提高转速等措施，又增加了 200 马力，满足了 T-72 坦克 780 马力的动力要求。发动机这一

上图 T-72 的基本设计和某些技术源自 T-64，发动机却源自古老的 T-34

重大改进对保证 T-72 坦克的动力性能和低矮外形，无疑起到了重大作用的。

B2 柴油机是在 1936 年哈尔科夫机车制造厂试制的 Б Д-2 柴油机的基础上改进而成的，通过 100 小时的国家试验，于 1939 年投入成批生产。以该机为基础，研制生产了多种变形产品，形成了一个系列，习惯上以 B2 柴油机作为该系列柴油机的总称。该机研制成功以后，从 20 世纪 40 年代到 70 年代成为苏联唯一的中型坦克（从 T-34 到 T-72）和重型坦克发动机。20 世纪 30 年代末，汽油机在世界坦克动力装置领域占统治地位。苏联首先为坦克研制柴油机，是由于柴油机比汽油机具有以下优点：热交率高，燃油消耗率低，因而可增大坦克行程；柴油比汽油不易着火，发生火灾的可能性较小；无汽油机易产生故障的电点火系统，因此柴油机的可靠性较好。这些优点对坦克作战具有重大意义。通过战争的考验，证明柴油机作为坦克动力优于汽油机，因此继苏联之后西方国家也陆续在坦克上采用。B2 柴油机一直沿用至今，主要是在设计上严格遵守苏军装备发展的三大准则——性能优越、结构简单、数量众多。该机对苏联来说，具有的战略意义是便于大量生产，便于战士掌握，便于军需后勤供应。在 20 世纪 30 年代创制 B2 柴油机时就向设计师们提出要使该种发动机在投产 20 年后仍能处于世界坦克动力装置的领先地位。实践表明，该机满足了苏军当初提出的设计要求。苏联发展 B2 柴油机，首先是抓住坦克发动机功率要大、体积要小这一主要矛盾，尽可能地提高单位体积功率；同时提高发动机的可靠性；然后是提高使用性能和满足其他要求。该系列的发展采用了循序渐进的方法。在发展过程中证明性能可靠的零部件总是保持并移植到下一个型号中去，坦克车型的每一次发展，发动机也必然随之有不同程度的改进，以提高坦克的使用性能。40 多年来，B2 柴油机在系列

化生产方面形成了一个军用变形系列和一个民用变形系列，分别用于各种军用车辆和民用车辆。该柴油机在军用履带车辆领域大致发展了 20 余种型号（包括直列 6 缸机型），用于 40 多种车型，在基本结构和体积大体不变的情况下，功率由 368 千瓦（500 马力）提高到 574 千瓦（780 马力），寿命由 100 小时增加到 700 小时。

左图 卫国战争中，从 T-34 到 KV、IS 系列均采用了 B2 系列坦克柴油机

但是由于注重继承性，也不可避免地把某些固有的缺陷遗传了下来。例如苏联坦克的部件技术一般来说不如西方。这除了技术的原因外，恐怕与设计思想及结构继承有关。比如，华约的一些专家就曾指出，T-62 坦克的设计中存在着大量的“陷阱”。当坦克前部甲板或炮塔的某一部分被击中时，车体前部的燃油箱、弹药及炮塔内的炮弹很容易燃烧、爆炸，将坦克烧毁。有时甚至是炮弹冲击炮塔，就会引起塔内炮弹爆炸。苏联坦克在设计上就没有考虑对炮弹击中后二次效应的防护措施，这是一个很大的缺点，也是苏式坦克的一个通病。另外，在 T-72 等坦克上，火炮必须转回到待击发位置才能进行装填。虽然也设有自动机构，在装填循环开始前能将火炮调回到原始瞄准线和高低角位置，但是在装填循环开始后，装填动作完成之前是不能瞄准新目标的。所以往往失掉与目标交战的重要机会。T-72 坦克的自动装填机构从设计上就不成功，使用中的作用不可靠。苏联坦克的动力传动装置也不像西方坦克采用弹性支撑，而是直接刚性固定到车体底甲板上，驾驶员的钢制座椅也是直接固定到车体底甲板上，所以发动机的振动直接传给了乘员，再加上车内空间狭小、噪音大等，使乘员很容易疲劳，影响战斗力的发挥。在 T-72 以前的坦克上，均采用大负重轮，无托带轮。当坦克高速行驶，特别是快速转弯和撤退时，履带很容易脱落。所以规定坦克在高档（4、5 档）行驶时不得将操向杆拉到第二位置转向，否则将会出现危险。T-72 坦克安装了 3 个托带轮，解决了从 T-34 到 T-62 一直存在的履带脱落问题。

结语

所谓瑕不掩瑜，苏联坦克的设计理念一般被认为是值得肯定的。不墨守成规，善于创新而不是标新立异；合理突出主要战技性能又能够合理牺牲其他次要性能；大胆进行功能交叉，在交叉的基础上寻求技术突破等。最主要的是能够放弃一些次要性能，真正做到有所为有所不为。这些都是苏联坦克设计理念值得肯定之处。要知道，在达到同样总体性能要求的前提下，效费比最高的设计才是最好的设计（这个效费比的衡量应该是基于全寿命周期来计算的。在总体设计中要同样注重继承与创新，根据总体性能要求的具体分解细化，按通用化、系列化和模块化要求进行部件选型，进行成熟技术的优化、组合与改造；将应用专用部件技术做为解决总体设计中存在的突出问题的主要手段）。而苏联坦克恰恰做到了这一点。重量轻、体积小、结构简单，在关键部件突出有限先进性，这样的设计思路在苏联坦克上得到了集中体现。同时这几点又是有机联系，恰好互为因果。但要阐明的是，在坦克设计中，要达到这类要求，可以有许多不同的途径，但又是极其复杂和困难的，设计师在保证技术、战术要求的前提下，往往为了减轻哪怕是1千克重量，或缩小一点点体积，或是减去一个部件，都要经过周密的思考，进行大量计算和付出艰苦劳动。

上图 苏联坦克的设计理念一般被认为是值得肯定的

总之，作为一种独特设计理念影响下的产物，将苏联坦克用于防御或者复杂地形作战并不适合。在战斗中，苏式坦克与西方坦克相比恐怕也不占优势。苏式坦克更多的是一种“进攻装备”，这种坦克更加考验指挥官的指挥艺术。只有让苏式坦克动起来，应用到适合的地形条件下，进攻，进攻，再进攻，插入到敌人的纵深中去，才是正确地运用苏式坦克的作战方法，才可以最大限度地发挥苏式坦克的潜力。

铁骑追骁虏——苏联坦克的作战理念

坦克的发明与装甲部队的创建，无疑是军事史上的重大事件，它产生于第一次世界大战末期，引发了第二次世界大战乃至战后的陆战变革，并成为军队机械化建设矢志不渝的一个主旋律。而作为世界上首屈一指的头等坦克大国，苏联的坦克装甲兵作战理念不但令人耳目一新，并且在战争中成效显著，无比深刻地影响了整个军事理论界……

左图 作为当时世界上首屈一指的坦克大国，苏联的坦克装甲兵作战理念不但令人耳目一新，并且在战争中成效显著，无比深刻地影响了整个军事理论界

下图 巷战中的苏联装甲集群

“启发性”的连续作战理论

围绕在第一次世界大战和国内战争中获得的经验，富有攻击性传统的苏联红军迫切需要解决如何有效地实施进攻的问题。而一战的实践又证明，以前那种主张大兵团正面作战，寻求与敌主力正面决战的作战样式很容易陷入战壕之间的对峙，战壕战在耗费了大量人力、物力的情况下却不能取得令人满意的效果。那么下一场战争就必须需要一种崭新而有效的作战理论来指导作战。一开始的时候，这种争论仅仅只是表达了参与者纯粹的希望，因为此时苏联的工业和技术水平太过落后。不过这种情况没有持续多久，随着“一国建成完全的社会主义社会”口号的提出，斯大林通过国内外各种途径加快国家工业建设的速度和技术、工艺水平的提高。于是抽象的希望开始转变成具体的政策和计划。由此产生新的军

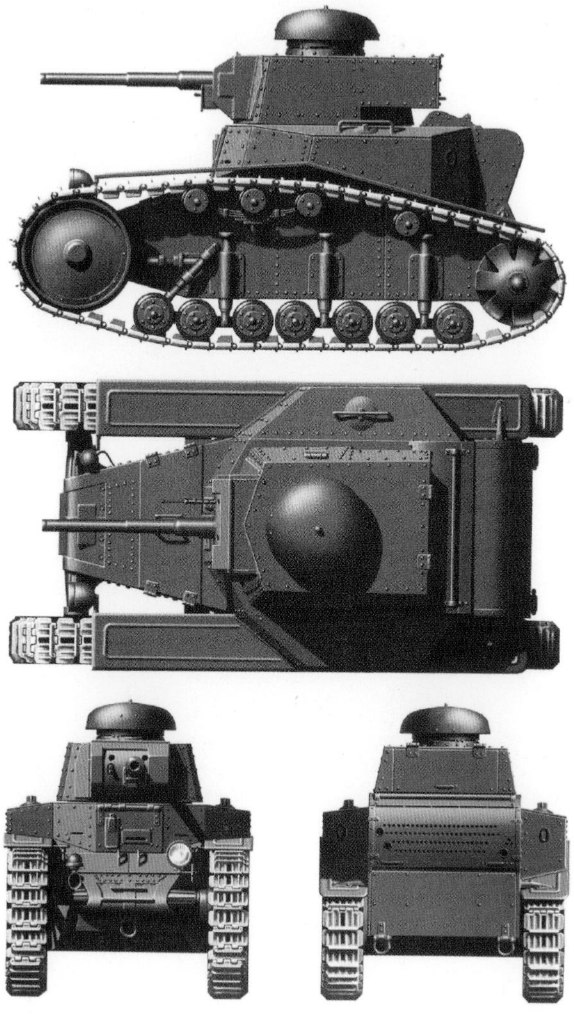

上图 安装有45mm加农炮的MC-1改进型T-18轻型坦克（1941年选择车况较为理想的MC-1坦克改装了200辆）

事指导原则致力于将以下 3 者结合起来：新型武器用于进攻作战、从国内革命战争经验中培养起来的坚持进攻作战的信条。就这样，当西方的那些第一次世界大战的胜利者为了维持现状而致力于制造适合防御作战的武器时，苏联和德国则为了推翻这种现状而寻找新的武器及战役方法。于是经过近 9 年马拉松式的各抒己见，苏联人总算提出了相对系统的新型作战理论。1926 年，红军副总参谋长特里安达菲洛夫首次对其新军事理论进行了概述（不过这一理论实质上是集体的结晶，即在红军总参谋部任职的图哈切夫斯基、亚基尔、乌博列维奇、叶戈罗夫和特里安达菲洛夫等人长期讨论后形成的结论式成果）。

特里安达菲洛夫提出，为了夺取对敌人的全面胜利，必须实施一系列连续的突击，以打击敌人的所有兵力，打乱敌人的组织，使之无法继续进行顽强抵抗。只有对敌人的前线和整个战术阵地的纵深同时发起进攻，才有可能突破敌军防线，并使机动行为变成作战行动。为了达成快速突破，在大刀阔斧的攻击行动中，纵深作战将在前方和后方同时展开，远距离的炮兵和空袭部队将对敌军后方发起攻击，由各军兵种组成的纵深配置的作战梯队将对敌军前沿阵地发起攻击。也就是说，为了粉碎敌人庞大的集团军，必须连续实施一系列在时间上互相联系并能导致全线胜利的战役。特里安达菲洛夫在分析了当时几场战争的

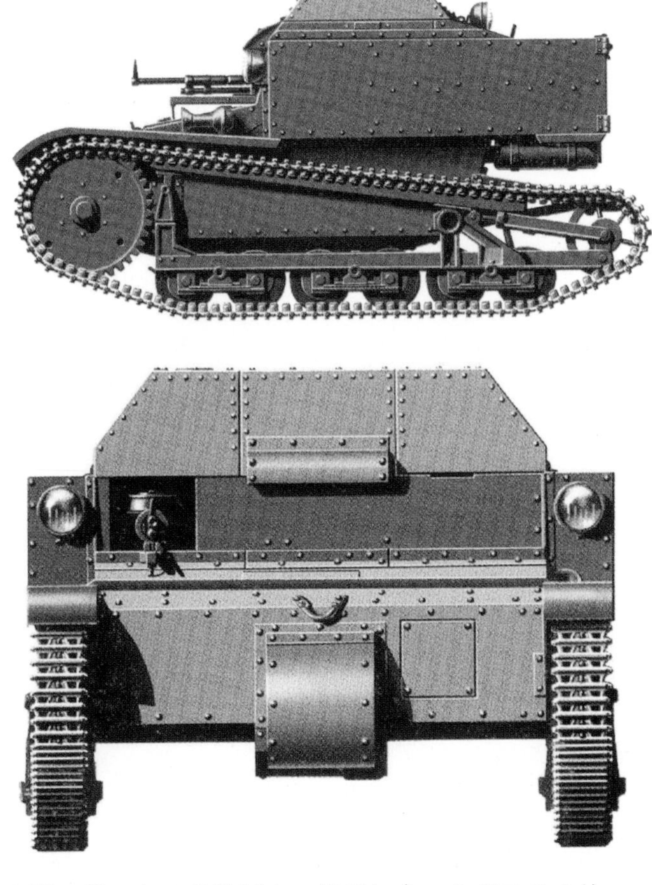

上图 第一个五年计划中，苏联坦克工业利用西方技术取得的成果之一——T-27 轻型坦克（早期型号）

经验和新式兵器的发展情况后，得出结论：可以通过实施一系列连续的战役来消灭敌人。连续战役理论的实质就是在实施头一个战役的过程中就考虑并准备下一个战役，以防止供应中断和运输堵塞，达成战斗行动的连续性，不给敌人以变更部署和组织战斗的时间。连续战役的胜负主要取决于后勤工作是否跟得上。根据这个理论，方面军被认为是一个战略单位，执行统帅部赋予的任务。它应当统辖一个战区内的军队，并应当能够为了解决一个总战略任务而在几个作战方向上实施进攻。进攻地带的宽度定为 300 ~ 400 千米，战役的纵深定为 200 千米（这一理论的现实根源是第一次世界大战勃鲁西洛夫的纵深突破，以及红军在国内战争中的经验）。

然而，作为一个粗略的框架，连续战役理论没有考虑到军队中大量新式技术装备的列装对军事理论变革的深刻影响，所以只能作为一个教科书式的经典理论存在于纸面上，可以说并无实际价值。不过，对特里安达菲洛夫理论线条过于粗犷的缺点，图哈切夫斯基却敏锐地注意到了。事实上，图哈切夫斯基是以一种未来机械化战争的观念来发展并完善特里安达菲洛夫的连续战役理论，也就是说是在机械化战争环境下，为连续战役理论制定了一系列详细的具体实施手段，使之成为了一种关于大规模使用现代化、有良好技术装备的军队作战的战役理论。值得注意的是，当图哈切夫斯基与其志同道合的军内同志们在探讨如何以机械化的军事手段为下一次战争进行准备时，这同时也是一个转折时期，即当时以第一次世界大战和国内

上图 最初生产的 T-26 1932 年型“混合”坦克

上图 最初生产的 T-26 1932 年型“混合”坦克

上图 装备 PS-1 37 毫米坦克炮的 T-26 1932 年型“混合”坦克细部特写

战争经验为依据的军事学术，已经在许多方面不适应武装力量新的发展水平。苏联军事理论思想能够迈出这一步，正是看到了武装斗争方法正确的发展前景——尽管在此之前世界上任何一支军队都还没有大量使用装甲坦克、航空兵和炮兵的经验。

纵深战斗理论的完善与发展

考虑到当时世界军事界对机械化战争模式的不同理解与争论这个大环境，图哈切夫斯基对特里安达菲洛夫理论的改良，其理论根源本身便是一件非常值得探讨的事情。理论上讲，技术决定战术，武器决定作战理论，这是一条真理。但是军事技术对作战理论的各个组成部分的影响不是直线性的。在 20 世纪 20 年代苏联新型战役理论产生初期，军事技术影响战役理论的基本途径是通过战术兵器的改善和大量装备。因为在当时，兵力兵器主要集中在战术一级，战斗是达成战役目的的唯一手段。战役指挥员没有掌握直接影响战役进程的工具，他只能通过区分兵力和兵器，给部队规定目标和任务，组织战役协同，提供战斗和物质保障来影响战役的进程。但随着军事技术的发展，战役指挥员逐渐地拥有了直属的战役手段，如航空兵、空降兵和防空部队，当然也有作为预备兵力的坦克和机械化步兵兵团，这些战役手段对战役进程的直接影响逐渐增大了。战术范围的行动不再是达成战役目的的唯一手段。在战术范围之外，航空兵可以对纵深的目标实施突击，空降兵可以在敌后空降，快速兵团可以突入战役地幅发展战术胜利等。可以说，这一时期军事技术主要是通过影响战术进而作用于战役理论的，间接途径仍是主要的，但战术和战役兵器共同作用的影响已经不可忽视。其中，坦克与飞机两种战役兵器作为直接途径的影响，其作用有一个逐步增大的过程。

第一次世界大战结束后，欧洲军界人士纷纷对坦克作战的问题进行了热烈的讨论。当时所形成的普遍看法是：第一，坦克是一种战术性突破兵器，只能在战术范围内使用；第二，坦克是步兵和骑兵进攻的辅助性工具，而非

上图 正在涉水过河的 T-26 1932 型坦克

上图 BT-2 快速坦克侧视图

独立的兵种；第三，坦克使用的原则是分散到各个步兵和骑兵单位。很显然，这一结论没有超出第一次世界大战中坦克实际使用状况的范围，因而后来被称之为“传统的坦克观念”。但另外极少数具有远见的军人，如富勒、利德尔·哈特、埃蒂安纳、马特尔和戴高乐等人却发现坦克具有潜在的战略性价值，将对未来战争样式产生革命性影响（戴高乐在《职业军》一书中提出了有必要建立一支结合机动能力和毁灭性火力，既能够进攻也能防御的装甲师的理论。根据这一理论，有必要建立一支职业军队，与常规军配合作战）。他们针锋相对地指出，未来是一个机械化战争的时代，其观点包括 3 个主要内容：第一，坦克是未来最主要的和最重要的独立陆军兵种；第二，坦克应做集中使用，以它为核心加上摩托化的其他诸兵种组成的机械化部队，可用于战略性作战；第三，机械化部队突击与战术空军的配合是未来主要的陆战形式。这些西方军事家的观点在欧洲各国军界引发了一场热烈的讨论。鉴于早期苏联红军院校常用西方国家的军事著作当教材，所以图哈切夫斯基的理论根源无疑有相当一部分来自西欧的军事理论界——以图哈切夫斯基本人的文化素养（能够用法语进行流利的书写会话，至于对英语和德语文献资料的阅读则同样毫无障碍），他也的确可以做到紧跟西方军事理论发展的最新动态。不过，这并不意味着图哈切夫基斯就只是一个西方机械化战争理论的蹩脚模仿者（更何况当时这些西方机械化战争拥护者的理论，在其本国内也并不被认可，并因为推销他们的主张而到处碰壁）。

事实上，图哈切夫斯基既对西方机械化战争理论进行了扩充延展，也对特里安达菲洛夫的连续战役理论进行了充实与细化，并最终将二者柔和在了一起，从而形成了自己的完整理论体系。苏联的战役理论研究由此得到了很大的发展，纵深战役法理论初步形成了。在图哈切夫斯基的理论体系中，坦克与飞机两种机械化战争的主要元素占有支配性地位，是其理论得以实施的灵魂与核心所在，原因是这两种武器分别代表着一个大纵深作战可能的实现途径。图哈切夫斯基认为，“现代化的航空兵可以把铁路运输截断，摧毁各种军需物资的库存，阻止部队的动员和集结……交战双方中，如果有一方不能摧毁敌人的航空基地，不能通过系统不断地空袭瓦解敌人的铁路运输，不能用频繁的袭击阻碍敌方的动员和集结，并摧毁敌人的燃料和弹药供应，不能用机械化部队在骑兵和摩托化步兵的支援下迅速采取行动来歼灭敌人的驻军和军用列车，那么它就有失败的危险。”至于坦克，其最吸引图哈切夫斯基的特质在于，这种技术装备既可以实现决定性的突破和合围，还可以把进攻创造的战术胜利发展成为更大范围的战役胜利。特别是坦克的第二个可能，在第一次世界大战的阵地战中坦克的这个能力一直没机会得到证明，但图哈切夫斯基却深信不疑。按照图哈切夫斯基的设想，坦克必须按照以下原

上图　1934 年夏莫斯科军区红军部队装备的 T-26 1931 年型轻型坦克正在进行日常保养

则使用才能达到这种技术装备的最大效能：第一，坦克必须集中使用才会产生最大的效果；第二，虽然坦克发明的最初目的是用来克服战壕、铁丝网和机关枪防御体系的，但坦克的最大价值不是用来突破前沿防御，而是用来突入到敌人纵深发展胜利的；第三，坦克必须应用于适合它的地形；第四，坦克必须在其他兵种配合下完成作战任务。

纵深战役法理论的基本原则

基于对坦克和飞机这两种机械化战争支柱性元素的认识，图哈切夫斯基形成了自己的机械化战争观点，并将其灌注到了特里安达菲洛夫连续战役理论的躯壳中。它的基本原则是：在进攻集群中应建立突击群、牵制群、预备队及火力群。突击群主要用于突击方向上实施进攻；牵制群用于辅助突击方向上作战，其任务是转移敌人的注意力，保障突击群的顺利进攻；预备队用于完成战斗进程中突然出现的任务；火力群的主要任务就是保障突击群的快速突破。结合当时的实际来说就是以杀伤兵器同时压制敌整个防御纵深，然后负责扩张战果的梯队，例如坦克兵和摩托化步兵迅速将战术胜利发展为战役胜利。其实质便是，以杀伤兵器同时压制敌整个防御纵深，在选定方向上突破其战术地幅；接着，负责扩张战果的梯队，包括坦克、摩托化步兵等，投入交战，并以空降兵实施空降，迅速将战术胜利发展为战役胜利，以尽快达成预定目的。为达到这一目的，必须要解决两大任务：第一，用步兵、坦克、炮兵和航空兵对敌人的整个战术纵深同时实施轰击，以摧毁敌人的防御；第二，用快速部队及空降兵的迅猛行动和航空兵的突击，将战术胜利发展为战役胜利。为了实施突破，要求在主要突击方向上集中优势兵力，各集团军纵深配置，建立强有力的冲击梯队，扩张战果梯队、预备队，以及航空兵和空降兵等。冲击梯队的主要任务是突破敌人防御，当打开一个突破口后，必须将快速兵团迅速投入突破口，以摧毁敌人在整个战役纵深内的抵抗，并协同其他兵种全歼敌人。航空兵的任务就是夺取制空权，掩护方面军的军队和后方，支援军队突破敌人防御和在战役纵深内追击敌人，攻击敌人的预备队，保障空降兵着陆，给军队空运补给并实施空中侦察。在这个理论中，突破理论和追击理论是最关键的两个组成部分，它们构成了后来大纵深理论的核心内容。

上图 图哈切夫斯基既对西方机械化战争理论进行了扩充延展，也对特里安达菲洛夫的连续战役理论进行了充实与细化。包括 T-34 在内的苏联坦克便是这一理论与时代技术相结合的产物

首先，突破敌人防御是进行方面军级战役行动的前提，没有突破的完成就谈不上纵深进攻。集团军司令员在选择主要突击方向时应考虑一系列因素，如方面军司令员的战役企图、敌军集团防御性质和集团编成、地形条件，以及己方军队状况和能力等。确定主要突击方向一般要达到两个基本要求，就是必须在战役第一日突破敌人的战术防御和保障自己

上图 1933年演习中的莫斯科军区T-26 1932年型NPP（步兵支援型）坦克群与BT-5 DD（远距离行动/使用型）坦克群协同作战

突击集团前出至防御之敌的侧翼和后方。一旦确定了主要突击方向，就应当将装备最好的、战斗力最强的兵团放在主要突击方向上，高度集中兵力，以形成对敌优势。实施火力突击是突破必不可少的阶段。突破一般以冲击的炮火准备和航空炮火准备作为开始。炮兵和航空兵在火力准备阶段的任务是，以火力压制、破坏敌军的指挥和协同，保障建立通向敌人战术地幅全纵深的缺口，以及阻止敌人预备队开进。突然实施火力突击是达到有效杀伤敌人的重要手段。为此，图哈切夫斯基特别强调战斗侦察的重要意义。他认为采取战斗侦察，可以及时察觉敌人的企图，更正指挥员的错误判断，使己方炮火力量发挥最大限度的作用，给敌人造成巨大的损失，同时为己方后续进攻部队的进攻铺平道路，减少突击部队的伤亡。尽量缩短火力准备与步兵、坦克开始突击之间的时间间隔，也是达成突破的重要条件。

其次，在突破口形成后，以坦克机械化集群进行的追击行动是方面军级战役行动的根本目的，没有目的明确的追击作战，此前的突破便毫无意义。追击是为达到歼敌目的而向退却之敌实施的进攻，以插入退却之敌的后侧并实施合围，分割并歼灭或俘虏敌军集团。在战斗中，防御者实施退却的征候有：防御者撤出部分炮兵和后勤机关；实施佯动反冲击；积极进行侦察；炮兵进行短促的火力急袭；在进攻一方可能行动的道路上设置工程障碍物；在后方焚毁物资和工程设施等。在一般情况下，防御者力求在能见度不好的情况下实施退却，如夜间、雨天、降雪和浓雾等。为了使其主力摆脱进攻者的追击，会派出后卫进行掩护，后卫往往由摩托化部队和坦克部队编成，能进行有效的反冲击和迅速脱离追击部队。所以进攻者一旦发现敌人准备退却时，就应该立即转入追击，力求阻止敌军有组织退却，在敌军到达新的防御地区并与从纵深开来的预备队会合之前予以围歼。对此，图哈切夫斯基特别指出了追击作

上图 图哈切夫斯基主持研制的主力NPP坦克——多炮塔的T-28 1934 KT-28中型坦克

战中可能采用的3种不同方式，即正面追击、平行追击和正面与平行相结合的追击（正面追击一般是在敌军进行预有退却的条件下，或者己方军队的兵力特别是快速部队不足，兵力对比不利，无法通过坚决行动前出敌退却道路时实施的。目的是在整个退却正面牵制敌人的基本兵力，限制其机动，迟滞其退却；平行追击就是沿与敌军退却平行的路线进行追击，它能破坏敌人的行军队形，使其无法向中间地区前出，还使退却之敌一直处于侧翼遭突击的威胁之下；正面与平行相结合的追击，就是以一部兵力从正面实施追击，目的是迟滞敌军基本兵力的退却，不让其脱身，并以集团军主力实施平行追击，前出退却集团侧翼，切断退却道路，最后合围和消灭敌人）。

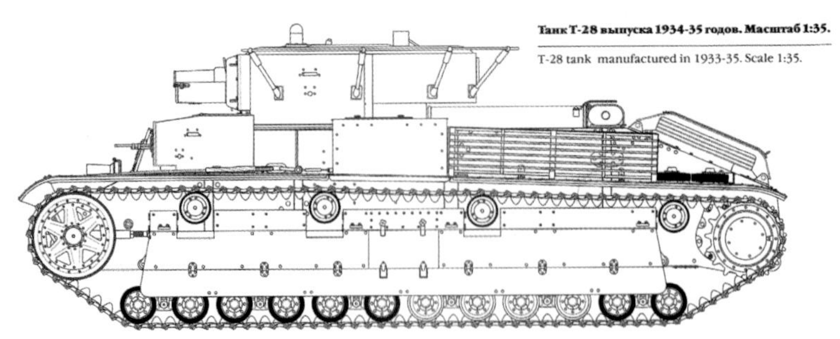

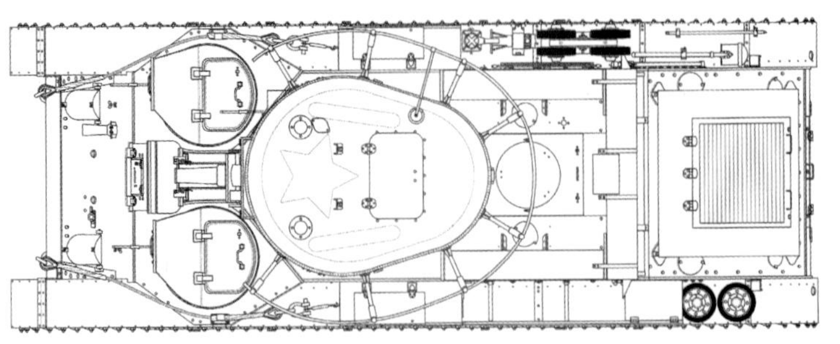

上图 T-28 1933 年型中型坦克

上图 另外一种重要的NPP坦克——T-35多炮塔重型坦克

要实施顺利的追击作战，指挥员的指挥是十分重要的，在定下进攻战役的决心时就应该考虑到追击时的措施，要确定：随着摧毁哪些集团和前出至哪些地区可预期敌人的退却；当军队转入追击时，敌人可能用哪些兵力进行抵抗；敌退却的可能方向和截断这些方向的路线；追击时主要力量的集中方向；兵团和部队实施追击的方向；先遣支队和空降兵的编成与任务等。对于这些问题，指挥员在追击前就应该认识到，同时，在追击过程中，军团和兵团指挥所应派出由司令员领导的作战组，以便进行具体的领导。为了保证不间断指挥，各级指挥所应采取逐次跃进的方法进行行动。在实施追击时，先遣支队的作用是非常突出的。先遣支队通常由一个加强团或加强营组成，而坦

上图 从1935年起作为每年莫斯科红场阅兵式的主角，T-35多炮塔重型坦克

克军和机械化军的先遣支队则由一个坦克旅或机械化旅编成。先遣支队中加强有坦克、摩托兵、炮兵、高射炮兵、反坦克兵和工兵分队。在追击过程中，航空兵的作用也是很大的。航空兵能够从空中掩护追击部队免遭敌军伏击（防止狗急跳墙）。另外，航空兵还可进行空中侦察，保证追击的目的性。图哈切夫斯基认为，一旦在敌人的防御中撕开了一个突破口，快速集群就应该迅速进入突破口，扩大胜利。此时，炮兵主要是压制敌人炮兵和预备队，特别是敌人的防坦克配系对快速集群的进攻所造成的障碍；航空兵的主要任务是压制和消灭敌人所剩的重要目标，彻底摧毁敌人的防御体系。进行追击的队形是在战役防御纵深进攻的队形，快速集团在前方。坦克军和机械化部队具有行动迅速的特点，因而是实施追击的主要力量。在一般情况下，快速集群的队形是这样的：步兵师先遣支队和侦察机关在前，随后是运动保障部队，再往后是先遣大队，最后是主力。分两路开进，并分成两个梯队。这样就可以便于战斗过程中部队的指挥和机动，最好地发挥快速集群的威力，迅速完成对敌防御的战术地幅的突破。

从 PU29 到 PU36

1929 年，图哈切夫斯基的纵深作战理论在两部著作中得到了初步体现，即 1929 年的苏联红军野战条令（PU29）和更为重要的《现代集团军战役的性质》一书（该书作者为特里安达菲洛夫）。《现代集团军战役的性质》一书主要是阐明了深远战役和向最大限度的纵深(军队气士、人员体力和物质技术条件所许可的限度)实施坚决突击的问题。至于 PU29 则体现出了理论与尝试夹杂的情况。该条令确定了实现纵深作战方式的总目标——通过协调运用装甲合成力量，包括特种步兵、装甲兵、炮兵和航空兵，在敌人防御的战术纵深夺取胜利的作战方式。尤为重要的是，在这两个书面文献中，将机动战思想放在了达成方面军级战役的首位，为此详细阐述了大规模坦克编队在未来战争中的潜在影响。事实上，图哈切夫斯基强调纵深进攻的机动战思想，并非忽视火力的作用。恰恰相反，在 PU29 中强调的是火力与机动的平衡、火力与机动的协调。把火力作为实施战役机动的有力保障，通过机动来运用火力消灭敌人。

上图 1935 年基辅大演习中令人震惊的一幕——由一架 TB-3 4M-17F 重型轰炸机空投至水面的一辆 T-37 水陆坦克

把机动作为各种战法的载体，“战役机动是为各种战法服务的”。总之，PU29 思想的核心是速度。“快速行动有助于获得和保持主动权，从而保持行动的自由。而速战速决则能使部队避免陷入持久消耗战和遭敌反击，从而有助于迅速转移兵力实施更加有力的打击，使敌来不及反应或举措失当。”图哈切夫斯基认为，高速度是“时代的命令”，是取得战役胜利的决定性因素。没有高速度，就形不成战斗力，就没有战役的大纵深。不保持进攻的高速度，“敌人就有可能从我首次冲击的震撼下恢复过来，判明我主突方向，而将其兵力和火力集中到这一方向上来。”因此，抢速度是机动战的实质。实际上，此后大纵深改进作战方法的各种措施都是围绕着提高速度来采取的。

为了与这一新型纵深作战理论相对应，图哈切夫斯基将红军未来所需要的坦克分为 3 类：NPP（步兵支援型）、DPP（远距离步兵支援型）和 DD（远距离行动 / 使用型）。这 3 类坦克的定义不是根据他们行动的距离来确定的，而是根据突破敌人整个防御的纵深行动所赋予他们的特定战术任务来确定的。NPP 坦克主要用于为步兵清扫道路，使步兵能够通过敌人的一线防御，最终实现突破。其主要任务包括压碎炮火准备后仍然没有被切断的带刺铁丝网，摧毁敌人的火力点和坦克，同时还用于协助击退敌人反突击。实验证明，要成功地对 1 公里范围的前线发起攻击，需要 15-16 辆 NPP 坦克，在炮兵密集弹幕攻击之后，这些坦克一般以 15 ～ 30 米的间隔向前推进。步兵将在坦克之后 100 米的范围内跟进，以进一步扫荡敌人阵地，如果坦克遇到障碍物或无法对付的防御时，步兵将在坦克火力的掩护下向前推进并攻击敌人。一旦敌人被消灭或工兵修好了通过障碍物的通道，在炮兵攻击过后 NPP 坦克将恢复其攻击尖兵的位置。DPP 梯队坦克的任

上图 1937 年“10 月革命节”阅兵式上出现于莫斯科红场的 T-28 1936 KT 28“斯大林同志”号

上图 基于 T-28 坦克底盘的装甲架桥车

上图 1935 年五一阅兵式上出现在莫斯科红场的 T-28 1934 KT28 中型坦克

务是支援第 2 梯队步兵继续突破敌人的纵深阵地。它们与步兵和炮兵配合的战术模式与 NPP 类坦克一样。DPP 坦克群的任务还包括在步兵之前找出并摧毁敌人纵深的炮兵阵地，摧毁敌人预备队以阻止其支援前沿阵地等。DD 坦克将用于支援那些遂行突破作战最后阶段的部队。姑且不论图哈切夫斯基这种设想的合理性，但此后苏联坦克发展方向始终没有脱离 NPP（步兵支援型）、DPP（远距离步兵支援型）和 DD（远距离行动 / 使用型）3 种需求类型的框架却是不争的事实，其影响是深远的。

上图 1936 年 10 月马德里保卫战期间保罗 · 阿尔曼（Paul Arman）所部装备的 T-26 1935 年型坦克

鉴于大纵深作战最重要的精髓在于追击而不是突破——就是使用突击集群撕开敌人的防线，这就如同是一记铁锤一样将敌军的乌龟壳给敲开，而后快速跟进的快速集群就如同一把刺刀一样插入，将敌军的防线给搅乱。最终在两翼钳击部队的配合下对敌军进行围歼。那么显然，这种作战模式讲究的就是一个大手笔，但对苏联红军这样一支规模庞大的军队而言，要按照大纵深理论进行彻底改造，以苏联当时的综合国力，其面临的困难可谓罄竹难书。所以此时的大纵深作战仍然是一个较为抽象的目标，苏联当时的工业和技术水平还无法提供足够的现代化武器装备来实现这一目标。1929 年颁布的这个野战条令最大的意义在于，它宣布了红军发展的方向与决心。不过随着 1928 年苏联开始了其第一个五年计划，国内工业生产形势大为好转，大量重型技术装备的获得使红军开始将这个决心变为现实。于是自 1930 年开始，在苏联红军军事领导机关的指导下苏联红军开始对各兵种的体制进行了明确的、针对性极强的改革：步兵向摩托化、机械化方向发展，增加了突击力和火力；炮兵则增强了火力密度与纵深支援保障能力。对装甲兵、骑兵、空降兵和航空兵等多个兵种的运用和发展路线都做了调整。从总体上而言，在 20 世纪 20 年代末和 30 年代初的交界时刻，苏联国家武装力量整体提高了机动性和纵深打击能力，为新型军事理论的变革与继续发展提供了坚实的理论基础和良好的发展条件。

在综合国力迅猛起步的大环境下，图哈切夫斯基开始干劲十足地用实践来验证自己那些大胆的理论观点。后来的苏联元帅基 • 阿 • 梅列茨科夫回忆到，“米 • 尼 • 图哈切夫斯基的创造兴趣和实践活动的范围是广泛的。他对一切新事物和先进事物都特别敏感，对于在部队中推广这些新事物和先进事物特别热情。经过他的多方活动，人们对用新技术重新装备军队的问题、对建设强大的空军、装甲兵团和机动步兵的兴趣大为提高。他很注意外国的技术资料，曾亲自试验新式武器，而每次都一定参加部队进行的实验训练……米哈依尔·尼古拉耶维奇直接依靠发明新的武器和发展旧的武器装备来加强部队的组织、战术

上图 艺术家笔下的T-24中型坦克——T-24中型坦克虽然没有量产，但率先使用了扭杆悬挂系统，在苏联坦克发展史上占有一定的地位

上图 艺术家笔下的T-40水陆坦克

和整个教练体系。”图哈切夫斯基很关心最新作战技术和武器的研制，因此全力支持设计师们，与他们中的许多人结交，深入了解他们的活动和需要，帮助扩大已有的设计院和建立新的设计院。于是在图哈切夫斯基的亲自关照下，摆脱了MS-1，红军自己的NPP、DPP及DD坦克相继出现了——20世纪20年代后期发展的T26轻型坦克和T28中型坦克主要用于承担NPP和DPP任务，至于更耀眼的BT系列快速坦克则扮演着DD坦克的角色。至此在物质上，大纵深理论初步具备了走下教科书成为现实的基础。

然而与历史上曾发生过的一切一样，图哈切夫斯基的事业从一开始就不是以一种直线前进的方式进行，而是一个螺旋式的不断上升的过程，在这一切过程中要与各种反对力量进行斗争几乎是一种宿命式的必然。从1929年开始，图哈切夫斯基干劲十足地用实践来验证自己那些大胆的理论观点，但从技术上重新装备军队，当然需要国家拿出大量的物质财富，而这些东西正是国家十分紧缺的。如果不是因为明显地忽视这个问题，那么即使在当时的情况下，也应当尽快地解决这个问题。于是，图哈切夫斯基的想法遭到了某些军事领导人的坚决反对。其中就有托

上图 西班牙共和国人民军第1装甲旅装备的T-26 1936年型

洛茨基，他对军队建设持有冒险主义、粗俗肤浅的观点。此外，图哈切夫斯基的军事学说也与时任苏联空军掌门人阿利克斯尼斯的空军建设观点相抵触。虽然在图哈切夫斯基的纵深战役理论中，作为一种近距空中支援力量，航空兵占有极为重要的地位。但作为一名陆军军官，图哈切夫斯基没有也不可能从苏联空军自身发展的角度去为后者考虑更多，而是想当然地将自己（陆军）作为老大，认为苏联空军不过是陆军力量在空中的直接延伸，实际上图哈切夫斯基眼中的苏联空军仅仅是“飞行炮兵”，并顺便帮陆军在空中赶一赶“蚊子（敌机）”而已，这就不由得引起了空军方面的强烈不满。事实上，与图哈切夫斯基在陆军中的地位类似，阿利克斯尼斯在空军中同样属于“卡里斯马”式的人物（即因超凡魅力而具有极大权威的人，这种权威不是来自对某一官职或职位的占有，而是来自个人的非凡品质），对其所在军种的归属感与认同感和图哈切夫斯基不相上下。两者间的观点冲突因此几乎是不可避免的。

不过，对图哈切夫斯基来说，在推广其新军事理论的过程中，所遇到的最大阻力还是来自以伏罗希洛夫为首的某些骑兵出身的红军指挥员，这些国内战争时期的老将缺乏应有的远见，结果在红军现代化过程中，成为了图哈切夫斯基改组红军这一大手笔的绊脚石和麻烦制造者。举例来说，伏罗希洛夫在其著作中坚持认为：骑兵仍然是所向无敌的歼灭性武装力量，能够在所有战场执行所有重大任务。因此，伏罗希洛夫强烈反对红军的机械化进程，力主发展骑兵。并据此认为“大纵深战斗只是战斗的许多类型之一，只适用于应当经常对敌防御正面实施突破的阵地战”。需要注意的是，作为图哈切夫斯基的上级，伏罗希洛夫与图哈切夫斯基在长期的共事过程中并不和睦，这就很难说日后两人的建军理念之争是否蒙上了一层个人恩怨的色彩。不过，在广泛的探索和实验性演习过程中，“大纵深战斗”还是成为了苏联军事科学坚实基础最正确的观点和原则，并得到了广泛的认可。在1934年12月举行的国防人民委员部军事委员会扩大会议上确定，大纵深战斗不是作战类型，而是进行各种战斗行动的新样式、新方法。伏罗希洛夫在致闭幕词时也不得不在口头上放弃了原来的观点，承认“任何战斗都称为大纵深战斗……现代战斗不可能是别的，只能是大纵深战斗……问题不在于如何理解大纵深战斗，问题在于如何适应大纵深战斗的多样性和各种表现形式去进行这种战斗……这是主要的任务，学会这些比进行经院式的争论要难……”。

艰难时期

1937年春发生了从根本上动摇红军的事件。由政治层面的大清洗开始殃及到大批高级和上级指挥人员。许多功勋卓著、经验丰富的干部成了这些行为的牺牲品，军队实际上失去了领导。这些干部长期领导军队教育和指挥干部的战役训练，推动苏联军事理论前进，并指出了它的发展道路。现在他们却被宣布为“人民的敌人”，他们创立的关于战斗和战役新样式的军事理论学说遭到怀疑，并险些被说成是有害的东西。受迫害者所写的所有参考材料和正式、非正式军事文献都被禁止，一时竟不知什么可以、什么不可以作为

上图 为佛朗哥法西斯叛军缴获并使用的 T-26 1935 年型

军事理论的指导原则。就是在总参谋部军事学院，也开始对大纵深战役基本问题研究发出了终止警报，反对摩托机械化兵团在正面行动，反对把它们用于向纵深发展突破。而这一切，是在 1939 年秋季德波战局（战局是红军中介于战争与战役之间的概念，指根据总的企图而进行的一系列战略性战役和其他军事行动，是战争的一个阶段，通常以年度、季节和地名表示）中机动战役完全显露新的特点之前一年发生的。事实上，随着作为红军庞大装甲部队的主要建筑师和纵深进攻作战理论的缔造者，图哈切夫斯基元帅及其他与纵深作战理论密切相关的红军高级军官如红军机械与装甲车辆管理局 (Automotive and Armoured Vehicle Administration) 局长哈列普斯基的被处决，似乎暂时结束了任何有关苏联装甲部队建设方向和相关战役法理论的讨论。

对承认新思想起了消极作用的，还有被错误理解和总结的西班牙战争经验。当时从这一经验中引出了十分错误的、历史性短视的结论：新兵器只保障实施现代冲击的可能性，而对于冲击的性质和样式则没有任何改变。 在西班牙战争及向西白俄罗斯和西乌克兰实施解放进军之后，红军甚至解散了机械化军队这种大纵深战役的地面主要突击力量，停止发展轰炸航空兵这种空中主要突击力量。这些错误举措使大纵深战役丧失了赖以发展的基本物质基础。解散机械化兵团给红军带来了巨大的危害。上述种种情况不可能不影响红军理论观点的发展。创造性的主动精神暂时受到了严重制约。在军事思想中播下了怀疑的种子，对于已经叩击历史之门的大纵深战役理论，不是进行深化和发展，而是开始悄悄地加以否定。这当然不能不在年轻指挥人员的思想中引起明显的分歧。他们在 1937 年后被提拔到高级领导岗位，要在 1941 年承受法西斯德军恰恰按照大纵深战役样式实施的头几次突击。这些年轻、忠诚、勇敢的指挥员在战争初期突然被卷进战争旋涡，他们之所以不能在其中正确行动，在相当大程度上是因为没有充分理解他们不得不应付的大纵深战役的新特点。

上图　西班牙人民军国际纵队坦克团的T-26与BA-10配合作战

总而言之，1937～1938年苏联军事理论发展明显偏离了正确路线，这种偏离导致这一领域出现明显的停滞不前和无所适从的情况。虽然这一反复也留下了严重后果，但是它只是暂时现象。个人迷信不可能阻挡苏联军事理论总的发展进程。早在1939年，军事理论思想就在考虑现实军事事件经验的同时，迈出了新的发展步伐。诚然，西方“奇怪的战争”和1939年冬季的苏芬战争暂时掩盖了大规模现代战争的真正样式，甚至可能把人们引入歧途。马奇诺防线仍然是神圣的，而且不可避免地决定了战争的阵地战性质。芬兰的战争似乎再次肯定了这点。因此，大纵深战役法理论实际上仍然没有被采用。

上图　出现在马德里街头的T-26 1936型坦克

1939年9月德军闪击波兰，是新的大纵深作战样式第一次在实战中得到应用。当然，这只是一个独立的战局，从其中引出的结论不可能具有终极意义。但是半年以后，西方战事开始加剧，这些战事完全显示了大规模现代欧洲战争的高水平大纵深战役的特点。第二次世界大战在波兰和法国的头几次战役就已表明，苏联军事理论思想走过的道路是正确的，它对现代战役大纵深样式的研究也是正确的。不过，这些战事体现的机动性和前所未见的大纵深超出了所有人最乐观的估计。1939年的波兰战局和1940年的法国战局展现了现代战争初期的新特点。这些战局表明，军事行动以事先集中的武装力量主力入侵为开端。这就使战争初期具有突然爆发的大规模战略性战役的景象，要求从战略观点角度去研究这些战役。在此条件下，战役法不仅与战略紧密相连，而且与其有机地融为一体。

上图　1939年诺门坎战役中的红军T-26 1933型坦克群

“大纵深”的重新确立

1940 年 7 月，就在苏联解散其大规模装甲部队时，德军装甲集群却用 40 天的时间横扫了整个法国，这引起了苏联的密切注意。西欧战场上的战争明确无误地向苏联领导人传达了一个清晰的信息：现代战争方式已逐渐向大纵深战役样式转变，图哈切夫斯基之前对纵深作战理论的研究是完全正确的。早已对苏联红军在 1940 冬季战争中的惨淡表现感到不安的 NKO（国防人民委员会）于是急切地试图重新整编苏联红军，众多中、高级军官开始着手于紧急恢复对该理论的进一步研究与落实。于是在《1936 年暂行野战条例》（PU36）的基础上，苏联根据最近的战事对该理论进行了补充与完善——《1939 年野战条例》（PU39）应运而生。

尽管许多战史学家后来对 PU39 依然严重的理想主义倾向问题进行了严厉指责——比如规定集团军进攻地带宽度为 50 ～ 80 千米，突破地段宽度为 20 ～ 30 千米，战役纵深为 100 千米。实际上，在战争中红军为了集中优势兵力和兵器，集团军进攻地带宽度大多在 20 ～ 40 千米之间，突破地带宽度在 6 ～ 12 千米之间，越到战争后期缩小的趋势越明显——这从一个侧面说明 PU39 对红军的火力优势与进攻能力是过分高估了的。但相对 PU36 中的不切实际与过分理想主义，PU39 的进步意义仍是不容抹杀的。

上图　T-26S（1938 年型）轻型坦克侧视图

PU39 在一定程度上对 PU36 的不合理之处进行了修正。可想而知，除了进行纵深作战的魄力不够外，PU36 中存在的最大问题在于将坦克部队分割得过于零乱。此外，在对芬兰的战争中，作为 DPP 坦克群的构成中坚，T-28 中型坦克的表现又令人极度失望，于是结合法国战役的教训，在 PU39 中开始取消将坦克部队机械化分为 DD、DPP 和 NPP 这 3 个集群的做法，而是明确地将其区分为两个基本梯队，即直接支援步兵的梯队和发展胜利的梯队。但令人痛心的是，虽然红军参谋部意识到了图哈切夫斯基的原始理论陷入了装甲与步兵部队割离的误区，但由于装备发展的前瞻性不够，苏联坦克工业无法提供现时可大量生产的装甲输送车，于是红军不能像德军那样组建自己的机械化步兵部队，而只能在 PU39 中明令以坦克搭载步兵的方式进行弥补，结果付出的代价是令人难以接受的。此外，受法国战役的强烈刺激，PU39 在 1940 年还增加了大纵深防御的相关内容。至 1941 年苏联卫国战争前夕，大纵深战役理论被正式更名为“诸兵种合同作战理论”。就这样，至少从形式上大纵深作战理论得到了全面恢复，一切都在重建之中。

上图　T-26 1939 年型（装甲增强型）侧视图（1941 年 11 月 苏联红军第 5 装甲旅 西部特别军区）

右图 T-26S（1938 年型）油箱的容量

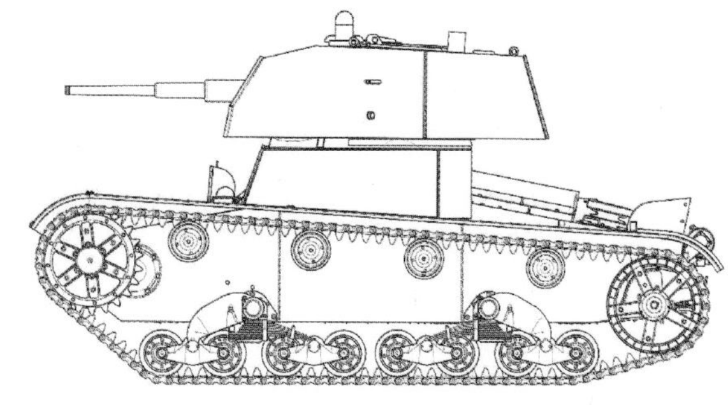

Экранированный Т-26-1.
Экранировка выполнена при помощи сварки в Ленинграде в 1941 – 1942 годах.
Масштаб 1:35.

上图 T-26S（1938 型）（1938 年，研发了装备有新型焊接圆锥炮塔的 T-26，坦克装备有一门最新型的 20k 1932/38 型 45mm 炮，改进了火炮的瞄准设备，增大了坦克油箱的容量）

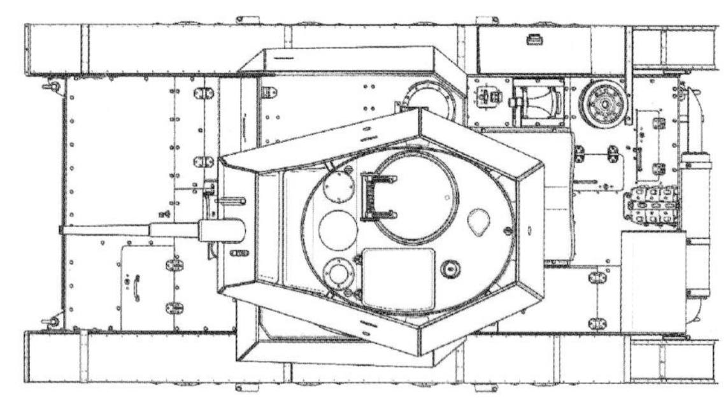

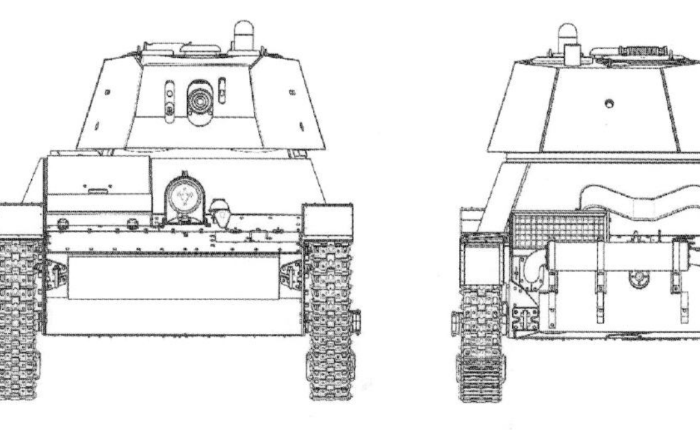

上图 BT-7 快速坦克

上图 T-28 1935 KT28 中型坦克（1939 年 9 月 西白俄罗斯）

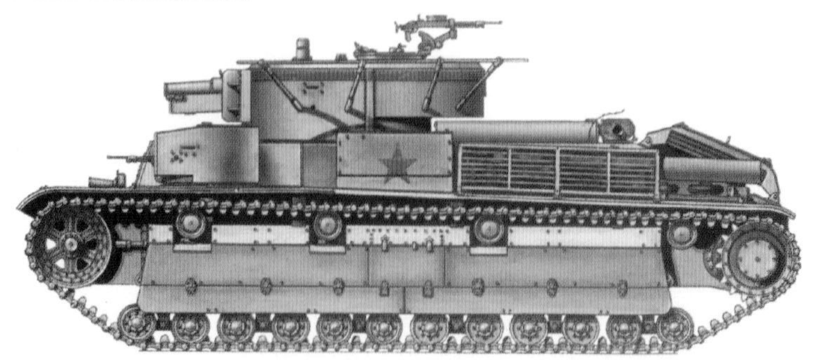

上图 T-28 1935 KT28 中型坦克（1939 年 9 月 乌克兰利沃夫）

上图 1939 年 12 月被芬兰军队俘获的 T-37 水陆坦克

上图 苏联红军第 35 坦克旅装备的 T-26 坦克分队（左：T-26 1932 年型，右：T-26 1937 年型指挥坦克）

事实上，在 PU39 中，大纵深战斗的概念被确定为“诸兵种合同战斗”，其胜利取决于：军队行动的突然性和坚决性，运动、各种火力和机动的巧妙运用，参加战斗或执行战斗保障任务的各兵种保持周密和不间断的协同。在此之前，对大纵深战斗的某些理论原则及战术指标进行了修改和进一步明确。师的战斗队形除建立一个突击群和一个牵制群外，应编成两个梯队；团的战斗队形可编成 3 个梯队。1941 年野战条令草案规定，进攻战斗中诸兵种合成兵团和部队的战斗队形由各战斗梯队、炮兵群、坦克支援群和预备队 (总预备队、坦克预备队和反坦克预备队) 编成。炮兵除原来建立的几个群 (支援步兵炮兵群、远战炮兵群和破坏炮兵群) 外，宜再建立反坦克炮兵群和高射炮兵群。这种战斗队形便于军队协同和指挥。大纵深战斗理论已触及红军战役法的一系列基本问题，促进了大纵深战役理论研究。卫国战争爆发前不久（20 世纪 40 年代）曾得出结论：大纵深战役不仅可由一个方面军实施，而且可由数个相互协同的方面军军团实施，此时参加战役的还有空军大量兵力，在濒海方向还有海军兵力。

上图 试验场上的 BT-7M 快速坦克

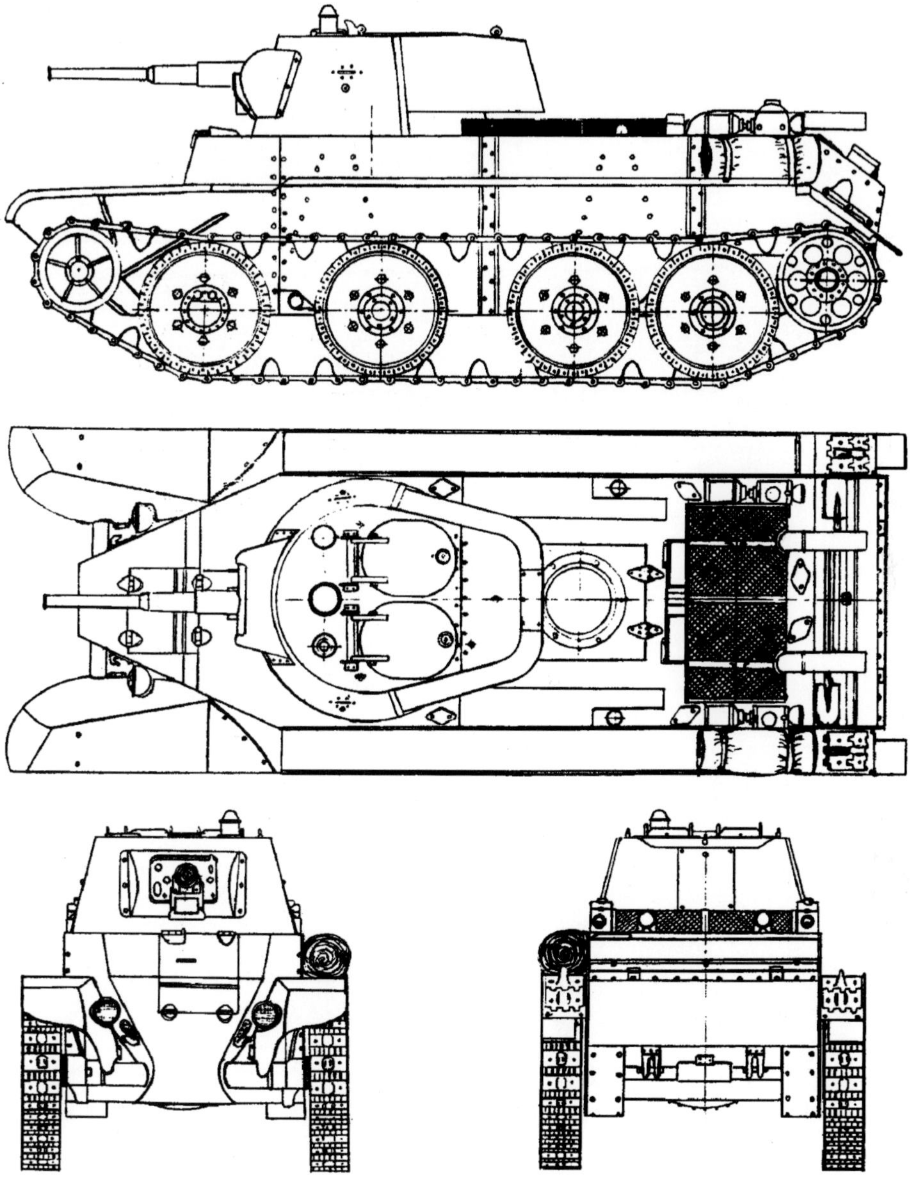

上图 BT-7M 快速坦克多面图（从某种意义上来说，T-34 更像是一种被重新设计后的 BT-7M，两者间的血缘关系并不如人们想象中那般遥远）

左图　苏芬战争中苏军 T26 坦克被击毁后，乘员仍然在进行最后的战斗

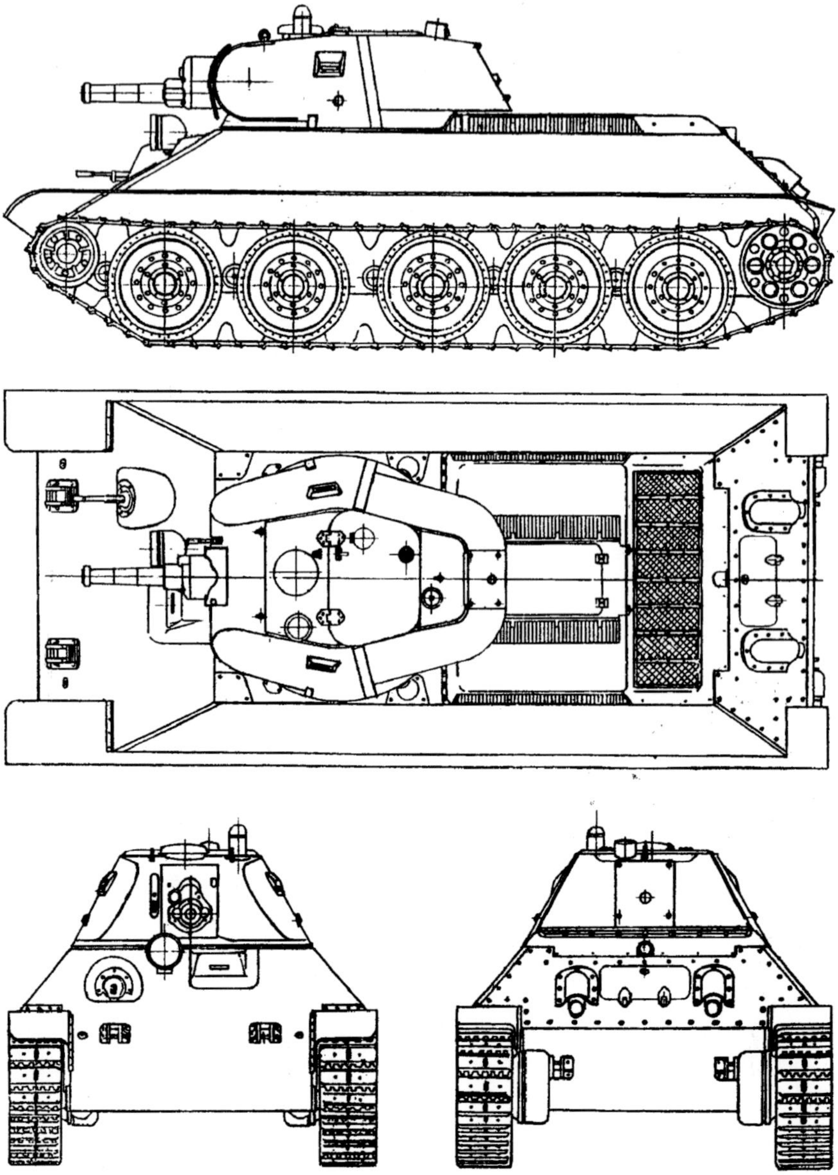

上图　A-20 试验型坦克

上图 T-34/76的4辆原型车

在此情况下，方面军被视为战役战略军团。集团军军团则主要在方面军编成内行动，只是在个别战役方向或在特种条件下(山地、沙漠地等)，集团军才有可能单独实施大纵深战役。为实施大纵深战役，一般认为方面军编成内应包括3～4个突击集团军，1～2个普通集团军，1～2个机械化军、坦克军或骑兵军，以及15～30个航空兵师。当时估计，这种编成的方面军能够在宽约300～400千米的地带进攻，纵深约达200～300千米，其主要突击地段宽约60～100千米，在该地段形成的兵力兵器密度为：每2～2.5千米正面有1个师，每千米正面有50～100门火炮和50～100辆坦克。按当时的观点，在步兵每昼夜平均进攻速度为10～15千米，快速军队为40千米时，战役持续时间可达15～20昼夜。方面军应建立强大的战役第一梯队（由多个诸兵种合成集团军编成），一个快速集群(由坦克兵团、机械化兵团和骑兵兵团编成)，还应建立航空兵群和各种预备队。在方面军主要突击方向进攻的集团军（突击集团军）可由4～5个步兵军、1～2个机械化军、1个骑兵军、7～9个炮兵团和7～8个高射炮兵营编成，其行动得到2～3个航空兵师的支援。当时认为，这种编成的集团军能够在宽达20～30千米的地段突破敌人防御，在宽达50～80千米的地带实施进攻，纵深可达70～100千米。集团军快速集群用来完成对敌防御战术地幅的突破，或在敌第二防御地带被突破后进入交战，用以发展胜利。同时，大纵深战役理论对组织歼击航空兵和高射兵器实施对空防御也很重视。

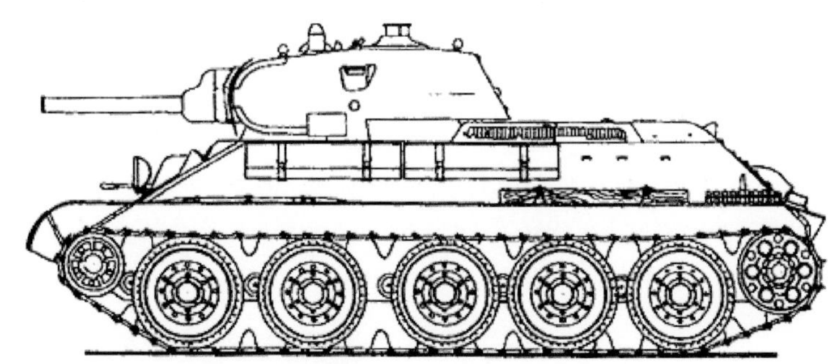

上图 T-34/76 1940年型

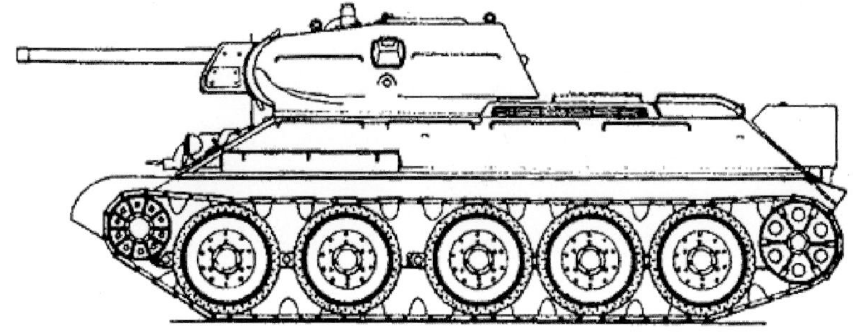

上图 T-34/76 1941年型

战火中的实践与检验

尽管在伟大的卫国战争初期，红军犯了一连串悲剧性错误，但大纵深战役法理论在这场战争前夕的重新确立却仍然对红军是极为有益的。其基本原则的生命力，在伟大的卫国战争初期的进攻战役和进攻战斗中已明显表现出来。在战争进程中，这一理论随着红军装备日益精良的武器，特别是经历了1941、1942年接近崩溃的挫折，以及1943年前期的痛苦磨合后，大纵深战役法理论也在实战中不断得到完善。其中，如何实施反突击成为大纵深战略的又一重要环节。比如，1943年8月苏第27集团军在库尔斯克会战中在阿赫特尔卡地域实施的抗击反突击的成功实例就是如此。

上图 艺术家笔下的T-37A水陆坦克

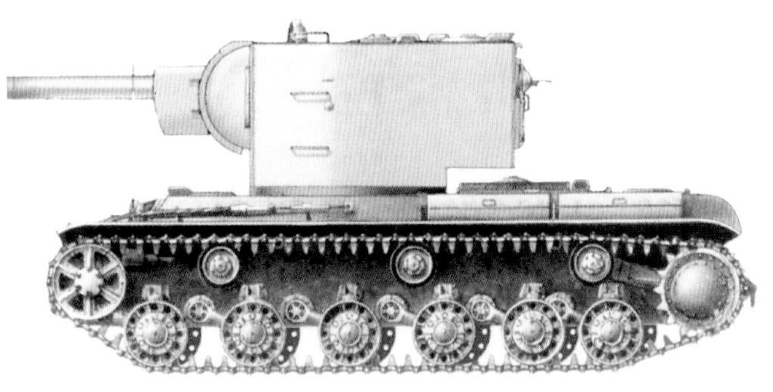

左图 艺术家笔下的KV-2 1941年型重型坦克（这些威风凛凛的超重型坦克，在后来的战争中大多都是因为故障而损失的。例如第41坦克师损失了33辆坦克中的22辆KV-2坦克，只有5辆是被敌人击毁的，其他17辆都是因为故障或者燃料耗尽而被抛弃。1941年10月，KV-2坦克的生产被取消，苏联一共制造了334辆KV-2坦克）

上图 战前红军各机械化军尽管存在诸多问题，但在技术装备方面拥有巨大的“不对称”优势也是不争的事实（KV-2 1941年型重型坦克）

上图 在伟大的卫国战争初期，苏联红军犯了一连串悲剧性错误

上图 边境交战中于行进间被德国空军摧毁的苏军车辆，牵引车辆为ChTz-65“斯大林”拖拉机，炮兵装备为45毫米反坦克炮和107毫米迫击炮

上图 艺术家笔下战斗中的T-50轻型坦克

上图 被德军击毁的T-37A水陆坦克（1941年7月苏联红军第142步兵师第172独立装甲侦察营）

上图 燃烧中的T-28 L-10中型坦克

上图 因为缺乏油料而被苏联红军在仓促间放弃的T-37水陆坦克群（车辆的完好程度令人吃惊）

上图 德军后勤部队路过一辆因机械故障而被红军放弃的T-37A水陆坦克（1941年7月）

德军对分布在170千米的宽大正面上的苏第27集团军右翼实施了反突击，德军组成了强大的反突击集团，共有官兵1.6万人，坦克约400辆，火炮和迫击炮200余门。而在德军的反突击方向上，第27集团军有1.5万人，坦克约100辆，火炮710门。由于反突击是在较窄的正面实施的，德军在主要突击方向上的兵力要优于红军。8月18日，德军

在猛烈的炮火下对红军战斗队形进行了严密的袭击后，开始实施反突击，并突破了苏军步兵第166师正面，于18日晚在约7千米的狭窄地段攻入27集团军防御纵深近24千米。德军在突破了红军右翼的防御后，使红军左翼受到被合围的威胁。为了粉碎德军的反突击集团，方面军司令员命令以近卫坦克第4、5军和坦克第93旅从南面向敌军集团侧翼和后方实施突击，以步兵147师从北向南割断敌突入集团与其主力的联系，将其歼灭，于8月19日恢复态势。德军的反突击被击退了。红军之所以能击溃德军的反突击，就在于对力量进行了及时而巧妙的区分，并实施了广泛机动。这次战役体现了红军二战中后期进攻战役的所有特点。在突破地段集中大量兵力和兵器，达到压倒性的数量优势；进行大规模战役伪装和欺骗，以隐蔽战役企图；准确、有效地使用快速集群；迅速建立合围的对内正向和对外正面，制止敌人突围和解围；沿战线连续实施若干战役，以分散敌预备队等。红军在二战中后期实施的进攻战役，基本都具有以上特点，只是根据具体情况稍有差异。这为红军在战争第三阶段实施更大规模地进攻战役奠定了良好的基础。一切预示着，红军对快速集群的组建与使用已经开始向着成熟的道路上大踏步地前进。

上图　飞跃战壕的BT-7

上图　损失于边境交战中的T-28 1936 KT28年型中型坦克（苏联红军第5坦克师第3重型坦克营 乌克兰西南前线1941年6月）

上图　基辅特别军区装备的绝大部分KV-2因为机械故障而被抛弃了

上图　基辅特别军区装备的绝大部分KV-2因为机械故障而被抛弃了

上图 基辅特别军区装备的绝大部分KV-2因为机械故障而被抛弃了

上图 基辅特别军区装备的绝大部分KV-2因为机械故障而被抛弃了

上图 基辅特别军区装备的绝大部分KV-2因为机械故障而被抛弃了

上图 由于遭到了空袭，这辆KV-2落了个尸骨无存的下场

上图 伟大的卫国战争初期，苏联红军损失惨重

上图 这辆艺术家笔下残破的BT-7似乎是对战争初期整个红军遭遇的一种哀悼

上图 德国军官正在检查一辆被放弃的KV-1重型坦克（1941年7月 该车属于第101坦克师 斯摩棱斯克亚瑟佛附近）

上图 苏联红军第108坦克师政委正在向战士们布置战斗任务

上图　1941 年 9 月乌克兰前线的 KV-1C “胜利属于我们！”号英雄坦克

基于红军在 1941 ~ 1943 年的战斗经验，到了 1944 年，最高统帅部和总参正确地得出结论：坦克、机械化部队的数量和行动效力是现代化进攻行动中最重要的制胜因素。与闪电战理论一鼓作气动用全部武装力量所不同的是，此时的大纵深战役理论得到了进一步发展完善，其发动突击的部队分为 3 个梯队：突击梯队、发展战役梯队（胜利梯队）和各预备队。突击梯队负责在预定地段撕开对方防线，之后深入 15 ~ 20 千米左右逐渐停止突击保障突破口的持续畅通，并扩张已有突破地幅的正面宽度。在突破口打开的同时，出动胜利梯队迅速进入敌方防御纵深进行分割，包围敌方主力部队，同时阻截并消灭任何方向而来的敌方预备队。而己方预备梯队则随时待命加入歼敌行列。这样的梯队安排有效减缓了各梯队到达作战顶点的时间。加强了对敌方防御全纵深的压制力度。敌军预备队和一线部队由于我方胜利梯队的阻截和突破梯队在突破口的存在无法及时封

上图　“胜利属于我们！”号英雄坦克车组

上图　在突破地段集中大量兵力和兵器，达到压倒性的数量优势；进行大规模战役伪装和欺骗，以隐蔽战役企图；准确、有效地使用快速集群；迅速建立合围的对内正向和对外正面，制止敌人突围和解围；沿战线连续实施若干战役，以分散敌预备队等。红军在二战中后期实施的进攻战役，基本都具有以上特点

堵突破口。防御部队被我方机动部队迅速分割包围，断绝与后方的一切联系。此外，在地面攻击的同时，由航空兵组成的空中突击力量对敌方部队实施空中立体打击，并将空降兵远程投送至需要的地点展开攻击，彻底压制敌方部队在防御全纵深的一切活动。

右图　采用冬季迷彩的 T-34/85 1943 年型

上图 由于缺少装甲人员输送车，在战争的大部分时间红军快速集群都是采用了在坦克上搭载步兵的方式

上图 一辆搭载步兵的红军 T-34/76 开过一辆被击毁的虎式坦克

为此，1944 年 1 月，苏联国防人民委员会发布了第 325 号命令专门阐述了坦克机械化部队的使用问题。根据条例，独立坦克和机械化军是战役－战术编制，规模上相当于德国装甲师和装甲掷弹兵师，但摩托化步兵要少得多，他们通常配属于坦克集团军或者单独在方面军和诸兵种合成集团军编成内作战，由方面军或集团军掌握，其任务是通过发展战术突破和引导战役发展进入敌人的浅近战役纵深，用做发展胜利的梯队，在主要突击方向上行动。禁止将坦克军或机械化军分散使用；坦克集团军是大型的战役编制，大致相当于德国装甲军的规模，但独立作战能力较差。到 1944 年初，坦克集团军被单独或作为快速集群的组成部分配属于红军的方面军，负责实施战役机动：在敌军防御的战役纵深发展战术突破，而后作为追击战役的矛头深入战略纵深；独立坦克旅、坦克团和坦克营则继续留在红军的集团军和步兵军编成内，作为直接支援步兵的坦克，用来加强诸兵种合成兵团，其主要任务是歼灭敌步兵，只有占有显著优势和有利地形时，才可以与敌坦克作战。这个条令规定，只有当诸兵种合成兵团通过敌主要防御地带，步兵前出到敌炮兵阵地地域后，才可以将坦克军／机械化军／坦克集团军等不同级别的快速集群投入战斗。这个命令显示了战争中期红军机械化部队战斗使用的基本原则，具有十分重要的意义。比如正确区分了用于直接支援步兵和扩大胜利的坦克兵力，以及扩大胜利梯队进入战斗的时机等。

上图 艺术家笔下战斗中的 ISU-152 自行火炮

上图 由拖拉机牵引的 KV-1 重型坦克

上图 到了 1944 年，最高统帅部和总参正确地得出结论：坦克、机械化部队的数量和行动效力是现代化进攻行动中最重要的制胜因素

上图 库尔斯克战役中，与 ZIS-3 反坦克炮配合作战的红军 T-34/76

不过，这个命令有些方面的规定过于死板，尤其是扩大胜利梯队进入战斗的时机，实际上在实战中扩大胜利梯队进入战斗的时机是千差万别的。但经历了将近两年半的残酷战火磨炼，此时的红军指挥员已经懂得要根据战场实际去决定何时投入自己的快速集群，而不是机械地照搬条令。库尔斯克的惨胜后，红军指挥员对于快速集群的运用开始趋于成熟，并在此后的 10 次打击中，将纵深战役理论在实践中上升到了一个几乎艺术的高度，直至在柏林城内将另一个擅长使用大规模装甲集群的对手彻底击败。事实上，随着红军实力的大大提高，已有能力真正依照大纵深理论实施规模极其庞大的进攻作战，红军强调为了完成战役企图，要充分了解敌军集团防御性质和集团编成、地形条件、己方军队状况和能力等。必须在战役第一日突破敌人的战术防御和保障自己突击集团前出至防御之敌的侧翼和后方。一旦确定了主要突击方向，就应当将装备最好的、战斗力最强的兵团放在主要突击方向上，高度集中兵力，以形成对敌优势。为了达到这一点，红军中建立了大量坦克集团军，突击集团军也开始配备大量进攻加强兵器。红军还独创了炮兵师甚至炮兵军这样庞大的编制，把上千门火炮集中起来使用，成为掩护主力兵团实施大规模进攻作战的重要力量。伟大的卫国战争末期，大纵深理论较好地在红军中贯彻，红军坦克部队在二战后期良好的专业素质使红军实施攻击正面达到上百千米，纵深达几百千米的进攻作战得心应手，并在如何对付反突击及追击这些大纵深理论的重要内容上进行了大量的实践。此外，在战役实施过程中，红军在使用一个方面军或几个相互协同的方面军合围敌人重兵集团的艺术上取得了很大成果。还在合围过程中将被合围的敌军集团分割成几部分，然后予以消灭的作战艺术也得到了进一步发展（如维捷布斯克－奥尔沙进攻战役、博布鲁伊斯克进攻战役和东普鲁士进攻战役等）。

上图 柏林战役中的 T-34/85 1944 年型

上图及左图 柏林战役中的 T-34/85 1944 年型

战后的发展——从“大纵深—诸兵种合同作战理论”到“立体战役法理论”

大纵深战役理论是战争进入机械化时代（也称摩托时代）的产物。因此，这个战役理论具有机械化战争时代的一切特征，其具体表现为机动力的发展与火力的增长取得了协调。表现在作战指标上，红军步兵每昼夜的进攻速度达到 20 ~ 30 千米，坦克兵达到 30 千米以上；而在第一次世界大战中，兵团每昼夜的推进纵深仅 800 ~ 1000 米。在机动战思想的指导下，人们强调的是火力与机动的结合，而不是二者的偏废。以红军为例，在整个二战期间，军队实施各种移动的时间占全部作战时间的 40% 左右；在大的战略性战役中，参加变更部署的兵团从 10 ~ 12 个增加到 20 ~ 24 个以上。这说明，机动的比重增加了，并在一定程度上弥补了火力的不足。另外，在第二次世界大战中，大纵深战役法理论的广延性与深度都得到了进一步发展。大纵深战役通常由一个方面军或方面军群实施，并得到大量空军和海军的支援。方面军战役已不是各集团军战役简单的总和。

上图 1945 年 3 月 30 日柏林郊外近卫第 1 坦克军的 SU-100 与 T-34/85 1944

上图 乌克兰第一方面军装备的 SU-100 坦克歼击车

集团军战役在一定程度上丧失了独立性，通常由集团军在方面军编成内与其他军团协同实施。随着战争的发展，方面军战役也逐渐丧失了独立性，它通常由方面军在方面军群编成内与其他军种的军团协同实施。这样就出现了全新的战役样式，即方面军群战役——由最高统帅部直接指挥的战略性战役。在整个战争期间，红军总共实施了50多次战略性进攻战役，说明大纵深战役法理论已成为红军战略行动的基本样式。

上图 IS-3“斯大林-3”重型坦克雄姿

上图 苏联红军近卫第2坦克军第71近卫重型坦克旅成为战争结束前唯一装备JS-3重型坦克的部队

上图 苏联装甲力量的王者加冕礼——1945年9月7日柏林胜利大阅兵，苏联红军近卫第2坦克军第71近卫重型坦克旅的IS-3方阵

上图 苏联装甲力量的王者加冕礼——1945 年 9 月 7 日柏林胜利大阅兵，苏联红军近卫第 2 坦克军第 71 近卫重型坦克旅的 IS-3 方阵

当第二次世界大战结束时，作为机械化战争时代最先进的战役理论，大纵深战役理论发展到了顶峰，并在战后初期得到了进一步完善。总的来说，苏军在战后的战役法理论——诸兵种合同战役法理论，是对大纵深战役法理论的继承和发展。红军不但保留了战时的 6 个大型坦克集团军（改为机械化集团军），而且又在战后相继组建了另外 4 个机械化集团军，使红军的这种方面军级别快速集群数量增长到了 10 个。但是大纵深理论的出现并没有改变积小胜为大胜的原则，直接途径的影响并未占据主导地位，这也是为什么当战争结束后，苏联红军仍在继续继承与完善大纵深战役法理论的根本原因。然而，不久后，火箭、核武器的出现与实用化使情况发生了改变。从 20 世纪 50 年代中期起，随着军事技术的发展，原子弹、氢弹和远程火箭的装备，使战争进入了核时代。核时代的战役理论同机器时代相比发生了质的变化。但是这种质变又不是立即发生的。随着核力量数质量的变化，苏军战役法理论的变化经历了几个不同的阶段。在核武器装备部队初期，人们普遍把它当做能“急剧增大军队火力威力”的手段。此时核弹的投掷手段是航空兵。由于受飞机航程的限制，加之投掷精度不高，核弹数量较少，核武器对战役理论的影响是有限的，其表现是人们竭力使核武器适应传统的战法。这时的战役理论可以看做是核时代第一阶段的理论。苏联陆军的战役法理论仍然徘徊在“大纵深 - 诸兵种合同战役法理论”的道路上，连续的机动战思想仍然占据着苏军军事理论的主导地位，大纵深连续突破和大规模分割围歼是达成战役胜利的基本方法，但对如何利用核火力突击效果进行纵深作战的争论与思索却已经开始。总体来说，核武器的应用增加了大纵深坦克作战

左图 主战坦克的开山之作——T-44 中型坦克

的优势，因为，突破敌人的防线不再需要周密的计划并付出相当大的牺牲，一颗核弹就可解决问题。而且坦克在核爆后几分钟后就可向爆心发动冲击，这是其他武器所不具备的（这也是 T-72 装备铅衬层的原因，可吸收中子流），这对于进攻方来说极为有利。

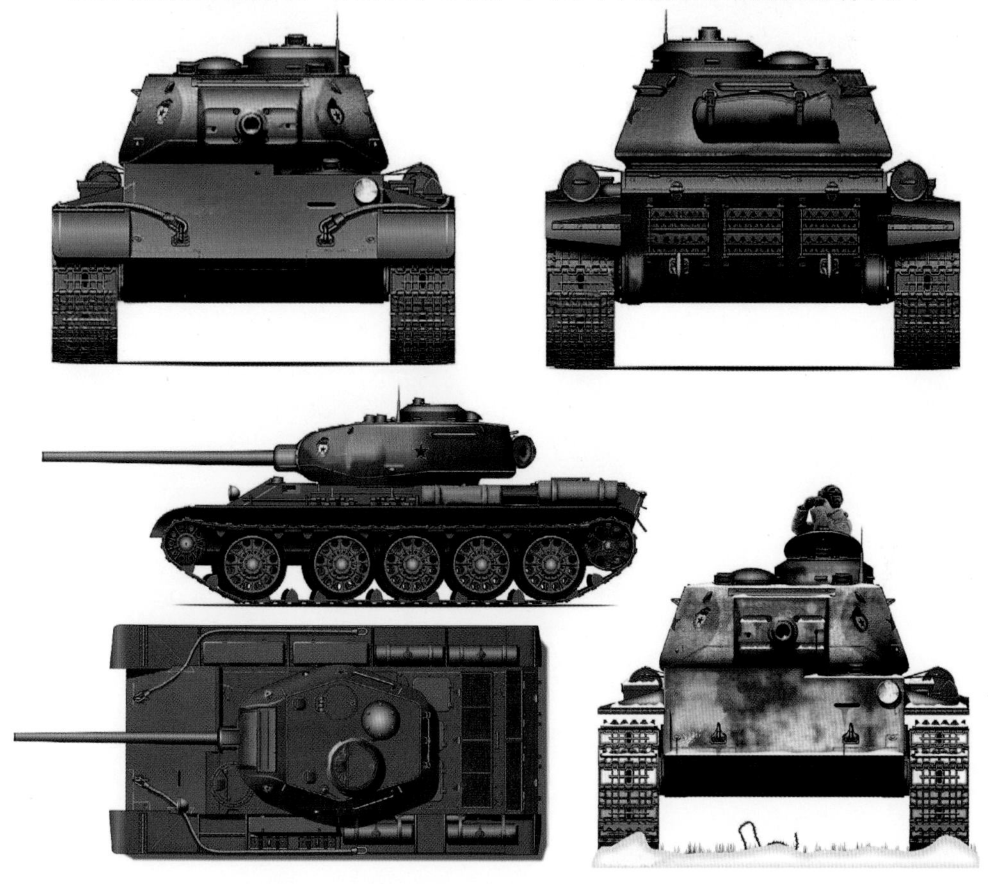

上图 主战坦克的开山之作——T-44 中型坦克

从 20 世纪 50 年代末期起，洲际导弹取代轰炸机成为核武器的主要投送工具，战略火箭军成为基本的军种，成为“达成战争目的的主要手段”，陆军实现了全部摩托化。在这种情况下，苏联军事理论发生了全面的质变，对战役的性质和特点有了新的认识。导弹核武器的大量装备，使战略、战役法和战术的“势力范围”发生了根本的变化。战略、战役和战术指挥员都拥有了各自独立、强大的杀伤手段。军事技术可以通过 3 条途径来影响战役理论，并且这 3 条途径的影响都很大。但是传统的战役和战术手段的威力再增加，也赶不上战略手段。战略领导仅凭战略核力量，就可以预先决定战争的结局，同时它也决定了战役的性质和特点。在这一时期，军事技术主要是通过推动战略武器的发展来改变战略，并进而影响战役理论的。也就是说，来自战略的间接途径的影响是决定性的。由于把密集核突击作为达成战略目的的主要手段，整个战役理论的重心就发生了变化，战役以核突击为核心来组织，利用核突击效果，成为地面部队行动的主要目标。导弹核武器的装备使“大纵深 - 诸兵种合同战役法理论”代表的机动战思想又一次开始遭到部分否定，虽然军事行动从外在表现来说呈现出快速多变的状况，但就指导思想来说，对核火力的依赖使机动在达成了战役目的中的地位下降了，部队的行动也简单化了，因为仅凭核突击就可完成许多战役任务。

上图 布拉格街头的苏联坦克

上图 冷战高潮时的柏林街头精彩一幕：坦克零距离对峙

上图 20 世纪 60 年代中期，演习中的苏军装甲集群

上图 20 世纪 60 年代中期，演习中的苏军装甲纵队

上图 20 世纪 70 年代末以后，苏军强调未来大规模战争中的基本战役样式是战区战略性战役，战役的大纵深性和立体性更加突出，在很大程度上已具有地空一体的性质

上图 布拉格街头的苏联装甲机械化纵队

上图 1967 年，最新型的 T-64 主战坦克投产后首先装备驻东德的西部集群

上图 布拉格之春——“尤里的复仇”是苏军一次典型的立体合同战役集群进攻战役

从二战的硝烟中，用钢铁和鲜血锻炼出来的苏联军队，其全力爆发时的攻击气势与意志力不是美、英等北约军队所能够想象的。

这时的战役理论是核时代第二阶段的理论。这一阶段大约持续到20世纪60年代中期，由于过分强调导弹核武器的作用，陆军的地位在持续下降。以1964年在赫鲁晓夫的命令下撤销苏军陆军总司令部为标志，“大纵深-诸兵种合同作战理论”正式让位于“全面核战争”理论。同时，由于苏军一直将空军作为辅助的支援性力量使用，因此在将大量经费投入到发展“战略火箭军”的同时，这一时期苏联空军的地位和作用也受到极大的贬低和削弱。尽管在重点发展战略火箭军的同时，莫斯科也在用导弹核武器武装其他军兵种。当时流行的军事理论认为，在战争初期将由战略火箭军担任突击敌纵深战略目标的主攻力量，苏军快速集群的纵深作战能力则被进一步地相对削弱了。然而，“大纵深 - 诸兵种合同战役法理论”遭受冷遇乃至抛弃的日子并没有持续很长时间。

上图 艺术家笔下，通过坦克输送车实施远距离机动的 T-54 主战坦克

上图 1967 年 10 月革命阅兵式上的苏联红军 2C3 152 毫米自行火炮

上图 红场阅兵式上的 БТР-50П

上图 红场阅兵式上的 БТР-50П

上图 波兰人民军装备的 T-55A 主战坦克

右图 1968 年，匈牙利人民军装备的捷克制 PT-65 轮式装甲车

下图 波兰人民军装备的 SKOT-2AP 轮式装甲人员输送车

左图 演习中，正在实施两栖突击抢滩的 PTS 两栖输送车编队

右图 波兰人民军装备的 BTR-152 装甲人员输送车

接替赫鲁晓夫的勃列日涅夫是一个能力平庸的领导人，但或许正是因为能力平庸，这使勃列日涅夫的思维反倒不像赫鲁晓夫那般偏颇激进，其上台代表着苏军常规军事力量得到了复苏。从 20 世纪 60 年代中期到 70 年代初，苏美战略核力量逐渐取得了平衡，在这种情况下，苏军对战争性质的构想发生了变化，认为战争可能是核战争，也可能是常规战争，核武器不那么绝对了。相应的战役理论出现了沿两条道路发展的趋势：一种是使用核武器的战役方法；一种是不使用核武器、仅使用常规武器的战役方法。这种核与常规两种战法并存的局面，是核时代第三阶段战役理论的特点。以 1967 年 11 月恢复陆军总司令部为标志，“大纵深 - 诸兵种合同战役法理论”又一次在核火力条件下成为了苏联军事思想的主导理论。

然而，这时的“大纵深 - 诸兵种合同战役法理论”为适应核火力条件下作战，其自身已经发生了相当程度的变革。虽然重新确立了“大纵深 - 诸兵种合同战役法理论”的主导地位，但由于核威胁的存在，核条件作战的许多方法被融合进了“大纵深 - 诸兵种合同战役法理论”的血液。比如在战役计划中，就包括有随时做好使用核武器准备的内容，部队要随时准备从一种作战样式转为另一种作战样式；在部署上，坚持疏开配置的原则，疏开的程度主要是考虑核武器的杀伤范围；在防护措施上，“不论是否使用大规模毁伤兵器，均应组织全面防护”；在战役指标上，坚持了核条件下的作战正面；在战役方法上，保留了多路突击、高速度进攻等方法。苏军战术规定，在核条件下，兵力兵器必须疏开配置，但集中兵力兵器的原则仍未过时，陆军宜实施行进间进攻和纵深梯次配置防御。与此同时，陆军作战条令也规定了常规条件下的作战方法。20世纪70年代末以后，苏军强调，未来大规模战争中的基本战役样式是战区战略性战役，战役的大纵深性和立体性更加突击，在很大程度上已具有地空一体的性质。传统的快速集群已发展为兵力更多、独立作战能力更强的战役快速集群。与此相适应，合同战斗的纵深增大，战斗队形中出现了导弹部（分）队、合成预备队、防空兵器集团和战术空降兵等新的成分。其次，战术核武器的有限使用不能完全排除。应该说，有限使用战术核武器，本来就是所谓“核威胁条件下的常规战”的题中应有之意。西方从来就把战术核武器作为抵消华约常规武器优势的手段，中导条约签署之后，这种倾向更加明显，核武器的数量与质量还将发展。苏联虽然在公开刊物上反对有限核战争的提法，但其条令已把有限使用核武器列为战争进程的一个阶段，实际上正视了现实，华约刊物也在讨论“地区性局部核战争”的问题。因此，战术核武器的有限使用一时是不能排除的。从演习和条令看，战术核武器如果使用的话，数量是受到严格控制的，每个师可能只使用一两枚战术核导弹和一两发核炮弹，单个核突击将是其主要的使用方式，增大火力、威力和心理压力，提高核武器的威慑效果，将是其主要作用，它不会改变核威胁条件下的常规战的总背景，也不会给战役特点带来根本变化。随着常规武器的进一步发展，这种有限使用的可能性将逐步减少。

上图 阅兵分列式上的苏军机械化步兵纵队

上图 演习中苏军机械化部队展开战斗队形实施冲击

上图 冬季演习中的苏军坦克行军纵队

进入20世纪80年代以后，战略核力量的高水平均衡出现了向低水平均衡过渡的趋势，人们认为使用核武器打一场核战争越来越不可能，核武器以其巨大的杀伤力登上战争舞台，也以其巨大的杀伤力逐渐走向自己的反面。但是核武器退出历史舞台不是一蹴而就的事情，而是一个从前台转到后台，最后下台的过程。这个过程到底持续多长，一时难以定论，但到20世纪末不会结束。美、苏中导条约的签署，可以看做是这个阶段开始的标志。总之，核武器的逐渐隐退是核时代的第四阶段总的背景。核武器退居战争舞台的幕后，迫使人们再一次审视火力和机动的关系。美军从否定消耗战思想入手，发展了空地一体作战理论。苏军则否定了导弹核战争战役理论的许多不现实原则，重新拾起大纵深战役理论的核心思想,提出了立体战役的理论。

上图　艺术家笔下的 BMD-1 伞兵战车

所谓“立体战役”理论，就是指在战役中协调一致地运用各种作战力量和手段，组成在地面和空中运动的各种兵力集团，利用战役战场的全部空间，对当面之敌战役布势的全纵深实施空地结合的同时打击，以迅速取得战役作战的胜利。苏联军事理论家科罗特钦科有一段话较好地概括了这种理论在进攻战役中的运用趋势，他说：“在战役中，主要的不是逐次地‘啃’布满最新式反坦克兵器和装甲兵器的防御地区，也不是抗击高度机动的预备队的突击，而是密集地、协调一致地使用地面和空中力量，以火力和高度快速的军团在敌战役布势的全纵深对其最重要而又最薄弱的组成部分实施同时而强大的打击,以便在最短的时间内达到进攻目的。这正成为决定现代进攻战役实质的主要趋势。”从本质上来说，“立体战役”理论是一种更高层次的合同战役理论。由于不能以核突击作为达成进攻目的的主要手段，就必然强调在战役中各种手段、各种力量和各种因素（包括心理因素）的综合使用，以至于缺一不可。可以说，这种合同作战已到了“一体化作战”的程度。

上图　战斗中的 ZSU-23-4 自行高炮——高度的合成化是战后苏军坦克部队发展的重心所在

上图　艺术家笔下的 PT-76 两栖坦克

左图 由 ZSU-23-4 自行高炮实施伴随防空掩护的苏军机械化纵队

从形成过程来看，“立体战役”理论是对核条件下作战理论的逐步否定和对传统的常规作战理论（“大纵深战役”理论）越来越多的继承。这种否定不是全盘否定，而是不再以核突击为战役作战的核心，但许多具体方法还要使用；这种继承也不是原封不动地照搬，而是继承了一些基本原则和思想，并在新的物质基础上进行了发展。立体战役法理论既是对“大纵深 - 诸兵种合同战役法理论”的继承与发展，又是对其前身的扬弃，其关键有 3 点：首先，同时打击全纵深，是大纵深战役理论的传统原则，但在“立体战役”理论中将有新的发展。从打击手段上看，兵力打击手段将同火力打击手段达成更密切的结合。在历史上，兵力打击手段曾一度是纵深打击的主要手段。地面快速部队（起初是骑兵集群，然后是骑兵机械化集群，再后来是单一编成的坦克集群）曾经是在战役纵深发展胜利的基本力量。这是因为当时的火力手段（火炮和航空兵）远战性不高，空降兵也不发达所致。而在“立体战役法理论”中，随着陆军“航空化”的进行，空中机动部队和空降部队将有大的发展，并成为兵力打击手段的主体，地面快速部队的机动力和突击力也将提高。届时，兵力手段和火力手段在打击全纵深方面将逐渐平分秋色，火力与兵力之间将在新的基础上取得密切的结合。

上图 演习中的苏军机械化步兵（BMP-1 步兵战车）

上图 演习中的苏军机械化步兵（BMP-1 步兵战车）

上图 演习中的苏军机械化步兵（BMP-1 步兵战车）

其次，诸兵种合同化程度被提高到了一个新的高度。“立体战役”理论认为，在未来战役中，任何一种武器系统都不能主宰战场。只有发挥作战部队和各种武器系统的整体威力，才能战胜敌人。为此，必须协调一致地使用各种兵力兵器，使战役布势的各个组成部分密切配合、互相补充、整体化，才能做到发挥整体优势。另外，在战役军团的编成上则强调高度的合成。整体作战思想强调对各种作战方法的综合运用，强调攻防行动的有机结合，“硬”打击与“软”杀伤（电子战、心理战）的有机结合，“虚”与“实”的结合；强调综合地利用战场空间，使近距离作战、纵深作战和后方作战相互配合，相互补充；同时，强调发挥战役诸要素的综合效应，“将机动、火力、防护和指挥等要素巧妙地结合起来”，以最大限度地产生作战力量。“立体战役法理论”中的整体作战思想要求所有参战的指挥员“具有统一的战役战术意识”，美军把它称之为“默契协同”，认为只要所有部队都充分领会了指挥官的意图，即使在战场混乱、通信失灵的情况下，部队也能保持协调一致的行动。在强调发挥自己的整体威力的同时，整体作战思想还着眼于破坏敌军的整体作战能力，强调打敌关键弱点，破坏其凝聚力，使敌失去平衡，从而丧失有组织抵抗的能力——而这正是“大纵深 - 诸兵种合同战役法理论”所追求的“瘫痪效应”的精髓。

上图 戴高乐有一句名言——“谈到实力，逻辑与情绪就免谈”

最后，“大纵深 - 诸兵种合同战役法理论”中火力与机动的关系再次通过“立体战役法理论”达到了平衡。“立体战役”从本质上讲是一种机动战役。美军认为，“战役法的核心是机动思想”。苏军则把机动看做是现代战役战斗的“灵魂”。苏军在“立体战役法理论”中重新强调机动战思想，并非忽视火力的作用。恰恰相反，它们强调的是火力与机动的平衡、火力与机动的协调。把火力作为实施战役机动的有力保障，通过机动来运用火力消灭敌人。把机动作为各种战法的载体，“战役机动是为各种战法服务的”。机动战思想的核心是速度。苏军认为，“未来空地一体作战中，速度具有重要意义。”“快速行动有助于获得和保持主动权，从而保持行动的自由。而速战速决则能使部队避免陷入持久消耗战和遭敌反击，从而有助于迅速转移兵力实施更加有力的打击，使敌来不及反应或举措失当。”高速度是“时代的命令”，是取得战役胜利的决定性因素。没有高速度，就形不成战斗力，就没有战役的大纵深。不保持进攻的高速度，“敌人就有可能从我首次冲击的震撼下恢复过来，判明我主突方向，而将其兵力和火力集中到这一方向上来”。因此，抢速度是机动战的实质。实际上，苏美军改进作战方法的各种措施都是围绕着提高速度来采取的。

上图 艺术家笔下的BMP-3步兵战车

左图 参加坦克两项的T-72B3

关于“立体战役法理论”与“大纵深 - 诸兵种合同战役法理论”之间的关系，许多军事理论家有着大量精妙的论断——苏联著名军事理论家沃罗比约夫说：“陆军战役行动发展的方向之一，将是作为大纵深战役理论的继续和发展的所谓‘立体战役’……看起来，这个概念在原则上是能够正确反映战役和战术发展趋势的。”苏联另一位军事理论家，军事科学博士、教授斯卡契科少将在探讨全纵深打击原则时更明确地说：“这一原则在苏联军事理论家20世纪30年代制定的大纵深战役（战斗）理论中曾得到进一步的发展。在现阶段，这种战役在我们的军事刊物中往往被称为‘立体’战役，而在美国和北约其他国家的军队中，则被称为‘空地一体’和‘纵深打击’战役。”总之，作为“大纵深 - 诸后种合同战役法理论”的自然延续与新生，“立体战役法理论”正如当年用“大纵深战役”来称呼合同战役一样，如今已经用“立体战役”这一新名称来称呼现代合同战役。立体是三维的概念，包含有大纵深的含义，纵深寓于立体之中，“立体战役法理论”体现了对“大纵深 - 诸兵种合同战役法理论”的继承和发展。

上图 驶出AN-12运输机机舱的ASU-85伞兵突击炮

上图 驶出 AN-12 运输机机舱的 ASU-85 伞兵突击炮

结语

大纵深战役理论到现在也没有丧失其意义。它可以成为指挥员在解决现实中多方面和复杂的问题时，创造性地加以运用的基础。

横槊耀楚甲——苏联坦克的制造工艺和技术特色

在坦克的设计和使用方面，苏联人有着独特的见解，而苏联坦克的制造工艺和技术应用同样有着不俗的一面。然而，这究竟又是怎样的一种不俗呢？

下图 苏联坦克工业的成就绝非是建立在一张张绘图板上的

发动机技术

对于坦克装甲战斗车辆而言，发动机的重要性不仅在于提供驱动功率，决定车辆机动性，而且在于它的外形尺寸、燃油经济性及在车辆上的安装位置，这些都与战车的生存力有着密切关系。苏联坦克业的从业者很早就领会到了这一点，因此苏联坦克发动机从B2这个型号开始，便走上了一条“特立独行”之路。大体来说，率先采用专用柴油机并对其进行不断改进、率先采用水平对置式二冲程柴油机，以及率先采用燃气轮机，这3个“率先”当是对苏联坦克发动机技术特点一个大致概括。

早在绝大多数国家抓着汽油机不放的两次大战之间，坦克工业刚刚起步的苏联却已经注意到，将柴油机应用于坦克的种种可取之处（比如结构简单、省油和不易着火），并因此率先推出了世界上第一种实用化的坦克柴油发动机——B2（1936年哈尔科夫（Харьковский）机车制造厂试制成的БК-2柴油机是一种四冲程12缸水冷柴油机，294千瓦，转速2000转/分，在对该机进行进一步改进后，于1939年正式推出了B2坦克柴油机，先是装备于BT-7M坦克，然后大量用于著名的T-34系列中型坦克和KV/IS系列重型坦克）。该柴油机的最大特点是在航空发动机基础上设计的，因此与当时的甚至20世纪50年代末的其他国家坦克柴油机相比，在单位体积功率、比重量等主要指标方面是出类拔萃的，即便历经了近70年的持续改进后，直到今天仍然在俄罗斯坦克和装甲车辆动力装置方面占有重要地位，堪称世界军用发动机发展史上的一个里程碑（T-72的B46/84系列、T-90的B92系列及BMP/BMD的УТД-20系列都是对B2进行持续改进和技术革新的结果，其中УТД-20虽然结构变动较大，与B2柴油机相比，V型夹角由60度改为120度，活塞行程由180毫

上图 苏联坦克发动机从B2这个型号开始，便走上了一条“特立独行”之路

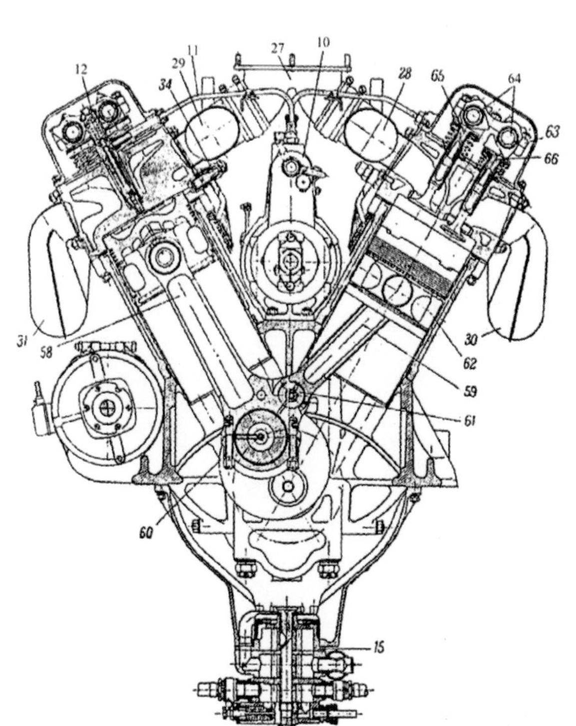

上图 B2坦克柴油机堪称世界军用发动机发展史上的一个里程碑

米改为150毫米，但于缸径（150毫米）和缸心距（176毫米）仍保持不变，保持了B2柴油机的两个基本结构参数，所以仍可视为B2系列的一员）。

B2无疑是一种极为成功的经典设计，然而到了20世纪60年代中后期，苏联的部分坦克设计师和工程师还是认为，其基本构架的潜力即将挖掘殆尽，难以满足新一代主战坦克的性能需求，在这种情况下，体积更小、功率密度更大的二冲程坦克柴油机又开始受到了关注（二冲程发动机在单位时间内做功为四冲程发动机的一倍，同样的功率条件下，发动机体积可以比四冲程的更小），并因此成为当时苏联坦克所蕴含的“革命性”的一部分。具体来说，装备于T-64A的5TDF是苏联坦克工业在这个领域的首次尝试（5TDF还装备了T55AGM等改进型号）。这是一种卧式5缸对置活塞水冷增压柴油发动机，输出功率为750马力，采用整体式布置，安装在动力舱中，用3个支座（2个为固定的、1个是活动）支撑，乘员在野战条件下用起重机在1个小时内可更换发动机。值得一提的是，该型发动机可使用煤油、汽油、柴油或混合油等多种燃料，而无须附加调整。不过尽管5TDF具有体积小、重量轻和输出功率大等优点，但作为世界上首批实用型大功率二冲程坦克柴油发动机（同时代，日本和英国也都在尝试着使用二冲程坦克柴油机），5TDF的缺点也是很明显的——耗油量高、热效率低、振动大和故障率高等问题为人所诟病，这也为后来的苏联坦克动力一边回归“传统”的增压式四冲程柴油机，一边又向燃气轮机发起新的探索，埋下了伏笔。

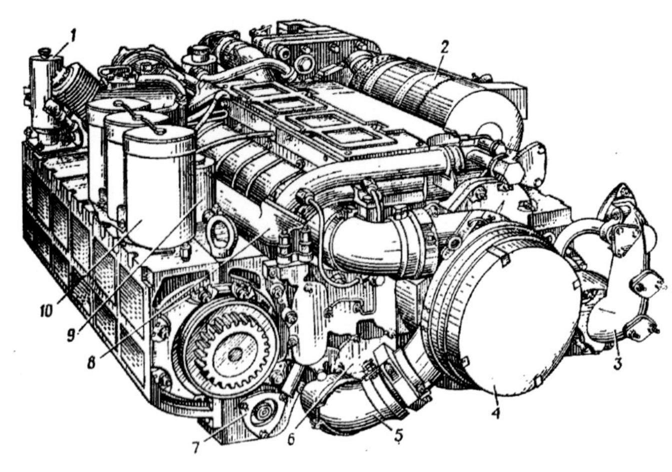

上图 用于T-64A的5TDF二冲程坦克柴油机（多燃料发动机）

苏联人对坦克用燃气轮机动力的看法，起初与对二冲程坦克柴油机的看法类似（即体积小、重量轻、单位功率高），但在深入了解后，开始认识到将燃气轮机作为坦克动力，很可能将获得一些即便是二冲程柴油机也无法提供的优点，比如发动燃气轮机只需要1分钟，而发动柴油机首先得预热，然后根据惯例还需要30分钟才能启动；车辆在泥泞中行驶时，或在通过垂直障碍时燃气轮机不会熄火，而柴油机无法做到这一点；燃气轮机既不需要散

上图 GTD-1000坦克燃气轮机

热器，也不需要使用水、防冻液或者其他冷却剂，因此，也就省去了笨重而复杂的冷却剂供给装置；燃气轮机的使用寿命比柴油机长，耐磨性更是柴油机的 2 ～ 3 倍；燃气轮机操作更简单，维修方便，检修 1 台燃气轮机只需要 4 小时，而检修 1 台柴油机却需要 24 小时等。事实上，苏联方面将燃气轮机作为坦克动力的尝试，早在 T-64 时代便开始了，并于 1963 年完成了样车，称为 T-64T。该车采用一台 700 马力的 GTD-3TL 型燃气轮机，其他部分与 T-64A 完全相同，1963 ～ 1965 年进行了实际测试，由于其性能不如预期，GTD-3TL 并没有成为实用型号，但其技术积累却为 GTD-1000/1250/1500 系列的成功奠定了基础，并凭借装备 GTD-1000 的 T-80U，苏联一举成为了世界上仅有的两个掌握了实用型坦克用大功率燃气轮机动力技术的国家之一。

坦克炮技术

苏联坦克炮的技术发展脉络，可谓苏联坦克技术特色的一种集中体现。大体来说，苏联坦克炮技术经历了移植阶段、自立阶段和专业化阶段 3 个不同的时期，形成了苏式坦克诸多技术中一道独特的风景线。

首先来说移植阶段，所谓移植，就是将其他火炮移装到坦克上。T-34 的 85 毫米坦克炮是由 52K 85 毫米高射炮改装而来，100 毫米舰炮则发展成了 D-10 100 毫米坦克炮，122 毫米加榴炮几经演变成为 122 毫米坦克炮。在坦克内部空间十分狭小的条件下，要将这些用于其他目的的火炮装在坦克上，至少在结构上要做一番改造。必须严格控制火炮伸入炮塔内的长度尺寸和后座距离。所以一般坦克炮的后座长度还不及同口径地面炮的一半。同时，炮尾后切面超出回转中心的量值也均不大于 20 毫米。要在成倍缩短的后座距离上消耗掉火炮后座能量，后座阻力的增长自然十分严重。因此，坦克炮都按照固定炮的矩形后座阻力曲线设计驻退机，尽量使最大后座阻力趋向平均阻力，使之不至于过分增长。另外，火炮伸入炮塔内的尺寸小，对于长身管火炮起落部分平衡问题尤为突出。若采取炮耳轴内装结构，起落部分重心很容易落到耳轴前方。对此，如果坦克炮也像样地面

上图 T-34/76 中型坦克使用的几种 76.2 毫米坦克炮同样是移植火炮

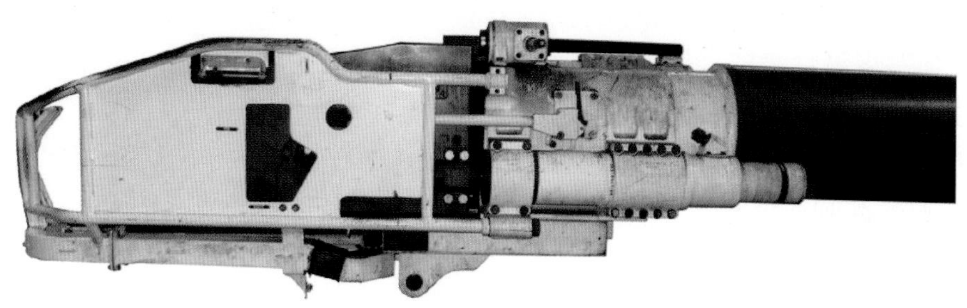

左图 D-10T 100 毫米坦克炮的起落部分

炮那样增设平衡机，靠不同射角时弹性元件的回复力矩补偿重力不平衡力矩，来控制高低机手轮力。否则，当坦克于行进间或短停射击时，车辆的振动和余振势必使补偿力矩的大小和方向均随时间周期性变化，时而与火炮起落部分重力不平衡力矩抵消，时而反使不平衡力矩得以加强。因而不仅不可能起到平衡机的作用，更将对火炮射击精度带来不良影响。所以，要求在坦克炮结构设计中采取措施，实现起落部分自重平衡。总之，移植阶段的坦克炮设计特点，就是以其他长身管低伸弹道炮为雏形，仅在后座长度和起落部分平衡上做文章。

上图 装备 D-10T 2S 100 毫米线膛炮的 T-54B 中型坦克

上图 从 T-62 坦克开始，苏联专为坦克设计了 115 mm2A20 滑膛炮

从 T-62 坦克开始，苏联专为坦克设计了 115 mm 2A20 滑膛炮。该炮反映出此时期苏联坦克炮的主要设计特点是，以反坦克为主要任务。为对付敌方坦克充分发挥坦克主用弹——长杆式脱壳穿甲弹的穿甲威力，而在坦克上首次采用了低伸弹道滑膛炮，甚至不惜在一定程度上牺牲榴弹的射程和精度。同时，在结构设计中特别强调，火炮和弹药虽然是构成坦克三大性能之首的主要组成部分，然而，它又是坦克全局中的一个局部，在保证火力主要指标的前提下，其结构设计应严格服从和适应总体要求。如 T-62 火炮的两段圆柱形身管和摇架方案，就是从压低火线高、缩小装炮口尺寸出发的。又如反后座装置，是从降低炮塔头部高度、缩小炮塔迎弹正面出发的。而所有这些，都是从减轻坦克全重、改善炮塔线型和提高防护能力这一总目标出发的。尽管这些并没有使坦克炮形成独立的设计理论，但从产品上却摆脱了只是从其他现成的火炮中选型和改装的局面。作为一个专门的炮种，它已经由“尾随”走上了独立先行发展的道路。同时，苏联并未放松对高膛压、新弹种 (贫轴弹等) 的研究，而且利用发射高膛压脱壳弹时火炮的后座阻力不至于超过发射普通榴弹之值的特性，抓紧炮管自紧技术过关，并在其他结构设计中尽量兼顾承受高膛压的可靠性。只待上列技术过关，即可做到总体设计不做大的变化，性能又可大大前进一步，因而既照顾了当前坦克对抗的急需，使坦克三大性能在传统技术基础上得到尽善尽美的发挥，又为改进车及后续车型的发展奠定了基础。

上图 苏联坦克炮的专业化阶段，可以用 2A46 125mm 高膛压滑膛炮做标志至于苏联坦克炮的专业化阶段，则可以用 2A46 125mm 高膛压滑膛炮做标志。从 T-64 开始，延缓到 T-80 才真正过关的高膛压坦克炮，在内弹道上不再像以前那样以最小装药量、最小膛容为优先选择方案，而以小药室、高膛压作为方案的基础，在射击理论上不再以地面密集度作为限制后座阻力的依据，而以直接瞄准的立靶精度为准，因而允许后座阻力与车重的此值高达 1.4 以上，为小车装大炮确立了理论依据；在方案评定上将火力诸因素中的狠、准、快列为主要目标。对于为了提高反应速度、实现装填自动化而向火炮、弹药提出的要求，予以高度重视，在设计方法上，严格采取系统工程方法，使坦克炮系统更好地与坦克形成一个有机的整体，从而使苏联坦克总体设计紧凑的传统得到更合理、更彻底地落实。

上图 2A46 125mm 滑膛炮的炮尾部分特写

上图 苏联坦克炮的专业化阶段，可以用 2A46 125mm 高膛压滑膛炮做标志

装甲技术

作为级别与核武器相当的国家级机密，苏联坦克的装甲技术一直以来笼罩在一层迷雾之中，然而这层迷雾所笼罩的究竟是什么呢？事实上，苏联坦克的装甲技术首先要从装甲钢开始说起。苏联坦克所用的装甲钢分为铸造式装甲钢和扎制式装甲钢两大种类。其中，铸造式装甲钢以 74Л、75Л、66Л、MBЛ、8C、90Л 和 71Л 等钢号为代表。

比如，8C 为苏联较老的铸造装甲钢。苏联卫国战争时期的 T-34、KV 坦克炮塔就已采用，直到 T-54A 坦克上仍有使用。该钢为硅锰铬镍钼系合金钢，成分与后来的 71Л 相比只铬镍含量稍低，淬透性为 75 毫米，适用于壁厚 75 毫米以下的铸件（通常高硬度装甲铸件的使用厚度多在 60 毫米以下）。此钢种具有很强的回火脆性，因此中硬

上图 8C 为苏联较老的铸造装甲钢。苏联卫国战争时期的 T-34、KV 坦克炮塔就已采用

上图 8C 为苏联较老的铸造装甲钢。苏联卫国战争时期的 T-34、KV 坦克炮塔就已采用

度不采用，只能用在轴承面上高频淬火。该钢种主要在碱性平炉中冶炼，也可在碱性电炉中冶炼，虽然应用范围较为广泛，但主要还是用于浇铸 T-34 坦克的炮塔。在使用此钢浇铸 T-34 炮塔时，采用过砂型法，也采用过金属型铸造法。砂型法即采用黏土砂模，芯砂中掺入 15% ~ 20% 的锯末，用下注法，钢水通过耐火砖分流注入，浇口杯直径为 50 ~ 55 毫米，浇口直径为 75 ~ 90 毫米，浇铸温度为 1500 ~ 1503 摄氏度。并要注意缓冷和晚出箱，在浇铸后，铸件需要在砂箱中保温 24 小时以上。如果说 8C 为早期苏联铸造装甲钢的典型，那么 75Л 则为战后苏联铸造装甲钢的代表。75 Л 为 74Л 的系列钢种（74Л 为战后苏联铸造装甲钢的基准钢种，其余的铸造式装甲钢均以 74Л 为基础，改进成分和生产工艺而来），同属铬镍钼系合金钢，其铬镍铂含量略高于 74Л。机械性能及淬透性均高于 74Л。其他各方面性能与 74Л 没有太大区别。苏联 T-10 重型坦克的炮塔及车体均采用 75Л 铸造，其炮塔最大垂直壁厚约为 250 毫米，车体最大垂直壁厚约为 270 毫米。75Л 的淬透性高达 350毫米，适用于制造厚度在 350 毫米以下的均质中硬度抗炮弹的铸造装甲件。75Л 在淬火时容易发生裂纹。热处理、切割、修补及焊接时也应采取相应的工艺措施。

上图 T-54/55 的车体首上装甲板采用的是 52C 轧制装甲钢，为铬镍钼系列合金钢

至于苏联坦克轧制装甲钢则以 43ЛCM、49C、42CM、52C 和 53C 等钢号为代表。比如，T-54/55 的车体首上装甲板采用的就是 52C，为铬镍钼系列合金钢，多在碱性平炉中冶炼，淬透性为 120 毫米，常用的钢板厚度为 80 ~ 120 毫米，由于钢板的厚度较厚，在成型时已不可能使用冲压及弯曲工艺，最终热处理后的校正工序要在 2000 吨以上吨位的压力机上进行，校正时钢板需为冷态。42CM 是另一种常用的苏联坦克轧制装甲钢，T-54/55 坦克的侧装甲即采用此钢。42CM 为铬镍钼系列合金钢，调质状态使用，淬透性达 90 毫米，

常用钢板厚度为 60 ~ 80 毫米，42CM 具有回火脆性，回火要用水冷，对白点敏感，轧制后在加热炉内或罩式炉中缓冷，也可在静止空气中堆垛冷却……在多年研制生产多功能、高强度防护装甲钢板的过程中，苏联的生产加工工艺和冶金技术发生了重大革新，出现了合金、冷轧、模铸、热处理和焊接等新技术。然而，为了能够提高钢板强度，防护攻击力越来越强的反坦克武器，尤其是采用了空心装药技术的金属射流破甲武器和高速特种弹芯穿甲弹，苏联的研究人员几乎想尽了办法。但是，无论研究工作再怎么进行，都无法使钢板的强度再提高 3% ~ 10%。这最终成为苏联坦克开始采用复合装甲来提高防护水平的一个基本契机。

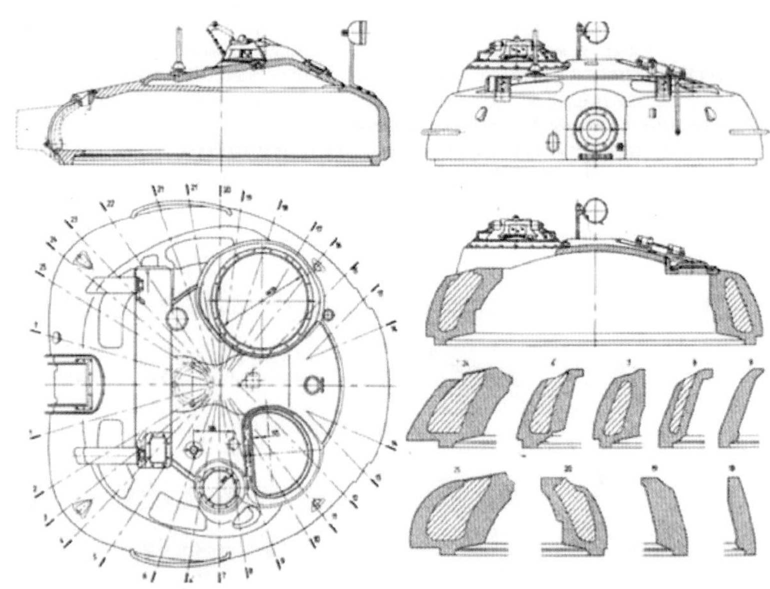

上图 T-72M 出口型的炮塔装甲不同于华约版，最初的几批完全没有采用任何复合装甲材料

作为一个国家的最高机密之一，妄谈苏联坦克的复合装甲究竟达到了一个什么样的技术水平，显然是不切实际的。不过，仍能通过流传范围堪广的出口型 T-72M，捷克和波兰生产的华约版 T-72M，以及冷战结束后各国通过“特殊渠道”获得的苏军原版 T-72A/B/BM，对苏联的复合装甲水平做出一个粗略的判断。首先来讲，T-72M 实际上分为华约成员国用的标准 T-72M 与专供出口用的捷克产 T-72G，但一般在宣传上，苏联人故意将 T-72M 与 T-72G 混为一谈，将 T-72G 称为 T-72M 出口型。由于 T-72M 出口型秉承了苏联外贸军品的一贯传统，所以与苏联自用的 T-72A 或者是华约版 T-72M 相比，出口型 T-72M 各

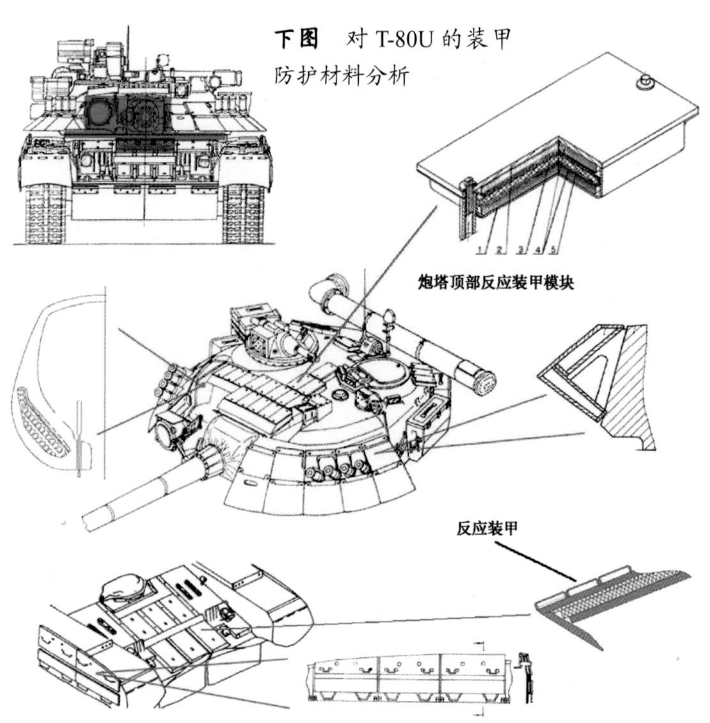

下图 对 T-80U 的装甲防护材料分析

方面都进行了不同程度的简化（也就是所谓的猴型），这一点对 T-72M 出口型来讲突出表现在装甲防护上。具体来说，华约版 T-72M 车体首上装甲为复合装甲，有 22 度的倾角，复合装甲分 3 层，厚 80 毫米的高碳钢板再加上 105 毫米玻璃纤维夹层与 20 毫米的均质轧钢装甲所构成的“三明治”结构叠层装甲，相当于水平厚度 600 毫米的钢装甲。炮塔为铸造钢件，炮塔正面装甲厚度为 440 毫米，炮塔侧面厚度为 200 毫米，炮塔后面为 150 毫米。炮塔正面装甲采用树脂、纤维和铝等材料组成的复合装甲结构，能经受破甲能力为 400 毫米的破甲弹和穿甲能力为 350 毫米的穿甲弹的攻击。而出口版的 T-72M，车体首上装甲夹层中并没有使用特种玻璃纤维材料，而代之以充填一种价格低廉的类石英砂材料（这种材料被苏联技术人员称为“砂核”，实际上是一种通过特殊处理的硅化合物）。T-72M 出口型的炮塔装甲也不同于华约版，最初的几批完全没有采用任何复合装甲材料，干脆直接是铸造均质钢装甲，后来的批次虽然将 130 毫米厚的“砂核”材料浇铸于炮塔装甲内部，但在面对动能穿甲弹时，也只相当于 320 毫米厚的均质装甲钢板（而且 T-72M 出口型炮塔内部并没有铅制防中子辐射衬层）。

至于苏军自用版 T-72A/B/BM 的装甲材料，根据一些来源模糊的资料显示，虽然同华约版 T-72M 一样，采用了间隔复合式设计，这种结构本身便能在防御穿甲弹攻击时，依靠不同厚度的间隙装甲产生回波，相互抵消，利用物理性能削弱穿甲弹头动能；但更重要的是，苏军自用版 T-72A/B/BM 装甲间隔的充填物不同于华约版 T-72M，其夹层材料使用的是由硬度极高的氧化铝陶瓷球填充聚合物形成的特种陶瓷片，这层约 90 毫米厚的特种陶瓷装甲片系由陶瓷制成粉末，然后经高温烧结成硬度很高的硬陶瓷球，与金属装甲相比，其密度约为钢的 1/3，抗压能力为钢的 10 倍以上，但抗拉能力还不到钢的一半。更重要的是，陶瓷化学稳定性好，尤其在高温下仍能保持较高的强度。所以对在两层均质装甲板间（车体首上甲板外层装甲钢板厚 110 毫米，内层厚 60 毫米；炮塔正面外层装甲钢板厚）充填了高硬度氧化铝陶瓷装甲片的苏军自用版 T-72A/B/BM，其陶瓷复合装甲对穿甲弹和破甲弹均有较好的防护效果：陶瓷球在与穿杆的“硬碰硬”中使穿杆变形甚至碎裂；而射流在穿彻陶瓷装甲的过程中不但将被极大地消耗，高密度陶瓷球与低密度聚合物的交错分布对射流也起到了分散作用。所以从理论上讲，苏军自用版 T-72A/B/BM 的炮塔在抵御动能弹或是化学能弹时，其复合装甲分别相当于 420 ~ 550 毫米的均质钢板。

上图 艺术家笔下装有接触系列反应装甲的 T-72B

不过，虽然各种形式的复合装甲很早就为苏联坦克界所应用——早在 1967 年，T-64A

就已经成为世界上第一款全面使用复合装甲的主战坦克。然而20世纪70年代后期，随着新技术的应用，甲弹之争的天平再次向反坦克武器倾斜："铜斑蛇""陶"(改)和"霍特"等反坦克导弹的破甲厚度都达到了800毫米，而使用串联战斗部的破甲弹也在研制当中，这无疑使T系列坦克面临"灭顶之灾"；同时，以"乔巴姆"为代表的模块化陶瓷复合装甲又使得苏联坦克的陶瓷装甲相形见绌。"仿造'乔巴姆'还是另寻出路"成为当时苏联坦克工业界讨论的一大热点。有意思的是，1982年爆发的第5次黎巴嫩战争中，以色列坦克装备的反应装甲令苏联人受到了启发。1982年以色列入侵黎巴嫩，M60等老式坦克上安装的金属盒子（绰号"茄克衫"(Blazer)的爆炸反应装甲）大放异彩，"茄克衫"不仅成功地抵御了RPG-7火箭筒的攻击，而且使装甲部队在反坦克导弹的打击下损失率锐减。"夹克衫"的成功大大推进了苏联在爆炸反应装甲领域的研发工作，1983年，在参照了缴获的以色列反应装甲实物后，苏联最著名的装甲设计单位——苏联钢铁科学研究院（Niistali）搁置已久的一款爆炸反应装甲在T-80B主战坦克上现身，这就是"接触"-1（Kontakt-1）爆炸反应装甲。"将防破甲弹的工作交给爆炸反应装甲"成为此后苏联装甲设计的一个重要理念。到了1985年，包括T-72BM、T-62M和T-55AM在内的所有驻东德苏军坦克全部装备了"接触"-1爆炸反应装甲。

上图 装备"接触"-1爆炸反应装甲的T-72BM

上图 为基本型T-55A加装1030M"鸫"式主动防御系统而来的T-55AD

"接触"-1是一款成熟而又设计精巧的爆炸反应装甲。"接触"-1模块被固定在T系列坦克的装甲表面，呈水平30度左右放置并与主装甲空出一定距离。爆炸反应装甲的最外层是一个较薄的金属外壳，内部是由抛板(向外抛出)、背板(向内抛出)、炸药和固定物组成的工作组件。金属射流(顶端速度高达8000米/秒)击穿外壳和抛板之后能产生足以引爆炸药的热效应。在爆炸波的推动下，抛板向外飞出，而背板向相反方向运动并形成弹性波，使射流出现巨大波动甚至使射流中断。令人感兴趣的是，"接触"-1爆炸反应装甲仅仅是一个开端，密布车身的反应装甲模块很快就成为了苏联坦克展现给世人的一个标志性形象——继"接触"-1之后，苏联的反应装甲发展了5代，直至苏联解体后，这一趋势也并未停顿下来……值得注意的是，几乎在苏联决定大力发展反应装甲的同时，一种更为复杂的光电对抗系统也在苏联坦克上同步出现，主要原理就是在侦测到来袭的射弹之后，立即干扰敌军反坦克武器的瞄准和制导系统，让敌军射弹偏离坦克或坦克上的薄弱位置，光电干扰、复合装甲、动态和主动防护技术相互补充，极大地增强了坦克的防护力，实际上也可视为一种特殊意义上的“装甲”防护手段。

上图 苏联坦克的制造工艺和技术应用有着十分不俗的一面

结语

苏联坦克工业的成就绝非是建立在一张张绘图板上的，如果没有与设计理念相匹配的制造工艺和对相关技术的合理运用，不但无法贯彻和实现原本的设计理念，更无法确保苏联坦克制造工业的优势地位。也正因如此，各种苏联坦克的出现并非是简单的选择学，也不是通常的设计学，而是设计理念与国家工业水准相结合的一个结果……罗马并非是一天修成的！

法 国 篇

法国坦克的百年发展

孤独的先行者——法国坦克发展史 1915 ~ 1930

在第一次世界大战中，德国人只是部分地认识到了土木工事、机枪和高爆弹三者相结合的强大防御能力，而德国的对手协约国对此更是缺乏了解，因此，在西欧战场上曾经出现了 3 年的战术僵局（如此局面的根源，在于 1914 年前的长期和平，使欧洲的将军们未能完全理解技术与军事残忍结合后的影响）。这种白白吞噬了上百万条人命而又毫无进展的战争局面直到一件看起来全新理念的战争机械——“坦克”的出现才宣告打破。然而很少有人意识到这一点，“坦克”首先出现于英国，很大程度上只是一个偶然。事实上，20 世纪初作为坦克诞生的物质基础的近代内燃机技术、履带推进技术、火炮技术和装甲技术，已经趋于完善和成熟。各种口径的火炮在实战中得到了空前广泛的运用，装备有厚重装甲的军舰在各大洋穿梭游弋，所有这些都为研制坦克提供了必不可少的物质条件。那么作为一个工业化程度与英国不相上下的欧洲大国，法国对这些资源的掌握同样是足够充裕的，英国人有的法国人都有。于是，当第一次世界大战由短暂的机动战迅速转入泥泞的堑壕后，法国成为一个“独立”的坦克发明国也就是顺理成章的事情了——法兰西既有条件也有动机去如此行事。

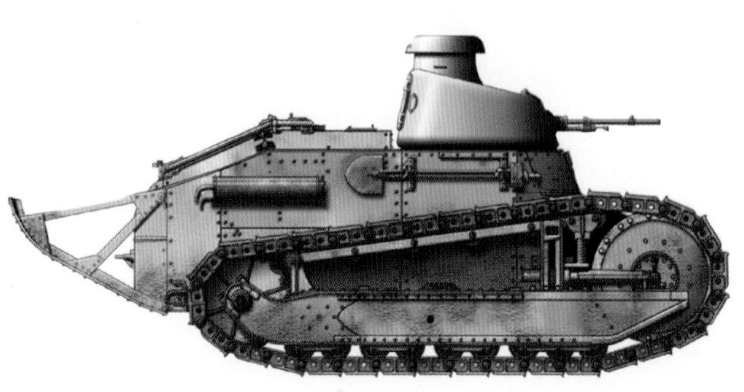

上图 雷诺 FT-17 轻型坦克原型车

法国坦克发展史的开端

美国内战后的半个世纪里，技术上的发明接踵而至，武器的潜在杀伤能力大为增加，对当时陆上战术学说的旧有形式有所冲击。然而与其他国家的同行一样，直到 1914 年战火在欧洲全面点燃之前，法国的军人们并没有意识到战争的形态已经改变了。事实上，战前的法国陆军不仅没有意识到机枪的作用，甚至没有重视炮兵，认为有 M1897 式 75 毫米炮就足够了。战前法军的战略计划、作战方案和训练内容只贯穿两个字——“进攻”。对法国军界思想影响甚大的格朗梅松上校曾这样强调：“对进攻来说，只有两件事情是必要的，即了解敌人在什么地方和决定应该怎么干。至于敌人想干什么是无关紧要的。”法军总参谋长霞飞对这种理论推崇备至，在他制定的对德国作战的《第十七号计划》中丝毫没有提及机枪和大炮，他企图以密集的步兵突击，击败德国军队。战争爆发后，法国军队以 19 世纪最好的队形出现在战场上。戴着白手套、修饰得漂漂亮亮的军官走在他们部队前面 60 英尺处，士兵们则穿着暗蓝色短上衣和猩红色裤子。伴随他们的是团旗和军乐队，以使敌人胆战心惊。但这种进攻在德军机枪和火炮面前无不以血流成河、丢盔弃甲而告终。一位目睹了大屠杀的英国军官这样写道：“每当法国步兵前进，整个战场就立即完全被弹片所覆盖，倒霉的士兵像野兔般被打翻。他们都很勇敢，不断冒着可怕的炮火冲锋前进，但毫无用处。没有一人能在向他们集中射击的炮火下活下来。军官们都是杰出的。他们走在队伍的最前面约 20 码处，就像阅兵行进那样，但是到目前为止，我没有看见一个能前进 50 码以上而不被打翻的。”格朗梅松上校也在一次轻率的步兵冲锋中被德军机枪打成了蜂巢。法国军队的进攻在血肉横飞中宣告失败，整个西线也随之在堑壕、铁丝网和机枪的封锁下，陷入了僵局。

从 1915 ~ 1917 年期间，协约国常常企图从西线突破僵局，但伤亡惨重，进展甚少，双方对峙的战壕一直从北海伸展到中立的瑞士边界。因没有翼侧，要进攻就是对强固野战工事的直接正面攻击。工事内有隐蔽的机枪，并装置有刺铁丝网加以防护，这样就增大了士兵伤亡。英法联军在 1916 年以前对付这种防御的唯一方法是集中大量的炮兵，进行长时间的炮击，炸开铁丝网，炸毁堑壕里的机枪阵地，压制敌方的炮兵。但由于火炮的射程有限，只有 15 千米左右，难以摧毁并破坏第二防御地带，因此步兵在占领第一防御地带后在很长的时间内就没有炮兵的火力支援。炮兵为了支援步兵继续推进必须向前沿转移阵地，但此时前沿附近的道路已被双方激烈的炮战炸成烂泥塘，难以通过。除此之外，由于炮兵需要很长时间的炮击才能摧毁敌方的铁丝网和机枪阵地，压制住敌方的炮兵，从兵员物资的集中到长达两星期的火力准备中，就可以清楚地看出突击方向，也能在一定程度上估计出攻击的时间。针对这些迹象，防御一方显然就要采取对策。往往把预备队集结于离被威胁地段一两天的行程之内，进行纵深配置，适时进行反冲击夺回失去的阵地或消灭突入的敌步兵，恢复原战线。在 1914 年秋西线转入阵地战后，双方都曾发动大规模的攻势，进行数十天的高强度炮兵火力准备，但无一不在伤亡数十万人后以惨败结束。显然，要想突破这种防线，需要有新战术或者新武器。德国人选择了前者，法国人则和英国人一样选择了后者——在英国研制坦克的同时，法国人也在进行同样的工作。

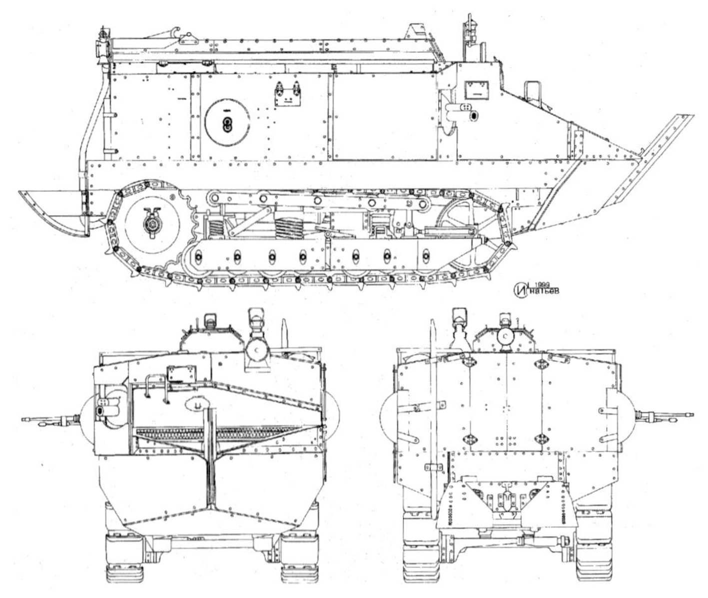

上图　当英国人为打破机枪、铁丝网和堑壕带来的战场僵局，绞尽脑汁地研发着“陆地战舰“时，法国人也在做着差不多的事情

急救车式的“施耐德”

在战争爆发后不久，有不少法国人向政府和军队提出制造类似于坦克的武器，但都被法国政府负责发明的副国务秘书 M·特雷顿拒绝。特雷顿认为只要有一种能剪铁丝网的机器就可以了。不过幸运的是，法国军队内部也出现了一位斯温顿式的人物——巴蒂斯·埃斯蒂恩上校。这位出生于 1860 年的数学精英从军后，不到 30 岁，便因为对炮兵弹道学的出色研究而在法军炮兵领域树立了自己的权威地位，并被视为法国现代炮兵的奠基人。就在第一次世界大战开战前，他更是提出了自己的大胆预测：“胜利属于那些能将大炮装上越野车辆的一方”正是这个人开启了法国自己的坦克时代。

战争爆发后，埃斯蒂恩上校见英国人使用霍尔特拖拉机牵引大炮，也建议法军用这种拖拉机牵

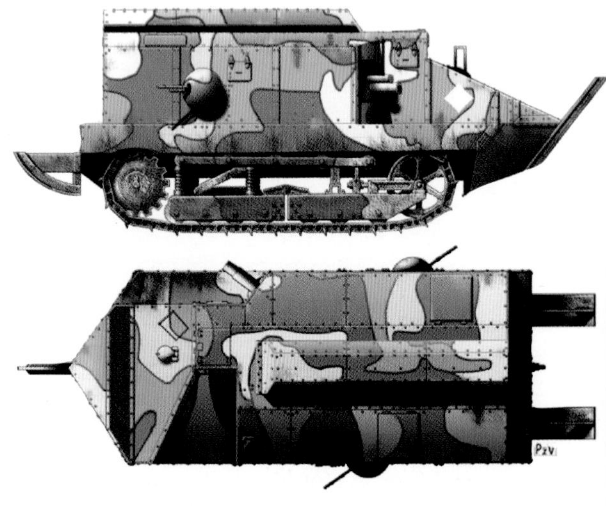

上图　施耐德坦克的外形与英国人的“小威利”类似，基于全履带“婴孩”式霍尔特拖拉机底盘

引大炮，或是干脆将大炮架在拖拉机上，但他所有的建议无一不石沉大海。特雷顿只在 1915 年年初，同意就“铁丝网破坏车”的设想进行一番尝试。1915 年 1 月，法国国防部军备局为此购买了两辆不同型号的霍尔特拖拉机——15 吨的半履带式霍尔特与小一些的全履带式“婴孩”霍尔特。埃斯蒂恩上校作为亲历者参与了两辆拖拉机的测试，并对全履带式“婴孩”霍尔特的测试结果感到非常满意，认为该车在恶劣地形下的运动性依然良好，于是进一步要求施耐德公司在对全履带式“婴孩”霍尔特的后继开发时加入他的想法——安装装甲钢板和军械。不过，这一建议遭到了副国务秘书 M·特雷顿的明确拒绝。无奈之下，1915 年 8 月，埃斯蒂恩专程访问了英国，并提出了两国在坦克制造上加以分工的设想：英国制造重型坦克，法国制造轻型坦克。然而这一切仍然没有得到特雷顿的回应。

上图　由于“施耐德”CA 型“铁丝网突破车”是一种仓促的应急设计，其战场价值远没有达到预期期望的程度

结果到了 1915 年 12 月 1 日，埃斯蒂恩只得直接上书法国军队最高统帅霞飞。霞飞同英国远征军总司令弗伦奇一样，对德国军队的防线束手无策，所以很快接受了埃斯蒂恩的建议，让他去巴黎同制造商商议。起初在 12 月 20 日，埃斯蒂恩向雷诺公司总裁路易斯雷诺提出了自己的想法，却遭冷遇，于是便回头去找负责开发铁丝网破坏车的施耐德公司。埃斯蒂恩提出了各项技术要求，公司很快就造出了样车——作为法国坦克的头生子，施耐德坦克由此诞生。具体来说，这种施耐德坦克的外形与英国人的“小威利”类似，基于全履带“婴孩”式霍尔特拖拉机底盘，全车

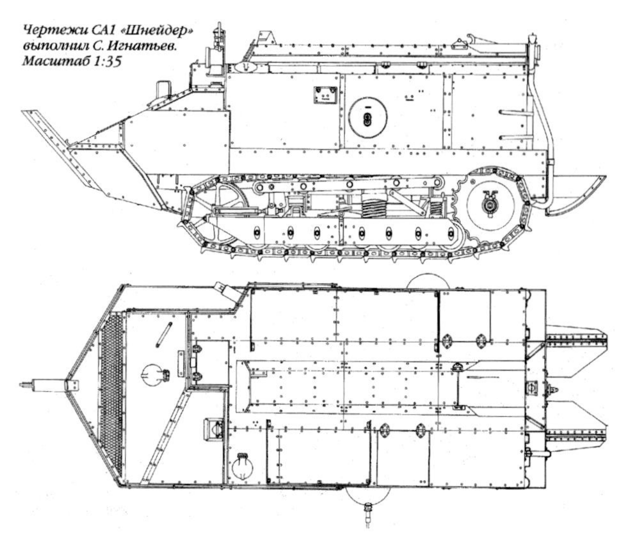

上图　霞飞没等试验结束就让法国军队订购了 400 辆被称为“施耐德”CA 的“铁丝网突破车”

由 5.5 ~ 11 毫米的高碳钨锰合金钢钢板包裹，车内空间非常狭窄且低矮，底板至车顶高度只有 0.9 米，车组乘员 6 人都要蹲在如此狭小的车箱内。车首以大角度向前倾斜大幅度凸出于底盘之外，并在车体前面安装有一个压铁丝网的钢板，作为破坏并推开铁丝网之用，没有炮塔，车体两侧各装有一门短管 75 毫米榴弹炮和两挺 8 毫米霍奇基斯 M1914 机枪，战斗全重达 13. 5 吨，用一部施耐德 70 马力汽油机驱动，最高时速为 8.1 千米 / 小时。

1916 年 1 月 31 日，霞飞没等试验结束就让法国军队订购了 400 辆被称为“施耐德”CA 的“铁丝网突破车”——此时距离 1916 年 9 月 15 日，英国人将其马克 I 型过顶履带坦克投入实战还有差不多半年的时间，法国是不是一个“独立”的坦克发明国也就一目了然了。至 1917 年 3 月，法国已经拥有 208 辆坦克、3500 多人的“突击炮兵”部队（其司令官即为已晋升准将的埃斯蒂恩）。遗憾的是，由于“施耐德”CA 型“铁丝网突破车”是一种仓促的应急设计，其战场价值远没有达到预期的程度。施耐德 CA1 坦克于 1917 年 4 月 16 日的马恩河会战中首次参加实战，全数参与战役的“施耐德”C 全部署于法国北部的贝里欧巴克地区担任攻击任务，一共有约 130 辆施耐德 CA 坦克参加战斗。令人尴尬的是，这些被埃斯蒂恩寄予重望的履带式战车表现不佳，糟糕的通风性能使乘员苦不堪言，薄弱的装甲和内部油箱设计更是严重威胁到乘员

的安全，结果不但有57辆被德军炮火直接击毁，还有几十辆被法军自己放弃，损失超过2/3。由于施耐德CA在各次的战役中表现评价不高，以致在性能更好的替代型号出现后，施耐德CA原定生产1500辆的计划即宣告中止。到1918年8月为止，施耐德CA含原型车在内共生产了400辆，编成了20个连。

电传动的先驱——“圣沙蒙”

有意思的是，几乎在施耐德CA定型投产的同时，法军还得到了另一种同样用于突破铁丝网和堑壕的履带式战车——“圣沙蒙”。那位副国务秘书特雷顿见埃斯蒂恩和施耐德公司没有经过自己就制造出了全新的武器，大为不满，也不同军方商量，就委托法国海军和奥梅库尔公司所属的圣沙蒙工厂，让他们也制造类似的东西。于是不久后，同样是基于全履带的霍尔特式拖拉机底盘，圣·沙蒙公司的样车被制造了出来了。两个月后，特雷顿代表法国政府决定为军方采购400辆，并以工厂的名称命名为“圣沙蒙”。

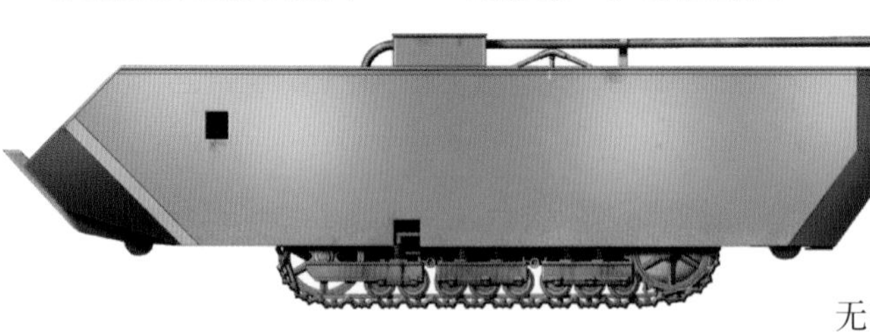

上图 “圣沙蒙”原型车

“圣沙蒙”和“施耐德”CA的研制时间大体相同，但由于这两种坦克是分别研制的，设计意图不尽相同，这使得两者在外观上大相径庭，技术特征也区别明显。具体来说，“圣沙蒙”更多是作为一种有一定突破能力的机械化支援火炮设计的。“圣沙蒙”战斗全重为22吨，几乎是“施耐德”坦克的2倍。外廓尺寸上，车长为8.83米，车宽为2.67米，车高为2.36米，长宽高都比“施耐德”要大上一圈，显得“人高马大”，而行动装置却和“施纳德”基本相同，为“霍尔特”履带式拖拉机的底盘。每侧有8个小直径负重轮，采用2个或3个负重轮连在一起的联锁式悬挂装置，螺旋弹簧式弹性元件，主动轮在后，诱导轮在前。履带板宽500毫米，履带板上只有横向爬齿，对地面的破坏作用较大，防横滑的能力较差。

虽然行动部分与“施耐德”基本类似，但不寻常的动力/传动系统设计，却使得“圣沙蒙”成为了一个“异类”——其最大特点在于它是世界上第一款装有电传动装置的履带式装甲战斗车辆。其动力装置为潘哈德公司制造的4缸、水冷汽油机，最大功率为90马力（66.1千瓦）。传动装置为电力传动装置，即“发电机－电动机”型传动装置。具体的传递路线是发动机（Eng）－发电机（G）－左右两台电动机（M）－左右侧减速器（G/B）－左右主动轮。采用电传动装置的优点是，可以省去变速箱。这是由于电机的牵引特性好，扭矩适应性系数高，可实现无级变速。再者，电动机的布置也比较灵活，工作可靠性高。电传动装置最大的缺点是，电机的个头较大，造价较高，从而限制了电传动装置的发展。至于“圣沙蒙”坦克的电传动装置用的是直流电机，控制特性较好。由于左右有两个电动机，

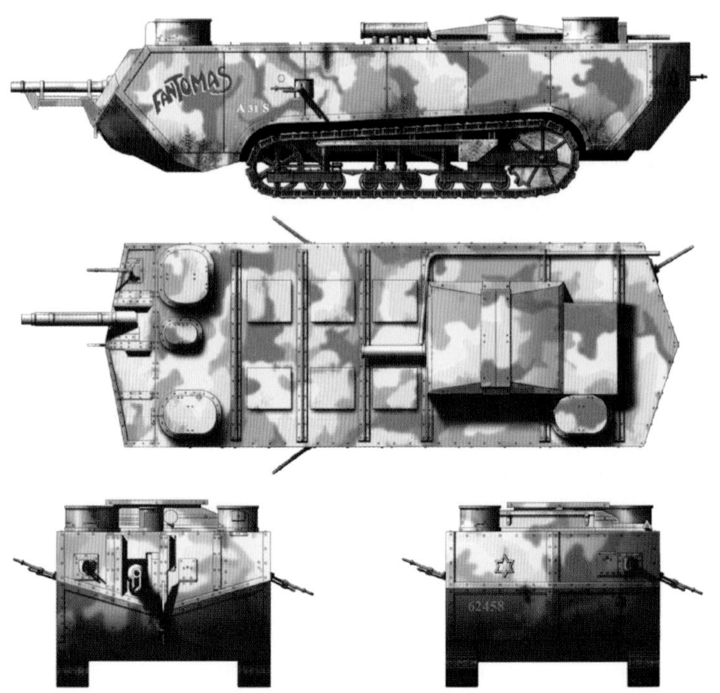

上图 早期型“圣沙蒙”四面视图

上图 中期生产型“圣沙蒙”

转向操纵很容易。

“圣沙蒙”车体采用钢板铆接结构，但车体侧面装甲厚度却要比车体正面装甲要厚，正面为 11 毫米，而侧面为 17 毫米，这是考虑到车体侧面的暴露面较大，应能抵御德军 K 型穿甲子弹的射击。车体后部的装甲厚度为 8 毫米，车体顶部为 5 毫米。单从装甲防护的水平看，“圣沙蒙”要优于“施耐德”，但却也要比后者更为头重脚轻。而“头重脚轻”的根本原因是车内装上了众多的武器。“圣沙蒙”坦克的主要武器是 1 门“圣沙蒙”L12 型 75 毫米火炮。值得注意的是，这种 75 毫米火炮为长身管速射炮（这里的 L12 仅表示型号，不代表口径），其威力比“施纳德”坦克上的短身管 75 毫米火炮要大得多。后又改为 1 门著名的 1897 年式 75 毫米火炮，火炮的长径比为 36，是世界上首次采用液气式驻退－复进机的火炮，相当先进。除了车首 75 毫米主炮外，还有 4 挺 8 毫米机枪。由于武器多，乘员人数也多达 8 人，包括：车长兼驾驶员位于主炮的左侧，炮长位于主炮的右侧，负责火炮的瞄准及炮弹的装填，还有一个炮长的助手，此外，车体两侧及后部各有一名机枪手，另有一个机械师兼副驾驶员和预备乘员。武器多，乘员多，加上电传动装置的个头较大，致使车体前后都要伸出到履带之外。不太长的履带却要驮着长长的车体，成为百年坦克发展史上最显“头重脚轻”的一种坦克。车体的后部及两侧开有车门，供乘员上下车用。

可惜的是，如果说“施耐德”CA 不是一个成功的设计，那么“圣沙蒙“的战场表现同样令人失望。“圣沙蒙”采用了不同寻常的汽油机驱动电传动系统，使设计重量增加了 5.1 吨（5 英吨）。车体的前后两端均超过了履带长度，再加上重量较大，导致“圣沙蒙”容易陷入不平整的地面，或在壕沟搁浅。该型战车的另一个严重问题是，由于车体较长，大大限制了主炮的旋转，使战车的战术用途极为有限。“圣沙蒙”坦克的履带接地长只有 3.01 米，满打满算，其越壕宽只有 1.6 米，只要挖一个宽 1.5 ~ 2.0 米的防坦克壕，坦克必然卡在防坦克壕里不能动。结果虽然在 1917 年 5 月 5 日，“圣沙蒙”坦克于拉福克斯磨坊地区首次投入战斗，但也因此吃尽了苦头。共有 16 辆“圣沙蒙”坦克参战。战斗中，“圣沙蒙”坦克的强大火力给德军一定的杀伤。但是在试图突破德军预设的防御阵地时，有 15 辆“圣沙蒙”坦克陷入德军预设的第一道堑壕里不能自拔，更糟糕的是坦克陷入堑壕后，坦克乘员就不能从后门出去，而由于车体变形，从侧门出去也相当困难，致使坦克和乘员的损失相当惨重……到第一次世界大战结束时，生产的 400 辆该型战车中仅有 72 辆仍在服役。

上图 后期生产型“圣沙蒙”

革命性的 FT-17

如果说，无论“施耐德”还是“圣沙蒙”都属于一种急救车式的应急设计，那么当法国人在这两个先驱型号上积累了一定经验后，一种经过真正深思熟虑的设计于 1916 年年底走进了人们的视野。早在 1915 年中旬，英法两国便对自己制造的秘密武器进行了交流，埃斯蒂恩为此访问了英国的坦克训练基地，对英国的重型坦克留下深刻的印象，要求斯温顿在制造出大量的坦克并把人员训练好之前不要急于投入战斗，等法国人准备好后一起行动，打德国人一个措手不及。他发现斯温顿也有同样的想法。埃斯蒂恩见英国制造的都是重量将近 30 吨的重型坦克，认为法国更应该发展大量的轻型坦克，用洪水般的轻型坦克淹没战场。他回国找到曾拒绝他的雷诺公司提出技术要求。于是一种后来影响深远的革命性设计就这样出现了。

上图 机枪型雷诺 FT-17

尽管 1916 年 9 月 15 日出现在索姆河战场上的“怪物”——一种被英国人称为“坦克”的履带式“陆上装甲舰”曾经令对面整师整旅的德国士兵惊惶失措，四散奔逃，然而很少有人意识到，在英国的过顶履带式坦克投入战场整整两年之后，真正具有实战价值而非象征性心理威慑意义的坦克才宣告诞生。1916 年 2 月，法国雷诺公司完成了一个仅由两名乘员便可操纵，并拥有一个 360 度单人旋转炮塔的小型坦克模型。显然，与之前被称为“坦克”的一切东西相比（既包括英国的也包括法国的），这个设计是革命性的——结构足够简单，价格足够低廉，更重要的是，它的确是为“打仗”而不是为了“吓人”而设计的。1917 年 3 月，雷诺装配出第一辆样车，4 月 9 日开始进行官方试验，结果大获好评。于是在 1917 年 9 月，这种令人耳目一新的坦克被官方命名为“雷诺 FT-17”轻型坦克，并随即获得了首批 1000 辆订单而投入批量生产。1918 年 3 月，4 个新组建的法军坦克营接收到了 170 辆 FT-17，很快就在 5 月 31 号的雷斯森林防御战中显示出了新装备的价值所在——这些满地爬的小甲虫，无论是机动还是火力都不再留有死角，敏感的德国人马上就意识到，这是一种“专业化的武装装甲拖拉机”，真正的大麻烦来了……

上图 火炮型雷诺 FT-17（37 毫米“皮托”步兵炮）

即便以今天的视角来衡量，FT-17 仍是一种极为优秀的设计，影响了后世一切坦克的设计思想。这种坦克重 6 吨，乘员 2 人，一位是驾驶员，一位是机枪手，发动机功率为 39 马力，最大装甲厚度为 22 毫米，在可转动的炮塔内装有一挺机枪，最大时速为 5 英里，造价低廉，性能可靠，便于大量生产。法国陆军一下子就订购了 1000 辆。美国陆军在 1917 年参战后也仿造了这种坦克。到一战结束时，FT-17 一共生产了 3187 辆。除了在 1918 年 5 月 31 日的雷斯森林防御战中小试身手外，FT-17 的名声在一战结束后才真正打开。在苏联国内战争期间，白匪军和外国干涉军使用了不少“雷诺”FT-17 坦克。苏波战争中，FT-17 更是作为波军的杀手锏给予苏联红军重创。同时，它也参加了法国殖民军 1925 ~ 1926 年镇压摩洛哥部落起义的战斗，以及 1936 ~ 1939 的西班牙国内战争。令人感慨的是，作为一名老兵，“雷诺”FT-17 坦克居然在第二次世界大战中仍然发挥了一定的作用。到 1940 年德军入侵法国时，法军还有 1560 辆“雷诺”FT-17 坦克。这些坦克大部分被德军缴获，被用做固定火力点或用于警卫勤务，直到 1944 年德军被逐出法国全境为止。“雷诺”FT-17 轻型坦克从 1918 年服役到 1944 年，长达 26 年，参加了两次世界大战，毫无争议地作为一代著名战车载入了世界坦克发展史。

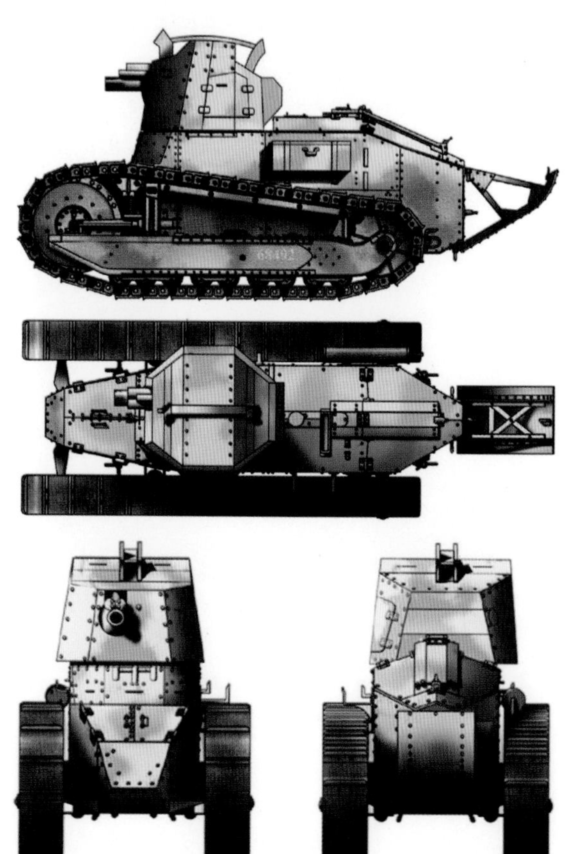

上图 装 75 毫米短管步兵炮的火力支援型雷诺 FT-17

自行火炮的启蒙者

如果说对于真正意义上的“坦克”，英国人在时间上抢了“先机”，那么在自行火炮的发明上，法国人却有着不一般的敏感。在一战中，法国是第二个研制生产并装备坦克的国家，这为其发展自行火炮提供了一定程度的技术基础。不过，由于更深层次的原因，法国人在发展自行火炮的问题上，比英国人要审慎和深刻得多，取得的成果也更具有现实性的使用价值，对于后世的影响也更大。

在一战中的法军看来，战役的胜利直接取决于炮战的结果，但将反炮兵作战变成简单的数字游戏，却是一种笨拙而低效的方法。反炮兵火力用重型和中型炮企图摧毁防御火炮，或至少暂时压制对方，但总是不能完全取得成功，而且还耗费了大量的人力物力资源，削弱了原来用于进攻的力量。对此，法军中一批向往着把新的技术思想应用于军事领域的热心人，开始寻找更为有效的方法用于反炮兵作战。他们很快就意识到，既然敌我双方的所有炮兵部队都把对方炮兵列为最优先攻击的目标，那么在远程重型火炮射程和威力都不断提升的情况下，保证反炮兵部队的战场生存性，而不是单纯地增加反炮兵火炮的数量，必然是实现高效率反炮兵作战的关键。换句话说，对反炮兵部队而言，如何回避敌方炮火或减少敌炮兵火力的影响，应当是反炮兵部队最应优先考虑的问题。而且从理论上来说，由于敌人使用弹药和发射系统在性能上的改进，反炮兵部队要想切实提高自身的战场生存力，除了伪装、隐蔽、分散和构筑工事这些传统方法外，使

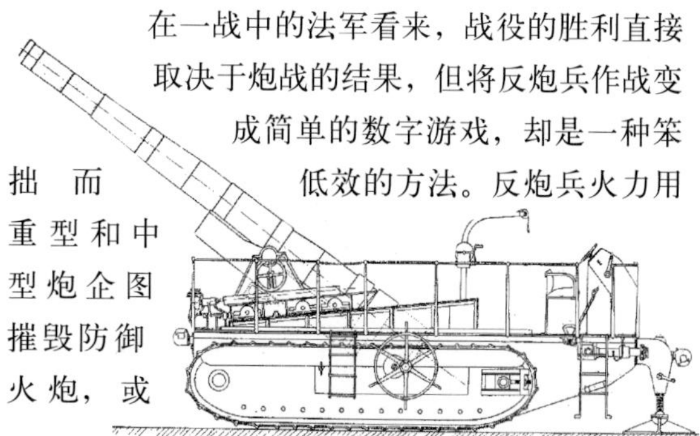

上图 194mm GPF 履带式自行加农炮侧视图

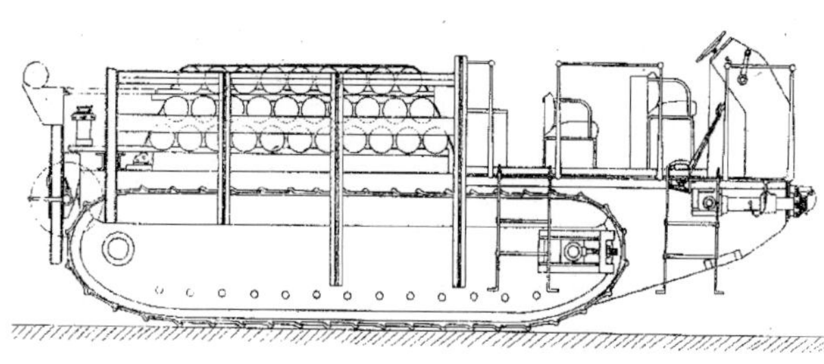

上图 与 194 毫米 GPF 履带式自行加农炮配套的履带式弹药运输车

火炮获得快速而频繁的转场机动能力可能更为重要——毕竟间瞄武器如果就地不动地在原处作战时间越长，它被摧毁的危险性也越大（无论它的射程具有何等优势），而使火炮经常转移本来就是一种使间瞄武器得到生存的办法。最终，作为这一切思索的结果，一种以反炮兵作战为主要使命的履带式自行火炮出现了。

事实上，执行反炮兵任务的火炮大都笨重，缺乏机动性，不能很好地适应地形特征，而且它们的弹药也太沉重。为了将这些不利于完成任务的负面因素排除，各种方式的试验都想尽办法进行过了，但答案却只有一个，那就是尽快地发展重型拖拉机式的履带车辆，而如果说还需要强调些什么的话，那就只能由类似于坦克式的东西来提供了。总体来说，这种履带式自行火炮系统是一种将重型远程火炮的炮管安装在自推进履带式底盘上的全新设计。但需要说明的是，针对这种履带式自行炮架项目进行的所有试验都是单独完成的，完全没有与法国的坦克项目搅和在一起。整个设计的基础，采用了由施耐德公司在其勒克鲁佐工厂（Le Creusot works）研制的一个巨大的履带式底盘——实际上是霍尔特15吨拖拉机的按比例放大版本，由一台安装在底盘后部的汽油发动机驱动，整个上部结构完全是敞开式的。驾驶员坐在底盘的最前端，炮管的托架差不多挨到了他的座椅后面。另外，在车体后部配备了一个小型起重机，以便能够将弹药提升到与炮管后膛后面的乘员平台等高的位置上，节省了人力，提高了装弹效率。不过，由于这样的布局或多或少地会限制火炮的仰角，进而影响到它的射程，所以说，这种设计本身是存在一定缺陷的。但考虑到对机动性和可生产性方面带来的诸多益处，两者相比取其利，法国军方更愿意接纳如此设计的优点，而忽略其他方面的不足——当然，为了增大火炮的仰角，后来在量产型号上又对上层结构进行了一定范围内的重新设计。

尽管在早期进行的样车试验中，由于安装的是155毫米（6.1英寸）火炮，这使人们对这种自行武器的用途一度产生了怀疑，但当看到量产型产品中的大部分重新换装了一种名为194毫米GPF（“宏力菲鲁”或“大力菲鲁”）加农炮的长炮管火炮，而只有少部分安装了射程较短的280式榴弹炮后（280式榴弹炮即14/16型“施耐德”280毫米榴弹炮的一种衍生产品），这种疑虑被彻底打消了（为保证产量，只制造了少量可以安装280毫米（11.02英寸）口径炮管的样炮，真正的生产型火炮则统一安装的是194毫米(7.64英寸)型炮管)。1918年之后，少量280毫米（11.02英寸）版本的炮架也不再使用了——它们基本全被改装为使用194毫米（7.64英寸）口径火炮的制式化版本。尽管这种原始的履带式自行炮架武器是一个既笨又重的家伙，其数量上也微不足道，但它们的确可以在不需要牵引车辆的情况下毫不费劲地成功穿越各种苛刻难行的地带，而且其火炮本身的射程、弹重和威力也都很理想。所以在第一次世界大战中这是一个相当了不起的成就，具有许多非凡的特征，而这些特征还为日后的许多设计所借鉴。比如，除了复杂的巨型履带式底盘外，这种炮架还可以自动调节反后坐机械装置，以使其与所有可以实现的仰角、液压刹车系统和气动复动机相适应。不过，整个第一次世界大战中，“194毫米GPF履带式自行式加农炮”并非法国在自行火炮领域所取得的唯一成就——一种基于雷诺FT-17轻型坦克底盘的75毫米口径自行火炮方案可能更值得人们关注。简单来说，这个方案的设计意图本质上是为了恢复著名的M1897型75毫米榴弹炮的战场机动性。对法国人来讲，由于在坦克方面的研究起步早，投入力度大，理论上能够成为M1897式75毫米野战榴弹炮机动底盘的选择有不少——“施耐德”“圣沙蒙”这类中型突破坦克都是很好的改造对象，不过问题在于这些履带式底盘对M1897式75毫米野战榴弹炮来说太大也太贵，并且通行性能欠佳。结果在综合权衡之下，1916年11月出现的FT17

上图　FT17/75自行火炮侧视图

坦克似乎是一个更好的选择。首先，这种小坦克尽管只有 5 米长、1.75 米宽，也许无法负担重型火炮，但作为 M1897 式 75 毫米野战榴弹炮的底盘却是足够了（M1897 式 75 毫米野战榴弹炮先进的反后座系统为其在小型炮架或是底盘上的应用提供了可能）；其次，由于行动部分采用了大直径诱导轮在前的独特设计，再加上一台 35 马力的四缸汽油引擎，这使其通行越障能力甚至与采用过顶履带这种极端设计的英国“菱形”坦克都不相上下，作为火炮的自行底盘显然甚为理想（过垂直墙高 0.61 米、越壕宽 1.98 米）；最后，FT17 的结构简单，可生产性好，制造成本低廉，由其底盘衍生的一种自行式机动火炮性价比相当有优势，在这场耗资巨大的战争中，尤其是一个难以让人抗拒的巨大优点。显然，M1897 式 75 毫米野战榴弹炮与 FT17 坦克的组合是一对绝配，而法国人是这样想的，也是这样做的——FT17/75 自行火炮就这样横空出世了……

结语

由于第一次世界大战表现出了空前的残酷性，战前丰富多彩的技术发展终于使有时不太积极的军事专业人员扩大了眼界，提出了新的设想，以应付工业革命给这场战争带来的前所未有的变化。也正因为如此，当英国人为打破机枪、铁丝网和堑壕带来的战场僵局，绞尽脑汁地鼓捣着“陆地战舰”时，法国人也在做着差不多的事情。结果几乎英国人的“陆地战舰”刚一开上战场，法国人也不无得意地揭开了其“机械化突击炮”的盖头，并大有后来者居上的趋势。

蹉跎的钢铁——法国坦克发展史 1930 ~ 1945

从技术的角度看，坦克是内燃机时代的产物；从军事的角度看，坦克的初衷是为了打破由机枪、堑壕、铁丝网和速射火炮组成的盾而产生的矛，是第一次世界大战堑壕胶着战的必然结果。可惜的是，战后的法国人既没有意识到坦克绝非是矛，也不是盾，更没有意识到即便是矛，“坦克”在一支失去了进攻心态的军队眼中也早已“异化”了。结果，作为一个“独立”的坦克发明国，两次世界大战期间的法国尽管在坦克的设计和制造领域不无成就，但值得一提的经典却屈指可数……

上图 FCM-F1 超重型坦克

移动堡垒式的废物——FCM-2C

在第一次世界大战中，法国人终于战胜了老对手德国，报了普法战争之仇，夺回了阿尔萨斯和洛林。这时的法国军队名声大振，被公认为世界上的军事强国。但它如何能保持永远立于不败之地，而且让德国这个可怕的邻居永世不得翻身，这是第一次世界大战结束后，法国军队要考虑的问题。凡尔赛体系确立后，法国与英美等国分别签订防御条约，而德法接壤的莱茵区划为非军事区，由协约国军队驻守 15 年，德军不得超过 10 万人，再加上由于现代战争极其残酷，破坏性极大，法国虽是战胜国，但在大战期间，仍伤亡了 138 万多人，数百座城市化为灰烬，工业遭到严重破坏。因此举国上下极为厌战，而和平主义盛行。同时根据大战时法国取胜的经验，这就是通过绵亘、筑有坚固工事的防线即可抵御任何火力的打击和任何敌人的进攻，终使敌人精疲力尽，再在友军的配合之下一举歼灭之。那么，为什么不可以第二次这样战胜德国呢。因此维护凡尔赛体系是法国安全系统的支柱，惧怕战争是法国军民共有的心理，战略防御是军队的指导思想，建立绵亘的防线是国防建设的重点。这决定了战后法军朝着和平的、防御性和非机动性的方向发展——由此发展而来的坦克因此成了一个怪胎，策划于战争末期的 2C 超重型坦克就这样受到了法军的青睐。

简单来说，重达 70 吨的 2C 超重型坦克是作为一个巨型移动堡垒被设计出来的，尽管其设计指导者埃斯蒂恩将军是将其作为一种突破机器看待的，但在法国军方高层眼中却完全体现了一种防御性而非进攻性的军事理念。事实上，当人们审视 2C 重型坦克的设计特点时，所有的尺寸看起来都非常过分：长 10.27 米，高 3.80 米，战斗全重 70 吨。其装甲设计可以防住一战时战场上所有的武器，非常厚重，前部达 45 毫米，侧面为 22 毫米，顶部为 13 毫米。炮塔的前部有 35 毫米钢板，后部有 22 毫米。不用说，要驱动如此一个庞然大物，在当时对动力设计来说是一个难以解决的困难。

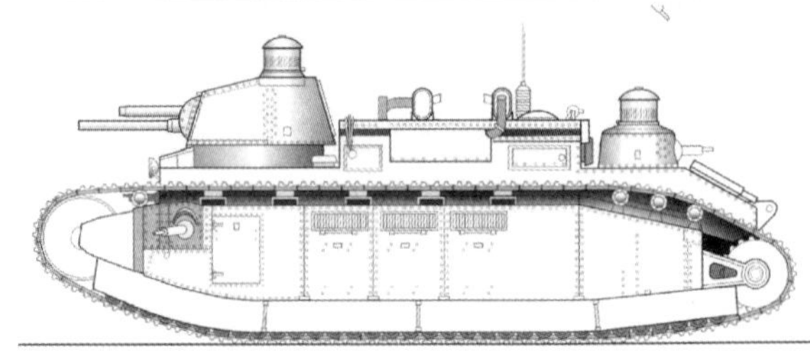

上图 在 20 世纪 20 年代，只有法国人造出过这种战斗全重超过 70 吨的夏尔 2C 超重型坦克

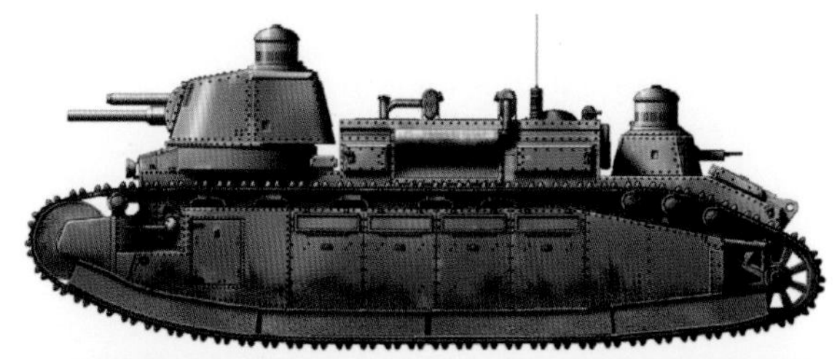

上图 2C 超重型坦克四面图

因此打上了作为战争赔偿的德国飞艇发动机的主意——第一种是 200 马力的梅塞德斯发动机，第二种是 6 缸 250 马力的迈巴赫发动机，最后这种发动机使 2C 坦克能够根据路面情况不同以 12 ~ 15 千米 / 小时的速度运动。其超过重型坦克的行程为 150 千米。越障性能也达到埃斯蒂恩将军的要求。2C 坦克能够毫不困难地越过 1.70 米高的垂障，1.40 米深的沟，4.25 米宽的堑壕，这个宽度与法国北部和东部的运河船闸宽相一致。与体积成正比的是，该巨无霸至少需要 12 名乘员才能正常运转起来：一名车长，下级军官；一名驾驶员，高级士官；一名机械师，一名军士；一名助理机械师；一名电气师；一名无线电员；一名炮长；一名炮手；一名前机枪手；一名后机枪手；两名侧机枪手。

事实上，2C 无论从乘员数量还是武器数量来看，都更像是一个只能缓慢移动的堡垒，而不是一辆坦克。该车炮塔里装一门火炮和一挺机枪，车体里还有 3 挺机枪。一门作为主要武器的 M1897 型 75 毫米炮置于前炮塔。水平射界为 320 度，后向为死角；垂直射界为 –20 度 ~ 20 度，为了准确射击，炮手有一具瞄准具，距离分划最大为 2000 米，放大倍率为 2.5。战斗时，2C 坦克一次共可携带 124 发 75 毫米炮弹和 9500 发 8 毫米机枪弹。10 辆 2C 坦克于 1921 年交付法国陆军。最初它们编入在沙托丹（Châteaudun）的第 3 重型群（Groupement Lourd III）。1923 年 3 月 1 日，第 1、2、3 重型群改编成营，并共同组成第 551 坦克团（RCC）。1929 年 2 月，第 551 坦克团解散，2C 坦克编入第 51 重型坦克营。1940 年 5 月 10 日，德国发动西线进攻时，第 51 坦克营正部署在布里埃以北的林地里。一直到 6 月 12 日，才得到撤退的命令。命令要求在朗德尔（Landres）车站装上火车。可惜的是，对于重达 70 吨的 2C 超重型坦克来说，此时的撤退命令下达得已太晚了——在被德国人包围之前，大部分 2C 被法国人自己爆破后抛弃，另有一辆编号为 99 的 2C 被德国人完整缴获了……

先进与怪异的混合——夏尔 B1

如果说 2C 超重型坦克代表了一种不切实际的幻想，那么比 2C 晚 10 年出现的夏尔 B1 则是一种更为现实的重型坦克设计——不过，这同时也是一个先进技术与怪异设计的混合体。鉴于第一

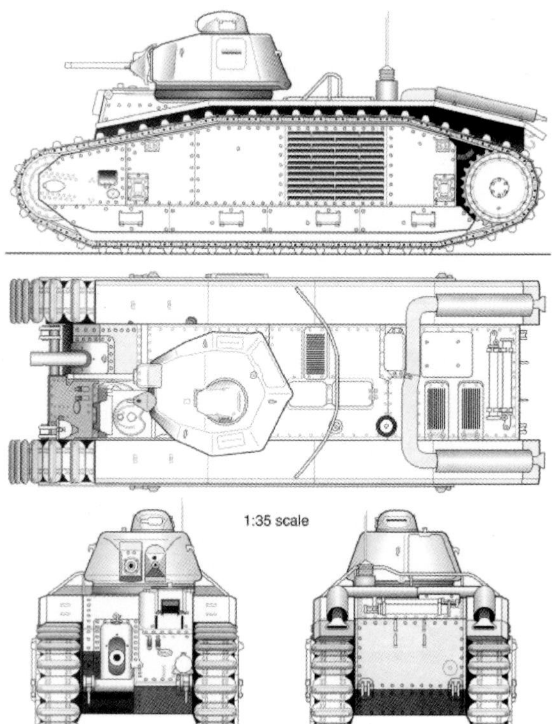

上图 夏尔 B1 bis 重型坦克三面图

次世界大战初期，双方只强调进攻的惨痛教训，战前的法国军方认为在未来的战争中，防御一方将占优势，就集中财力、物力和人力在法德边界开始修筑坚固的马奇诺防线。执行防守战略，坚持以步兵为主政策的结果，不仅使法国陆军只有很少的资金研制、试验和装备坦克，还直接影响了坦克的发展方向。既

上图 1940 年 5 月，法军第 107 坦克团装备的夏尔 B1 基本型重型坦克

然重型坦克的作用只是支援步兵，就没有必要有很高的速度和较大的行程，只需有很强的装甲防护能力和火力就够了。结果，夏尔 B1 重型坦克被设计成了一种万金油式的作品——采用全环

上图 1940 年 5 月，法军第 15 坦克团第 349 坦克营装备的夏尔 B1 bis 重型坦克

绕式履带用于越壕，车顶有一门可旋转的单人炮塔，安装有一门用于反坦克的 47 毫米炮，但车的右前部则又装有一门 75 毫米炮用于支援步兵作战（这门火炮从外观上看，炮管壁很厚，实际上那是专门设计的火炮抽烟装置，利用压缩空气将残

上图 1940 年 6 月，法军第 251 坦克团装备的夏尔 B1 bis 重型坦克

余火药气体吹出炮管）。

有意思的是，正是如此怪异的设计，反而促使夏尔 B1 在技术应用上很有独到之处。比如“尼德尔”(Naeder) 液力差速器 (双差速器) 就是如此，这使 ARL-44 的底盘其实也并非一无是处。不过有意思的是，夏尔 B1 bis 之所以能够应用先进的“尼德尔”（Naeder）液力差速器，并在 4 年后仍然领先于战场上的诸多后起之秀，却与其不成熟的车体炮与独立炮塔并存的“杂货铺”式设计有关。事实上，由于夏尔 B1 车体前方的 75 毫米炮只能做俯仰调节，无法左右偏转，当时的工程师们只能在该车的转向设计上别出心裁，驾驶员通过方向盘操纵一个精心设计的“尼德尔”（Naeder）液力差速器（双差速器）可以在任意一个变速齿轮上获得任意的转弯半径，并且可以实现微调，这样驾驶员就可以利用“尼德尔”系统精确调整火炮方向射界。然而，某些先进技术的应用并不能抵消怪异设计带来的不便。按照战前法国军方的说法，夏尔 B1 是一种能够满足多用途作战需要的“战斗坦克”，尽管这种坦克也的确在战争初期给过德国人一些教训，但 1940 年的法国战役却表明，这种“百货商店式的重型坦克”（斯大林语）决非是一条正确的康庄大道。

上图 当时世界上唯一能与夏尔 B1 Bis 相媲美的重型坦克就只有苏联的 KV

夏尔 B1 只有车长（兼炮长）、驾驶员（兼车体炮炮长）、车体炮装填手和机电员这 4 名乘员，然而对于一辆拥有 2 门火炮的重型坦克来说 4 个人远远不够，要想使这个大家伙在战斗中发挥真正有效的作用，每个人必须要像八爪鱼那样忙个不停。举例来说，驾驶员除了驾驶车辆还要负责操作那门 75 毫米车体炮（利用手柄调整火炮俯仰），虽然有装填手的辅助，但用 75 毫米车体炮瞄准仍然非常困难（虽然“尼德尔”系统可以实现精确瞄准，但这需要驾驶员必须训练有素），

能够发挥的实际威力可想而知，而车顶装 47 毫米炮的小炮塔只能容纳车长一个人，这种单人炮塔的设计思想显然与车体炮一样不合时宜，因为必须操作 47 毫米炮和并列机枪，车长无法全神贯注地指挥车辆、观察敌情和控制通信（电动炮塔中的

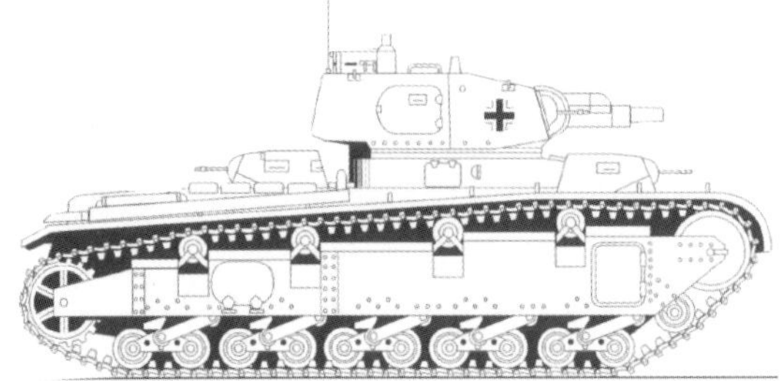

上图 1940 年，在法国已经批量装备夏尔 B1（bis）重型坦克的同时，德军中只有几辆装点门面的 Neubau-PzKpfw. IV 多炮塔重型坦克样车

车长在指挥车辆控制队形的同时还必须负责瞄准、装填和击发炮塔上的 47 毫米火炮，有时候还要操纵炮塔右侧的 7.5 毫米并列机枪）。这样，当夏尔 B1 bis 投入战斗的时候，车长就不能有效地进行战术指挥。事实上，缺乏训练的成员根本难以胜任如此复杂的工作，看起来不错的夏尔 B1 重型坦克战斗效能却极为低下，其战场价值相当低劣。

上图 1940 年的法国战役中，相当一部分夏尔 B1 重型坦克都是因燃料耗尽被抛弃，而非战损，这使德军得以将其回收并为其所用，但也正因如此，战争末期法国部队从德国人手中抢回了不少本该属于自己的“老坦克”

下图 Pz.Kpfw. B2（f）侧视图

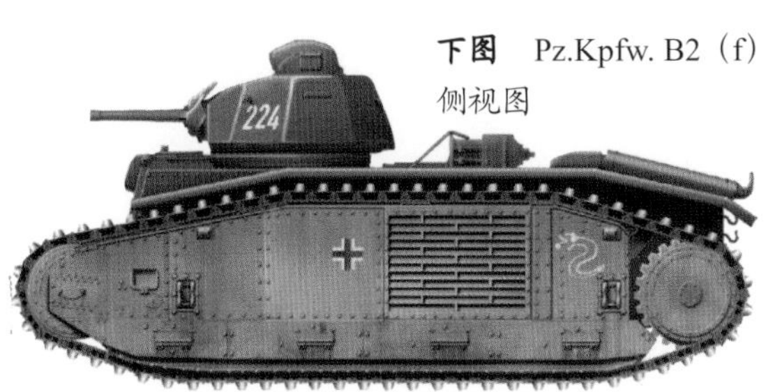

上图 德国占领军使用的 Pz.Kpfw. B2（f）侧视图

上图 由战利品夏尔 B1 bis 改装而成的德军 Pz.Kpfw. B2（f）（战争末期，这些 Pz.Kpfw. B2（f）中的一部分又回到了法国的手中）

上图 国内军部队装备的夏尔 B1 bis 在随后法国各地的入城式凯旋中大出风头，极大地激发了民众的爱国热情

上图 巴黎街头——法国女郎正向夏尔 B1 上的法国坦克手们热情挥手（正是看到了这类场景对国民士气的振奋，戴高乐才决定强行推进 ARL-44 项目的进程）

上图 1944 年 9 月第 13 龙骑兵团装备的夏尔 B1 bis 重型坦克

上图 也许到了 1944 年，这些夏尔 B1 bis 早已风光不再，但作为从敌人手中失而复得的宝贝，法国坦克兵们对这些老战车的感情是不能用一般意义来衡量的——美国人送来再多的“谢尔曼”，也抵不住凝结于一辆夏尔 B1 中的法兰西情结

上图 第 13 龙骑兵团的坦克手与他们的夏尔 B1 bis 座车（每个人脸上的自豪感跃然于照片之中）

1940 年 6 月法国战败之后，德国占领军开始使用俘获的夏尔 B1bis 坦克，德军为其编号为 Pz.Kpfw. B1 bis 740 （f），从 1941 年起该车被配属给驻法国的德国坦克部队，在泽西和奎恩西等地使用。1943 年该车还被配属给整编前的第 14 和第 21 坦克师，只有少部分在法国以外使用，其中第 223 坦克连在俄罗斯使用过 4 辆，驻南斯拉夫的武装党卫军第 7 师“欧根亲王师”在巴尔干地区使用过 7 辆。德军还拆除了部分 B1 bis 的炮塔和火炮，命名为 Pz.Kpfw. B1 （f） Fahrschulewagen，作为驾驶员训练车使用。从 1941 年 11 月到 1942 年 6 月间，60 辆 B1-bis 的 75 毫米火炮被换成了火焰喷射器，变成了喷火坦克，德军编号为 Pz.Kpfw. B1 （f） Fla 毫米 wagen，喷火器的油料由装在车尾的油箱携带，油箱外有 30 毫米厚的装甲。1942 年夏，第 223 坦克连在克里米亚地区就使用过 12 辆这种喷火坦克。还有大约 16 辆 B1 bis 在 1941 年 3 月被改成了 105 毫米自行火炮，德军将其命名为 105 毫米 FH 18 Ausf Gw B2 （f）。

上图 战前，法国人曾针对夏尔 B1（bis）人机功效低下的问题进行过努力，其成果就是夏尔 B1-ter

“还算是均衡”——索玛 S-35/40 中型坦克

作为一种“较重的”骑兵而不是步兵坦克，索玛 S-35 在设计上更注重机动性，结果这最终使其成为了两次大战期间得到评价最高的一种法国坦克——人们在这辆 20 吨级的中型坦克上看到了火力、机动和防护性能之间的某种平衡。当其于 1936 年正式服役于法国刚刚组建的两个轻型机械化师时（每个轻型机械化师由 10400 名官兵、约 3400 辆 3 轮摩托、卡车、半履带车和各种装甲车、174 辆坦克组成。这是在当时法国军队中唯一可以与德军的装甲师相抗衡的单位了），这是世界上最好的中型坦克。S-35 从 1936 年开始成批生产，至 1940 年共生产约 500 辆，但只有 243 辆装备部队，其余的都停在仓库里面。法军的 3 个轻型机械化师各装备 81 辆 S-35 坦克；驻突尼斯的第 6 轻型骑兵师也装备有 50 辆这种坦克；戴高乐的第 4 后备装甲师也装备有少量这种坦克。1940 年法国被占

上图 1940 年，法国陆军第 1 龙骑兵团装备的索玛 S-35 中型坦克（或许 S-35 这类机动性好的中型坦克更符合戴高乐的军事主张，但更大、更重的夏尔 B1 却在这场短暂的战争中给戴高乐留下了难以磨灭的印象）

领后，继续使用，并将其中一部分改装为装甲指挥车，另有少量的则转交给了意大利。

与稍后出现的德制 III/IV 早期型，或是苏制 T-34-76 早期型相比，“索玛”S-35 在主要性能上不但毫不逊色，甚至由于出现的时间较早，因而还享有一定程度的技术缓冲期（索玛 S-35 在样车和量产时间上，均要比德苏两国的同型车领先 12 ~ 20 个月）。也正因如此，尽管今天已经鲜有人知，但法国人实际上并没有浪费这段难得的窗口期，而是对其得意之作进行了不遗余力的改进，并由此导致了“索玛”S-40 的出现。“索玛”S-40 实际上是在对 S-35 进行了一系列小步快跑式的改进后，最终集其大成者。也正因如此，与其前身相比，这种改进型号在细节上的变化是相当繁杂的。比如为了简化生产工艺，提高车体强度，车体由原先的铆焊混合结构改为全焊接，并对部分车体装甲板进行了修改，还去掉了一些不必要的附件；发动机功率从原先的 190 马力提高到 220 马力，最大公路速度因此提升到 45 千米 / 小时；为了提高传动效率，并在一定程度上增强了越野机动性，前置的主动轮进行了重新设计，安装位置也向前上方移动了 270 毫米；虽然“索玛”S-40 与 S-35 一样仍然采用 3 人车组，这在一定程度上影响了战斗效能（车长既要指挥坦克，又要负责火炮和机枪的装弹、瞄准和射击），但在保留原始设计框架的前提下，为了尽可能地改善人机功效，法国工程师们还是为 S-40 换装了内部空间更大的 ARL 2C 型单人炮塔，使战斗效能有所改进；最后值得一提的是，此前生产的“索玛”S-35 中型坦克，完备的电台设备仅仅安装在排以上级别的指挥型号上，普通的 S-35 坦克仅仅有电台接收设备，但这种情况到了 S-40 出现后终于彻底终止，每一辆 S-40 都安装了完整的电台收发设备。

上图 英国博文顿坦克博物馆馆藏的索玛 S-35 中型坦克

上图 除了炮塔外，这是一辆已经十分接近于 S-40 的后期生产型 S-35

型号繁多的轻型坦克

第一次世界大战使法国遭受了 130 万人以上的军事伤亡，它的 10 个经济上最富庶的省份被德国占领。没有任何其他参战国相对而言遭受到如此严重的损伤。法国名义上成为战胜国，但实际上是死里逃生，而不是赢得了战争。战后，它的安全政策和安全信条自然成了防御性的，而且在 20 世纪 20 年代回到了第三共和国的传统军事信条，那就是坚信三位一体，即东部边境工事筑防，缔结外部军事同盟，实行普遍义务兵役。其军事

上图 1940 年参加法国战役的雷诺 FT-31 轻型坦克（法国曾是引领坦克设计潮流的坦克强国，仅仅凭借 FT-17 便足以奠定其在坦克发展史上的位置）

当局认为倘若再次爆发欧洲战争，它将很可能仍旧是一场消耗战。对于 1917 年法国军队精疲力尽和爆发哗变依然记忆犹新，就像美国军队在 1918 年打败德国的重要性依然历历在目一样。要在一场新的战争中取胜，就需要同样有一个具备经济弹性力和巨大军事潜力的多国联盟。对法国而言，后一力量蕴藏于 3 方面：可供动员的法国预备役军团、法国军事工业，以及法国中东欧盟国的对敌牵制行动。不过，如果要将这些基础性力量利用起来，使法国军队在整体上保持一流，那么能够被投入到建设装甲机械化部队的资源就将非常有限。

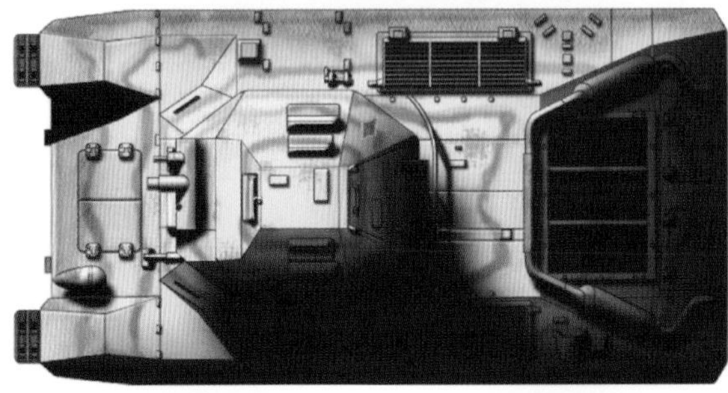

上图 FCM-36 轻型坦克三面图

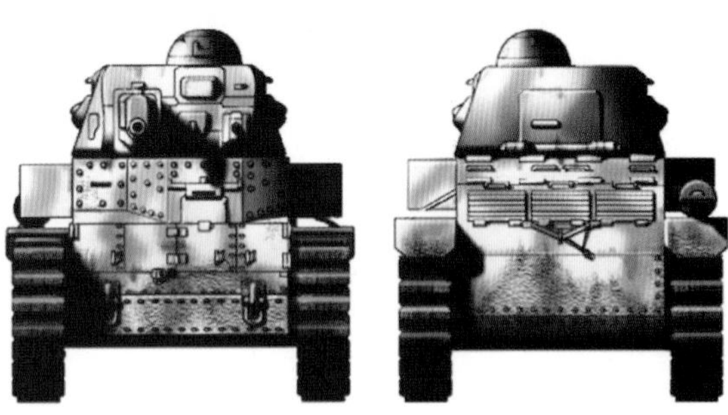

上图 雷诺 D-1 轻型坦克四面视图

更何况在当时的法国，看似更适于“进攻性”和“侵略性”军事行动的机械化和摩托化建设在政治上往往会遭到批评，被指责为不适合宣布为防御性的国家战略。结果，作为新防御模式的系统化及其象征，从瑞士边境延绵到卢森堡边境的永久性工事，不但占用了绝大部分本可用来发展装甲机械化部队的资源，而且任何“较重”的坦克研发计划都会因“耗资过大”和“进攻性意图”遭受政治上的严厉指责，只有耗资较小、只适用于侦察的轻型坦克能被网开一面。结果，这就造成了两次世界大战期间，法国对于轻型坦克的研发和制造“热情过度”。事实上，两次世界大战期间的法国，

上图 雷诺 R-40 轻型坦克四面图

除了保留近 3000 辆一战期间生产的 FT-17 轻型坦克外，从 20 世纪 30 年代初开始对其轻型坦克群进行全面换装——1932 年的夏尔 D1，1933 年的雷诺 AMR-33，1934 年的雷诺 AMC-34，1935 年的雷诺 AMR-35、R-35，1936 年的 FCM M-36、霍其基斯 H35，1938 年的霍其基斯 H38，1939 年的霍其基斯 H39，1940 年的雷诺 R-40……期间出现的型号之多令人眼花缭乱，在同时期的几个主要坦克生产国中，这样一个“套路”显得相当另类。不过，虽然爆发式的上马颇有不理性之嫌，但如果客观地评价两次世界大战期间法国研制的轻型坦克，其中的大部分在性能上却还称得上出色，体现了一个老牌工业化国家的“功底”。

大量的试验型号引人关注

防务思想上的桎梏拖累了法军装甲机械化部队的建设，然而很多法国设计师却仍然在绘图板上挥洒着自己的想象力。结果两次世界大战期间的法国，在装甲战斗车辆的研发领域出现了大量引人注目的试验型号。比如“雷诺”GIR 就是这样

上图 雷诺 G1R 全尺寸木制模型侧视图

上图 雷诺 G1R 全尺寸木制模型正面视图

上图 最初的 ARL V39 突击炮样车

上图 1940 年 6 月，法国战役中被德军缴获的 ARL V39 突击炮样车

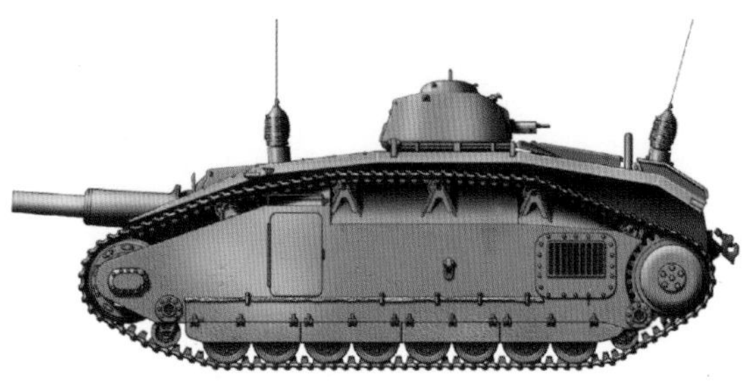

上图 ARL V39 突击炮侧视图

的一个例子。尽管按照20世纪40年代初的标准，“索玛”S-40在设计上已经十分值得称道，但这种坦克却并非法国人在中型坦克领域的巅峰之作。要知道，“索玛”S-40说穿了不过是S-35的深度改进型，一些S-35固有的缺陷在S-40上并未得到克服，比如3人车组负担过重，人机功效不佳的问题在索玛S-40上同样存在；此外，S-40基本沿用了S-35的半刚性悬挂装置，尽管这使其拥有了极高的行驶平稳性，但公路速度和越野机动性能却受到了很大的影响；最后，S-40的车体轮廓依然过于高大，再加上防弹外形并不理想（没有采用倾斜式装甲），这使其厚达60毫米的装甲防护设计没能得到充分发挥。其实法国人对于S-35系列的这些固有缺陷是了然于胸的，所以他们一边对生产线上的S-35进行改进，一边结合自身所获得的宝贵经验，对未来中型坦克设计的发展趋势进行了一些大胆探索。

上图 采用深绿色迷彩的SAu 40突击炮原型车侧视图

1936年7月，也就是第一批40辆“索玛”S-35“战斗坦克”进入第4骑兵师不久（整编完毕后，该师番号改为第1轻机械化师），法国陆军部就开始向国内各厂商招标，要求研制生产一种战斗全重20吨，最大速度与“索玛”S-35持平（40千米/小时），但却拥有“夏尔”B1级别的火力与装甲防护的新型“战斗坦克”（“夏尔”B1拥有1门17.1倍径的75毫米车体炮，以及炮塔内的1门SA35型47毫米坦克炮），以作为“索玛”S-35未来的接替者。由于条件过于苛刻，起初雄心勃勃的几个竞标者都打了退堂鼓，最终只有雷诺一家勉强坚持了下来，其方案设计代号为“雷诺”G1R。有意思的是，雷诺在中标后，很快就将其原始设计改得面目全非。最终，出现在绘图板上的是一个全新概念的设计：战斗全重35吨，乘员4人，首上装甲60毫米，侧装甲40毫米，全车采用流线型设计，行动部分由僵硬的半刚性结构改为革命性的6个大直径负重轮的扭杆式悬挂，再加上450马力的潘哈德发动机与其510毫米的宽幅履带，这一切都为良好的机动性提供了保证。至于大口径车体炮加小型单人炮塔的陈旧框架也被抛之于脑后，取而代之以一个锅底式双人炮塔中的一门APX75毫米主炮，另有一个附加于主炮塔炮长舱口的单人全封闭机枪塔提供辅助火力。令人扼腕的是，在法国战役打到白热化的1940年5月14日，由于离官方要求“相距甚远”，这个本来足以与T-34/76相媲美的革命性设计被无情地枪毙了。此后，由于法国战败，有关“雷诺”GIR的资料大部分被销毁了，除了几张全尺寸木制样车的照片外，什么也没有留下。

当然，与“雷诺”GIR相比，两次世界大战期间，法国人对于“突击炮”的率先领悟可能更令人感

上图 SAu 40突击炮原型车侧视图（注意，炮塔上的SA 35 47毫米炮被换成了7.62毫米机枪）

上图 最早的一辆SAu 40样车是利用一辆S-35底盘改装而来的（实际上早在1937年，索玛公司就已经着手在S-35基础上，发展一种类似于迷你版夏尔B1的“步兵全能坦克”）

兴趣一些——ARL V39 的存在就很能说明问题。ARL V39 突击炮的起源实际上可以追溯到 1929 年，当时为了配合正在修建中的马其诺防线，法国国防部认为有必要为要塞驻留部队配备一种具有自行能力的中口径要塞炮，并且进一步指出，在必要情况下，这种中口径自行要塞炮还要有能力驶出筑垒地域，在步兵的伴随下实施一定程度的野战追击，以将敌人彻底击溃。这个概念不久便演化成了一种货真价实的“突击炮”雏形——一个一战风格的过顶履带式中型底盘与一门 1897 式 75 毫米步兵炮的组合，为世界履带装甲兵器揭开了新的一页。值得注意的是，在那个坦克与自行火炮界限非常模糊的年代，人们之所以能够将这款新车清晰地界定为突击炮而非坦克，根本原因在于法国工程师们为其赋予了创造性的设计思想。事实上，法国人对于这个设计的着眼点完全在于为步兵提供近距炮火支援，火炮本身将以直瞄射击方式为主，也正因如此，在当时的技术条件下，其采用的过顶履带式底盘虽然速度慢，但越障能力很强，按其设计意图来讲，不失为一种明智的选择。不过，任何事情都有其两面性，过顶履带底盘也不例外，在获得良好越障能力的同时，外形高大的缺陷却无可避免，如果像 FT-17 那样，执意将 1897 式 75 毫米步兵炮置于车体上方一个可 360 度环形旋转的炮塔中，那么被弹面之大将令人难以接受。而面对这个问题，法国工程师们选择了妥协，但妥协的方式却不失创造性：75 毫米主炮被置于车体内部，身管穿透车首装甲板，同时在车顶为炮长设计了一个可 360 度旋转的单人装甲指挥塔，以解决观测能力不足的缺陷。

上图 SAu 40 突击炮样车

可以说，法国人设计的这种自行步兵炮，尽管外形丑陋，但设计理念却的确令人耳目一新，而且与坦克相比，其在造价上无疑拥有显而易见的性价比优势。到现在很难说得清，日后大红大紫的 STUGIII/IV、SU-85/100 等型号的出现乃至成功，究竟在多大程度上受到了它的影响。不过，受当时主导法国的绥靖主义思想影响，如此优秀而富有实用性的设计直到 1938 年 9 月才被国营 ARL 兵工厂变为现实。有意思的是，由于时间已经过去了 9 年，所以当首批 3 辆样车走下装配线时，尽管底盘部分仍然乏善可陈，但很多细节已经不同了。首先，原先设计中陈旧的 1897 年式 75 毫米步兵炮被新型的 APX 75 毫米步兵炮所取代，虽然出于底盘承受能力的考虑，这门炮的身管被裁短了 175 毫米，但在发射减装药的 1915 年式高爆弹与 1915 年式穿甲弹时，初速度仍然能够分别达到 400 米 / 秒与 570 米 / 秒，最大直瞄射程超过 2000 米，远远超出了老式 1897 年式 75 毫米步兵炮；其次，原先的设计中，步兵炮实际上采用了全固定式设计，除了有限的高低射界外，方向射界基本为零，只能靠车体的方位移动来实施瞄准，精度可想而知。而在 ARL 生产出的样车上，这个明显的设计瑕疵被剔除了，被固定于车体首上装甲板的 APX 75 毫米步兵炮，除了在高低方向上拥有 - 10 度～ 30 度的射界外，在水平向上也拥有左右各 7 度的方向射界，火力机动性和射击精度自然大幅提高；最后，也是最值得提及的是，根据一战中对采用类似设计的圣沙蒙坦克的使用经验，为了避免穿透首上装甲板伸出车体的火炮身管对车辆的越壕能力造成负面影响，火炮身管被别出心裁地设计成了可伸缩式。在行军状态中，火炮身管将全部缩入车内，整辆战车将获得最佳的越野性能。当然，火炮伸缩机构不可避免地增加了设计和生产上的复杂性，由此带来的可靠性问题也很值得权衡，但巨大的战术价值还是令人十分青睐。

上图 1940 年 6 月，法国战役中被德军缴获的 SAu 40 突击炮样车

上图 SAu 40 在性能上明显要好于 ARL V39，而且部件通用性上的优势更是显而易见

有意思的是，因为 ARL 工厂产能不足，准备由索玛代工生产 ARL V39 突击炮。不过，在 1939 年 9 月接到首批 36 辆的订单后（要求 1940 年 5 月 1 日之前交货），原本就心有不甘的索玛公司改变了主意，企图将用于 ARL V39 的 APX 75mm 步兵炮与自己的索玛 S-40 底盘结合在一起，为军方提供一种性能更好的突击炮。尽管军方对索玛公司自作主张的举动感到恼火，但由于在设计中借鉴了大量 ARL V39 的相关设计（包括那个特别的身管伸缩机构），索玛公司仅仅用了不到 40 天时间就拿出了一辆 SAu 40 突击炮样车。如此迅速的动作最终取得了军方的谅解——当然，最重要的是 SAu 40 在性能上明显要好于 ARL V39，而且部件通用性上的优势更是显而易见。简单来说，SAu 40 实际上就是将一门 APX 75mm 步兵炮塞入一辆索玛 S-40 车体的产物（车顶的 ARL 2C 单人炮塔和 SA 35 47mm 都被保留了下来，但在几辆原型车上，SA 35 47mm 炮被机枪所取代）——这使后者凭借这门大口径车体炮，实质上成了一辆简化版夏尔 B1，从而令底盘技术相对陈旧的 ARL V39 相形见拙（SAu 40 底盘源自索玛 S-40，而 S-40 又继承了 S-35 先进的“尼德尔”（Naeder）液力差速器（双差速器，夏尔 B1 上也采用了这种装置）。这使 SAu 40 可以在任意一个变速齿轮上获得任意的转弯半径，并且可以实现微调，这样驾驶员就可以利用“尼德尔”系统精确调整火炮方向射界。仅仅凭此一点，便令 ARL V39 的老式底盘自愧不如）。不过与夏尔 B1 一样，SAu 40 由驾驶员兼任车体炮的炮手，这虽然使乘员人数仍然得以保持在 3 人，整个底盘结构无须进行大幅度的调整，但代价则是战斗效能进一步下降了。

结语

1940 年 6 月 22 日，德法两国代表在上次大战签订停战协议的地方——贡比涅森林的一节火车车厢里签订休战协定。不过这次胜利者和失败者的位置互相交换了一下，法兰西会战终以德国的闪电式胜利、法国的全面崩溃拉下了帷幕。战前拥有 87 万兵力、85 个师、2700 辆坦克，号称欧洲第一的法兰西陆军，在这场仅仅 43 天的战役中声望一落千丈，自身也在战败后不体面地“烟消云散”。对于这场战争有人说，法国统帅部准备了一场 1918 年水准的战争，德国人却准备了一场针对 1918 年水准的新型机械化战争，这是法兰西战役成败的关键所在。当然，如果仅仅从军事思想和由此导致的结果来看，这种说法的确一语中的，但如果用来形容装备水准却未免有失偏颇——两次世界大战期间的法国，其装甲战斗车辆的研发与列装，尽管经典之作屈指可数，但仍然不失可圈可点之处。

艰难的复兴——法国坦克发展史 1945 ~现代

ARL-44 重型坦克陈列于法国索缪尔战车博物馆（Saumur Musee Des Blindes）中，索缪尔战车博物馆（Saumur Musee Des Blindes）位于法国中部的索缪尔市，是一个人口不多的漂亮小城，距离巴黎西南方不到 200 英里，著名的罗亚尔河从中央穿过，这个城市因为附近建有几座古堡而小有名气。索缪尔战车博物馆成立于 1978 年，前身是 AMX 战车工厂设在索缪尔的一座装甲搜集场，自 20 世纪 50 年代末期开始搜集一些二战时期战甲车辆。索缪尔战车博物馆原本隶属法国陆军，附近设有法国陆军的装甲车辆试验场，供法国陆军对国产新型装甲车辆或外国装甲车辆进行技术测评，因此这座博物馆兼具历史陈列和技术分析双重用途。

上图 在战后的十多年时间里，法国坦克工业整体复苏乏力，拿得出手的只有一个 AMX-13，然而十几吨的轻型坦克是撑不起一个大国门面的

上图 陈列于法国索缪尔战车博物馆（Saumur Musee Des Blindes）的 ARL-44 重型坦克

二战的创伤使法兰西满目疮痍，法国在战争中损失 1 亿 4000 多万法郎，相当于战前 3 年的全部生产总值。结果，战后初期的法国很有被排挤出世界大国的感觉——尽管法国做出了很大努力，使得美、苏承认其战胜国的地位，争得了在处理德国问题上相同的权力，获得了联合国常任理事国的地位，但国力上的衰弱还是使得它与当时大国间的距离拉大。然而，政治上从来没有伤感主义的地位，如果要让法国“重新伟大起来”，经济上的重建将是一个漫长的过程，只有展现军事实力才具有“立竿见影”的效果。结果在政治和军事的双重压力下，二战结束之后的法国，几乎迫不及待地要恢复曾经的“坦克大国”地位，让坦克工业重新运转起来。

“政治性”的 ARL-44 重型坦克

在工业时代，重型坦克是一个典型的现代工业体系大协作产物。换句话说，重型坦克数量的多寡和质量的优劣直接体现了整个国家的工业实力和国际威望。这或许就能够解释为什么在 1944 年 8 月 27 日，刚刚进入巴黎两天的戴高乐将军会急匆匆地对法国工业界提出了这么一个要求——“迅速研制一种重型坦克，自由法国军队将用它参加最后的对德作战”。这句话中包含的用意是显而易见的，也预示着 ARL-44 从一开始便是一个政治

上图 一辆外形庞大且拥有良好武装的重型坦克在战争末期仍不失为一种有价值的存在

上图 ARL-44 重型坦克全尺寸木制模型

性大于军事性的坦克计划。事实上，戴高乐要求法国首先恢复重型坦克的生产，而非中型或轻型坦克是经过深思熟虑的。一方面，重型坦克身驱庞大，除了战斗力强悍外，外形上的视觉冲击也能为民众留下深刻的印象，这对于恢复法兰西的大国威望显然极有好处；另一方面，中型或是轻型坦克部队需求量大，以当时法国工业的现状，要承担如此大的生产任务根本就是力不从心。而重型坦克虽然结构复杂，造价昂贵，但需要的数量也少，如果克服一下困难，生产出上百辆象征性的装备法军还是有可能的。

上图 ARL-44 重型坦克两视图

更何况整个二次大战期间，虽然苏、德、美、英都在战争中研制生产并装备了大量的重型坦克。这些钢铁巨兽在陆地上的厮杀成为了那场战争中史诗般的永恒。但很少有人意识到的是，法兰西本来是这场重型坦克竞赛的领跑者——夏尔 B1 与苏联人的 KV，是战争开始时世界上最好的两种量产型重型坦克，至于后来出尽了风头的虎式重型坦克，这时不过只是绘图板上的一堆线条而已。不过问题在于，夏尔 B1 曾经的荣耀是一回事，在本土尚未完全光复的 1944 年，马上重新恢复重型坦克的生产又是另一回事。经过了战争的残酷洗礼，以 IS-2 和虎 I 为代表的各国重型坦克技术在短短几年时间里突飞猛进，然而被占领期间法国的军事技术却处于停滞状态，这使曾经领先的法国重型坦克技术已经跟不上潮流了。如果说凭借 32 吨的战斗全重、60 ~ 55 毫米厚的装甲、75 毫米口径的“巨炮”，夏尔 B1 在 1940 年被称为重型坦克当之无愧的话，那么到了战后这只能是一个笑话；另一方面，当时的法国国民经济与工业生产现状，也使得戴高乐要求马上生产一种性能跟得上战争潮流的国产重型坦克的想法看起来近乎于天方夜谭。结果，最终的 ARL-44 成为了一种旧瓶装新酒的拼装货——除了一个重新设计的大型炮塔和一门“借来”的 90 毫米主炮外，底盘部分直接挪用了大量战前型号的部件，如夏尔 B1 的履带和传动系统，夏尔 G1 中型坦克的操纵机构和变速箱，以及当年为 FMC F1 超重型坦克样车准备的 450 马力潘哈德发动机……尽管从阅兵式上的受欢迎程度来看，ARL-44 的政治价值还是有的，但其战场价值却只能是个大大的“零”了。

上图 生产型 ARL-44 重型坦克侧视图（其底盘部分与早期夏尔 B1 重型坦克的相似度一目了然）

上图 52.5 倍径的 DCA45 90 毫米坦克炮为 ARL-44 重型坦克本已过时的设计增色不少

上图 珍贵的时代文物——作为纪念品陈列的 ARL-44 重型坦克

上图 1951 年 7 月 14 日的法国国庆阅兵式，第 503 团的 ARL-44 行进在香榭丽舍大道上

上图 基于战前技术的 ARL-44 除了政治意义外，基本一无是处

强撑门面的 AMX-13

由于二战中法国本土被纳粹德国占领，军事工业基础遭到了严重破坏，军事技术的发展停滞了关键的几年，虽然经过战后几年的励精图治，好歹恢复了些元气，但到 20 世纪 50 年代法兰西能拿出手的东西依然十分有限，在地面武器中，AMX-13 轻型坦克就算是勉强上得了台面的东西了。事实上，作为在一片废墟上仓促推出的战后法

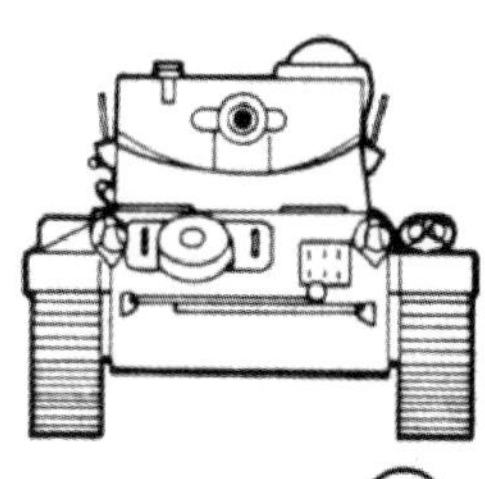

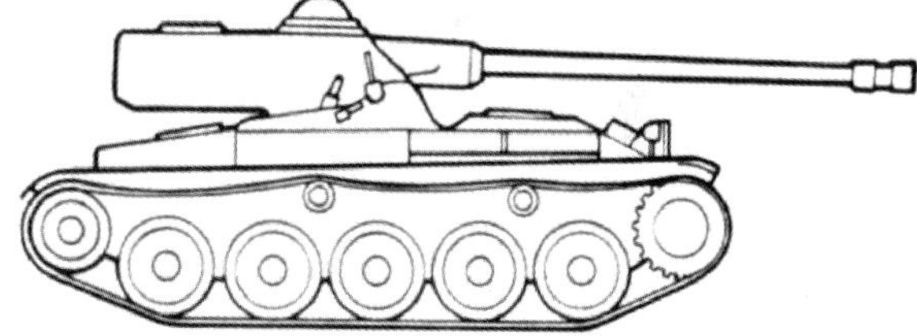

上图 为了安装自动装弹机以进一步提高火力性能，这辆仅仅 13 吨的小车创造性地采用了奇特的摇摆式炮塔

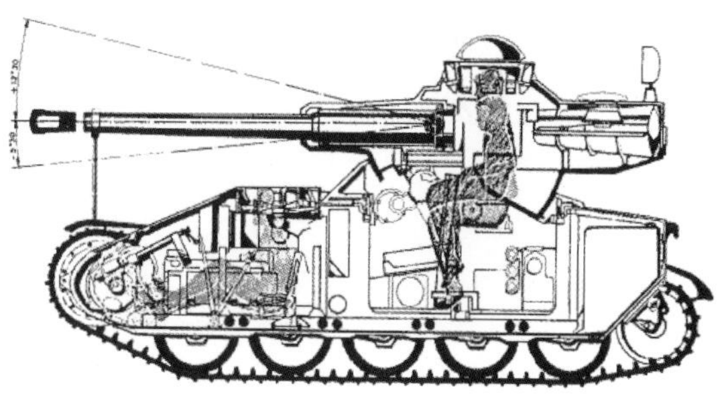

上图 AMX-13 的“巧”本质上是一种“无奈”

上图 安装摇摆式炮塔是AMX-13坦克能够成为世界上第一种装有自动装弹机的坦克最重要的原因

国第一种量产型装甲战斗车辆，AMX-13研制的初衷非常有意思。起初，作为德国人手中最有效的装甲战斗车辆，自由法国军队吃够了苦头儿，却也深知这种坦克的价值所在，所以利用战争中缴获的几百辆PzKpfwV“黑豹”（车况不一，但有些状况相当不错），战后的法国军队组建了一个PzKpfwV“黑豹”坦克团，并在这一使用过程中加深了对“黑豹”坦克的进一步了解，以至产生了仿制PzKpfwV“黑豹”作为法军标准中型坦克的念头。然而，要在那些千疮百孔的工厂废墟里一下子生产出法国版PzKpfwV“黑豹”谈何容易，无奈之下法国军方只好退而求其次，打算先将德国PzKpfwV“黑豹”中型坦克的75毫米口径KwK 42 L/70坦克炮搬上一个结构简单的、成本低廉的、适合当时法国工业生产条件的10吨级履带式底盘，作为过渡性车辆使用。

当1948年AMX-13样车首次亮相时，人们发现法国人的确做到了这一点——PzKpfwV“黑豹”的火力+轻型坦克的低廉成本。不过，为了安装自动装弹机以进一步提高火力性能，这辆仅仅13吨的小车创造性地采用了奇特的摇摆式炮塔，也就是将传统的炮塔“一分为二”，即上塔体和下塔体。火炮刚性地安装在上塔体上，二者成一体绕火炮耳轴做俯仰运动，是谓“摇”；上塔体靠耳轴支撑在下塔体上；下塔体支撑在炮塔座圈上，带动整个炮塔及火炮做旋转运动，是谓“摆”。因火炮和上塔体是一体的，只要把炮弹布置在上塔体后部的适当位置，便可以非常方便地推弹入膛。而传统式炮塔自动装弹机的输弹过程是一个复杂的空间运动过程，特别是旋转弹仓式自动装弹机，要完成“选择弹种→提升炮弹→对准炮膛→推弹入膛”等

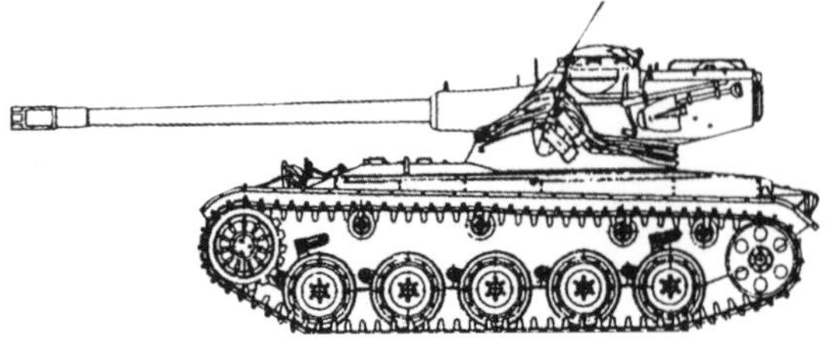

上图 AMX-13本质上毕竟属于国力不足的情况下的权宜之计

上图 装4枚SS11反坦克导弹的AMX-13/90坦克（在加装了4枚S11反坦克导弹后，AMX13似乎已经成为一种战场价值超过AMX50B的重型反装甲支援武器）

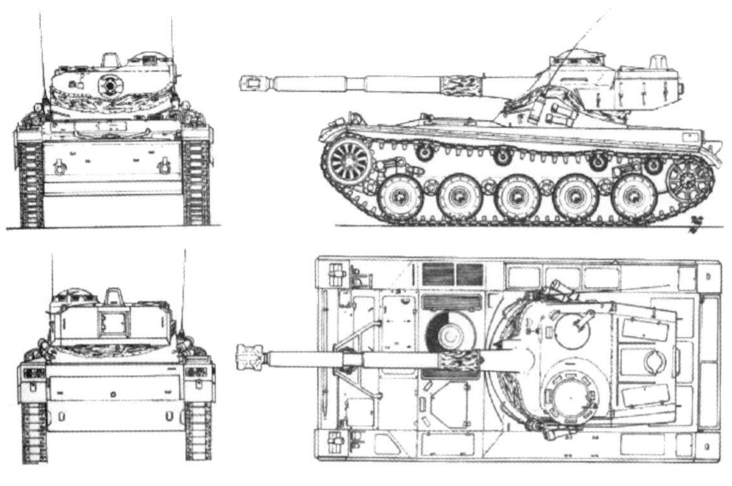

上图 AMX-13/90轻型坦克四面视图

一系列动作，非常麻烦（安装摇摆式炮塔是 AMX-13 坦克能够成为世界上第一种装有自动装弹机的坦克最重要的原因）。而除了易于实现自动装填外，炮塔重量轻是摇摆式炮塔的另一个优点。一般来说，即便是轻型坦克，摇摆式炮塔也可减轻 14 吨的重量。摇摆式炮搭算是 AMX-13 设计上的最大特色，但事情总要一分为二，摇摆式炮塔也有其突出的缺点。最大缺点是炮塔的外形削弱了防护性能，上、下塔体之间的密封难度大。不用太细心就会发现，AMX-13 坦克的上、下塔体之间仅用帆布一类的材料“密封”起来。作为战斗车辆而言，这种“密封”太不可靠。上、下塔体的结合部成为摇摆式炮塔的薄弱环节。此外，摇摆式炮塔高低射界较小，防弹能力也差，俯仰角小，而且结构决定了狭小的炮塔空间无法容纳过多的观瞄设备——炮长和车长各仅有一具放大倍率分别为 7.5 倍和 5 倍的望远式瞄准镜。

AMX-13 在后来漫长的岁月中被证明是一种很成功的经典设计，可以视为战后法国坦克设计师的信心之源，特别是其反传统的摇摆式炮塔设计——在具备了外置式火炮方案和炮塔式方案双重优点的同时，还获得了令人满意的防护性与火力射速增益，结果可谓皆大欢喜。可惜的是即便如此，AMX-13 本质上毕竟属于国力不足的情况下的权宜之计，13 吨的轻型坦克无论如何撑不起一个大国的门面。

时代弃儿——AMX-50

尽管在法国的政治传统中，重型坦克一旦与职业军人政府连在一起，马上就有了涉嫌军事独裁的含义。但另一方面，身形高大的重型坦克若是出现在香榭丽舍大道这样的地方，却也很容易成为阐发民族自豪感的精神图腾。然而，如果制造这些坦克的作用仅限于此，而并不具有充分的实际军事价值，那也只能是注定要失败的项目——ARL44 的结局就很清晰地说明了这一点，象征性的样子货是远远不够的，对本已有限的军事资源更是一种极大的浪费。在这种情况下，德国人留下的遗产很自然地成为了法国人打算模仿的对象：德国人是被打败了，但他们的坦克却似乎没有——在可预见的相当一段时间里，Panzerkampfwagen VI Ausf.B 或者是绘图板上的 E-50 依然是重型坦

上图　AMX50-100 样车正面视图

上图　AMX50-100 样车后部视图

上图　野外机动性测试中的 AMX50-100 样车

上图　展示中的 AMX50-100 样车

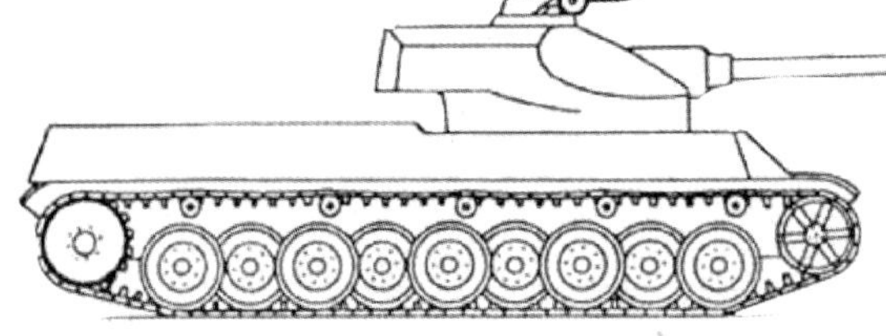

上图 AMX50-100 侧视图

上图 AMX50-100 样车顶部视图

上图 AMX50-100 原型车

上图 正在进行野外机动性测试的 AMX50-100 样车

上图 1956 年参加巴黎胜利日阅兵的 AMX50-100 样车

克领域中难以超越的翘楚之作。况且，法国比较有利的地方在于，其领土和人口没有损失，工业基础的根基也大体尚存，英、美出于政治考虑还把其变成了联合国常任理事国和共同占领德国的军事伙伴，再加上戴高乐上台伊始便确定的军事工业国有化方针有效地整合了资源，这一切即使法国拥有自由自主发展任何技术和武器的政治便利，也为生产一种法国版“虎 II”或是 E-50 提供了现实的可能性和必要的技术物质基础——作为 AMX-50 重型坦克计划的前身，141 工程就是这样出现的。

上图 尽管采用了不寻常的摇摆式炮塔，但 AMX-50 仍是一种德国风格浓郁的重型坦克

不过到了 20 世纪 50 年代初，在经历了多个方案的磨合后，141 工程的针对性虽然已经十分清晰明了——苏联目前和未来的一系列重型坦克，将是法国重型坦克的主要作战对象，因此必须为这种坦克安装一种大口径、高初速、高射速的坦克炮。然而，法国设计师在经历了几次挫折后发现，在德国人的绘图板上增增减减并不能得到需要的东西，特别是如何设计一个能够提供足够防护能力的炮

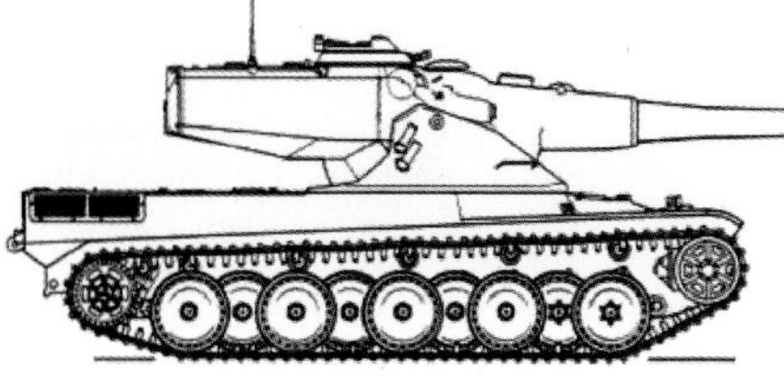

上图 AMX50B 侧视图

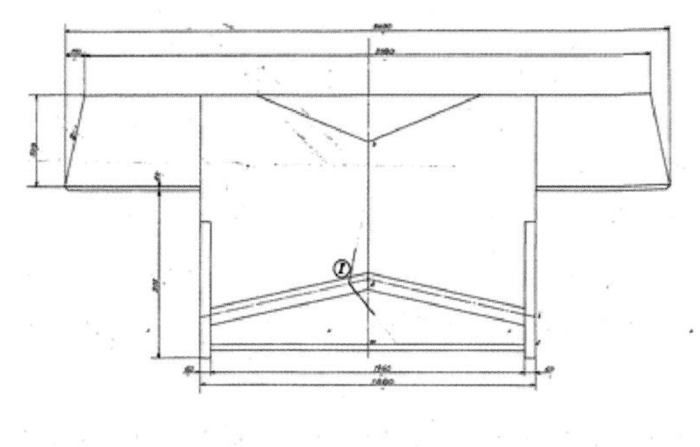

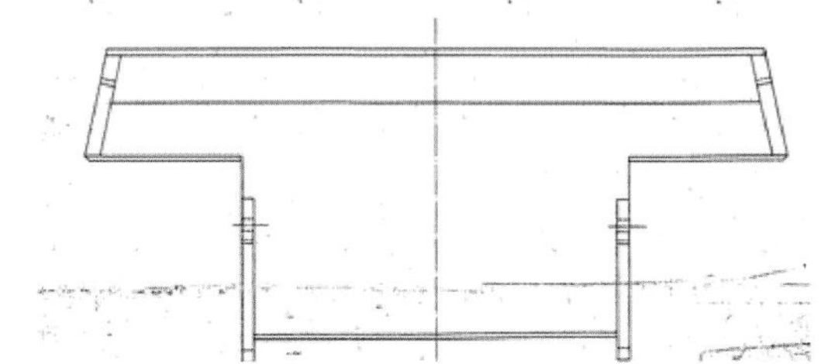

上图 AMX50-120 车体结构示意图

上图 AMX50B 炮塔结构细部

塔，并保证其在任何位置和运动条件下都能发挥其所有的战斗功能，成了一个复杂的工程问题，结果在经历了一系列考量之后，法国工程师们决定为 141 工程的德式风格底盘搭配一个源自 AMX-13 技术的摇摆式炮塔，这最终奠定了 AMX50-100/120/B 的基本设计。1955 年 4 月，在经历近 10 年的磨砺之后，装备 120 毫米口径线膛炮的 AMX50B 终

下图 AMX50B 炮塔结构细部

于通过了国家定型测试，并且雄心勃勃地计划向西德大量出口——此时，法国已经在原则上同意重新武装西德国防军，并企图在这一过程中确立本国在欧洲的主导性地位，AMX50B 重型坦克则被认为是实现这一目的重要筹码。然而，令人感到奇怪的是，AMX50B 不但没有就此修成正果，反而是在不久后命运变发生了 180 度的大转变——1956 年 7 月，AMX50B 项目被突然宣布“暂时”终止，然后又苟延残喘了两年后，于 1958 年 9 月正式宣布下马。直到今天，很多人对这样的结局仍感到不可理解，不过这背后的原因其实并不复杂。

当战术核武器在战场上被使用的可能性大大提高时（因为北约国家比华约国家拥有更多的战略核武器，所以战争要升级到使用战略核武器的程度几乎是不可能的，但也正因如此，在欧洲战场上使用战术核武器的可能性却大大增加了。美国陆军就在北约内部鼓吹必须发展具有核攻击能力的原子炮兵。虽然当时所研制的 280 毫米原子炮在不久后即被废弃，但它却成了战术核武器的先驱），基于非核战场环境设计的 AMX50 其最终的命运也就注定了——这完全不是一种为核战场而设计的装甲技术兵器。在摇摆式炮塔内提供对核、生物和化学的防护是特别困难的。实际上所有装甲战斗车辆都依靠乘员舱的超压作为主要的防护措施。虽然其先决条件是要有一点儿漏气以保持系统的完整性，但是因无法有效地封闭上下两部分炮塔所造成的严重漏气，则导致不能使用集体的核、生物和化学防护装置。于是，从技术层面来看，由于缺乏核生化战争条件下的作战能力，AMX50 成为了一种核战争时代的“弃儿”。

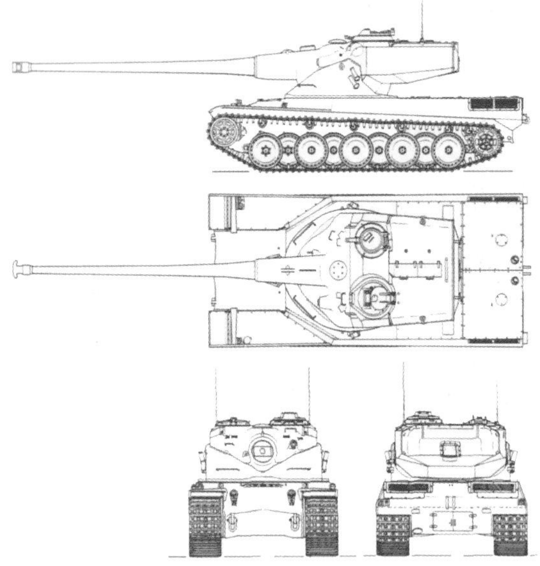

上图　AMX50B 重型坦克四面视图

上图　AMX50B 重型坦克样车正面特写

上图　博物馆中馆藏的 AMX50B 重型坦克样车

上图　从 141 工程到 AMX50B，一系列的技术摸索为法国跨向主战坦克时代奠定了基础

毁誉参半的 AMX-30

从 1956 年“欧洲联合坦克”立项，到 1967 年 1 月，第一辆生产型 AMX-30B 交付法国陆军第 501 坦克团试用，并于当年 7 月作为制式装备正式入列。至此，以 AMX-30 的量产为标志，法国终于名正言顺地重回坦克主要生产国行列。AMX-30 也由此成为法国人眼中能够与原子弹、幻影式战斗机相提并论的一个“军事图腾”，代表了法兰西的“伟大”。然而法国人眼中的“龙骑兵”或许是个“圣女贞德”，但在其他人眼中却更可能是个“异端”。尽管从研发到量产，AMX-30 已经充满了太多的波折，但这仍是一个交织着太多矛盾的产物，也许很难用通常意义上的“成功”来衡量：设计意图的合理性广遭质疑，技术上也是先进与落后奇异地并存着……

上图　孤傲的法兰西“龙骑兵”——AMX-30B

AMX-30B 是同时期西方坦克中外形轮廓尺寸最小、战斗全重最轻的一个型号——除了车体略长之外，AMX-30B 车体尺寸与苏制 T-62 十分接近，其 36 吨的战斗全重甚至比 T-62 的 37.5 吨还要轻 1 吨半。这固然带来了战术上的很多优势，

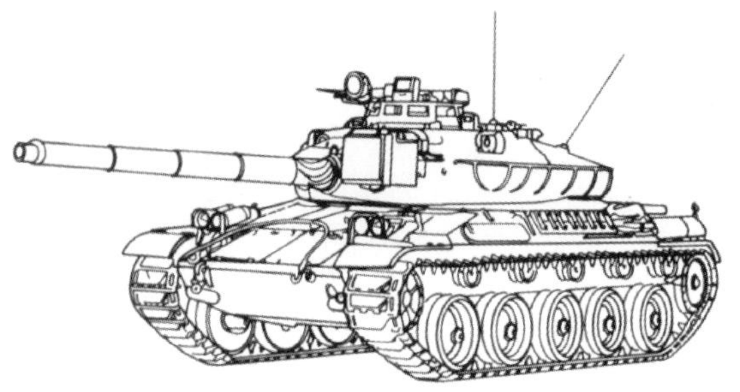

上图 AMX-30B 主战坦克雄姿

特别是对改善机动性、提高战场生存力有着不可否认的贡献。但要将坦克设计成如此紧凑低矮，却必然会陷入设计和技术上的双重困境。一方面，在规定的重量和轮廓尺寸范围内，要使坦克获得最高的战斗性能指标，只能在满足总体布置指标要求的情况下，尽可能地减少装甲壳体包裹的车内容积。这样，节余出来的重量储备就可以用于提高坦克主要战斗性能的水平，尤其是提高坦克的防护能力。然而，这不但大大增加了设计上的难度，过小、过轻的车体也意味着 AMX-30B 的改进潜力将是十分有限的（相比之下，机动性与装甲防护水平相当，但车体设计却走大型路线的豹 1 改进潜力就要大得多）。另一方面，在坦克设计中，车体长、宽、高的变化对坦克战斗全重的影响为 1:3:7，也就是说，降低车高对降低战斗全重的影响最大，也对减少车内容积影响最大。这样一来，对于既定的车内容积来说，矮而窄的车体重量最轻——AMX-30B 车高仅为 2.29 米，车宽仅为 3.1 米的原因正在于此（在同时期的西方主战坦克中，AMX-30 最窄最矮，与苏式坦克不相上下）。然而，坦克车体高度的降低受一系列因素的制约，其中主要的制约因素是发动机的高度。结果，为了降低发动机的高度，AMX-30B 采用了结构奇特的平列式发动机，但过热、振动过大而产生的机械可靠性问题却从一开始便困扰着 AMX-30B——两次重大故障间隔时间仅为 480 千米，差不多只相当于同时期 M60A1 主战坦克的一半。

上图 AMX-30B 主战坦克雄姿

上图 今天已经锈迹斑斑的 AMX-30 第二轮样车

上图 AMX-30 的“原点”在于“欧洲军”武器标准化

上图 一辆基于 AMX-30 第二轮样车的机动测试平台化

上图 第二轮 AMX-30 样车（CN-105-F1 105 毫米线膛炮没有安装热护套）

上图 量产型的 AMX-30B 与 AMX-30 第二轮样车

另一个质疑则来自所谓的“G 型破甲弹”。远距离上的射击精度和毁伤效能是 AMX-30B 强调的主要设计意图之一，为此其 CN-105-F1 坦克炮不但比同口径的 L7 105 毫米坦克炮身管更长（前者为 56 倍径，后者为 51 倍径，在口径相同理论值膛压接近的情况下，在一定程度上身管越长，越有利于改善内弹道性能，提高射击精度），而且还以 G 型破甲弹而非穿甲弹作为主要弹种的目的正在于此（动能弹的穿甲效能随着射程的增加而衰减，但化学能弹的破甲效果却与射程无关）。这种破甲弹在威力上的确相当可观。但问题在于，复杂的结构不但导致了高昂的造价，而弹药又是一种大宗消耗品，这便与 AMX-30 追求“简单、低廉但却有效”的设计原则产生了冲突。更何况，以破甲弹取代穿甲弹的思路本身就是一个争议的话题。当时就有业内专家直接指出，G 型破甲弹的破甲优势“只会是纸面上的”。由于口径限制，G 型破甲弹的破甲威力几乎没有提升潜力，而动能弹药的前途却未可限量（破甲威力和弹径基本上成正比。弹径越大，威力越大）。

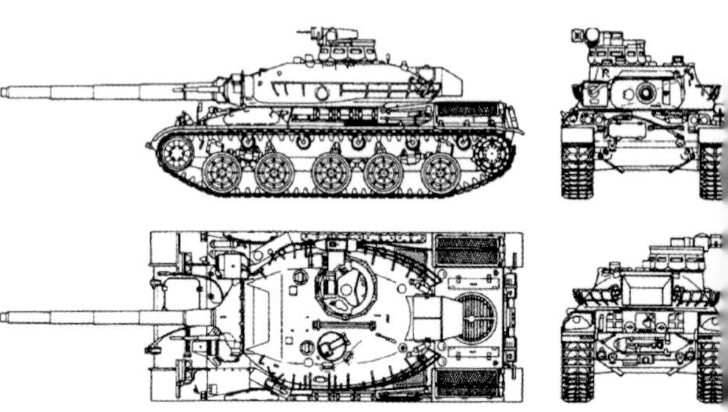

上图 AMX-30B 四视图

况且即便不对装甲材料进行改进，仅仅是在装甲结构上进行某些调整——比如采用某种形式的间隔装甲，就足以使 G 型破甲弹的破甲威力大打折扣，相比之下，动能弹药的适应能力则要优越得多。除了弹药的问题外，CN-105-F1 105 毫米线膛坦克炮本身也被认为是一种并不成功的设计。要知道，每一个确定的药室容积和装填条件必然对应着一个满足火炮性能需求的最佳身管长度值，身管绝非越长越好，CN-105-F1 就因此弄巧成拙——靶场射击实验表明，相对于 51 倍径身管的 L7，采用 56 倍径身管的 CN-105-F1 挠度较大，在 1500 米以外的精度上反而要低于 L7。另外，作为整个坦克系统的一部分，CN-105-F1 过长的身管也对 AMX-30B 的机动性能造成了负面影响——尽管 AMX-30B 车体长只有 6.5 米，比豹 I 车体要短 0.6 米（豹 I 车长 7.09 米），但如果算上炮管长度，

上图 AMX-30 并不是一种传统意义上的"西方坦克"

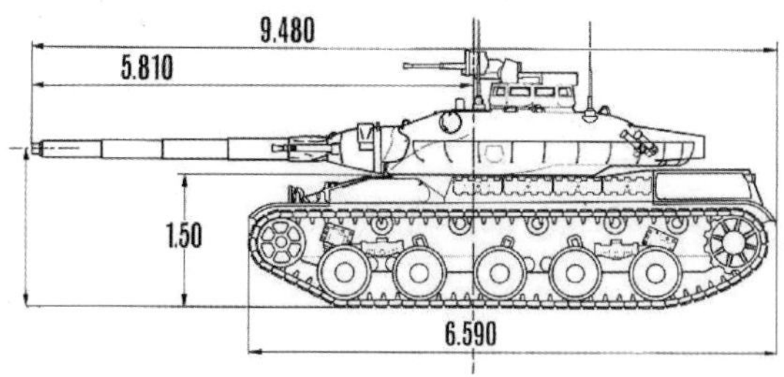

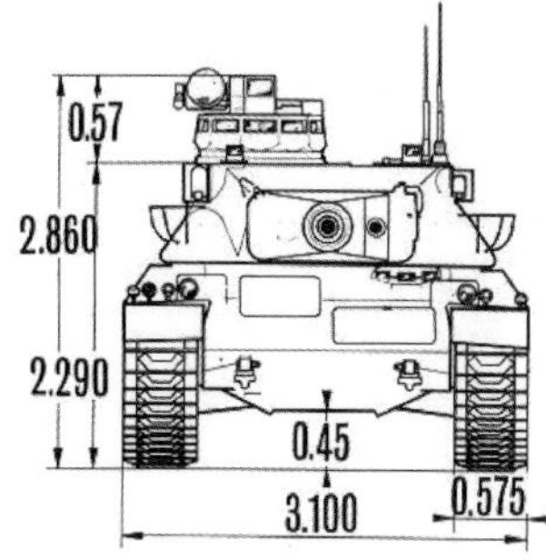

上图 AMX-30B 车体尺寸示意图

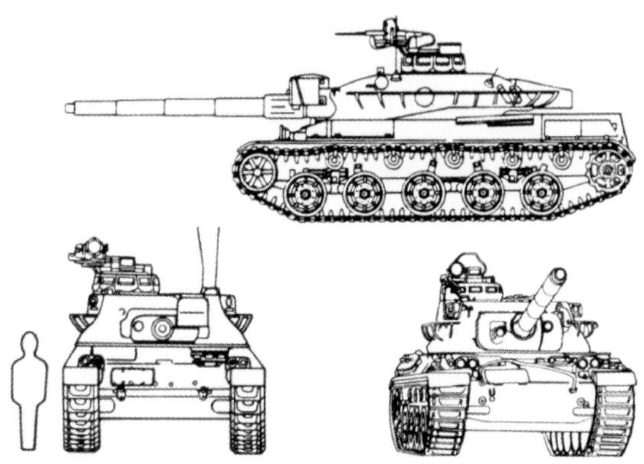

上图 AMX-30B 主战坦克三面图

上图 AMX-30B 在设计上强调机动性和远距离精确射击能力

上图 AMX-30B 的入役定型是一个里程碑式的事件

两者却相差无几（炮向前时，AMX-30B 全长 9.48 米，豹 I 全长 9.54 米），这就足以说明问题。

更何况，作为一种设计指标相当严酷的高膛压火炮（出于政治考虑，CN-105-F1 105 毫米线膛坦克炮虽然以发射 G 型破甲弹为主，但同时也要与 L7 105mm 线膛炮在弹药上保持通用，这就使其设计指标相当严酷），过长的身管也在相当程度上增加了制造工艺上的难度，这不但造成生产成本上升，与简单廉价的设计意图相违背，甚至还使法国在政治上陷于被动。要知道，阻碍 AMX-30B 定型的主要瓶颈正是卡在 CN-105-F1 105mm 线膛坦克炮的制造上，最终法国人依靠来自苏联的技术援助才勉强解决了这个问题——除了使用引进自苏联的 P951 型电渣炉生产炮钢外，制造 CN-105-F1 身管所需的机械自紧技术也来自于苏联（苏联采用的机械自紧和西方常用的液压自紧相比，不仅自紧效果好，生产效率也高，法国人相当满意）。然而，天下没有免费的午餐，苏联人的技术援助不可能是没有附带政治条件的，特别是在法国人迫切地需要从苏联再引进一台 P951 电渣炉的情况下就更是如此。结果，在 1968 年的"布拉格之春"事件中，虽然法国也站在西方的立场上，对苏联入侵捷克斯洛伐克的行动表示了谴责，但有求于苏联人的巴黎却终究底气不足（作为冷战中的一个"奇怪"现象，法苏在军事技术上有着一定的交流，坦克炮制造技术就是其中之一）——这不但引起了西方“北约盟国”的不满，更对自我标榜为“第三方势力”的法国政治声誉造成了极大的损害。

渐入佳境的 AMX-56

如果说，AMX-30 是一种毁誉参半的作品，那么在战后的法国坦克中，真正受到普遍尊重的则是于 1986 年正式定型的 AMX-56“勒克莱尔”主战坦克——当然，人们在这个型号上，仍然能够感受到浓烈的法兰西风格。事实上，尽管 AMX-56“勒克莱尔”主战坦克被认为具有六大方面的技术特点，大威力火炮、自动装弹机、先进火控系统、超高增压柴油机、模块化装甲和战场管理系统，但真正足以让其载入史册的还是其战场管理系统——作为世界上第一种电子设备造价接近成本一半的“数字化”坦克，AMX-56“勒克莱尔”的地位很可能接近著名的 FT-17。

上图 人们在 AMX-56“勒克莱尔”这个型号上仍然能够感受到浓烈的法兰西风格

战场管理也称车载情报系统，是装甲部队指挥、控制、通信和情报系统（即 C3I 系统）的组成部分之一。“勒克莱尔”坦克的中央处理器在设计时就考虑了整体战斗处理机能，称为战场管理系统。战场管理系统能借助资料链与车内各系统的探测器连线，随时监控或查询全车火控、动力、通信、防护、电力与导航状况；对外则利用加密无线电资料链与友军战场管理系统连线，传递或接收车辆位置、信息与命令；乘员通过彩色屏幕便可了解车况、敌我位置、战情与本军补给保障作业地点，并在上面画有行进路线、标示敌军位置及障碍、组织火力网，以及预拟战术。战场管理系统避免了口述通信的缺点，信息及时、准确，部队集结迅速，不会走冤枉路，不易误击友军，且能更快占据有利的攻防位置，减少被袭击的可能性，使用者甚至尚未看到敌人便能将武器对准其出发处；在部队心理上也有积极意义，以增强其战斗信心。战场管理系统的另一个优点在于缩短维修时间，许多毛病通过计算机即可判断，省去拆解检查手续。主要的计算机、电力与机械组件均设有测试系统，车上 50% 的故障可在 2 小时内，80% 可在 4 小时内完成检修，更换动力组件仅需 50 分钟。配合战场管理系统，车上的战术导航系统具备卫星定位与惯性导航功能，可精确标定本车位置与行进路线，主要通信系统有两部跳频 VHF/HF 无线电台。

上图 战场管理系统使“勒克莱尔”坦克的指挥能力和自动化水平有了明显的提高，其战场价值已不能用简单的 1+1=2 来衡量了

由于战场管理系统应用了先进的通信、导航、数据传输和显示技术，所以能显著提高主战坦克、后勤及指挥车辆的作战效能，加快情报的输入、交换及处理过程，快速传递战术和后勤报告、命令图像，减轻指挥、控制和排除被诊断出来的故障的负担，还能明显减小整个部队的战场电子信号特征，使指挥车能看到坦克的位置和战况。车上的电子设备围绕着数据总线布置。数据总线所连接的终端有：火控和火炮瞄准、驱动装置相对应的两个中央处理器；炮长和车长昼 / 夜合一瞄准镜各有两个微处理器；炮口觇视微处理器；控制自动装弹机的微处理器；同驾驶员控制面板相连的微处理器。车上的电子系统被设计成一个集成系统，可使坦克乘员向其

上图 作为世界上第一种电子设备造价接近成本一半的“数字化”坦克，AMX-56“勒克莱尔”的地位很可能接近著名的 FT-17

他坦克和上级指挥官报告重要的信息，也可接收对方传过来的信息，如指示坦克的位置、目标、弹药和油料消耗情况，以及故障部位等。战场管理系统使“勒克莱尔”坦克的指挥能力和自动化水平有了明显的提高，其战场价值已不能用简单的 1+1=2 来衡量了。

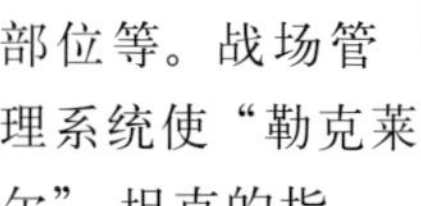

上图 作为世界上第一种电子设备造价接近成本一半的“数字化”坦克，AMX-56“勒克莱尔”的地位很可能接近著名的 FT-17

结语

坦克的概念一经提出，敏感的法国人便立即投入到对这种武器的研究中，并在随后的漫长岁月中制造出了一系列独具法国特色的“钢铁猛兽”。也正因如此，作为事实上的坦克发明国之一，在坦克百年发展史中，法国是必须要被重笔提及的。然而，正如这个国家在历史上的曲折命运，法国坦克的序列中既有 FT-17 那样的不朽经典，也有 2C 这样遭人耻笑的废物，二战中更是因为国家的沦陷而丧失了坦克技术发展最关键的几年，以至于一度被“踢”出了主要坦克生产国的行列。不过，战后的法国知耻而后勇，在经过了令人难以想象的挫败后，终于在 AMX-30 这个型号上回归了“坦克大国”的行列，并在随后的发展中，敏锐地“摸”准了时代的脉搏，以 AMX-56 这个世界上首辆“数字化坦克”，漂亮地杀了个“回马枪”，重现了 FT-17 的辉煌。

孤傲的背影——法国坦克的设计理念

如果说标新立异、个性鲜明、浪漫热情，已成为了法兰西民族性格的标签，那么这种性格不但造就了法国的社会和国家特征，也成就了法国坦克独树一帜的设计风格。然而，这种风格究竟是如何形成的呢？

原创性贡献

上图 从“施耐德”C1到“圣沙蒙”都带有浓厚的自行火炮色彩，以今天的标准，它们恐怕很难被归类为“坦克”

作为坦克的发明国之一，法国人在坦克设计领域做出了原创性贡献，这一点毋庸置疑。事实上，在那段“混沌初开”的岁月中，一切皆无“定制”，法国人也因此尽情挥洒了其丰富的想象力。然而，也许是想象力过于丰富了，法国坦克的设计一开始就呈“发散性”趋势。一战中法国的坦克是划归炮兵麾下的所谓“突击炮兵”司令部。也正因如此，最初的法国坦克在设计上带有浓厚的自行火炮色彩——从“施耐德”C1到“圣沙蒙”莫不是如此，以今天的标准，它们恐怕很难被归类为“坦克”。此后出现的FT-17虽然脱离了这一槽臼，被认为是一种“革命性设计”，奠定了现代坦克的设计基础。然而很少有人意识到，如果将FT-17放到当时的大背景中，这也不过是一个试探性的作品而已，法国人自己未必承认这种设计所代表的方向就是“正确”的……

“多样性”背后的无奈

两次世界大战期间，法国装甲部队在建设上被认为是“大体失败”的，然而其坦克设计却未必如此。法国人旺盛的想象力仍然在继续发酵着，“多样性”可能是对这一时期法国坦克设计风格的一个恰如其分的评价。第一次世界大战结束后不久的1920年，法国坦克部队发生了一次影响深远的分裂——大部分坦克部队由炮兵转归步兵，其名称也由“突击炮兵”相应地变更为了“战斗坦克”部队，然而同时还有一部分坦克部队却以“自行机关炮”的名义划给了骑兵部队。这种“分裂”也许对于法国装甲兵的整体发展是有害的，但对于法国工程师来讲却不啻于一个“天赐良机”——“分裂”后的法国坦克部队就其需要承担的战斗类型范围来说，不是缩小而是扩大了，这就意味着需要进一步拓展坦克设计的思路作为支撑。结果，两次世界大战期间的法国坦克设计因此进入了一个繁荣的百家争鸣时代，更多的风格流派出现了。

一方面，就划归步兵的“战斗坦克”部队来讲，其坦克设计风格呈现出一种“被束缚的多样性”。一战后，法国在军事思想领域产生了新的反应，由“‘攻势至上’变为‘守势至上’，全部思想做了一个180度大转弯”，这种选择“完全是一种心理冲动，并不曾经过深思熟虑”。事实上，尽管德国于 1918 年无可置疑地战败，《凡尔赛条约》对其武装部队和军事装备施加了严厉的限制，然而德国的复兴必不可免，德国决心雪耻：这就是整个两次世界大战期间里法国军事思想家们的关注焦点。虽然绥靖政策还未完全成为主流，法国外交上制定了一套新的安全体系以防止德国再起，建立了“小协约国”体系，明显地“暗示将来有一天法国会保护它们以对抗一个复兴的德国之必要”。基于这种大战略安排，法国本应建立起一支攻势兵力，能够在必要时立即越过其国界向德国发动猛攻，这样可以收到东西应援的效果。然而在现实上，法国的军事战略却完全相反，采取了消极的守势思想，防御作为一种手段竟然变成了目的。而且法国轻视正规军的作用，而青睐于预备役部队，结果这就对划归步兵的“战斗坦克”部队技术装备的发展产生了深刻的影响。

上图 20 世纪 30 年代装备法国陆军的雷诺牵引车

上图 艺术家笔下的 2C 超重型坦克

首先，“战斗坦克”部队直接从属于步兵，其规模注定是相当庞大的。尽管在第一次世界大战结束时，法国坦克部队已达 27 个营，近 4000 辆的规模，但按照给每个步兵师都配备一个坦克营的设想，“战斗坦克”部队的规模，至少要扩充至 70 个营。这样一来，经济问题就成了一个必须被考虑的关键——为“战斗坦克”部队设计的坦克，在结构上要尽量简单，以免生产成本被提高到一个无法接受的程度。其次，既然为“战斗坦克”部队设计的坦克，主要用于伴随以要塞防线为依托的步兵实施直接火力支援任务，那么过高的机动性指标在战术和经济上便是“有害的”，于是在绘图板上很自然地要偏向于火力和装甲防护，强调以火力最大限度地控制军事行动，而机动性则被置于次要位置。再有，由于法国军方在传统上认为将军队职业化和机械化加以结合的观点不正常、不必要、不可行（为了防止进一步讨论这种被设想为声名狼藉的结合，陆军参谋长路易·科尔松将军采取行动阻止戴高乐的方案在军队内部传播。1934 年 12 月，他拒绝在官方杂志《法国军事评论》上刊载戴高乐的一篇文章，其内容为组建职业化部队的办法。科尔松的理由是，这样一篇文章可能“在军官们的心里引起职业军队与国民军的冲突”），这就意味着依附于步兵的“战斗坦克”部队的兵源问题也要从“政治上神圣不可侵犯的全民皆兵体制”中去解决。

可惜如此一来，令人难堪的尴尬却也产生了。在 20 世纪 30 年代初的关键时期，法国的国防努力不仅受到 1929 年后世界经济萧条的恶劣影响，而且遭遇征兵进入“荒年”时期的打击，那是在法国的出生率一战期间下降一半的约 20 年后。英国外交部在 1933 年便注意到，“法国的公众舆论……对于 1936、1937 和 1938 这 3 个亏空年里可以作战的兵员数量深感担忧”。结果为了让训练不足的义务兵能够很快“上手”，那么为“战斗坦克”部队设计的坦克在操作上就必须足够简单，同时还要在尽可能的情况下，减少对乘员的需求数量，以应对兵源不足的窘境（如果 3 个人被认为能操纵一辆坦克，那就绝对不再增加第 4 个人）。然而为了达到这种目的，坦克的某些重要部件却又不得不被设计得精密复杂，用以弥补人手的不足和技能的生疏，这反过来又引起了坦克造价的攀升和可靠性的下降，最终与“战斗坦克”部队对技术装备所要求的设计原则发生了根本性的抵触。对此，夏尔 B1 重型坦克便是一个很好的例子。这种近 30 吨的重型坦克，以时代标准而言，其设计思想和技术水准都相当值得称道——厚重的装甲、小口径旋转炮塔与大口径车体炮相结合的完善火力，以及先进的“尼德尔”（Naeder）液力差速器，都成为了其他国家羡慕和模仿的对象。然而，如此先进、复杂且昂贵的一辆坦克，法国设计师却只安排了 4 名乘员，这就使夏尔 B1 很难在实战中发挥应有的战斗效能——在法国战役中，大部分夏尔 B1 都是因为各种各样的非战斗原因被损失掉的，似乎很能说明问题。

另一方面，相比于“战斗坦克”部队坦克设计所呈现的那种“被束缚的多样性”，划归骑兵的“自行机关炮”部队，其坦克设计却在骑兵机械化的大框架中获得了更大的自由度。由于早在 1933 年，第 1 个相当于装甲师的机械化骑兵师便已经出现，并在事实上被赋予了直接介入主要会战的“战略性重担”，所以法军对机械化骑兵的装备要求远远超出了原先赋予所谓骑兵“自行机关炮”部队承担的侦察职能。再加上骑兵出身的魏刚将军，顶住了 1932 ~ 1934 年各届左翼政府要求省钱的巨大压力，维持了装备拨款（这几届政府力图通过削减成本、紧缩物价和平衡预算来使法国摆脱经济萧条），并将这些款项中的大部分用于改善骑兵而不是步兵的机械化程度。结果，不仅大量机性能良好的轻型坦克被设计出来，充实着法国骑兵机械化建设，多种更大、更重、强调纵深作战能力的设计也在绘图板上被酝酿着，更有一些走下了绘图板，成为了活生生的实物（索玛 S-35 就是这样的一个产物）——以时代标准衡量，它们的“均衡性”是令人惊异的，尽管这与人们通常的印象大相径庭。然而，也正因如此，从某种意义上说，法国人在装甲部队建设上的失败比英国人更悲哀。与英国竭力避战求和的态度有所不同，法国在 20 世纪二三十年代的

上图 与英国竭力避战求和的态度有所不同，法国在 20 世纪二三十年代的确是在精心准备一场地面战争

确是在精心准备一场地面战争。他们事先已经认识到战争的不可避免，也给予坦克这一新式武器以充分的重视，并为此尝试了从轻型、中型、重型到超重型乃至突击炮在内的“一切”，但“风格的多样性”恰恰说明了法国坦克部队建设上的迷茫和无奈，这恐怕也是造成 1940 年 6 月毁灭性军事灾难的根源之一。

“极轻”与“极重”的偏颇

由于众所周知的原因，第二次世界大战中的法国坦克设计出现了断档，本来在战前就因无所适从的“多样性”而难以定型的法国坦克设计风格，在战后更是产生了激烈的震荡，这与英、美、苏等国的情况形成了鲜明的对比。第二战的创伤使法兰西满目疮痍，法国在战争中损失了 1 亿 4000 多万法郎，相当于战前 3 年的全部生产总值。结果，战后初期的法国很有被排挤出世界大国的感觉——- 尽管法国做出了很大努力，使得美、苏承认其战胜国的地位，争得了在处理德国问题上相同的权力，获得了联合国常任理事国的地位，但国力上的衰弱还是使得它与当时大国间的距离拉大。事实上，在二战刚结束的 1945 年，法国能起的作用是很有限的。举例来说，波茨坦会议及会议期间关于管制德国问题的讨论其实并未邀请法国参加，这引起了法国的愤怒，并使法国临时政府声称不受波茨坦会议上苏、美、英 3 个盟国达成的管制德国及奥地利相关协议的约束，后来只是考虑到需要拉拢法国作为一个筹码同苏联在德国问题上讨价还价，美英才同意法国

上图 二战中自由法国军队装备的美制 M4“谢尔曼”

上图 戴高乐视察法军 M4“谢尔曼”坦克部队

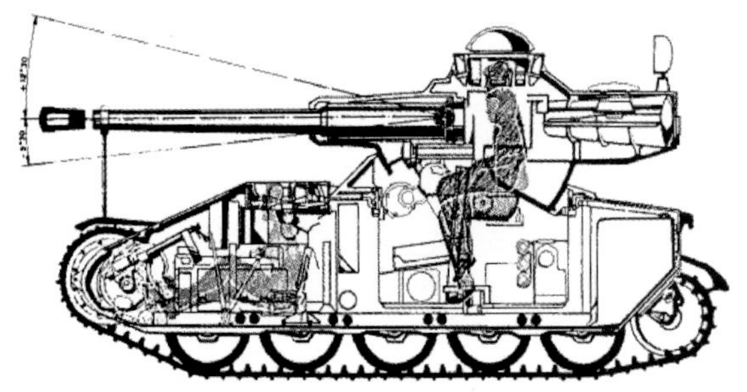

上图 AMX-13 的“巧”本质上是一种“无奈”

以战胜国身份加入到波茨坦会议框架中。从查理曼到黎塞留，从拿破仑到福煦的世界一流强国的荣光似乎一去不复返了。令人感慨的是，这种国力的衰弱，反映到坦克的设计风格上却成了一种“偏执”——在轻型与重型的两极摆动。

上图 ARL44 是战后法国自主研发重型坦克的初步尝试，本质上是一种“无奈”

由于二战中法国本土被纳粹德国占领，军事工业基础遭到了严重破坏，军事技术的发展停滞了关键的几年，虽然经过战后几年的励精图治好歹恢复了些元气，但直到 20 世纪 50 年代法兰西能拿出手的东西依然十分有限，在地面武器中 AMX-13 轻型坦克就算是勉强上得了台面的东西了（第二次世界大战结束后，法国在海外仍然拥有相当多的殖民地，因此决定发展一种可以空运的低成本重火力轻型坦克来重新显示法国的军事存在。AMX-13 于 1946 年开始设计，1948 年完成第一辆样车，1952 年在罗昂制造厂（ARE）投产）。事实上，作为在一片废墟上仓促推出的战后法国第一种量产型装甲战斗车辆，AMX-13 研制的初衷非常有意思。起初，作为德国人手中最有效的装甲战斗车辆，自由法国军队吃够了苦头儿，却也深知这种坦克的价值所在，所以利用战争中缴获的几百辆 PzKpfwV“黑豹”（车况不一，但有些状况相当不错），战后的法国军队组建了一个 PzKpfwV“黑豹”坦克团，并在这一使用过程中加深了对“黑豹”坦克的进一步了解，以至产生了仿制 PzKpfwV“黑豹”作为法军标准中型坦克的念头。

上图 基于战前技术的 ARL-44 除了政治意义外，基本一无是处

然而，要在那些千疮百孔的工厂废墟里一下子生产出法国版 PzKpfwV“黑豹”谈何容易，无奈之下法国军方只好退而求其次，打算先将德国 PzKpfwV“黑豹”中型坦克的 75 毫米口径 KwK 42 L/70 坦克炮搬上一个结构简单的、成本低廉的、适合当时法国工业生产条件的 10 吨级履带式底盘，作为过渡性车辆使用。显然，以小博大是 AMX-13 强调的设计理念，并为此采用了独特的摇摆式炮塔以提高射速。作为一种因国力不足而在设计上片面强调火力和机动性的产物，AMX-13 在后来漫长的岁月中被证明是一种很成功的经典设计，可以视为战后法国坦克设计师的信心之源，而在这种坦克的设计中，令法国设计师倍感自豪的无疑是其反传统的摇摆式炮塔设计——其设计在具备了外置式火炮方案和炮塔式方案双重优点的同时，还获得了令人满意的防护性与火力射速增益。然而，这对于法兰西来说却远远不够——AMX-13 支撑不起一个大国的“伟大”，于是对重型坦克的青睐

有加，又主导了战后初期法国坦克的设计理念。有意思的是，如果说 AMX-13 是对国力妥协的一种极端，那么以 AMX-50 为代表的重型坦克计划，却又走到了另一个极端。

对柏林阅兵式上的“IS-3 冲击”，西方是动了大心思的，一些雄心勃勃的对等项目纷纷上马——美国研制了 M103 重型坦克，英国研制了“征服者”重型坦克，多少有些落魄的法国也横下心来要上自己的项目，以作为法国复兴的一种象征。毕竟身形高大的重型坦克若是出现在香舍丽榭大道这样的地方，很容易成为阐发民族自豪感的精神图腾。不过，这样的决定对百废待兴的法国来说并不轻松。要知道，重型坦克的研发是一个技术密集型的庞大系统工程，更是综合国力的一种体现，需要整个国家的整体实力为后盾，然而法兰西的现实却“成了一个烂摊子”（戴高乐语）。由于缺乏战争经验的积累（“自由法国”军队从来不是盟军中一支必不可少的重要军事力量，更像是一个靠拾人牙慧才能勉强展示存在感的军事政治组织，政治意义要强过其军事职能），法国人对现代化重型坦克的设计理念几乎一片空白，需要的技术来源和国家工业状况同样不容乐观，最好的情况也不过是在战前的水平上徘徊——ARL44 的失败证明了这一点。不过俗话说“穷则思变”。在 ARL-44 上走了一段不成功的弯路后，法国人认为，要在短时间内突破窘迫的现实，测绘仿制与参照设计相结合不失为一条多快好省的“捷径”。结果，由此出现的 AMX-50 成为了一个混杂了德式坦克风格的“混血儿”——底盘参考了“黑豹”中型坦克的设计，炮塔则由 AMX-13 的摇摆式炮塔放大而来。

上图 AMX50-100 样车正面视图

上图 与 AMX-13 同时期出现的潘哈德 EBR-75 同样是一种采用摇摆式炮塔的装甲战斗车辆

AMX-50 就纸面而言，似乎是一个“多快好省”的好主意，然而其最终结局却推翻了法国人的乐观。如果在 1946 年法国军队能够得到这种重型坦克，那当然是一件十分令人欢欣鼓舞的事情，但在十几年后的 20 世纪 50 年代中后期，事情却完全变了样——这种重型坦克要强行投产的话，法国军队得到的将不过是一种只具有武装劝导价值的作战装备。不过，如果一种武器方案在技术上效能很低，在战术上不能充分达到目的，在战役上价值很小，在战区战略上几乎毫无作用。如果不出现其他国家对这种武器效用估计发生误差的话，如果不蓄意对其进行欺骗宣传并获得成功的话，它能在劝导方面所起的作用将是微不足道的。同样，如果不考虑战斗中各种偶然因素的影响，这种武器也不会在战争中为己方增加多少取胜条件，反而却极大地消耗了己方的资源，削弱了己方的战争潜力，AMX50 似乎就是这个论断的一个典型例证——这种自以为是的“高明”，最终成了一个法国人的笑柄。也正因如此，无论是 AMX-13 还是 AMX-50，都说明了这样一个问题——由于国力不足又缺乏宝贵战争经验的支撑，战后初期法国坦克的设计虽想象力有余，但合理性却并不多见。

“圣女贞德”式的风格被奠定了

随着国力的逐渐恢复，法国坦克的设计理念在 20 世纪 50 年代末期终于变得“固化”起来。1958 年，第二次掌权的戴高乐所奉行的机械化战争观，其出发点在于要将机械化战役法理论作为 1914 ~ 1918 年或是 1939 ~ 1945 年那种工业化总体战的一种替代，即“质量”要被设想能够取代“数量”，因此强调装甲机械化部队技术装备的性能优势。结果在这种思想的指导下，1967 年 1 月，第一辆生产型 AMX-30B 交付法国陆军第 501 坦克团试用，并于当年 7 月作为制式装备正式入列。至此，在祖国光复 22 年后，法国军队终于能够用自己的主战坦克（中型坦克）进行重新武装了。AMX-30 也由此成为法国人眼中能够与原子弹、幻影式战斗机相提并论的一个“军事图腾”，代表了法兰西的“伟大”。不过，今天很少有人意识到，自 AMX-30B 列装伊始，它在成为法兰西骄傲的同时，也成为了一个充满了争议的焦点。

上图 孤傲的法兰西“龙骑兵”——AMX-30B

事实上，AMX-30 在设计理念上完全有别于英美风格的西方坦克。虽然由于“欧洲联合坦克”这个“出身”的缘故，AMX-30 的主要作战对象仍然被设定为苏联坦克——准确地说，是以 T-55 及其后续型号为假想敌。T-55 实际上是 T-54 的改进型号，由 T-54B 发展而来，铸造炮塔有比较理想的防弹外形；车体低矮、装甲板有良好的倾角。与 T-54 坦克相比，主要改进有：改用 B-55 发动机（功率为 426 千瓦，即 580 马力），改进了传动装置，装有炮塔旋转底板，取消了装填手舱前的 ДШКМ 式 12.7 毫米高射机枪。此外，还改进了集体式三防装置、发动机起动方式和炮塔通风装置，安装了火炮双向稳定器，加大了弹药基数。T-55 在 20 世纪 60 年代初一经公开露面，便成为西方关注的焦点。

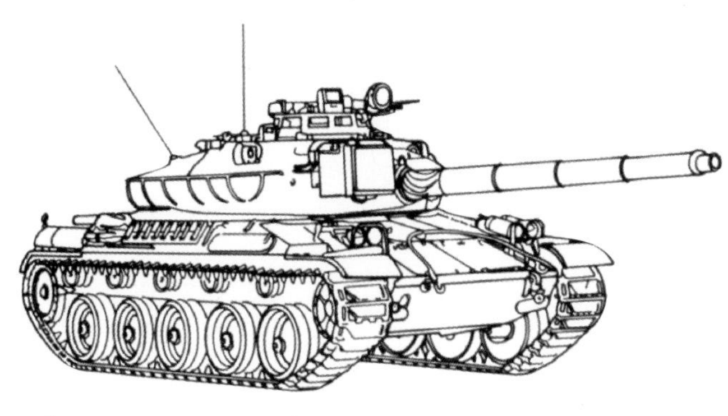

上图 AMX-30B 主战坦克雄姿

然而戴高乐第二次掌权后，不但与苏联关系大为缓和（作为军人戴高乐重视实力，作为政治家却又是一个现实主义者，他喜欢重复的一句话是：“国家——这是一个冷血的庞然怪物”。所以第二次掌权后，戴高乐便积极推行对东方“缓和、谅解与合作”的政策，1960年邀请了苏联领袖赫鲁晓夫访法，初步改善了两国的关系），而且为法国制定的防务政策又是以“以弱制强”为出发点的，强调以少量的核武器对敌进行威慑，从而达到减轻军备负担、保障国民经济发展的目的，这就使AMX-30的设计理念在一定程度上又发生了“异化”，最终成为了一个瘦小，但似乎又能扭转乾坤的“圣女贞德”，一种“圣女贞德”式的风格在法国坦克的设计中被奠定了。

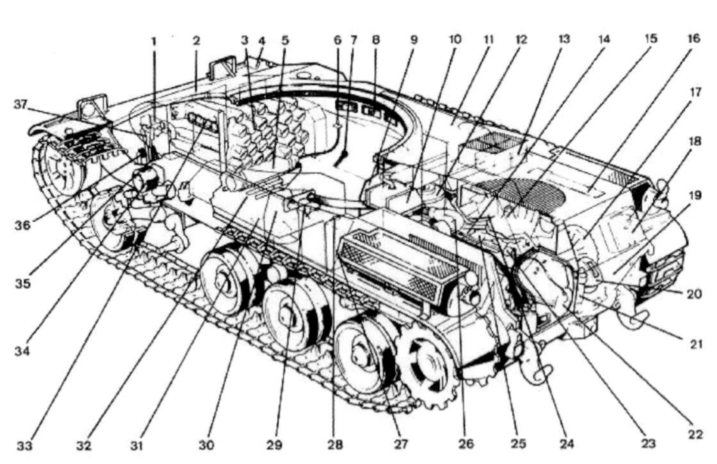

1. 驾驶员操纵机构
2. 驾驶员座椅
3. 减震座
4. 报警装置
5. 二氧化碳灭火器
6. 炮长二氧化碳灭火器扳手
7. 炮长紧急制动装置
8. 火灾报警器
9. 防火隔板
10. 油箱
11. 车长位
12. “SULZER”电子离合器
13. 弹药架
14. 发动机
15. 风扇
16. 冷却器
17. 制动器
18. 外部电话
19. 尾门
20. 辅助制动器
21. 变速箱油过滤器
22. 离合器
23. 发动机转速检测机构
24. 冷却器
25. 变速箱
26. 透气箱
27. 油箱
28. 排气阀
29. 传动轴封釉
30. 空滤
31. 主油箱
32. 杠杆
33. 驾驶员面板
34. 托带轮
35. 油门踏板
36. 刹车踏板
37. 操纵杆

上图 AMX-30B底盘结构示意图

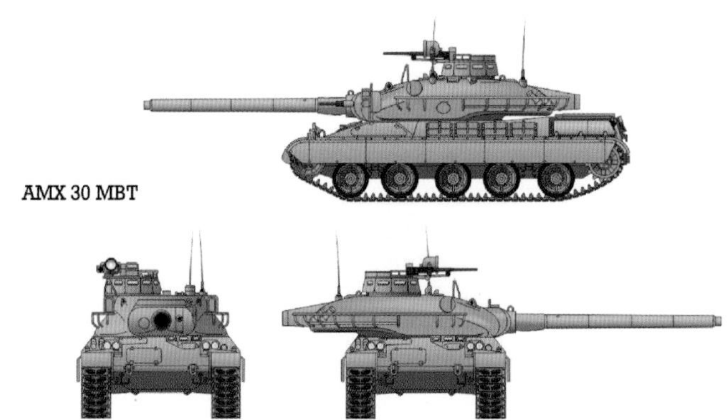

AMX-30并没有被定位成M60“巴顿”或是“酋长”那类高大、厚重、设备完善但造价高昂的“超豪华战车”，而是被设定为一种较轻（30吨级左右）、制造工艺较为简单、成本较为低廉、以火力和机动性见长，主要用于执行大范围机动防御任务的“经济型战车”。换句话说，在与北约关系渐行渐远，与苏联关系又开始缓和的情况下，法国军队需要独立承担起本国防务，奉行一种事实上的“全向防御”战略，如此一来，AMX-30的假想敌很难说究竟是来自东方还是来自西方。然而，要贯彻这样的一种设计意图，就需要将坦克造得尽量低矮紧凑，以良好的防弹外形换取厚重的装甲，将战斗全重控制在要求范围内，同时安装威力较大、有效射程较远的火炮，但车载仪器又不能过分复杂精密，以免引起成本的大幅攀升，结果最终得到的只能是一种与传统的西方风格大相径庭，却与苏式风格有着异曲同工之妙的“异端”——将

AMX-30视为一种法国版的T-55或是T-62并不是一种过分夸张的说法，无论是战斗全重还是设计理念都有相当的可比性。AMX-30B是同时期西方坦克中，外形轮廓尺寸最小、战斗全重最轻的一个型号——除了车体略长之外，AMX-30B车体尺寸与苏制T-62十分接近，其36吨的战斗全重甚至比T-62的37.5吨还要轻1吨半。

上图 量产型的AMX-30B与AMX-30第二轮样车

当然，作为法国战后最为成功的坦克设计之一，AMX-30在设计风格上的“不同寻常”还应引起更深层次的思索。几个世纪以来，维护大国地位一直被法国外交奉为圭臬，也是战后法国对外政策的主线。历史上，法国始终作为欧洲和世界强国发挥作用，先进的政治文化孕育了法国自豪甚至自大的民族心理，大国观念往往同道义使命交织在一起，共同构成法国人特有的心理特征。保持大国地位，在国际事务中发挥独特作用，不仅是法国声誉和利益之所系，更被法国统治集团视为自己的历史使命。纵观历史，无论英法百年战争，还是戴高乐独身抗美，法国两次在历史关键时刻都破坏了当时世界实力最强的国家“一统天下”的企图，导致世界政治面貌发生了很大不同。对此，正如历史学家保罗·肯尼迪所言：“法国对世界事务的影响，总是远远超过人们对这么一个仅占世界国民生产总值4%的国家可能寄予的期望，而且不仅在戴高乐总统任期内是如此。”事实上，法国的行动产生了远远超过法国本身实力的影响，以中等国家的实力发挥了一流大国的作用。有意思的是，在战后法国发展其第一代和第二代主战坦克的过程中，也自始至终贯穿着这条主线，对其过高的期望，使其风格难免变得“怪异”起来。结果，作为AMX-30替代品的AMX-56，继续保持着西方坦克中最小、最轻的“殊荣”。然而这样一来，法国人眼中的这些“龙骑兵”或许都是“圣女贞德”式的英雄，但在其他人眼中却可能是一个无法理解的“异端”。

上图 作为AMX-30替代品的“勒克莱尔”，继续保持着西方坦克中最小、最轻的“殊荣”

结语

在长达百年的时间里，法国坦克的设计理念可谓几经更改，风格之善变，流派之多样几乎令人眼花缭乱，直到冷战中期AMX-30的出现才宣告基本定型。此后的AMX-32、AMX-40乃至AMX-56都大体延续了AMX-30的设计理念，只是在技术上不断加以更新和替代。然而，虽然设计风格表现出了“稳健性”，但依然深刻地体现了其创造者的“民族性格”，结果也许是特色过于鲜明了，以至于人们完全有理由怀疑，时至今日，法国坦克的设计意图已经得到了很好的贯彻么？

铿锵的叹息——法国坦克的作战使用

长期以来，人们对法国装甲兵作战理念所持的观点是有欠公允的——这不仅仅是由于 1940 年 6 月那场令人惊异的溃败，法国装甲兵被简单地打上了“失败”的标签，更是因为在冷战的大背景中，位于二线的法国已经沦为了一个“不再重要的配角”，其装甲兵作战理念自然也被忽视了。然而，作为一个举足轻重的坦克发源地，法国应该受到这样的“待遇”么？答案当然是否定的。

下图 艺术家笔下“守望”法兰西的 AMX-30B2 主战坦克

第一次世界大战——“领悟”已颇为深刻

当血腥的第一次世界大战进行到 1917 年 3 月，精疲力尽的法国军队几乎爆发哗变，不过与此同时，法国却已经拥有了一支 208 辆坦克、3500 多人的“突击炮兵”部队，这似乎让法国军方看到了结束战争的希望。于是在 1917 年 4 月 16 日，为了显示法国坦克的威力，法军新任总司令尼维勒仓促发动了首次使用坦克参战的埃森河会战。可惜的是，在这次战斗中，法军共投入 128 辆坦克，编成 2 个集群，但在德军的 13 毫米口径反坦克步枪面前，67 辆法军坦克被摧毁了。此役后，法军内部对埃斯蒂恩的坦克部队颇有微词，失利也让埃斯蒂恩对坦克的使用方式有了新的认识。坦克的强大防护能力和冲击能力在战争中确实能够给对手造成极大的威胁，同时他感到坦克的角色似乎应该从步兵或炮兵的附庸中脱离出来。为此，埃斯蒂恩还要求研制一种重量较轻，但机动性更强、操作更灵便、适用于大规模进攻的装甲车辆。

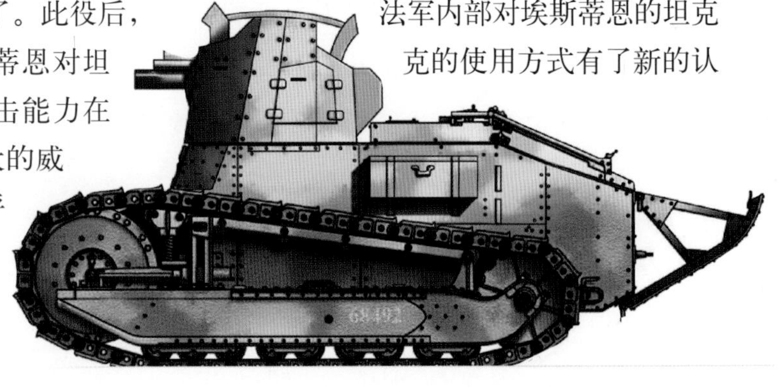

上图 装 75 毫米步兵炮的 FT-75 火力支援坦克

这一年，经过细心研究后，埃斯蒂恩亲自主持制定了法军第一部坦克战条令。他认为坦克进攻必须合理利用地形、烟雾和夜暗等条件进行掩护，争取出其不意地突入敌阵地，而且使用时要根据战地指挥员的需要和判断，适时投入。埃斯蒂恩还特别指出，使用大量轻型坦克的“蜂拥”战术要比少量重型坦克的“点刺”战术效果好得多。不久，埃斯蒂恩的坦克新战术思想被英国人在同年 11 月进行的康布雷战役中得到了验证。这次战役中，英国人将坦克群每 3 辆编成一个突击组，按间距 100 ~ 200 米组成前三角作战队形，突击时坦克与坦克相互掩护和进行火力支援。这种集中使用坦克数量和推进速度的做法在第一次世界大战中让人们真正看到了坦克集群作战的优势。1918 年 5 月，根据埃斯蒂恩的坦克作战理念量身定制的“雷诺”FT-17 轻型坦克首次参战。在同年 6 月进行的一次作战中，埃斯蒂恩开创了坦克连配合步兵独立实施协同作战的战例。这一年的 7 月 14 日，在埃斯蒂恩的主持下，法军总司令部参谋部作战局正式颁发了《坦克部队战斗条令》，明确提出坦克应密集使用。1921 年 5 月，埃斯蒂恩参加了由协约国组织的在布鲁塞尔召开的特别军事会议。会上，他重点提出了机动与火力合一的坦克使用理论。坦克作战新理论

上图 法国是一个举足轻重的坦克发源地

让参与会议的所有人都感到震惊，当时主持会议的比利时国王也认为，法国人的想法是可行的。

20 世纪 20 年代——充满活力的探讨

第一次世界大战使法国遭受了 130 万人以上的伤亡，它的 10 个经济上最富庶的省份被德国占领。没有任何其他参战国相对而言遭受如此严重的损伤。法国名义上成为战胜国，但实际上是死里逃生，而不是那样赢得了战争。当法国元帅福煦听到《凡尔赛和约》签订的消息时，马上准确地评论说：这不是和平，这是 20 年的休战。法国预见到下一次战争不可避免，所以如饥似渴地研究第一次世界大战的经验和教训。其军事当局认为倘若再次爆发欧洲战争，它将很可能仍旧是一场消耗战。对于 1917 年法国军队精疲力尽和爆发哗变依然记忆犹新，就像美国军队在 1918 年打败德国的重要性依然历历在目一样。要在一场新的战争中取胜，就需要同样有一个具备经济弹性力和巨大军事潜力的多国联盟。对法国而言，后一力量蕴藏于 3 方面：可供动员的法国预备役军团、法国军事工业，以及法国中东欧盟国的对敌牵制行动。不过，如果要将这些基础性力量利用起来，使法国军队保持一流，很大程度上要靠摩托化和机械化武力的发展和组织，那正是 1917 ～ 1918 年间作为可能的决定性制胜工具呈现在法国将军们眼前的，法国的将军们也不打算在下一场战争中放弃这一优势。

上图 法国预见到下一次战争不可避免，所以如饥似渴地研究第一次世界大战的经验和教训

于是，与很多人印象中不同的是，20 世纪 20 年代，法国在机械化战争的研究和开发方面取得了可观的进步。在一位具有创新精神的参谋总长埃德蒙·比亚将军（1920—1923）的鼓励下，法国军官们探讨了机动新式武器的潜力，其中包括机动运输器、步兵运载车、装甲汽车和坦克。在厄米勒·阿莱奥上校、夏尔·谢德维尔上校和约瑟夫·杜芒上校的努力下，摩托化建设兴盛起来。汽车工业急剧膨胀，军队由其战时军用产品装备起来，而汽车业的龙头雷诺和雪铁龙同军方一起，从在法属非洲的远程供给和探险活动中获益匪浅。与此同时，杜芒基于自己在 1916 年凡尔登围困战期间组织摩托运输纵队缓解补给危机的经验，就大型摩托化部队的组建做了试验。同样在战后最初几年里，法国装甲兵之父埃斯蒂恩将军也与比亚将军一起，继续鼓吹在进攻和反攻两方面运用装甲机械化武器的打击力。他属于随后几十年里经常由坦克军官中产生出来的那类具有远见和不守陈规的人物，相信“坦克无可否认地是最有力的突袭武器，因而也是最有力的获胜武器”。他极力主张装甲兵成为独立兵种，同步兵区别开来，因为它的武器装备、战斗方式和后勤组织同步兵“没有一点点相似”。他认为“绝对必要的是……坦克保持为直属司令的后备兵力，由他

暂时指派给进攻部队，或执行先前由骑兵承担的任务”“将坦克作为其固定组成部分分配给各个步兵师既不合理，也不实际，后者的任务是无论碰到什么情况都依靠火力和防御工事进行抵抗。”一个仅有两万人的摩托化军团将具备高度的机动性，“因而与不久前的那种行动迟缓的部队相比占据惊人的优势”。

上图 与很多人印象中不同的是，20 世纪 20 年代，法国在机械化战争的研究和开发方面取得了可观的进步

由此得到鼓舞，当时法军中让·佩雷、约瑟夫·莫利涅和波尔－莫利斯·韦尔普里之类的少壮派军官研究了未来机械化阵列的原理及其实际运用。20 世纪 20 年代中前期，在法国军事学院的会议室里，在科埃基当、迈利和穆尔梅兰基地的训练场上，利用装甲机械化装备进行运动的理论探讨和实际试验是相当活跃的。

20 世纪 30 年代——停滞的背后有故事

随着 20 世纪 20 年代这 10 年的渐渐逝去，法国装甲兵作战理念方面的发展整体上由停滞取代了创新。然而，停滞的背后却大有故事，绝不是“思想僵化”这简单的 4 个字便能概括的。20 世纪 20 年代中后期开始，法国开始回到了第三共和国的传统军事信条，那就是坚信三位一体，即东部边境工事筑防，缔结外部军事同盟，实行普遍义务兵役。在法国将这防御性收缩加诸自身的同时，1925 年的法德和解又导致了一个似乎有利于和平的政治乐观主义思潮的出现，看似更适于“进攻性”和“侵略性”军事行动的机械化和摩托化建设在政治上遭到批评，被指责为不适合宣布为防御性的国家战略。

上图 1940 年法国战役前夕，驾驶夏尔 B1 重型坦克的法国坦克手

事实上，福煦元帅和贝亚当权时规定，主要在工事筑防地区和要塞周围作运动式防御，而且一定程度上强调机动反攻，这就为装甲兵作战理念的探讨提供了自由度，然而在由贝当和德伯内主宰的 1927 ～ 1930 年期间，战术自主权受到全面压制，这些让位于在边境上的“严阵以待式防御”，连同大量集结防御火炮。贝当元帅“火力决胜”（Le feu tue）的格言成为军队的口号。新防御模式的系统化及其象征便是从瑞士边境延绵到卢森堡边境的永久性工事。这条防线是在 1922 ～ 1927 年间由军事委员会陆续决定的，然而总是被人归诸国防部长安德烈·马奇诺，是他负责进行议会操作，促其通过修筑该防线所需的拨款立法。

由于是常年驻防，看来完全是防御性的，因而它没有引起政治上的争议。这是一项防患于未然的投资，因为它不仅为刚从德国收复回来的易受伤害的工业区提供了安全，而且为预备役部队长达两周的动员和集结过程提供了保护。尽管有此道理，但这一体系和 12 个月短期服役制意味着法国从此几乎不做任何事情来提高自己的作战机动性。法国装甲兵成为独立兵种的可能性完全破灭了。

上图 魏刚对于军队机械化的支持是一贯的，而且意义重大

当然，法军内部的一些力量也为此进行过抗争。在 20 世纪 30 年代初期的法国，马克西姆·魏刚和莫里斯·盖米林两位将军，以及夏尔·戴高乐上校在不同层面主导了法国军事改革斗争。这 3 个人在法军向机动型军队的转化的形式和深度方面都发挥了决定性作用。魏刚骑兵出身，是一位精力充沛、才能卓著和经验丰富的军官，在整个第一次世界大战期间担任福煦元帅的参谋长。1930 年，他接替德伯内担任参谋总长，与此同时步兵出身、做过霞飞元帅助理的盖米林被任命为副参谋总长。一年以后，他俩同时晋升到最高级职位：魏刚接替贝当担任陆军总监，盖米林接替魏刚担任参谋总长。1935 年魏刚退休后，盖米林一身二任，既是参谋总长又是陆军总监，直到第二次世界大战为止。这两位将军都立意利用机械化武器和运输工具的革命性打击能力和机动性能，以追求建立一支成本效益更佳、训练非常优良和随时能投入战斗的军队。

魏刚对于军队机械化的支持是一贯的，而且意义重大。他成立了一个技术内阁，就装备采购问题直接向陆军总监提供咨询意见，还成立了一个坦克研究委员会，负责探讨以大规模装甲兵集群为主要力量的机动作战。重要的是，他顶住 1932 ～ 1934 年各届左翼政府要求省钱的巨大压力，维持了装备拨款，而这几届政府力图通过削减成本、紧缩物价和平衡预算来使法国摆脱经济萧条。最后，魏刚急于将法国的军事改革与其各个老盟国中间最现代的发展水平做比较，因而于 1933 和 1934 年夏季两度访问英国，在桑赫斯特和提德沃斯观看了坦克机动演习，结果每次离开英国时，都加倍确信他自己提高法军机动性的重要意义。总之，魏刚努力使法国具备快速干预能力以捍卫其至关重要的利益——也许是为了援救其军事伙伴比利时，或者重新占领莱茵非军事区，从而“使德国人遭受他所说的惨败，以制止他们重新武装”。

上图 法军 1929 年颁布的坦克战斗运用教令直接规定：坦克配属于步兵，只可加强步兵的战斗力，但不能用以代替之

值得注意的是，虽然 1920 年，法国撤销了主管装甲部队的突击炮兵司令部，将大部分坦克划归步兵部门管辖，仍被编成独立轻型坦克营，用于近距离支援步兵作战。法军 1929

年颁布的坦克战斗运用教令直接规定：坦克配属于步兵，只可加强步兵的战斗力，但不能用以代替之。这样， 坦克作为步兵的法定组成部分被确定了下来。在这样的体制下，坦克监察长的权限从未超越过步兵监察长，坦克技术部也隶属于步兵部，严重影响了法军装甲部队的发展。不过，尽管划属步兵的“战斗坦克部队”对其作战理念的探讨已经随着战斗条令的颁布而就此完结，但那些划归骑兵序列的“自行机关炮部队”，却有幸能在一个相对独立的环境中继续发展，这就使法国装甲兵作战理念的探讨仍然拥有一定的“合法性”依据，并且得到了骑兵出身的魏刚的大力支持。结果，利用骑兵机械化的名义，从两个方面带动了法国装甲兵的发展。一是坦克装甲车辆的研发生产。法国为骑兵制造了多种重、中、轻型坦克，可用于侦察、作战等各种用途。骑兵坦克的发展促使步兵也提出研制新式坦克装备的要求。二是编制体制。坦克部队突破营的编制限制，建立机械化旅和师一级部队，也首先是从骑兵体制开始的。1930 年，法军在洛林演习中运用一支各兵种混合编队获得成功，这导致 3 年后第一个完全摩托化的骑兵师——法国第 1 轻型机械化师的建立（1933 年 5 月 30 日建立）。该师体现了法国陆军中最先进的军事思想，装备有 240 辆装甲战车，辅以 4 个摩托骑兵营，再加上得到有机整合的摩托工兵、炮兵、通信和后勤单位。虽然当时就有人说，这支新部队“除名称外……一切都是一个货真价实的装甲师”，但却由于顶着机械化骑兵师而非装甲师的名义，并没有招至过多的非议。

上图　在祖国最危难之际，戴高乐以区区准将军衔，扛起了复兴法兰西的历史重任

按照以往持批评态度的英国武官的说法，标志着“法国的军事思想从不适当地坚持 1918 年时使用的堑壕战法转向一种比较积极的政策……特别是朝着解决与运动战有关的种种难题的方向发展”。可惜，魏刚为法国装甲兵好容易开创的局面，却被当时血气方刚却又欠缺政治智慧的戴高乐搅了局。在对待坦克和陆军机械化的问题上，职位低微的戴高乐走得比魏刚更远。戴高乐在 20 世纪 20 年代任职于贝当的参谋班子，从 1931 ～ 1937 年属于最高国防委员会秘书处。正如英国人就英国当前军事问题所做的争辩那样，戴高乐对于建立一支自主和职业性的机械化军团（他所谓的 armée de métier）的大力鼓吹有其政治争议性。1932 年，在他的《剑锋》（Le fil de l'épè）一书中，他首次宣扬了自己关于陆军要改造的看法。接着于一年后，他在《议会政治评论》杂志上发表了一篇题为《走向职业化军队》的文章，该文在 1934 年扩展成书，用的是同一个标题。他的第一项建议，如同魏刚的正在逐步形成的计划，在于大规模扩充自行推进的机动兵力，使之成为和平时期的永久建制单位，并且作为一种同质的突击阵列加以训练。第二项建议是构建完全职业化的队伍，为这支机械化和摩托化力量提供人员。戴高乐极力主张组建 6 个机械化步兵师和 1 个轻型侦察师，连同由 1 个装甲攻击旅、1 个重炮旅及 1 个空中观察队组成的后备兵力。这些部队将使用全履带式车辆，需要 10 万名

专职士兵。如同一块石头被扔进池塘，这一建议的冲击波迅速传遍了平静的法军总参谋部。

客观地说，戴高乐的建议在纯军事角度算是有些可取之处，至少代表了一种“方向性的正确”。然而问题在于，如果他鼓吹的仅仅是装甲兵的“独立”和陆军机械化，那么由此产生的争论至多也就是“军队内部的麻烦”（戴高乐的观点在法军内部其实不算新颖，戴高乐自己也承认：“某些观点探讨时拐弯抹角，却有独到之处，就其总体而言，后来又成了我的观点），但一旦与军队职业化挂钩，却有了非同一般的政治含义，这最终导致了适得其返的效果。戴高乐鲜明的浪漫主义色彩重新引起了一种不信任：由于将坦克与军队职业化不相干地连在一起，戴高乐的建议本身很容易被指责为军事上不切实际，战略上危险，政治上有挑衅性，甚至在一些人眼中到了邪恶的地步。但事实上，戴高乐的建议在法国军方和政届领导层内激起的反感远非必不可免。毕竟魏刚和盖米林一直在公开宣告对机械化运动战争的兴趣，并且在骑兵的框架内进行了大量富有成效的努力，所以如果戴高乐直截了当地呼吁以装甲和摩托化装备的首要地位为中心，只争朝夕地重整军备，他们或许会得到广泛的支持，无论是军方内部还是政治层面都是如此（老谋深算的魏刚和盖米林采取的正是这样一种策略）。但遗憾的是，他却挑衅性地宣称，机械化和职业化是军事现代化的两个不分彼此的先决条件。这就使其四面树敌，不但断送了魏刚和盖米林的大部分成就，也使对装甲兵作战理念的探讨成了一个不可触碰的“禁区”，并在 1935 ~ 1937 年这一关键时期骤然停止。说到底，盖米林后来强调，“在议会里，在一部分军内舆论当中，有害于创建坦克师的正是将大型装甲部队问题与职业化军队问题缠在一起的做法”。

上图 1940 年的法国战役中被击伤后放弃的夏尔 B1 重型坦克

上图 法国战役中被击毁的夏尔 B1 重型坦克

冷战时期——从“前沿防御”到“全向防御”

1940 年迅速亡国的惨痛教训，使战后的法国对装甲兵采取了异乎寻常的重视——“战斗法国”时代组建的装甲师被保留了下来，装甲兵作为一个独立兵种的地位得到了正式的承认。不过，在整个冷战中，随着法国与东西方关系的不断调整，其装甲部队的作战理念也经历了一个变化的过程。

上图 装柴油发动机及 M1 76 毫米炮的 M4A2（76）w HVSS（自由法国军队在诺曼底登陆后，最普遍使用的就是这种型号的 M4A2）

在整个第四共和国时期和第五共和国初期，由于法国的国力尚在恢复阶段，其国防政策只能依附于北约的整体防务政策。虽然第四共和国在很多政治理念上与所谓的“戴高乐主义”分歧颇大，但在防务政策的“职业性”上，后者却大体延续了前者的思想，都是力图跳出导致第三共和国覆灭的“马奇诺式军事陷阱”，转而强调以机械化的职业军队来实现机动防御，并在北约的大框架中，与中欧的“前沿防御”紧紧地捆绑在了一起。当时的北约上下一致认为，只有“尽量向东”实施防御，中欧的全部防御才有意义，为此需要将迟滞线由边界推至华约纵深，最后防线由莱茵河前移至威悉河—莱希河一线。而对苏军装甲机械化集群的迟滞作战，又被认为是前沿防御成功与否的关键，“对华约武装力量的防御作战，主要是一场对敌坦克的战斗”——“前沿防御”的装甲迟滞作战一旦失利，华约军队便会长驱直入，如同冲决堤坝的潮水般难以阻挡……不过，中欧前沿防御任务的重担又不可能仅仅由西德一家来承担，在美国的压力下，北约框架内的很多部队也要参与到“前沿防御”中来，这就意味着很多法军精锐的重装师要在北约的统一指挥下，于西德前线而不是法国本土进行部署，时刻准备着与苏联装甲集群进行一场短兵相接的装甲肉搏战——“前沿防御”不仅对西德生命攸关，而且也维系着法国的安全。结果，无论是西德还是法国，当时都要面临着“前沿防御”的重大考验，而同样的作战环境不仅意味着坦克成为了当时法军最为关注的技术装备，法国装甲部队的作战理念也完全围绕着“前沿防御”量身定制。

上图 曾经的“摩托上校”——戴高乐对于坦克是一个十足的内行

不过，随着时间的推移，情况开始发生了变化。戴高乐将军有句名言，“国与国之间的关系取决于国家利益，而不取决于意识形态”。他是这样想的，也是这样做的。虽然在1963年1月，随着《爱丽舍条约》的签署，法、德实现了历史性的“和解”，然而法国与北约的关系却大大地恶化了，以至在1967年干脆退出了北约军事一体化机构，但同时与苏联的关系却相应地得到了改善。结果，从20世纪60年代中后期开始，法国既不是北约也不是华约，它需要发出自己的声音，宣称自己也是一个大国。这就使其军事学说发生了相当程度的变化。出现了一种事实上的“堡垒法国”思想。那就是认为值得捍卫的是法国本身，其次才是法国在海外的利益，而无视那些与法国有联系的国家将会遇到什么样的命运。因此，只有那些对法国的领土完整和主权构成直接威胁的才应加以威慑，或者在威慑失败后才与之战斗。这一思想付诸实践时显然带有“全向防御”的见解，也就成了一项宣言性的政策，它一边否定有对法国的具体威胁的存在，一边却坚持认为法国必须随时准备避开来自任何方面的进攻。由于强调要在“全向防御”战略下保卫法国本土这一“圣地”，法国装甲部队的作战理念虽然部分地从“前沿防御”的桎梏中解放了出来，但在“全向防御”的框架下，却转而强调所谓的“进攻性”，以达到“以弱制强”的威慑目的。更何况，即便是作为北约一员参加对苏作战，已经脱离北约指挥体系的法国装甲部队（战时，法军将独立作战，与友军只能是联合行动，不存在从属或被指挥的关系。在必须与一方联盟时，也不接受任何依赖关系），同样需要执行更大范围、更高强度的机动防御作战，毕竟法国保卫本土与参加德国“前沿战役”是很难分开的，在装甲兵作战理念中突出“进攻性”色彩也与之并不冲突。

上图 驾驶美国坦克进入巴黎的法军第2装甲师

结语

冷战中期，法国装甲部队的作战理念虽然部分地从“前沿防御”的桎梏中解放了出来，但在“全向防御”的框架下，却转而强调所谓的“进攻性”，以达到“以弱制强”的威慑目的。

要知道，军事改革与创新是一个相当复杂的过程。而法国的特殊性恰恰在于，政治态度、政治轻重缓急次序和政治制约始终对其装甲部队的建设和作战理念的发展施加了支配性影响。这一点在法国装甲兵作战理念的演进变化的几个片断中可以看得相当清楚。另外，还应该看到，在法国装甲兵作战理念的完善与发展中，个人可以对此施加较大的或正面或负面的影响，比如戴高乐、魏刚、盖米林甚至是雷诺（1940年时的法国总理）这类纯政治人物都发挥了他们的“历史性作用”。同时，诸多因素所导致的不确定性也影响到了法国装甲部队作战理念的形成，尤其是人文精神、民族特性和文化传统等无形的因素所带来的影响不可小觑。显然，法国人的故事最后告诉人们的是，认识到改革与创新中的问题并非易事，但更困难的在于需要建立一个适合于改革与创新的组织环境与军事、政治文化氛围。

上图 冷战中期，法国装甲部队的作战理念虽然部分地从“前沿防御”的桎梏中解放了出来，但在“全向防御”的框架下，却转而强调所谓的“进攻性”，以达到“以弱制强”的威慑目的

拒绝平庸——法国坦克的制造技术

法国人从来都崇尚和标榜自己民族的高尚和伟大，力图延续独树一帜、突出法兰西特性、维护公道正义的传统。所以战后法国坦克的设计理念也是特立独行的，以至于被视为一个“圣女贞德式的异端”。不过，既然是西方坦克中的“异端”，那么战后法国主战坦克所奉行的设计理念必然要体现在具体的技术应用上。

下图 既然是西方坦克中的“异端”，那么战后法国主战坦克所奉行的设计理念必然要体现在具体的技术应用上

一度痴迷于摇摆式炮塔

如何将大口径长身管火炮塞入尽可能小的炮塔内，无疑是坦克设计面临的一个主要问题。在研究如何把大口径长身管火炮安装在炮塔内的问题上，首先考虑的是耳轴在火炮和摇架上的位置，也就是必须安装在炮塔内的火炮车内长度。通常，耳轴靠近火炮的平衡点，因为这能使高低机受到的负荷最小。这不仅对减少高低机的应变和磨损是重要的，而且如果要安装自动火炮控制设备，这也是非常需要的。要考虑的另一个因素是需要向火炮装填弹药，并需要火炮能在各种俯仰角度上后坐。要射击同一目标，俯角只有 89 密位（5°）的坦克就不得不比俯角为 10°的坦克爬更高的坡，这样就会更多地暴露给敌人。包括法国在内的大多数西方国家认为这是不可接受的设计指标，法国人更倾向于认为需要 180 密位的俯角。然而，这样一来不但必须在整个 1080 密位的正面保证这个俯角，而且还必须保证火炮在这个正面范围内不会碰撞诸如履带挡泥板或驾驶员潜望镜之类的障碍物。显然，使炮塔前移就比较容易获得这个俯角。但是其他因素，如驾驶员的空间 / 容积要求，以及需要保证首上甲板具有合理的装甲倾角，却对炮塔前移具有限制作用。当然，提高耳轴的安装高度也能比较容易地达到 180 密位的俯角。但是这样做将不可避免地导致炮塔顶部的增高，而且在增大装甲面积的同时，还会急剧增大整个炮塔的质量。

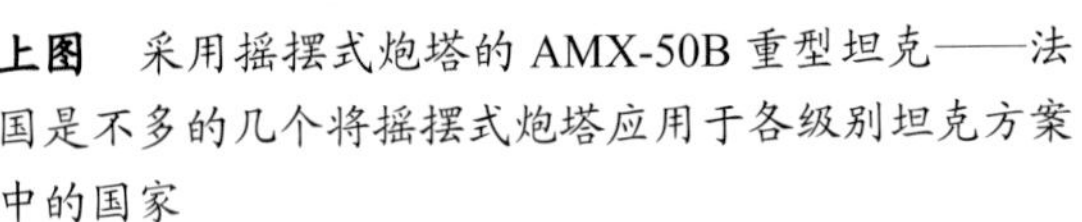

上图 采用摇摆式炮塔的 AMX-50B 重型坦克——法国是不多的几个将摇摆式炮塔应用于各级别坦克方案中的国家

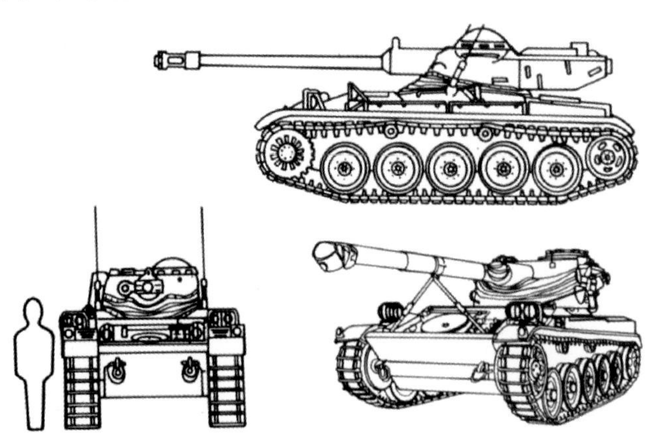

上图 法国人在 AMX-13 轻型坦克上率先采用摇摆式炮塔

不过，在试图将大口径长身管火炮、复杂的驻退机构和复进机构统统塞进传统德式炮塔的努力一再失败的情况下，法国人却独辟蹊径，在所谓“摇摆式炮塔”上找到了灵感。由于独特的上下摇摆式结构，传统炮塔在安装现代大口径坦克炮时所有关于重量和尺寸方面所遇到的难以解决的问题，对于摇摆式炮塔而言都存在。比如，如此设计的最大优点在于火炮装于上部炮塔，紧靠炮塔顶部处，因此减少了正面受弹面积（当用主炮射击目标时，炮塔正面必须对向敌人）。同时由于火炮的瞄准镜都固定在上部炮塔上并且一起运动，因此两者之间不需要安装复杂的传动机构，这就大大简化了瞄准和火控系统。而且因为火炮固定在上部炮塔，炮塔内火炮俯仰所需的工作空间也大大缩小了。同时出于重量平衡的考虑，火炮耳轴的位置偏后，这样，当火炮炮口仰角较高时，炮尾不至于降到座圈之下，从而使炮塔座圈的直径可以做得较小，有利于减轻炮塔部分及整车的重量。摇摆式炮塔的另一个优点是便于实现炮弹的自动装填，由于火炮和上塔体连接成一体，所以，只要将炮弹布置在上塔体的适当位置，就可以方便地将炮弹推入弹膛。由于上部炮塔能对下部炮塔做快速摆动，人工装填是一项非常困难的工作，而自动装弹几乎是必不可少的。摇摆式炮塔在结构上恰好也有这个便利，整个炮塔结构实际上就是一个大号的自动装甲机，而传统式炮塔的自动装弹机的输弹过程则是一个极其复杂的空间运动过程，且实现这一过程很麻烦。显然，与开裂式炮塔相比，摇摆式炮塔更好地折中了外置式火炮和传统炮塔方案的优缺点，再加上在自动装填问题上的天然优势，其吸引力一下子被凸显了出来。从轻型的 AMX-13、潘哈德 EBR-75（这是一种轮式自行反坦克炮，主要作为侦察车使用）到重型的 AMX-50，乃至大量的试验型号，摇摆式炮塔成为战后一段时间内，法国坦克最显著的技术特征。

上图 摇摆式炮塔其实是一种优点和缺点泾渭分明的设计

然而，正所谓成也萧何败也萧何。摇摆式炮塔在 20 世纪 40 年代末至 20 世纪 50 年代的一段时间里，的确是很时髦的一种前卫设计，被认为是解决火炮口径、防护性能、俯仰角度和自动装填等一切因素矛盾的灵丹妙药，除了法国外，美国、英国和苏联也都不同程度地动过心思。不过需要看到的是，摇摆式炮塔其实是一种优点和缺点泾渭分明的设计。事实上，很难说得清战后初期的法国坦克究竟是摇摆式炮塔的受益者还是受害者。比如，这种设计如果用于 AMX50B 这类 50 吨级别以上的重型坦克，将其进行大型化设计后，将面临着一个严重的重量冗余问题：为支撑上部炮塔的净重，需要在炮塔两侧安装很坚实的耳轴，而耳轴又需要由很厚的金属来承受，但从防护方面考虑，这个部位并不需要这样厚的装甲，这些装甲本可以用到更需要它的地方去，等于变相削弱了 AMX50B 的装甲防护，降低了整体综合性能。另外，这个炮塔本身一些设计上的缺陷同样不可忽视：比如，为在最大仰角时提供防护，弯曲的裙板必须有一个很大的工作容积，从而使它难于充分利用战斗部分。把各种维修保养工作从车体转移到上部炮塔是一件麻烦的事，反之亦然。在下部炮塔和车体之间还需要有旋转式底座连接器，而在上下炮塔之间也需要第二套滑动座圈。此外，当炮口摇高时，AMX50B 暴露的上部炮塔下裙板所提供的防护和炮塔几乎呈水平状态时一样，对车辆不起什么防护作用。而当火炮处于水平位置时，裙板又落到炮塔座圈下面，同样对防护起不到什么作用。进一步需要指出的是，当上部炮塔裙板

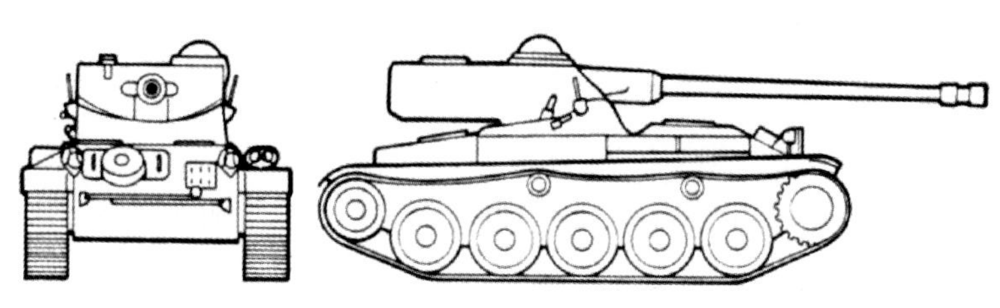

上图 摇摆式炮塔的最大问题——缺乏核生化战争条件下的作战能力

在下部炮塔裙板后面运动时，被炮弹击中时容易“别住”——即便这些炮弹并没有穿透炮塔，但仍会使其发生故障，以致不能上下摆动。

摇摆式炮塔为其带来的问题还不止如此——其独一无二的结构特点决定了摇摆式炮塔难以适应核生化战场上的环境，这是一个切切实实的致命伤。当战术核武器在战场上被使用的可能性大大提高时（因为北约国家比华约国家拥有更多的战略核武器，所以战争要升级到使用战略核武器的程度几乎是不可能的，但也正因为如此，在欧洲战场上使用战术核武器的可能性却大大增加了。美国陆军就在北约内部鼓吹必须发展具有核攻击能力的原子炮兵。虽然，当时所研制的280毫米原子炮在不久后即被废弃，但它却成了战术核武器的先驱），基于非核战场环境设计的摇摆式炮塔“失宠”的命运也就注定了——这完全不是一种为核战场而设计的装甲技术兵器。在摇摆式炮塔内提供对核、生物和化学的防护是特别困难的。实际上所有装甲战斗车辆都依靠乘员舱的超压作为主要的防护措施。虽然其先决条件是要有一点儿漏气，以保持系统的完整性，但是因无法有效地封闭上下两部分炮塔所造成的严重漏气，则导致不能使用集体的核、生物和化学防护装置……结果，由于缺乏核生化战争条件下的作战能力，大部分采用摇摆式炮塔的法国坦克很快沦为了核战争时代的“弃儿”。

G型破甲弹的执着

“整个冷战期间，法国坦克都以破甲弹为主要弹种，对穿甲弹持排斥态度”——尽管这听起来似乎难以置信，然而却是事实。法国人在战后很长一段时间都认为，脱壳穿甲弹在1200米以外不能击穿60度法线角的120毫米装甲（60度法线角的120毫米装甲被认为是苏联当时和未来绝大部分中型坦克车首正面），而且在入射角大于75度～80度时容易跳弹，所以主张取消穿甲弹，以减少弹种，决定集中力量研制号称能发挥破甲弹全部优点的G型破甲弹（破甲弹的反装甲能力与射程和初速度无关）。客观地说，这种所谓的G型破甲弹在技术上确有其独到之处，线膛炮发射的普通型破甲弹会产生很高的弹丸旋转速度，严重影响破甲效果。为解决这一问题，同时又能保持弹的飞行稳定性，G型破甲弹在弹体(外壳)和装药等构件的内体之间安装滚珠轴承。炮弹出炮膛后，外壳高速旋转而装药旋转速度很慢，仅20～30转/分。弹带上刻有沟槽，可减小上膛阻力，并维持外壳与内体间的平衡（即弹体旋转，但战斗部通过滚珠轴承与弹体连接，使得战斗部自旋速度很低）。

上图 整个冷战期间，法国坦克都以破甲弹为主要弹种，对穿甲弹持排斥态度

G型破甲弹精度好、威力大（G型破甲弹由压电引信起爆，起爆电路由弹丸内体外表

面和内表面（导锥和药型罩）构成，压电晶体产生的高压电流引爆保险机构中的雷管。保险机构与起爆雷管之间的电路平时断开，只有当弹丸飞离炮口 5 米时才接通。G 型破甲弹的主装药是黑索金混合炸药，起爆药是特屈儿。该弹 0 度法线角着靶时可击穿 400 毫米装甲，65 度法线角着靶时可穿透 150 毫米装甲，背板孔径可达 15 毫米），能够有效对付当时绝大部分东西方坦克（缺点则是成本高），也正因此，法国军方虽然为第二轮 AMX-30 样车选择了一门高膛压的 CN-105-F1 105mm 线膛坦克炮，但其被赋予的主要任务却仍是发射 G 型破甲弹而不是穿甲弹，至于 CN-105-F1 105mm 线膛坦克炮设计膛压较高的原因，不过是为了与名义上的“北约盟国”普遍采用的英制 L7 105mm 线膛坦克炮在弹药上实现通用而已（美国引进的 L7 被称为 M68，用于 M48A3 及 M60 系列主战坦克，西德引进的 L7 被称为 RH105，用于豹 I 主战坦克，此外瑞士和瑞典也均引进了 L7，从而使这种英国坦克炮及其配套弹药成为了事实上的“西方标准”）。

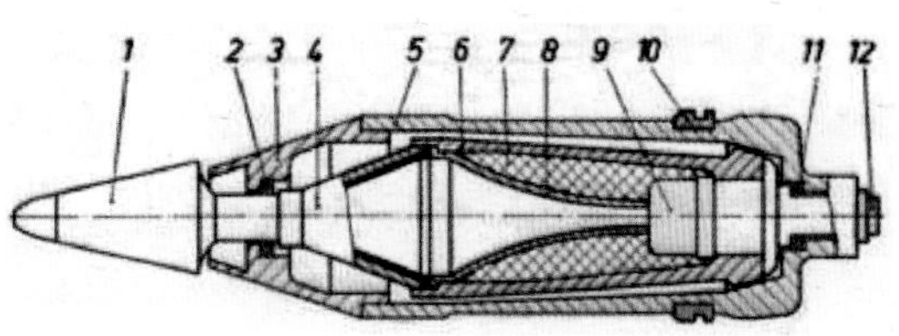

上图 法国人的“G”型破甲弹在技术上很有其独到之处

上图 CN-105-F1 105 毫米线膛坦克炮的主要任务是发射 G 型破甲弹而不是穿甲弹，至于设计膛压较高的原因，不过是为了与名义上的“北约盟国”普遍采用的英制 L7 105 毫米线膛坦克炮在弹药上实现通用而已

以机关炮作为辅助武器

按照设计理念，以 AMX-30 为代表的法国坦克都是一些需要在强敌压境、敌众我寡的环境中，执行长时间机动防御的战斗车辆，反坦克是其首要任务。然而，战场上的情况却是复杂而难以预料的，除了敌军坦克外，还可能遭遇大量其他次要目标，如人员、火炮、无防护车辆和轻型装甲车辆等——这些目标同样也不应该被放过。不过，这样一来却产生了一个问题，用什么样的武器来对付这类目标？仅就威力而言，105 毫米 口径的 CN-105-F1 线膛坦克炮或是 120 毫米口径的 CN-120-26 滑膛炮的确是足够了，但有限的备弹量却很难被随意“挥霍”，在这种情况下，只能以某种备弹量大的辅助武器来对付这类“次要目标”，以节省主炮弹药。不过，虽然以英制百人队长或是美制 M48/M60 为代表的传统西方坦克，通常靠安装一挺 7.62 毫米并列机枪来解决这个问题，最初的首轮 AMX-30 样车则安装了一挺 12.7 毫米并列机枪，然而法国人通过分析战场上可能遭遇的典型“次要目标”后发现——不但 7.62 毫米并列机枪的威力对于 BRDM-1、BTR-50P 这类轻型装甲战斗车辆完全没有效能，即便是 12.7 毫米机枪也是无能为力的，这便萌发了为 AMX-30

安装更大威力辅助武器的想法。作为最终结果，一门 20 毫米口径的 M693 机炮被搬上了 AMX-30 的炮塔防盾，取代了 12.7 毫米并列机枪的位置。

值得注意的是，如果说纸面数据一流但实际情况并不如意的 CN-105-F1 暴露了法国人技术上的短板，那么这门 20 毫米口径的 M693 机炮却是实打实的一流水准，多少为法国人挽回了一些面子——先进的浮动式自动机保证了足够的射击精度，采用 Mine-Shell 工艺的弹药又保证了足够的毁伤效能。一般火炮自动机都是在复进运动到位后才进行击发，复进到位时仍具有一定速度，这将对射击密集度带来不利影响。浮动式自动机可控制火炮自动机在复进过程中击发，避免发生撞击；同时还可以抵消部分后坐能量，达到减小后坐力的效果，从而对提高射击密集度有显著的效果。具体到 M693 的浮动式自动机来说，这是一种首发不浮动的自动机，它是靠采用长短后坐技术实现浮动的，不但结构简单而且实用。至于所谓的 Mine-Shell 工艺，则使得 M693 的 20 毫米弹药充填率极高，无论是高爆弹还是穿甲弹的毁伤效能都因此大幅提升（弹体是用优质钢材拉伸加工而成的，就像制造钢弹壳那样，而不是传统的铸造成型，在保持足够弹体强度的前提下可以大幅度地减少壁厚）。从轻型装甲战斗车辆、各种软目标到有生力量，甚至于是低空飞行的飞机，20 毫米口径的 M693 机炮对它们来说都是一种可怕的存在。

上图 AMX-30B 以一门 20 毫米口径的 M693 机炮作为辅助武器

主炮身管制造工艺来源于苏联

法国坦克的技术瓶颈长期“卡”在坦克炮的制造工艺上。以 AMX-30 坦克的 CN-105-F1 线膛炮为例。作为一种采用厚壁身管、理论设计膛压高达 670 兆帕的高膛压坦克炮，CN-105-F1 身管加工的主要难题是材料的选择和冶炼。高温、高压、摩擦和腐蚀是火炮身管制造要面对的主要问题。身管必须要有足够的强度和韧性，为此 CN-105-F1 105 毫米线膛坦克炮采用了 Cr-Ni-Mo-V 系钢种（即 0.34%C、0.21%Si、0.25%Mn、0.005%P、0.004%S、1.31%Cr、3.37%Ni、0.52%Mo、0.12%V、0.01%A1、0.01%As、0.05%Cu、0.004%Sn、0.01%N 和 0.0012%Sb）。而从身管材料工艺来讲。在简单使用高强度材料的时候，射击会使产生的裂缝迅速增大，只发射少数炮弹就能使身管报废，火炮寿命相当短。因为钢铁强度增大的同时，延展性和韧性降低，使火炮身管变脆。为了防止延展性和韧性降低，增大其强度，不但要改进合金成分，还要减少不纯物质和非金属杂质的含量，这样才能制造出强度高而且延展性和韧性极佳的身管材料。换句话说，像 CN-105-F1 105 毫米线膛坦克炮这类设计膛压高达 670 兆帕的高膛压火炮对内膛的耐烧蚀性能、强度和韧性有着极高的要求。这就对钢材的精炼提出了超乎寻常的要求。

然而问题在于，当时法国的碳镍铬铂系合金钢冶炼技术相当落后，CN-105-F1样炮身管仍使用传统的生产工艺：酸性平炉双联法冶炼——水压机锻造——井式热处理炉调质。这种工艺相当于20世纪40年代德国克虏伯公司炮管的生产工艺，制造出的碳镍铬铂系合金钢身管毛坯，硫、磷等对身管强度和韧性有害的元素严重超标，达不到设计要求。结果尽管CN-105-F1身管采用当时世界上通用的Cr-Ni-Mo-V系钢种，且其合金元素含量高达4.6% ~ 7.6%，但性能仍停留在屈服强度90千克 / 平方毫米（在保证足够韧性的情况下）左右的水平，而且成品合格率低，生产周期长，材料利用率低，切削加工量大，成本高昂，与英、德、美等西方主要国家相比其差距是十分明显的。当然，法国人也采取了一些解决措施，比如尝试着以碱性平炉的真空喷身精炼技术来制造身管毛坯，然而这种方法不但成本昂贵，而且产量极低，无法满足CN-105-F1 105毫米线膛坦克炮的量产需求，唯一比较理想的出路只能是改用电渣重熔工艺。

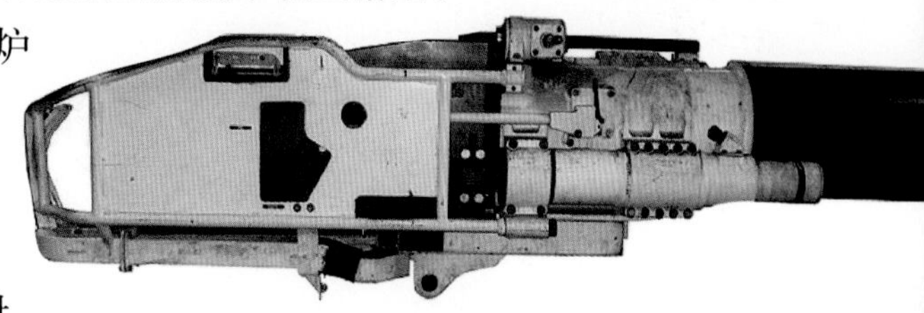

上图 CN-105-F1 105毫米线膛坦克炮起落部分

与真空冶炼技术一样，电渣重熔同样是为了满足炮钢的精炼要求而诞生的一种精炼工艺。简单地说就是将精炼过的特种钢再经过电渣重熔，以去掉钢材中残留的少量硫、磷等对火炮强度和韧性有害的元素，使钢的纯度更高，使用这一方式炼制出的炮钢组织致密，偏析小，综合机械性能也很不错，能够满足高膛压火炮身管的生产要求。但电渣钢成本不但大幅度低于效果类似的真空冶炼，至于相比酸性平炉冶炼工艺，电渣钢脱硫效果更为明显，脱氧性能更是高出一个数量级。但问题在于法国冶金业对此的技术储备甚少，这就使法国人陷入了一种尴尬的困境，以至于AMX-30因为CN-105-F1生产工艺的原因迟迟无法量产。充满戏剧性的是，最终帮助法国人解决这个难题的居然并非是其西方盟友，而是苏联这个预定的假想敌（尽管早在1960年德国莱茵金属公司就掌握了5吨级全封闭式电渣重熔技术，具备了工业投产能力，在生产其RH105坦克炮时，便已尝试着采用了这一技术，但在美国的压力下，西德方面拒绝与法国分享这一技术）。

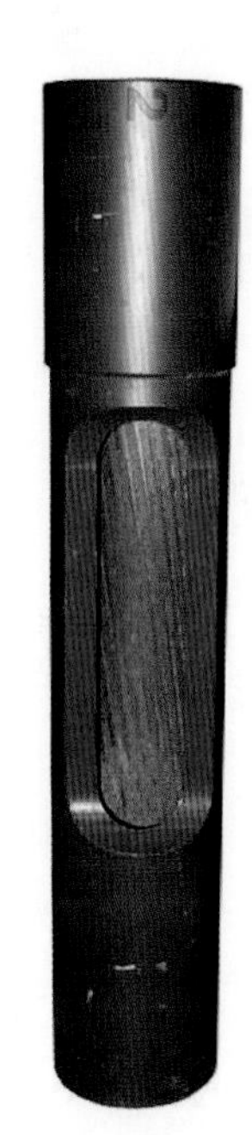

上图 CN-105-F1 105毫米线膛坦克炮身管剖面

早在1960年赫鲁晓夫访问法国之后，法、苏两国便开展了一系列的积极合作，内容包括从贸易到技术交流的各个领域，其中引人注目的一项便是苏联向法国转让有关电渣冶金的技术专利，其中包括一台完整的P951型电渣炉（与很多人所想象的不同，苏联对于电渣重熔技术的研制始于20世纪30年代，1952年建成了大断面自耗电极电渣重熔试验炉，1958年苏联乌克兰德聂泊尔特钢厂率先建成了世界第一台实用的半吨电渣炉，使电渣冶金进入了工业化生产进程，在这个领域具有毫无争议的技术优势）。到了1964年10月，苏联领导人赫鲁晓夫下台，勃列日涅出夫出任苏联最高领导人。这次换班引起了苏联内外政策的一些变化。正如戴高乐所认为的，苏联对外“在向和平和缓和方面变化，对内，它在转向自由。”这就为法、苏关系的进一步改善提供了条件。于是在这个大背景下，由于政治层面的“熟烙”，法、苏两国的技术交流也变得频繁和深入起来——在苏联直接派出工程师的指导下，到 1965 年 7 月（也就是豹 I 量产几个月后），法国罗昂厂（Londaine）的 P951 电渣炉顺利实现了投产。这就为 CN-105-F1 105mm 线膛坦克炮乃至整个 AMX-30 项目的定型量产，扫清了最大的技术障碍。时至今日，包括 AMX-56 所用的 CN-120-26 120mm 滑膛坦克炮在内，大部分法国坦克炮的身管制造仍然采用的是引进的苏联工艺技术（除了使用引进自苏联的P951 型电渣炉生产炮钢外，制造 CN-105-F1 身管所需的机械自紧技术也来自于苏联。苏联采用的机械自紧和西方常用的液压自紧相比，不仅自紧效果好，生产效率也高，法国人相当满意）。

独此一家的平列式多燃料坦克发动机

为了兼顾低矮的车体外形轮廓、较轻的战斗全重和较高的单位功率这 3 个相互矛盾的设计因素，法国设计师对坦克引擎着实花了不少的心思——用于 AMX-30 坦克的伊斯帕诺 - 絮扎（Hispano-Suiza）HS110 柴油引擎，便是一种结构奇特的大功率平列式 12 缸水冷多种燃料涡轮增压发动机。在世界坦克发展史上，正式采用此类引擎的量产型坦克只有法国一家。

具体来说，HS110 采用的所谓平列式结构实际上是一种具有多个活塞在水平方向上做水平运动的内燃发动机。通常，汽缸被分成两组分别安置在一个单一曲轴的两侧，有时也称为“对置式发动机”（boxer engine）或“水平对置式”（horizontally opposed engine）发动机。这一概念于 1896 年被卡尔 • 奔驰申请了专利。不过需要提及的是，HS110 采用的平列式结构不应与同时期英国为酋长主战坦克研制的 L60 那类“对置活塞式二冲程发动机”（opposed-piston engine）相混淆——对置活塞式发动机的各个气缸的两端各有一个活塞，而且没有气缸盖，而 HS 110 这类平列式发动机刚好相反，每个曲柄销只控制一个活塞 / 气缸，因其各对活塞同进同出，而不是交替运动，就像拳击手在比赛前将带着拳套的拳头撞在一起一样。能够在非常顺畅和没有不平衡力的条件下完成四冲程循环，而不需要在曲轴上安装平衡轴或配重以平衡往复运动部件的重心，而这些部件在其他的发动机里则是必须的。

需要指出的是，除了平列式结构的整体设计外，HS110 的很多细节设计也是独出心裁，例如其活塞行程仅为 150 毫米，行程 / 缸径 =1，属于短行程柴油机。其优点是，在活塞平均速度基本保持不变的条件下，转速可由 2000 转 / 分提高到 2600 转 / 分，因而

上图 AMX-30 使用的伊斯帕诺 - 絮扎（Hispano-Suiza）HS110 柴油引擎，是一种结构奇特的大功率平列式 12 缸水冷多种燃料涡轮增压发动机

可达到提升功率的目的。由于缩短了活塞行程，使曲轴的连杆轴颈与主轴颈的重叠度增加，其重叠度达 52 毫米，因而大大提高了曲轴的刚度和强度。HS110 还采用了长短大为缩短的叉形连杆，不但缩小了柴油机外廓尺寸，而且还消除了副连杆对主连杆产生的附加应力，以及左右排气缸中活塞运动规律的不一致性（叉形连杆的缺点是，叉头的强度和刚度都比较低，而且结构复杂，加工工艺要求较高，成本昂贵，装配工艺复杂）。HS110 的机体结构也与传统的 V 型四冲程柴油机不同，传统 V 型四冲程柴油机机体结构，上曲轴箱、气缸体与气缸盖是分开的，而该柴油机采用上、下曲轴箱、气缸体和飞轮壳 4 部分组成的整体联身机体，从而使机体面纵向平面的弯曲刚度和绕曲轴轴线的扭转刚度均显著增强。这种联身机体解决了作为一种平列式结构的柴油机，HS110 在进一步强化时遇到了机体刚度不足，曲轴箱出现裂纹、主轴承变形等问题。再有，传统的 V 型四冲程柴油机采用直齿圆锥齿轮和前传动的驱动机构，整个驱动机构由曲轴自由端即扭振振幅最大的部位传出，因而所受扭振的影响很大。而 HS110 则采用后传动，曲轴功率输出端附近的扭振振幅最小，齿轮传动安装在飞轮附近，具有明显的优越性（而且喷油提前角和配气相位的准确性得到提高，这对柴油机的性能有一定的好处）。该柴油机采用直齿圆柱齿轮传动，其优点是结构坚固，可靠性好；制造简单，成品合格率高，造价低廉；可以使用普通磨齿机加工。

显然，与传统的 V 型四冲程多种燃料发动机相比，HS110 之所以采用这种特立独行的平列式结构，其着眼点首先在于可使发动机总高度较低，可使车辆高度降低，车体总吨位减小，从而提高全车的战术性能，并且在整个转速区间内都能表现出良好的柔顺性和低重心的特点。当然，任何事物都有其两面性，既然 HS110 的大部分性能优势都源自其特立独行的所谓平列式结构，那么其缺点也同样源自于此——由于是一种水平对置式多燃料发动机，HS110 不但机油消耗率过高（机油消耗率达 16 ~ 19 千克 / 千瓦・小时 (12 ~ 14 克 / 马力・小时），这是由于活塞组的油环性能太差，气缸套变形太大（椭圆度和锥度达到 0.08 ~ 0.12 毫米），以及活塞裙部间隙大（达 0.5 毫米左右）等因素造成的），而且由于压缩比较大，致使整机工作时噪音和振动都较大，不但对于战术使用造成了一定的影响，可靠性也因此降低了（压缩比为 16.5 ~ 17，燃烧过程比较粗暴，气缸最高爆发压力 Pz 达到 7.84 ~ 8.13 兆帕（80 ~ 83kgf/cm^2），使运动件承受的机械负荷比较大，噪声高达 128 ~ 130 分贝）。

结语

法国人对自己民族的文化有一种深深的民族自豪感，所以对外来说就显得高傲了，而这种民族性格同样在法国坦克中被体现了出来。事实上，除了有别于传统西方坦克，更为紧凑低矮的外形轮廓外，支撑起法国坦克的技术元素大量散发着浓烈的“法国特色”——这些技术元素“既不是西方也不是东方，仅仅只是法兰西”。

上图 法国坦克的技术元素“既不是西方也不是东方，仅仅只是法兰西”

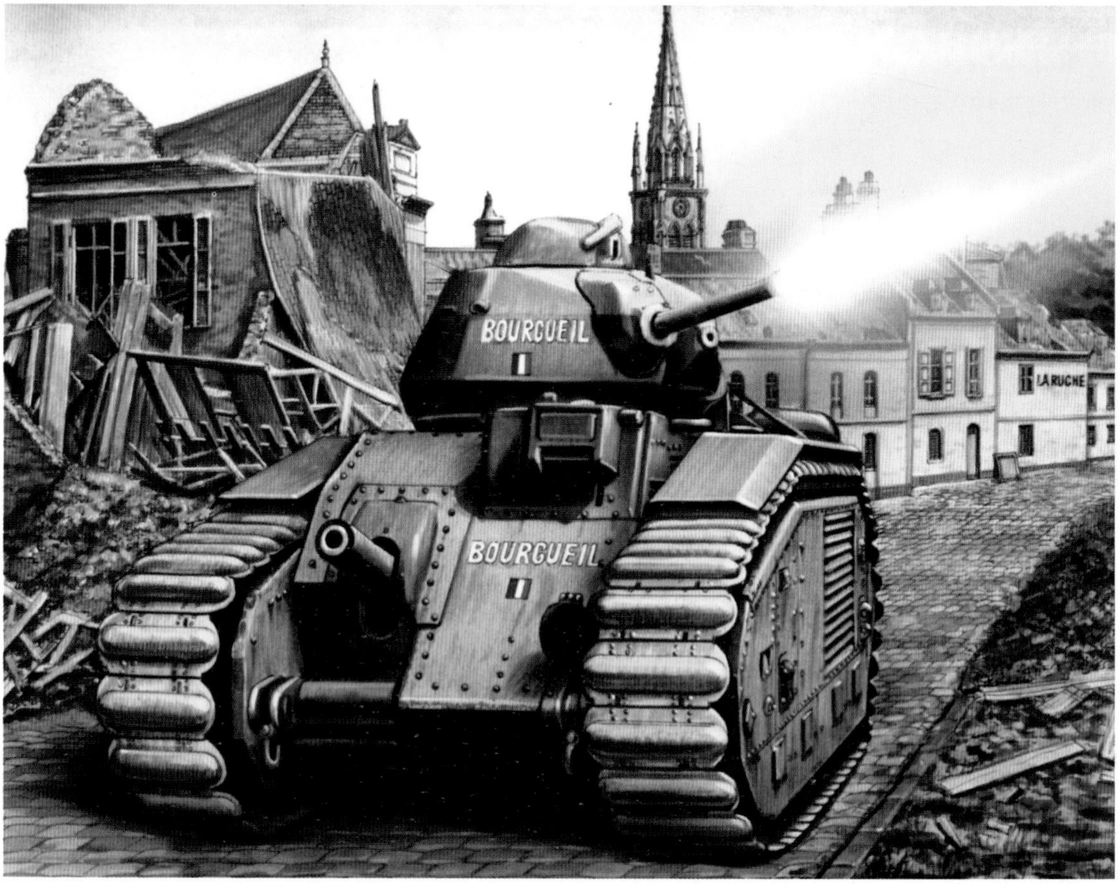
BOURGUEIL
BOURGUEIL
LA RUCHE

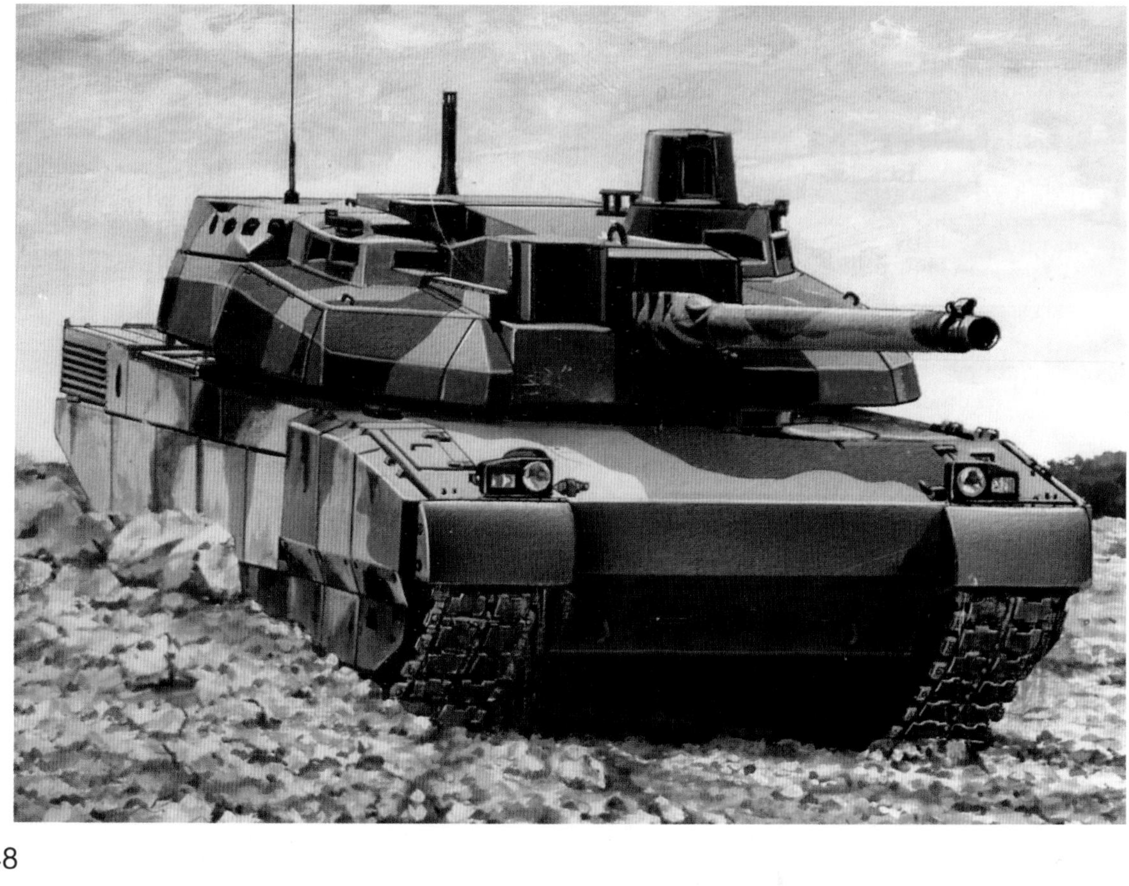

意大利篇

意大利坦克发展史

尽管意大利受国力制约，在坦克技术的发展上较为“平庸”，但这种“平庸”其实只是相对而言的。如果仔细打量这个亚平宁半岛上的“二流列强”，就会发现，作为一个起步不太晚的欧洲工业化国家，意大利制造的坦克别有一番风情在其中。

轻型与超轻型坦克受到青睐

坦克诞生之初，意大利国力有限，国内又遍布山地，这就使得轻型坦克很对意大利人的胃口——简单的结构、低廉的成本适合意大利的经济情况和工业水平，灵活轻盈的车体在山地机动游刃有余，适度的装甲防护与火力用于“殖民地作战”则是倍显优越。也正因如此，从接受“坦克”这个概念的那一刻起，意大利政府与军方便对轻型坦克情有独钟。作为意大利坦克工业开山之作的菲亚特3000，之所以要以雷诺FT17为模仿原型，并不是偶然的。值得注意的是，由于意大利自身拥有较为敦实的工业基础，菲亚特3000并非完全意义上的雷诺FT17仿制品，在结构上有所改良（比如发动机布局和某些车体细节），这就预示着意大利的坦克工业很快迎来了自己的“原创性时代”。菲亚特3000成功之后，意大利人对成本更为低廉的超轻型坦克倾注了极大的热情。结果在整个20世纪二三年代，CV-29/33系列成为最著名的一种意大利量产型超轻型坦克（快速坦克）。

上图 菲亚特3000轻型坦克侧视图

上图 菲亚特3000B轻型坦克两面视图

CV-29的技术蓝本源于著名的英制卡登•洛伊德。1929年意大利从英国引进了4辆卡登•洛伊德MKIV样车，同时引进的还有全套的技术资料和生产许可证。意大利在对该车进行少许改良以后，以CV29（CV=Carro Veloce）为名称由菲亚特公司开始量产，不过在1929～1930年期间制造了21辆CV29样车后，在部队测试中，发现装甲过于薄弱（甚至无法抵御7.62毫米枪弹），发动机功率也不足，故经过强化后，于1933年重新定型为CV33。意大利陆军对CV33表示满意，下达了1300辆的大订单。CV33主要有3个生产批次：原型车和初期生产型，战斗室左侧装备的是6.5毫米M14水冷机枪；量产第一批次，把水冷M14换成空冷M14，发动机室上方有3角机枪支架；1934年开始生产的量产第二批次，武器改为两联装8毫米菲亚特M35机枪或者贝莱塔M38机枪，同时撤掉3角机枪支架，而以前生产的第一批次后来也按照此标准改装。

1935年开始，因为意大利焊接工艺水平太差，为了提高产量，上部外壳由焊接改为螺栓固定方式，定型为CV35。1938年开始，CV35武器更换为一挺13.2m贝雷塔M31重机枪，同时履带和悬挂也进行改进，定型为CV38。20世纪30年代意大利陆军两次更改系列坦克的叫法，第一次，加入表示3吨坦克的数字3,这样CV33变成CV3/33、CV35变成CV3/35、CV38变成CV3/38；第二次在20世纪30年代末，因为全面整理装甲车辆编号，CV33系列从快速坦克归类为轻型坦克，故用新的L3（L为Leggero=轻型）制式番号，各型式改为L3/33、L3/35和L3/38。1935年开始的意大利入侵埃塞俄比亚战争中，CV33被大量投入使用，面对火力微弱的埃军，取得了一定战果。虽然在随后到来的二战中，这种薄装甲轻火力的履带式战车几乎没有用武之地，但作为两次世界大战之间意大利装甲部队的最重要装备，CV29/33系列的地位举足轻重。

上图 意大利仿制的卡登•洛伊德MKIV样车方案一

上图 意大利仿制的卡登•洛伊德MKIV样车方案二

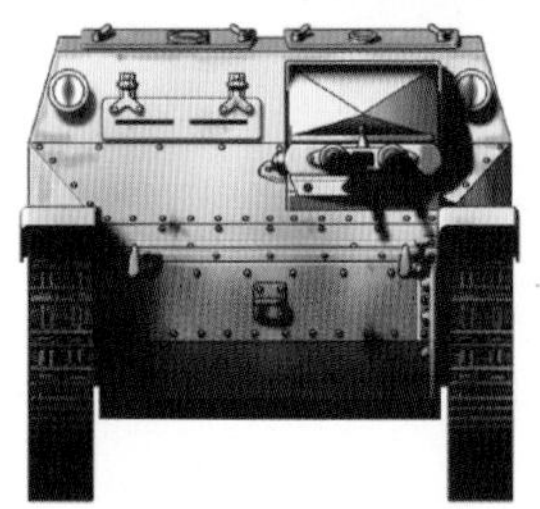

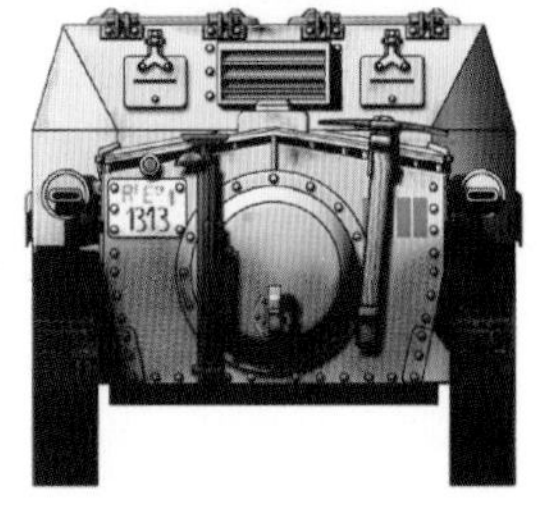

上图 CV33超轻型坦克（早期型）四面图

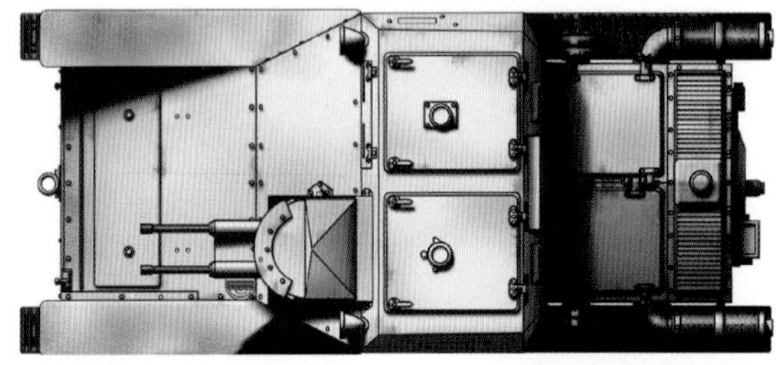

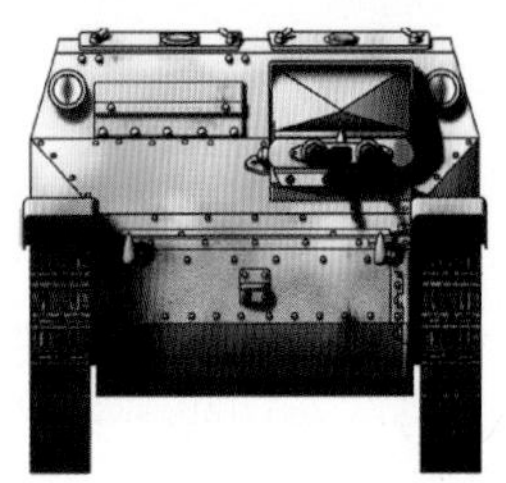

上图 CV33超轻型坦克（后期型）四面图

上图 CV35 超轻型坦克四面图

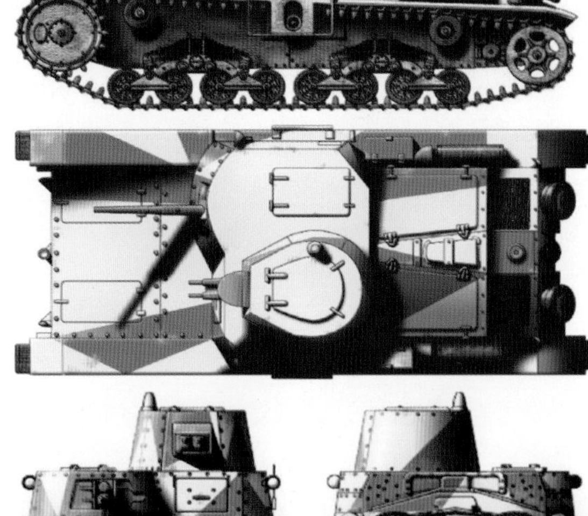

上图 M11/39 中型坦克四面图

中型坦克与重型坦克性能蹩脚

由于经济状况不佳，意大利对开发中型与重型坦克兴趣索然。直到欧洲全面战火已经不可避免的 1930 年末，才匆忙上马有关计划。然而，由于此前的技术储备极为有限，意大利在二战中生产的一系列中型/重型坦克都是一些蹩脚的二流货色。以中型坦克为例，作为意大利战前生产的第一款中型坦克，11 吨重的 M11/39，无论是战斗全重、装甲防护水平，还是火力，其实只相当于其他国家的轻型坦克标准，而且车体还采用了落后的铆接式结构。当然，M11/39 在设计上有一定的意大利特色，但这种“特色”却并非是一种赞誉，M11/39 的主炮半固定在车体内，左右只可旋转 15 度，另有 2 挺 8 毫米机枪作为辅助武器。这种设计以今天的视角看来完全是一种漫不经心的“凑合事”，也从一个侧面体现了意大利低劣的技术水平。另外，M11/39 中型坦克虽然留有无线电台位置，却没有加装无线电台，这使其战场价值进一步降低。虽然在非洲战场初期，M11/39 中型坦克对英军的轻型坦克起到了压制作用，但是完全无法对马蒂尔达造成伤害。

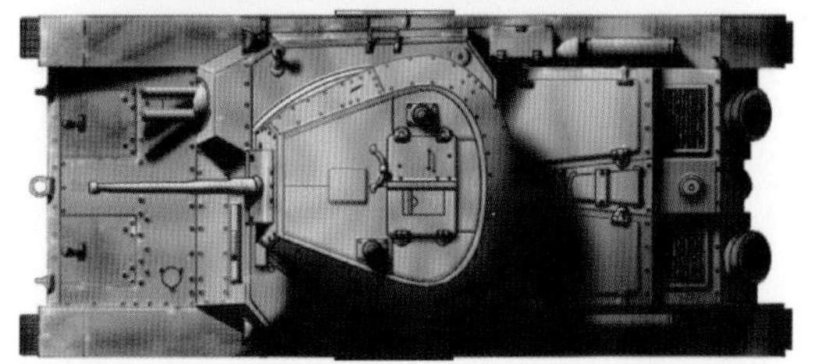

上图 M13/40 中型坦克（样车）四面视图

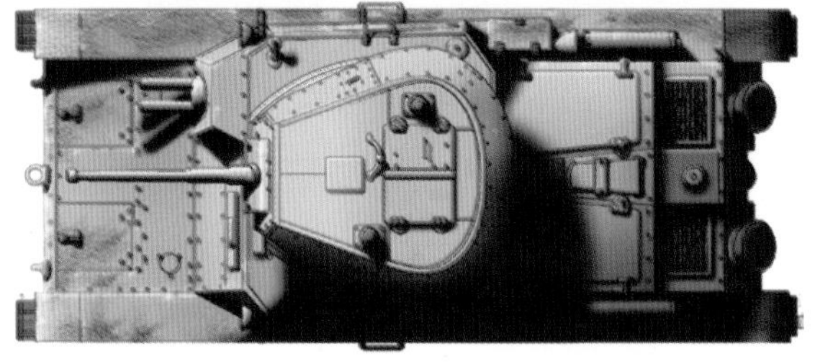

上图 M13/40 中型坦克（早期型）四面视图

马力，但战斗全重也水涨船高，M13/40 的单位功率实际上不升反降，机动性能其实是恶化了。结果虽然在 1940 年底到 1941 年初的短暂时间里，意大利人还能靠 M13/40 中型坦克勉强支撑（在非洲军团中这种坦克作为Ⅲ、Ⅳ号坦克的补充，在阿拉曼战役之前的一系列作战中发挥了一定的作用）。但很快这种火力、机动和防护都较差的坦克就被更为优秀的对手压制了下去，到 1941 年中期就已经全面过时了。当然，意大利人并非没有意识到 M13/40 中型坦克存在的问题，不过他们认为其底盘尚有挖掘潜力，所以对 M13/40 进行继续升级，便出现了 M14/41 型中型坦克。然而，除了加强侧后装甲以外，战斗全重因此进一步增至 14 吨级，M14/41 和 M13/40 几乎没有区别，相当令人“失望”。

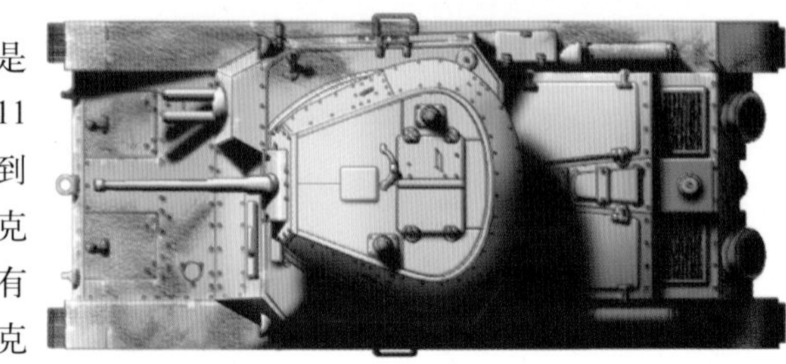

随后出现的 M13/40 中型坦克在本质上是 M11/39 的“旋转炮塔型号”，战斗全重相应由 11 吨增至 13 吨级，发动机功率由 105 马力提升到 125 马力（柴油机），性能较之 M11/39 中型坦克有了较大进步。再加上高达 799 辆的总产量，有些人认为 M13/40 中型坦克代表了二战意大利坦克技术的最高水准。然而，如果进行纵向对比，M13/40 中型坦克或者还能拿得出手，但与同时期其他国家同类的坦克横向对比中，M13/40 中型坦克却依然是一个寒酸的二流蹩脚货。其 M35 型 47 毫米坦克炮由步兵炮发展而来，穿甲能力严重不足，最大厚度仅 42 毫米的装甲板又是由不牢靠的铆钉连接在车体上，遭受中等口径的榴弹轰击都有可能龟裂散架。更何况，虽然发动机功率由 105 马力提升到了 125

上图 M13/40 中型坦克（后期型）四面视图

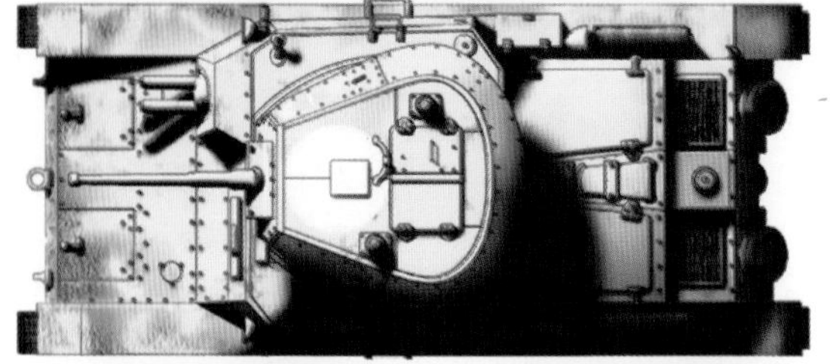

上图 M14/41 中型坦克四面图

M14/41 并非是二战意大利中型坦克的“绝唱”，1942 年底在 M14/41 的基础上，又出现了动力强化型的 M15/42 中型坦克。除了装载大型的发动机延长了车体外，炮塔也由油压转弯式被改变成电动油压转弯式，并安装了新型的 47 毫米长管火炮。该型坦克于 1942 年开始量产，1943 年下发部队使用。由于投产时间的问题，M15/42 中型坦克产量较少。在意大利投降后，意大利军队的 M15/42 中型坦克在罗马与德军发生过交火，剩余的坦克被德军接收，并将仍在生产线上的 30 辆 M15/42 组装完毕。总体来讲，二战中意大利中型坦克的技术水平始终处于二流地位，其吨位只相当于其他国家轻型坦克的事实就表明了这一点，基本上与日本处于同一级别，无力在残酷的欧洲和北非战场上立足。更令人“抓狂”的是，意大利的中型坦克技术如此蹩脚，重型坦克的经验更是一片空白。但即便如此，意大利人仍然在 1939 年强行上马了重型坦克计划。立项于 1939 年的 P26/40 重型坦克本质上是 M13/40 系列中型坦克的放大版本，但实际仍只相当于其他国家的中型坦克——战斗全重 26 吨，平衡式悬挂系统，以一门 34 倍径 75 毫米炮为主要火力，最大装甲厚度为 60 毫米，发动机功率 330 马力，最大公路速度 35 千米/小时。毫不客气地说，对于意大利人的这种“重型坦克”，P26/40 的战场价值可能还不如一辆长身管的 IV 号 F2 或是 H 型。然而即便如此，在意大利投降前，这种名不符实的重型坦克也只生产了 21 辆，意大利糟糕的坦克工业可见一斑。

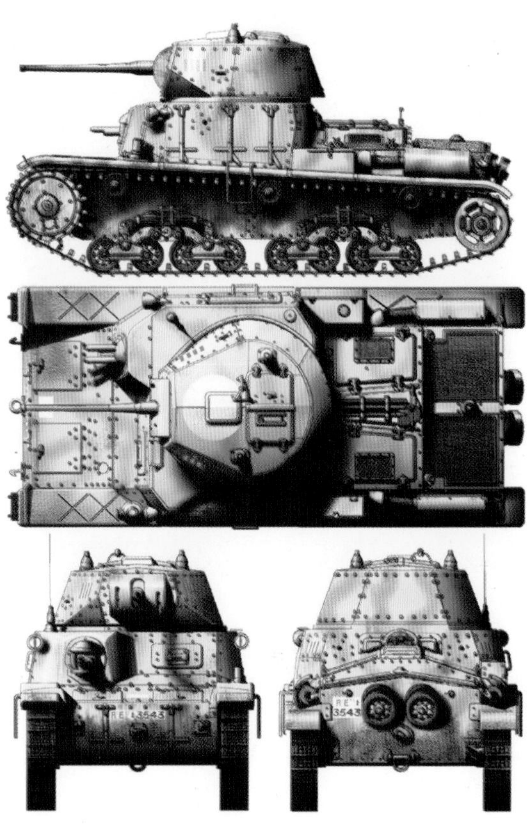

上图 M15/42 中型坦克四面图

以仿制和出口重新起步

经历了第二次世界大战的挫折，意大利军事工业陷入了萧条。再加上政治原因，重建的意大利军队在整个 20 世纪 50 年代只能以美制 M47“巴顿”主战坦克来充门面。不过在 20 世纪 50 年代末，随着法、德联合研制“欧洲标准坦克”的计划搞得有声有色，意大利也按捺不住内心的“躁动”，开始跃跃欲试。于是在法、德发起的“欧洲标准坦克”框架中，意大利成为了第三个研制伙伴。然而好景不长，由于在战术技术指标上存在重大分歧，法、德的坦克联合研制最终不欢而散，计划落空的意大利不得不再次选择美制 M60A1。不过，意大利自制坦克的雄心在这场风波中算是被撩拨了起来，再加上作为一种典型的美式坦克，人高马大、车体沉重的 M60A1 并不适合意大利的多山地形，战场价值受到意大利军界的普遍怀疑。在这种情况下，意大利在接受了 300 辆 M60A1 后，将目标转向西德的“豹 I”，并为此引进了全套的技术资料和生产许可证，以激活自己沉寂已久的坦克工业。

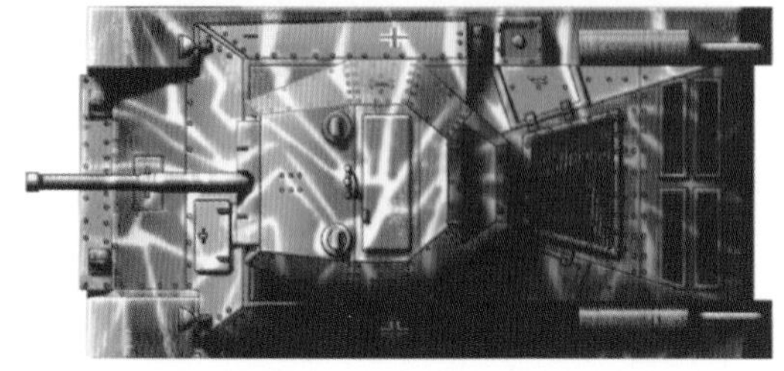

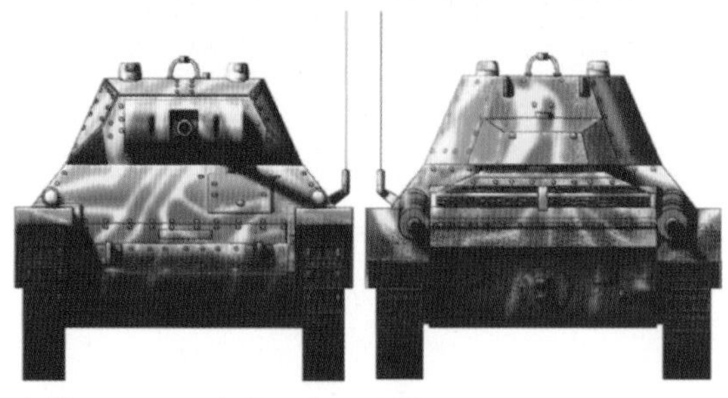

上图 P26/40 重型坦克四面图

意大利人是这样想的，也是这样做的。从 1970 年到 1983 年的 13 年时间里，意大利军方采购的 1080 辆“豹 I”主战坦克中，除了最初的 200 辆为西德原产外，剩下的全部为奥托·梅莱拉公司按许可证生产。就这样，通过“豹 I”的许可证生产，意大利的坦克工业不但再次运转了起来，而且积累起了丰富的现代坦克技术经验，为自已研制真正的“意大利坦克”奠定了基础。有意思的是，战后意大利自研坦克的初衷并非是为了自用，而是为了出口创汇。结果，在经历了“狮”式主战坦克的挫折后（实际上就是一种炮塔和车体外形略有变化的“豹 I”），意大利人向国际市场推出了自己的 OF-40 主战坦克。作为意大利在二战后研制的第一种坦克，OF40 由奥托·梅莱拉公司和菲亚特公司联合研制，奥托·梅莱拉公司负责总体设计和总装，菲亚特公司负责动力 - 传动装置的生产。在 OF40 的设计过程中，两家公司充分吸取了德国“豹”I 主战坦克的经验（奥托·梅莱拉公司曾经生产“豹”I），以至在外形和许多部件上，OF40 和“豹”I 有很多相同之处。但是 OF40 毕竟是一种全新的坦克，其主要部件都是在意大利生产的，其总体性能要比“豹”I 先进。OF40 计划的出口对象就是中东地区，所以 OF40 在设计时就充分考虑了中东地区的气候和地形特点。OF40 的总体布局和其他主战坦克一样。其车体和炮塔由钢装甲板焊接而成，火炮的防盾和“豹”I 坦克的如出一辙。车体两侧有夹着橡胶的钢板组成的裙板。

OF40 的主要武器是一门奥托·梅莱拉公司生产的 105 毫米线膛炮，配备脱壳穿甲弹、破甲弹、碎甲弹和烟幕弹等，具有比较强的火力。有消息说，奥托·梅莱拉公司在 1993 年改进出了安装 120 毫米炮的 OF40/120MK.2A 坦克。120 毫米火炮赋予了 OF40 与“豹”2 和 M1 坦克相当的火力，而 OF40 的价格却便宜得多，厂家希望 OF40/120MK.2A 能由此打开中东的市场。由于降低成本的考虑，OF40 没有安装火炮稳定系统，只有弹道计算机、车长周视瞄准镜、激光测距仪和微光电视等组成的火控设备，这就使 OF40 在行进间射击的能力大打折扣。在动力和传动方面，OF40 都采用了德国的设备。德国的 MTU 柴油机是OF40的动力，

上图 作为“豹 I”主战坦克的意大利版本，OF40 主战坦克主要用于出口市场，但业绩不佳

为了适应中东的气候，意大利对发动机进行了加装燃油供应量控制装置和恒温装置等改进。OF40还能在安装了潜渡装置后潜渡4米深的江河。遗憾的是，OF40是为了出口而研制的，但在更先进的“豹”II和M1系列坦克问世后，OF40除了价格外没有什么优势可言，所以其销售状况不理想，意大利人的小算盘算是落了空。

3代水平的“公羊”

从仿制“豹I”到自研OF40，战后意大利坦克工业算是迈出了扎实的一步。不过，无论是“豹I”、OF40还是M60A1，在20世纪80年代的时代背景下，技术上都已经日渐落伍，无力与新一代苏式坦克正面抗衡。面对这种情况，为了满足自用和出口的双重需求，1984年，奥托•梅莱拉公司和依维柯•菲亚特公司达成协作，为意大利陆军发展第二代主战坦克。根据该协议，奥托•梅莱拉公司负责C1坦克总体设计和武器系统研制，依维柯•菲亚特公司负责机动部件设备。该坦克最初被称为特里科洛雷（Tricolore）坦克，1987年改称阿瑞特（Ariete）或兰（Ran）坦克。1988年初，已制成6辆C1坦克样车，并交意大利陆军试验。原计划C1主战坦克于1989年投产，第一批的生产量为200～250辆，用以替换意大利陆军使用的M47、M60A1，以及早期生产的部分“豹I”。

C1主战坦克虽然是意大利战后研制的第二代主战坦克，但其技术水平瞄准的却是战后第三代主战坦克。对C1的情况进行仔细考察后，会发现事实也的确如此，整个设计融合了大量德国“豹II”坦克技术，并以意大利设计加以整合。该坦克的车体和炮塔用轧制钢板焊接而成，重点部位采用新型复合装甲。车内分成3部分，右前部是驾驶舱，中部是战斗舱，发动机和传动装置位于车体后部。驾驶员有1个单扇舱盖和3个潜望镜，中间有1具被动式液视潜望镜。炮塔在车体中部上方有3名乘员，车长在炮塔右侧，炮长在车长前下方，装填手在炮塔左侧。车长和装填手各有1个向后开启的单扇舱盖，车长舱盖前有1个周视潜望镜。炮塔左侧开有补弹窗。炮塔呈长方形，后部有1个大尾舱。主要武器是1门由奥托•梅莱拉公司研制的北约标准44倍径120毫米滑膛坦克炮（实际上是意大利版RH120）。辅助武器包括1挺与主要武器并列安装的7.62毫米机枪和1挺安装在车长炮塔舱盖上的7.62mm高射机枪，高射机枪由车长在车内遥控射击。

上图 标准版C1“公羊”主战坦克侧视图

相对于“豹II”早期型号，C1在火控体系统的技术上更为豪华，装有伽利略（Officine Galileo）公司设计的TURMS OG14L3型坦克火控系统，该系统是用通用模件新设计的，主要部件包括车长昼间周视瞄准镜、炮长激光潜望瞄准镜、弹道计算机、传感器、炮口校正装置，以及车长、炮长和装填手控制面板。由意大利和法国SFIM公司共同投资研制的车长周视瞄准镜装在炮塔顶板上，可360度旋转和进行-10度～+60度的俯仰运动。该镜本身带有稳定装置，有2.5×和10×两倍放大倍率。车长还有1个单人使用的电视屏幕显示器，夜间可为车长显示炮长瞄准镜上的热图像。炮长瞄准镜装在炮塔顶板上，由主稳定的头部反射镜、观察镜、激光收发器和热图像装置等4个主要模件组成，装在一个壳体内。昼间观察镜放大倍率为5×；夜间采用有宽窄两倍视场的热图像装置进行观察，昼夜观察镜均通过同一个头部反射镜接收图像。炮长还有1个与主要武器并列安装的、由伽利略（Galileo）公司制造的望远式瞄准镜，放大倍率为8×，镜上刻有3种瞄准分划，供发射不同的弹种使用。弹道计算机为1台数字式微处理机，可完成全部弹道装置（包括光学瞄准镜、激光测距仪及伺服装置），以及传感器、车上自检装置和训练装置工作的计算、控制和管理。当该机出现局部故障时，计算机能使系统从正常工作方式转为备用工作方式。装填手有两个在炮塔顶部安装的潜望镜。

上图 装甲强化型 C1“公羊”主战坦克侧视图

C1 的正面弧形区（包括炮塔正面、车体正面，以及第一、二负重轮位置处的装甲裙板）采用新型复合装甲。车体两侧的上支履带及悬挂装置被侧裙板遮盖着，从而提高了车体侧装甲的防护力。行动部分采用独立扭杆悬挂装置，车体每侧有 7 个双轮缘挂胶负重轮和 5 个托带轮，诱导轮在前，主动轮在后。履带为双销式，有橡胶衬垫。履带板和导向齿先与履带销串在一起，再用端部连接器将两个履带销连接起来。由于战斗全重 48 吨，比“豹 II”早期型号略轻一些，再考虑到成本问题的取舍，C1 的动力系统并没有采用西方“时髦”的 1500 马力级别，而是选用了 1 台标定功率为 882 千瓦（1200 马力）的菲亚特 MTCA V-12 型涡轮增压中冷柴油机。传动装置则选用了德国 ZF 公司设计的 LSG3000 全自动传动装置，有 4 个前进挡和 2 个倒挡，在每个排挡可实现 3 个规定转向半径的机械转向并能原位转向。整体来讲，C1 在主要技术上基本达到了西方第三代主战坦克的标准（虽然在横向对比中仍然平庸），成为了意大利坦克工业的一个里程碑式作品，至今在意大利装甲部队中仍然扮演着支柱性的角色。

上图 C1 主战坦克虽然是意大利战后研制的第二代主战坦克，但其技术水平瞄准的却是战后第三代主战坦克

上图 开火中的 C1“公羊”轮式坦克歼击车技术水平较高

正所谓尺有所短，寸有所长。意大利人也许在坦克的研制上不太“在行”，最好的作品也只能得到“平庸”的评价，但由于战场环境的侧重点不同，战后的意大利在轮式坦克歼击车上却搞得风生水起，“半人马座”B1 轮式坦克歼击车便是这样一个被广泛称赞的代表作。具体来说，“半人马座”B1 由依维柯 • 菲亚特（IVECO FIAT）公司的防务车辆分部根据意大利陆军 1984 年初提出的要求由意大利自行研制和生产。第一辆样车于 1987 年 1 月完成，第二辆于 1987 年中完成。截至 1987 年 12 月，共完成 4 辆样车并投入试验。1988 年又完成了另外 5 辆样车，其中包括 1 辆防护性能试验车。该车车体炮塔为装甲钢焊接结构，可防 12.7 毫米枪弹的攻击，前弧可防 20 毫米穿甲弹的侵彻。驾驶员位于车体内前部左侧，其右侧安置有动力装置，驾驶座的高度可调。它有 1 个单扇左开的舱盖，其上带有 3 个前视潜望镜，中间 1 个在夜间行驶时可由 MES VG/DIL 被动式潜望镜取代。

上图 早期型“半人马座”B1 轮式坦克歼击车

上图 重装甲型“半人马座”B1 轮式坦克歼击车

上图 装有120毫米低后坐力坦克炮的重装甲型“半人马座”B1轮式坦克歼击车

上图 西班牙皇家陆军装备的重装甲型“半人马座”B1轮式坦克歼击车

“半人马座”B1轮式坦克歼击车的炮塔由奥托•梅莱拉（OTO Melara）公司进行组装和试验的，安装在车体顶部靠后部位。车长位于炮塔内左侧，炮长位于右侧，装填手在炮长后面。车长有4个潜望镜用于向前及两侧观察，有1单扇后开舱盖，舱盖之上前部有1个昼用稳定式周视观察镜。炮长和装填手共用1个舱盖进出炮塔。炮塔顶部右侧安装有5个潜望镜供炮长和装填手进行观察。动力装置包括MTCA发动机、5HP-1500全自动变速箱，以及相应的冷却和过滤装置，全部可在20分钟内更换完毕。依维柯•菲亚特公司生产的MTCA发动机为6V90°直喷式水冷涡轮增压中冷柴油机，铸铁缸体，湿式气缸套，每缸1盖，缸盖也为铸铁材料，每缸4气门。排气门为双金属结构，排气门顶部为镍铬钛合金材料。曲轴材料是锻造合金钢。活塞是由电子束焊接的两部分组成，顶部由机油冷却。5HP-1500全自动变速箱和分动箱是依维柯公司根据联邦德国ZF公司的许可证进行生产的。变速箱主要包括带闭锁离合器的3元件变矩器、液力制动器、主齿轮系和盘式停车制动器。动力由变速箱经传动轴传至差速器，然后传到车体两侧的半轴，再经各锥齿轮传给各车轮的独立驱动轴。车辆可全4桥驱动，不过第一桥也可不参与驱动。采用液气独立悬挂装置，垂直行程可达310毫米。使用液气制动系统，各轮毂内均有盘式制动器。该车为动力转向，一般是前4轮转向，但在特殊情况下，后2轮也参加转向，此时车辆的最高速度限制在20千米/小时内。采用上述的传动和转向装置后，驾驶员可以根据情况选择8×6×4（6轮驱动，前4轮转向）或8×8×6（8轮驱动，6轮转向）的工作方式。轮胎具有泄气保用性能，带有中央轮胎充放气系统。当其中4轮遭破坏后，其余4轮仍能保证车辆正常运行。

上图 部署在伊拉克的“半人马座”B1轮式坦克歼击车

“半人马座”B1轮式坦克歼击车装有奥托•梅莱拉公司52倍口径的105毫米火炮，可以发射包括尾翼稳定脱壳穿甲弹在内的各种北约制式坦克炮弹药。火炮采用立楔式炮闩，当空弹壳退出后，炮闩始终打开，带有多室炮口制退器，带抽气装置和热护套，并有炮口校正装置。该炮采用自紧工艺制造，最大后坐距离为750毫米。车上共载40发炮弹，14发在炮塔内，其余在车体内。主炮左侧有1挺7.62毫米的M42/59式并列机枪，炮塔顶上有1挺高射机枪，炮塔两侧各有4个电动烟幕弹发射器。炮塔的旋转和武器的俯仰为电液式，但有手动应急操纵装置。火炮的俯仰范围为-6度～＋15度。采用伽利略公司的TURMS火控系统，主要包括车长和炮长用的瞄准具、SEPA数字式弹道计算机、各种传感器、炮口校正装置，以及车长、炮长和装填手的显示面板。车长瞄准镜是伽利略公司与法国测量仪器制造公司(SFIM)合作生产的SP-T-694式稳定周视瞄准镜，有2.5×和10×两个倍率。夜间，炮长瞄准镜的热成像显示在车长的电视监视器上。车长瞄准镜的俯仰范围为

-10 度～＋60 度。炮长昼夜合一，激光瞄准潜望镜集稳定的头部反射镜、光学观察装置、激光接收器和热成像仪于一体。昼用部分的放大倍率为 5×，热成像仪的视野取决于所选择的头部反射镜。炮长还有 1 个伽利略公司的 C-102 型 8× 同轴望远镜和 3 个手动选择的瞄准分划装置。数字式弹道计算机进行所有与火控有关的计算，并且控制和管理光学瞄准镜、激光测距仪、伺服机构，以及各传感器和内部检测设备。还可使系统在出现差错和失误时，从一般状态转到后备状态。一些主要的传感器提供气象、车辆状态和火炮磨损情况的数据。车上装有三防装置。空调装置可使乘员在 -30 摄氏度～＋44 摄氏度的环境温度下正常操作。制式设备包括前置绞盘、动力舱内的探火灭火装置及乘员舱内的探火抑爆装置。总体而言，“半人马座”B1 被公认为轮式坦克歼击车的翘楚，其性能要在法国 AMX-10RC 之上。在某种程度上，意大利陆军对“半人马座”B1 这类轮式坦克歼击车的重视程度甚至要超过坦克。

上图 “半人马座”B1 被公认为轮式坦克歼击车的翘楚，其性能要在法国 AMX-10RC 之上

上图 在某种程度上，意大利陆军对“半人马座”B1 这类轮式坦克歼击车的重视程度甚至要超过坦克

结语

作为意大利军事工业的一个缩影，意大利坦克工业自有其独到之处、——其早期作品受制于财力或技术水平限制，多为二流水准。然而经过战后的经济复苏，国力有所增强的意大利坦克工业开始迅速复苏和超越，不但研制出了性能达到时代主流标准的 C1“公羊”式主战坦克，更通过“半人马座”B1 轮式坦克歼击车，让人们看到了意大利坦克/装甲车辆精细的一面。

意大利装甲部队的建设

意大利装甲战斗车辆国产化程度较高，装甲部队建设起步较早，这使意大利坦克无论是设计还是作战理念均有“规律”可寻。然而，这又是怎样的一种“规律”呢？

左图 坦克对于地面战斗的意义是毋庸置疑的——这在本质上是以技术换生命，最大限度地节约战争资源——意大利人从一开始就敏锐地领悟到了这点

两次世界大战期间："穷国""野心"与"坦克"

坦克对于地面战斗的意义是毋庸置疑的——这在本质上是以技术换生命，最大限度地节约战争资源——意大利人从一开始就敏锐地领悟到了这点。不过，"坦克"同时又是一种昂贵的军事技术装备，结构再简单的"坦克"比一辆卡车也要昂贵得多，这一点决定了国力有限的意大利人在对这种划时代兵器的投入中，从一开始便是"抠门"和"精打细算"的。一战爆发后，意大利考虑到利害关系，加入协约国方面作战，其参战目的是要瓜分北非，包括的里雅斯特和阿尔巴尼亚等地，在地中海地区建立霸权。1915 年 4 月，英、法、俄与意签订伦敦密约，许诺意大利战后可以获取奥地利和巴尔干的一些领土，以及在瓜分土耳其时分得一部分势力范围。在此形势下，1915 年 5 月，意大利向德、奥宣战。参战后意大利屡战屡败，伤亡 100 多万人，经济也遭到严重破坏。在这种情况下，虽然意大利军方对英、法率先投入使用的坦克表现出了极大兴趣，自身的军事工业也有一定的能力，但薄弱的经济情况却决定了意大利人最先引进和仿制的目标，只能是价格低廉的 FT-17（意大利仿制版被称为菲亚特 3000）。对英、法手中那些更大、更重、更强的中型和重型坦克只能望洋兴叹。

上图 二战前的意大利对研制和生产成本高昂的中型、重型坦克兴趣索然，甚至都少有技术储备

1919 年，意大利参加了巴黎和会。按经济军事实力来说，意大利算不上强国，比英法差得多。意大利要求得到被"许诺"的领土，甚至提出独霸亚得里亚海。这种过分的野心不可避免地同英、法、美产生矛盾和冲突。到 1919 年 4 月，意大利首相奥兰多因巴黎和会未满足其领土要求而退出会议提前回国。根据 1919 年 9 月 10 日协约国与奥地利签订的《圣日耳曼条约》，伊斯特利亚、克伦地亚和达尔马威亚部分地区、的里雅斯特、提罗尔南部、达尔马威亚沿岸一些岛屿（阜姆除外，划为自由港）划给意大利。1920 年 7 月，赔款委员会斯巴会议确定，意大利应得德国赔款总数的 10%。意大利虽然获得了一些利益，但对英法没有完全履行 1915 年密约的诺言及凡尔赛条约的结局均极为不满。在一战造成的社会动乱的历史背景下，意大利法西斯组织得以滋生。意大利在巴黎和会上的"失败"，接二连三的短命内阁无法应付社会动乱的现实，最终导致墨索里尼建立了法西斯专政。

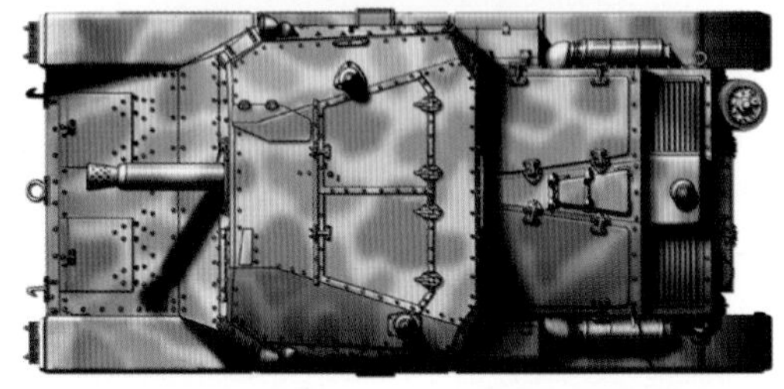

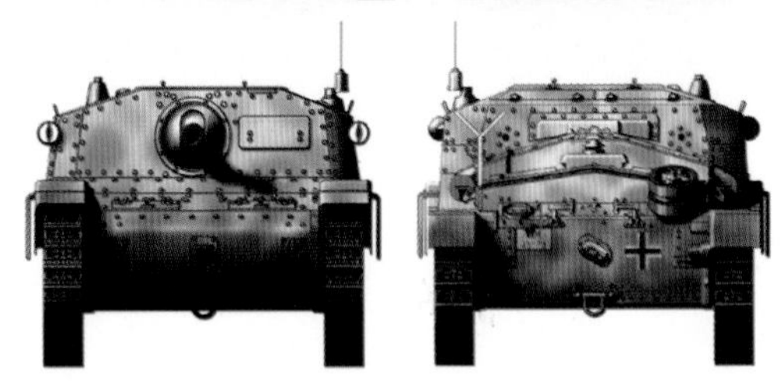

上图 意大利 M4175/18 突击炮四面图。由于两次世界大战期间，意大利工程师在其坦克设计中采取了一种以经济性能为主、军事性能为辅的整体思路，因此突击炮在战争中后期的意大利坦克产量份额中所占份额较高

墨索里尼上台执政后，为了替本国垄断资本效劳，力图把地中海、红海和巴尔干的广大地区纳入意大利的版图，建立一个"新罗马帝国"，于 1927 年 5 月 26 日在议会提出了一个积极发展军事工业的计划。其目标是到 1935 ~ 1940 年使意大利"能够动员 500 万人，并能把他们武装起来"。墨索里尼对此甚至夸口说，要使意大利"陆军强大到它的坦克马达轰鸣能够遮蔽亚平宁半岛的任何声响，履带拼接在一起能够遮住意大利的土地"。换言之，在墨索里尼那庞大的军事计划中，

以坦克为核心的陆军机械化问题占有重要地位。然而，就在墨索里尼踌躇满志之时，1929 年的世界经济危机打乱了他的计划，意大利经济遭受重创。到 1932 年，意大利工业生产总量比 1929 年降低了 33.2%，钢铁产量下降 34.7%，机器制造减少 33.2%。危机使意大利的绝大部分工业陷入瘫痪。为了不让人民的不满酿成严重恶果，墨索里尼在强化恐怖独裁统治的同时，决定“提前”将国家拖入战争轨道，转移人们的注意力。于是，在 1935 年与 1936 年相继发动了侵略阿比西尼亚（埃塞俄比亚）和武装干涉西班牙的战争。然而，战争规模和军备计划又与意大利的经济状况发生了严重错位（意大利有一副极好的胃口，却有一口烂牙）。在这种情况下，意大利军方只能将有限的军费集中于采购价格低廉的轻型坦克上，以勉强应付满足侵略战争的战场需求。意大利工业界自然也只能“投其所好”，为军方生产出一些性能低于欧洲同等标准，但成本也的确不高的坦克来赚取高额利润。结果，这一点就决定了两次世界大战期间，意大利工程师在其坦克设计中采取了一种以经济性能为主、军事性能为辅的整体思路，并因此侧重于轻型和超轻型坦克，对研制和生产成本高昂的中型、重型坦克兴趣索然，甚至都少有技术储备。这最终让意大利自食恶果。

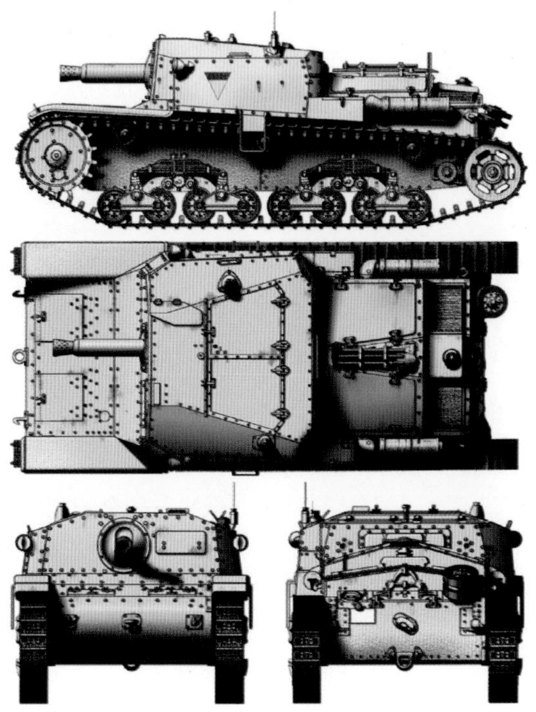

上图 M40 75/18 突击炮四面图

第二次世界大战：人“多”坦克“少”的尴尬

二战爆发之前，意大利便接连陷入了侵略阿比西尼亚和武装干涉西班牙的两次大规模战争，消耗了大量军用物资，使武器装备产生了严重匮乏，军事力量不可能立即投入一场新的更大规模的战争。这两次规模空前的军事冒险，虽然从表面上看意大利都取得了胜利，但是实际上它所遭受的损失是极其严重的，仅在西班牙战场上，意大利就损失飞机 759 架，各种车辆 8948 辆，大炮 3277 门。因为侵略战争消耗了大量的军事装备和战略物资，到二战爆发时，意大利的战略物资大大低于其在第一次世界大战时的水平。如作为军队被服的主要原料——棉花和羊毛，第一次世界大战时，意大利储备的棉花为 86.2 万吨，羊毛为 12.4 万吨，而到 1939 年棉花和羊毛的储备仅为 3.2 万吨和 2.1 万吨。其他原料就更为缺乏，到 1939 年 9 月 1 日，意大利的铁矿石和黄铁矿仅够 180 天使用，煤仅够 50 天使用，钢材只够 14 天使用。为此，1939 年 12 月 13 日，法西斯政府以国王的名义发布公告，宣布征用私人的铜器、铁栅栏杆买卖及宝石，封存锡与镍。甚至唆使意大利少年也就是中、小学生从家中的褥子中抽出羊毛献给国家，以示“爱国”。但这些措施根本解决不了继续进行战争所需要的装备和物资。这一点墨索里尼本人比谁都清楚，他认为为了参战，意大利需要在短短几月内进口 2100 万吨战略物资。但是意大利现在既没有支付这批货物的手段，也没有运输它们的交通工具。这种极度的窘境反映到意大利军队的机械化水平上也就可想而知了。

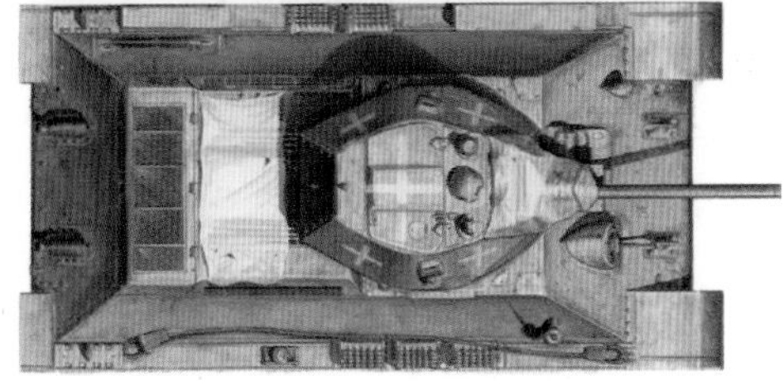

上图 意大利皇家陆军第 62“马尔马里卡”步兵师装备的 T-34/76 1941 年型坦克（1942 年夏 俄罗斯南部前线）

上图 意大利皇家陆军第62“马尔马里卡”步兵师装备的T-34/76 1941年型坦克（1942年夏 俄罗斯南部前线）

由于战略物资的极度缺乏，法西斯军队必需的武器装备得不到满足。到1940年春季，意大利陆军号称是73个师，而实际上其中只有19个师编制满员，武器装备齐全。34个师因缺乏装备，编额不满，因而没有多大战斗力，其余几个师的情况就更差了。1940年5月30日，墨索里尼在致希特勒的信中说，意大利现有大约70个“战斗力很强”的师，“如果有武器装备，我可再组建70个师，因为意大利缺少的不是人，而是武器装备”。墨索里尼的这番话，并不是在向希特勒“哭穷”，而是的的确确的实话。当时的意大利，即便是步枪储备也不过120万支，军火生产远不能满足需要，以至到二战爆发时，法西斯意大利的步兵所使用的武器与第一次世界大战时的武器没有多大差别，多数士兵手中拿的还是1891式步枪或更老的武器。步兵部队的情况如此糟糕，作为重点建设的装甲机械化部队情况也没好到哪里去。战争中意大利拥有超过70个作战师，但由于坦克数量严重不足，真正建成的只有3个半装甲师，即第131“半人马座”装甲师、第132“公羊座”装甲师和第133“利托里奥”装甲师。原计划还准备将一个骑兵师，第2“铁头”师改编为第134装甲师，但未能实现。第136“法西斯青年”师有时也被人称为装甲师，但它除了几门卡车牵引式火炮外，与普通步兵师没有多大区别。另外，战争初期，每个意大利骑兵师（快速师）都配属支援纵队（相当于1个装甲营），分成4个轻型坦克分队，每个分队下辖了3个排，每排拥有4辆轻型坦克。然而，即便是真正建成的这3个装甲师，其实际情况也并不理想，甚至补充了大量缴获的苏制坦克。

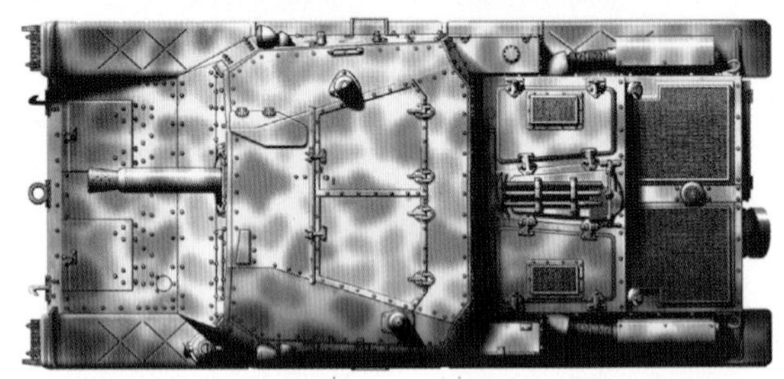

上图 意大利M42 75/18突击炮四面图

“半人马座”装甲师1940年在阿尔巴尼亚亮相，参加了意大利在希腊、南斯拉夫和北非的军事行动。1943年中期在意大利重建。使用德军装备，包括III号突击炮、黑豹坦克和党卫军教官。同年9月12日该师被解散，武器被德军收缴自用。“利托里奥”装甲师1940年6月间在阿尔卑斯山区参与对法国的战争。1941 年和“半人马座”装甲师一起在南斯拉夫作战。1942 ~ 1943 年一直在北非，配合“公羊座”装甲师和德国非洲装甲军团（第 15 和第 21 装甲师）作战。1942 年 11 月，在阿拉曼战役中几乎被全歼，剩余部队被“公羊座”装甲机械化战斗群吸收（即“阿雷艾特”装甲师残部）。第 133“利托里奥”装甲师系 1939 年在参加西班牙内战的“利托里奥”师基础上组建的，1942 年春到达非洲，最终在阿拉曼战役中基本覆没。其基本编制如下。第 133 装甲团：基本编制同 132 师，3 个坦克营的番号分别为第 4、第 12、第 51，编制装备坦克 189 辆。第 12 摩托化步兵团：团部连、摩托车连，第 23、第 36 摩托化步兵营，第 21 自行反坦克营（装备同上）。第 3 装甲炮兵团：该团在阿拉曼战役时完全不满员，其牵引炮兵营实际只有一个。第 2 炮兵营：12 门 75 毫米野战炮。加强军属第 332 炮兵营：12 门 100 毫米榴弹炮。第 554、第 556 自行火炮营：每营 4 辆指挥型塞莫温特和 8 辆自行火炮。第 406 防空连和第 133 防空营第 5 连：各装备 6 门 20 毫米高炮。第 3 装甲骑兵营（侦察营）：营部装备 2 辆指挥型 L6/40 和 2 辆普通型 L6/40，包括两个连，每连编制 2 辆指挥型 L6/40 和 26 辆普通 L6/40。第 133 工兵连。第 133 供应连。第 35、第 41 修理维护连。第 133 野战医疗连。其他附属单位从略。相对于纸面上应有的正常编制，“利托里奥”装甲师的装备其实严重不足，该师在第二次阿拉曼战役开始前只拥有 85 辆中型坦克（编制 189 辆）和 20 辆 L6/40（编制 58 辆），只有自行火炮部队是足额的。

上图 意大利皇家陆军在北非班加西前线缴获并使用的英制维克斯 MK V 轻型坦克

上图 意大利皇家陆军某部装备的英制“瓦伦丁”A9 MkI 巡洋坦克

上图 意大利皇家陆军某部装备的英制“瓦伦丁”A10 MkIICS 巡洋坦克（1940 年 11 月）

“公羊座”装甲师可能是最广为人知的意大利装甲师。可以说在众多的意军部队中，该师得到的评价是最高的。阿拉曼战役时期，该师已经替换掉了可怜的 L3 系列超轻型坦克，以 M13/40 和 M14/41 为主力作战车辆。其基本编制如下。第 132 装甲团：包括团部连，高炮连（8 门 20 毫米高炮），第 9、第 10 和第 13 坦克营（其中第 9 营按编制应为 M13/40，另两个营为 M14/41）。团部连编制拥有 6 辆M 13 指挥坦克和 27 辆 M13 系列坦克，每个坦克营包括 2 辆指挥坦克和 50 辆普通坦克。第 8 摩托化步兵团：包括团部连，摩托化侦察连，第 5 和第 12 摩托化步兵营，第 3 自行反坦克营（12 辆 47 毫米自行反坦克炮）。第 132 装甲炮兵团：该团的 1 营和 2 营各装备 12 门 75 毫米野战炮，3 营和加强的军属第 15 炮兵营各装备 12 门 105 毫米榴弹炮，第 5 和第 6 营（突击炮营）营地各装备 4 辆指挥坦克和 8 辆 75/18 自行火炮。第 501 防空营装备 8 门 90 毫米高炮和 16 门 20 毫米高炮，第 31 防空营装备 8 门 88 毫米高炮。另有团部连。第 3 装甲侦察营：营部连应装备 5 辆 AB41 装甲车，下属第 4 和第 5 装甲侦察营各应装备 17 辆装甲车。第 132 工兵营和第 232 工程通信营。第 132 供应营。

第 82 运输营。第 40 和第 42 修理维护连。第 132 野战医疗连。其他附属单位从略。

上图 德国国防军第 12 装甲掷弹兵师的 M15/42 中型坦克（1944 年 12 月布达佩斯郊外）

上图 1945 年 3 月底红军攻占布达佩斯后，一名匈牙利儿童站在第 12SS 装甲掷弹兵师修理厂内的意大利制 M41 75/18850（i）突击炮上合影（小女孩脸上天真的笑容让人们真切地感觉到战争确实已经结束了）

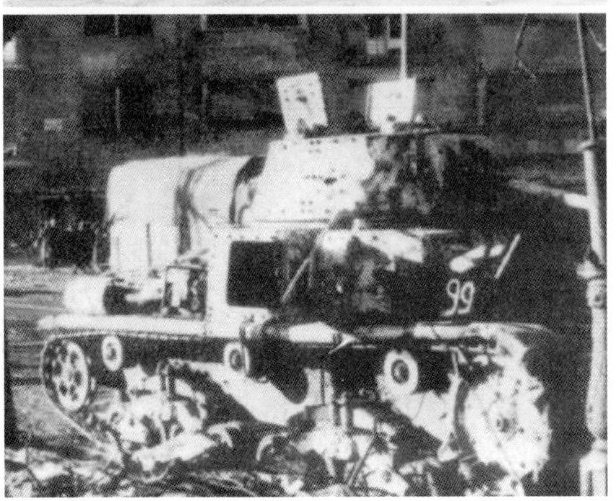

上图 一辆被击毁的第 8SS“弗洛里因·盖尔”装甲掷弹兵师意大利 M15 中型坦克（1945 年 布达佩斯市区）

上图 1944 年 5 月，由匈牙利撤回巴尔干的德国国防军第 202 突击炮兵旅军列（于 1943 年 1 月在巴尔干半岛组建的德国国防军第 202 突击炮兵旅，是德军中典型的二线警戒装甲部队，其战斗力基本上完全靠掠获自其他国家的装甲技术装备在支撑——在该部的装备序列中，既可以看到意大利制 M41 75/18850（i）突击炮、M15/42 中型坦克和 M13/40 轻型坦克，也可以看到法国的索玛 S-35、霍奇开斯 H39，以及捷克的 38（t））

上图 铁路输送中的德国国防军第 202 突击炮兵旅（可以看到 1 辆 M41 75/18850（i）突击炮、2 辆 M15/42 中型坦克，以及后面的 Pz.Kpfw II）

上图 铁路输送中的德国国防军第 202 突击炮兵旅意大利制 M41 75/18850（i）突击炮（第 202 突击炮兵旅共收到了 10 辆 M41 75/18 850（i）突击炮，为了弥补装甲防护的不足，每一辆 M41 75/18 850（i）都将备份履带披挂在车体四周以做附加装甲使用）

上图 铁路输送中的德国国防军第 202 突击炮兵旅意大利制 M15/42 中型坦克（为了弥补装甲防护的不足，每一辆 M15/42 同样都将备份履带披挂在车体四周以做附加装甲使用）

上图 德国国防军第 202 突击炮兵旅装备的意大利制 M15/42 中型坦克

上图 保加利亚士兵在检查一辆第7SS装甲师第12装甲营遗弃的PzKpfw M42 738（i）中型坦克（1944年10月15日 南斯拉夫塞尔维亚境内12千米处）

上图 位于罗马火车站的一辆德军意大利制Da 90/53自行火炮

上图 德军装备的一辆意大利制Da 90/53自行火炮（1944年1月 所属单位不明）

上图 意大利卡西诺前线附近的德军意大利制Da 105/25突击炮

上图 于行军纵队中被空袭摧毁的德军意大利制Da 105/25突击炮（意大利北部前线）

上图 一辆德军装备的菲亚特 665 NM 重型装甲卡车被南斯拉夫游击队击毁于克罗地亚奥彼希纳附近（1945 年 3 月 1 日）

上图 德军于巴尔干半岛使用的意大利 AB-41 轮式装甲侦察车（1944 年）

上图 驻巴尔干的德国空军机场警戒部队装备的菲亚特 665 NM 重型装甲卡车

上图 第 4SS 装甲师装备的意大利 AB-41 轮式装甲侦察车在穿越波斯尼亚村庄（1944 年 5 月）

右图 向克罗地亚进行铁路输送的德军意大利制 AB-41 轮式装甲侦察车（1944 年 7 月）

上图 1944 年部署于希腊境内的第 18SS 掷弹兵师装备的意大利制“阿玛托”L6/40 轻型坦克（在意大利法西斯政权垮台前，“阿玛托”L6/40 轻型坦克共生产了 440 辆，其中 100 辆被德军“接收”。此外，据称德军还用意大利工厂已经生产出的零件装配出了另外 17 辆）

上图 一辆于意大利宣布休战后被德军在意大利南部发现的 CV33 超轻型坦克（CV33 与英国的卡登•洛伊德或布伦机枪车基本是一种东西）

从编制来看，132 师拥有相当强大的装甲力量，包括 189 辆坦克，16 辆自行火炮，39 辆装甲车，另外还有 8 辆指挥型坦克，然而在阿拉曼战役打响时，该师仅仅拥有 92 辆坦克和 12 辆装甲车，只有自行火炮是满编。如果考虑到意大利坦克可怜的作战能力，这点实力就更显得不够了。1942 年 11 月 4 日，“公羊座”装甲师最后的一点装甲力量在战斗中被摧毁了，此后它和第 20 摩托化军另外两个师的残余编为战斗群向西撤退，在最后的战斗中，阿里埃特师的部队发出了可能是二战意大利军队中最悲壮的电文：“敌军坦克已突破我师南翼，全师已遭包围，位置在比尔阿巴德西北 5 千米，‘公羊座’装甲师的坦克仍在战斗！”

“公羊座”装甲师在 1943 年 4 月重建时，被重新命名为“公羊座”装甲骑兵师。重建后的“公羊座”装甲师，9 月停火宣布后立刻在罗马附近与德军交火。投降后被德军解除武装，大量的意大利坦克被缴获。然而，即便有“公羊座”装甲师这样的部队稍微挽回了颜面，但意大利装甲部队在二战中整体表现不佳，以至于当意大利与盟军实现停火并倒戈一击后，没有任何原意大利皇家陆军的装甲部队被认为还有存在的价值，均遭解散。

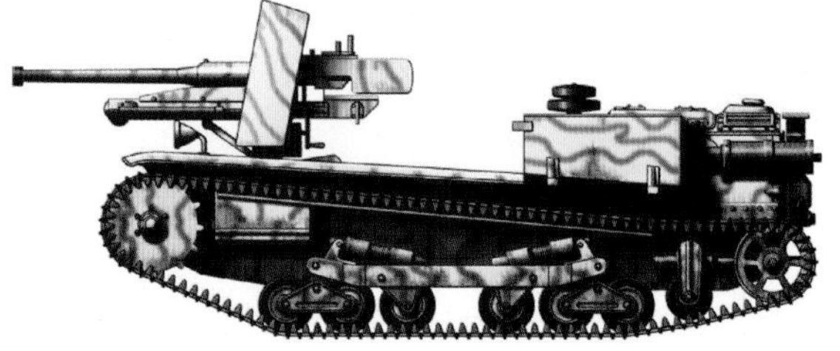

上图 意大利 L3 47/13 突击炮

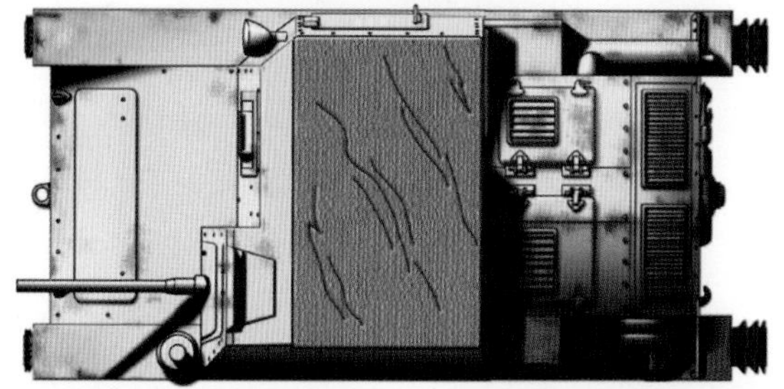

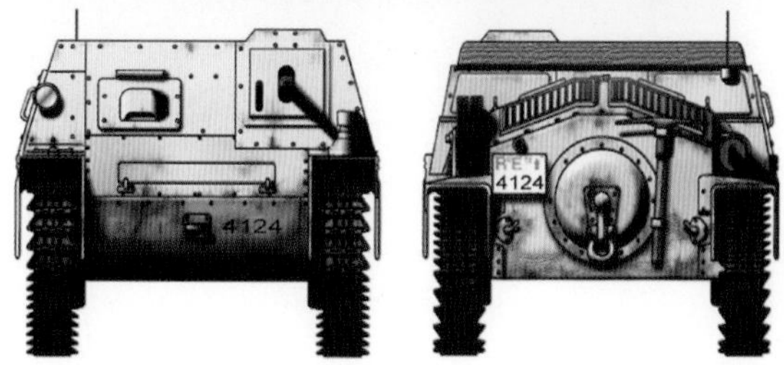

上图 L40 47/32 突击炮四面图

第二次世界大战结束后，美苏合作基础随之消失，由于意识形态、社会制度和国家利益的不同，美苏之间的合作关系逐渐破裂并走向对抗，冷战初现端倪。伴随着冷战的开始，作为美苏冷战的前沿阵地，意大利重要的战略地位日益凸显。意大利是连接欧洲和中东地区的交通要道，对于地中海和南欧的安全至关重要。尽管意大利不属于北大西洋国家，美国政府考虑到其在地中海的安全利益和整个欧洲战略，顶住英、荷、比等国反对的压力，极力支持意大利加入北约，帮助其实现军事化。首先，通过北约机构设置变化来提高意大利的地位。1949 年 9 月 17 日，北大西洋理事会第一次会议决定设立 5 个军事性地区计划小组，意大利是其中南欧 – 西地中海地区计划小组的成员之一。随着国际局势的发展，北约对其军事力量和机构设置重新整合。1951 年初，北约成立欧洲盟军司令部，下属北欧、中欧、南欧和地中海 4 个地区司令部，取代了原设立的 5 个军事性地区计划小组。意大利处于南欧和地中海两个司令部的中心地带，战略地位更加重要。其中，北约南欧盟军司令部就设在意大利的那不勒斯。随后，美国在意大利设立许多军事基地和设施，美国的第六舰队就在西西里岛和那不勒斯等地设立军事基地，从而加强了意大利在北约中的地位。

上图 战争中意大利拥有超过 70 个作战师，但由于坦克数量严重不足，真正建成的只有 3 个半装甲师

上图 “公羊座”装甲师的坦克群在突击。“公羊座”装甲师可能是最广为人知的意大利装甲部队

其次，地中海地区是欧洲“柔软的腹部”，作为欧洲南部的侧翼，欧洲防务的前沿和重要基地，其战略地位尤其重要。不可否认，在美国政府看来，地中海地区的希腊和土耳其的重要性更甚于意大利，但是从当时东南欧和地中海地区的安全局势来看，除了意大利是北约创始员国外，地中海东西沿岸的希腊、土耳其和西班牙都没有加入北约。其实，早在筹备缔结北大西洋公约组织时，美国就希望把希腊、土耳其和西班牙纳入此防务体系之中。这一建议虽然得到在地中海地区有重要战略利益的英国的支持，然而因为法国和其他西欧国家不愿将防务的区域扩大到地中海地区而胎死腹中。美国为尽快促成北约的组成，被迫放弃了该提议。同样，因为战后西班牙处于佛朗哥独裁统治之下，其在二战期间曾经配合德意法西

斯侵略扩张，国际名声不佳，许多西欧国家强烈反对西班牙的加入，美国也不便坚持。为防卫北约的南翼和欧洲南部的领土和利益，意大利在整个欧洲和地中海地区战略地位的重要性凸现，美国除了重新武装意大利，不断加强在意大利的军事部署外，还积极支持意大利加入欧洲防务集团，如在法国国民会议否决了《欧洲防务集团条约》后，1954年10月，在美国的支持下，签订了《巴黎协定》，布鲁塞尔条约组织国家吸收进了意大利和联邦德国，并更名为“西欧联盟”。此更名逐渐将意大利从一个不属于大西洋区域的可有可无的国家变成一个在北约的战略态势发展中十分重要的伙伴。

上图 冷战中的意大利装甲力量，一度向“重装化”发展趋势明显

意大利加入北约之后，根据《互相防御援助法》，需要扩充军备，发展军事力量，然而《对意和约》中军事条款对它的限制，无疑成为实现军事化的巨大障碍。为重新武装意大利，发挥它在地中海和南欧的军事地位，美国联合英国、法国等西欧国家，积极倡导修改《对意和约》。经过曲折漫长的谈判协商，1951年12月21日，时任美国国务卿艾奇逊向意驻美大使塔尔基亚尼转交了“解除意大利军事限制和限制性义务”的文本，其他西欧《对意和约》的签字国也相继送来了类似的文本。随后，意大利政府宣布《对意和约》的修订已成为事实。苏联以意大利违背《对意和约》的精神为由，在1952年2月6日的联合国大会上否决意大利加入联合国，但仍然没有阻挡住意大利进军联合国的步伐，1955年意大利加入联合国，最终消除了二战中作为战败国的“耻辱”，恢复了在国际上的平等地位。在这种情况下，意大利装甲部队也在重建中获得了新生，作为北约的钢铁南翼护卫着西方的“软腹”。

不过需要指出的是，冷战中的意大利装甲力量虽然一度在向“重装化”趋势发展（这主要是由于意大利经济恢复情况较好，而且接受了大量美国实物或其他形式的军军援助，仅M47“巴顿”便接收1100多辆，M60A1 301辆，并且购买和引进生产了1000多辆西德“豹I”），但在冷战末期，其装甲部队“轻型化”发展的趋势又开始抬头。当然，这次的“轻型化”与两次世界大战期间的“轻型化”已经不可同日而语。特别是在冷战结束后，由于“北方威胁”的基本消失，重型装甲部队已经显得过剩。同时，随着整个意大利不断发展的城市化和耕地化进程，尤其是葡萄园玉米种植面积的增加，使用重型装甲部队的机会变得越来越少，在许多地区，装甲部队的活动范围被严格限制在公路上。此外，由农作物和丘陵地形造成的有限视野和射击区域也使装

上图 战后意大利装甲部队在重建中获得了新生，作为北约的钢铁南翼护卫着西方的“软腹”

甲部队的运用受到了限制。所以意大利人逐渐意识到，意大利军队更需要的是反坦克武器和灵活机动的轻型装甲战斗车，而不是传统意义上的坦克。也正因如此，意大利装甲部队在后冷战时期开始了以“轻型化”为特征的转型，原有的装甲机械化师被重新缩编为1个装甲骑兵旅和7个装甲骑兵团，在这些部队中“坦克”的身影几乎消失了。

以重新编成的装甲骑兵旅编制情况举例如下。其基本编成包括：旅部和1个直属营。直属营包括1个火力支援连、1个通信连和1个工程连。3个装甲骑兵团。每个团包括1个火力支援骑兵连和1个骑兵中队。每个骑兵中队应包括4个轻型装甲骑兵连（两个连装备“半人马座”轮式歼击车，两个连装备轻型装甲输送车）。1个炮兵团，包括1个炮兵营、3个155毫米榴弹炮兵连和1个防空炮兵连。这种编制结构使装甲骑兵旅具有一些独一无二的特点，使部队具有了更强的持续作战能力。在各种地形上，战斗车辆的远行程和高速度使部队能在广阔的地域更好地进行“遭遇战斗”。装甲骑兵旅的另一个特点是其每个部分都可成为一个“模块”，再加上士兵的专业素质和精良的装备，这使他们不仅能够独立作战，而且能够根据任务分散为更小的独立战术单位，具有随战场情况临时重新配置部队支援任何行动的能力。

下图 意大利装甲部队在后冷战时期开始了以“轻型化”为特征的转型，在很多部队中“坦克”的身影几乎消失了

结语

在经过两次世界大战的洗礼、冷战的重建乃至后冷战时代的调整后，作为北约武装力量的重要组成部分，曾经被人“误解”与“嘲弄”的意大利装甲部队不但以一种崭新的姿态存在于亚平宁半岛，而且其履带与车轮更作为其国家意志的延伸，行驶在世界上任何“需要”它们出现的地方。

意大利坦克的技术特点

不知道为什么，意大利这个国家总是很容易让人遗忘，在坦克技术领域似乎同样如此，几乎没有一种意大利坦克是“青史留名”的。虽然它是欧洲第四大经济体，但意大利人在二战中糟糕的表现可能给人留下了深刻的印象，所以在人们印象中，意大利坦克的形象也就糟糕了起来。然而人们大概忘记了，意大利人能设计出最好的服装，引领时尚的潮流......这看起来与坦克技术没有什么关系，但却体现了意大利人在科技领域的创新能力。事实上，意大利拥有阿古斯坦·维基特兰直升机，拥有法拉利、玛莎拉蒂和兰博基尼超级跑车，拥有世界超一流的汽车制造技术......意大利在科技奢侈品方面的创新能力甚至远超欧美同行，而最高端的科技奢侈品往往也代表着科技的应用水准。这一点不可能不在坦克技术领域有所折射。

上图 意大利在科技奢侈品方面的创新能力甚至远超欧美同行，而最高端的科技奢侈品往往也代表着科技的应用水准。这一点不可能不在坦克技术领域有所折射

“民转军”的坦克发动机

意大利虽属西方发达国家一员，然而国力毕竟有限，经济实力相对薄弱，要维持一个完整的军事工业体系并不容易。也正因如此，聪明的意大利人采用了很多变通的方法来满足自己的需求，力求“少花钱多办事”，坦克发动机的情况便是如此。很少有人意识到，作为意大利大多数坦克装甲战斗车辆主要动力之一的MTCA系列柴油机，居然是一种“民转军”的产物。具体来说，该系列柴油机原是民用系列发动机，为满足军用要求，通过涡轮增压或涡轮增压中冷并对结构进行适当改进，将民用柴油机“军用化”。至今，该系列已有3种机型经过军用化后用于装甲战斗车辆上，即6V型MTCA涡轮增压发动机（382千瓦，2300转/分，用于“半人马座”B1轮式坦克歼击车和VCC-80步兵战车）；8V型涡轮增压发动机（551千瓦，作为阿根廷TAM坦克的改装动力）；12V型涡轮增压中冷发动机（作为C1主战坦克动力）。军用化的主要技术措施除了采用涡轮增压中冷、改进喷油和润滑系统，以及用机油冷却气缸盖等方法以提高功率外，还对一些发动机部件或系统也做了相应的结构改变，诸如采用干式油底壳、耐电磁脉冲的电气系统，以及用齿轮式传动机构代替皮带式传动机构等。该系列发动机具有模块化特点，其主要结构是：采用铸铁缸体和湿式缸套；采用一缸一盖，气缸盖也用铸铁制造；每个气缸有4个气门，排气门采用双金属材料制造；活塞由两部分组成，用电子束焊接工艺组成一个整体，活塞由机油进行冷却。

上图 使用MTAC系列柴油机为动力的C-1公羊主战坦克

传动系统以引进为主

客观地说，虽然MTCA涡轮增压发动机堪称“民转军”的典范，缩短了研发周期，节省了研发成本，经济效益十分突出，然而其12V型涡轮增压中冷型号的性能表现却相对平平。不过，意大利军方对其新一代主战坦克的机动性要求又并不放松，极为强调加速性。要求从静止加速到32千米/小时只需要6～7秒，与“豹”II不相上下（意大利人之所以如此强调新一代主战坦克的加速性，主要与意大利本国山地较多，公路坡度较大有关。在这样的环境下作战，坦克需要经常爬坡和反复停车、启动，加速性好比较高的公路行驶速度更为重要）。在这种情况下，意大利人果断引进了当时西德ZF公司的LSG3000全自动传动装置，试图以高性能的传动系统来弥补发动机性能的不足，为C1主战坦克提供充沛的动力。这再次展示了意大利人精明的一面。

具体来说，LSG3000全自动传动装置是ZF公司用模块化设计原理设计的第一个传动装置，由11个模块组成，每个独立组成都装在箱体内。有两种不同形状的箱体和可变化的输入输出组件，

右图 使用MTAC系列柴油机为动力的VCC-80步兵战车

既适合动力前置车辆使用，也适合动力后置车辆使用，给车辆总体设计和老式车辆换装以更大的方便性。该传动装置的输入组件可根据匹配发动机的转速情况和车速要求进行调整。液力变矩器在各挡均具有程控自动闭锁功率，所以传动效率较高。行星式变速机构可为车辆提供4个前进挡和2个倒挡。液力制动器可以吸收大部分制动功率，从而降低了机械制动器的负荷。该传动装置在结构上的特点是：模块化结构使其拆装非常方便。适合前置主动轮和后置主动轮驱动履带车辆使用。修改传动比可适合不同转速发动机和不同车速使用的需要。修改输入组件，便于传动装置和发动机在水平方向和垂直方向的对中。有各种模块化风扇驱动装置可供选择。变矩器在各挡均有程序化闭锁能力。装有液力制动器，可防止转向齿轮过载和转向制动时转向半径的失控。由于工作制动器维修期长，节省维修费用。自动变速容易操作，可提高驾驶效能。驱动程序由通用微机控制，经济性好。机械式3半径转向装置在大半径转向时具有无级转向能力，因此车辆越野机动性好，在各种道路上行驶时有舒适的转向性能，而且易于控制，转向操纵与车辆行驶方向无关并具有原位转向能力。可以拖动方式启动发动机。由于采用了LSG3000全自动传动装置，C1主战坦克在发动机技术和动力输出水平均略逊色的情况下，整体机动性能仍然达到了令人满意的“西方标准”。

上图 意大利人果断引进了当时西德ZF公司的LSG3000全自动传动装置，试图以高性能的传动系统来弥补发动机性能的不足，为C1主战坦克提供充沛的动力

铝合金装甲技术独到

人们迄今对意大利C1主战坦克所用的复合装甲技术所知有限，但据一般猜测，其技术水平不会超过西德豹IIA4主战坦克的“出口型乔巴姆”。然而，意大利人对用于轻型装甲战斗车辆上的铝合金装甲技术却有着独到之处。据公开资料显示，这种被称为Trastrato的轻型复合装甲属于第三代铝合金装甲范畴，由3层经过热处理的铝合金组成，通过热滚压结合成一块整体的板子。这种复合装甲与当前使用的包括铝镁合金（5XX系列）或铝锌镁合金（7XX系列）在内的任何标准的均质铝合金装甲相比，防弹性更能好。它把硬度、韧度和强度结合在一起，使它能抵抗来自动能弹的弹道冲击，也能抵抗冲击点内侧的破碎效应。它也可用普通的惰性气体电弧焊焊接，适合制造装甲战车的部件。这种装甲的中间层由铝锌镁铜合金构成，有非常高的机械强度。正面层和背层是可焊的、韧性好的铝锌镁合金。在二层内接触面之间加了9.5％纯铝薄层，这样就提供了更好的粘附性和特殊的防弹性能。

上图 意大利M113“西达姆”25毫米自行高炮就使用了Trastrato的轻型复合装甲

Trastrato采用的这种结构，此前只少量被应用于飞机制造中，在装甲板领域应用尚属首次。铝锌镁合金通过热处理得到最大强度，而铝镁合金要通过冷加工得到强度，因而铝锌镁合金比5083之类的合金有更高的强度。此外，它们与铝镁合金相比还有一个优点，在焊接过程中由于加热而损失的强度能在室温下的沉淀硬化过程中大部分复原。较高的抗侵彻性意味着由于韧性降低而造成的抗碎裂性能、金属吸收能量的能力及在断裂之前塑性变形的能力减弱。然而，复合的3层甲板由于其分层结构和从7XX系列中选出的特殊合金类似，所以

在硬度、强度和韧性方面显示出了极好的平衡性。值得注意的是，Trastrato 不仅仅在物理防弹性能上体现出了优势，在制造工艺的简便性和耐应力腐蚀性上同样优势突出。该装甲板可使用传统的焊接铝锌镁合金均质甲板的方法来焊接。由于中间层的化学成分的缘故，它不像前后层板那样容易焊接，所以复合甲板的制造就要求采取一些具体措施。在设计焊接点时必须考虑这样一个事实，即焊点的机械强度主要由两个外层部件提供。角度焊接设计为 50 度，这样的几何形状可使焊接熔化限制在两个外层区，并限制焊珠和基体金属之间的接口邻近的临界面积上的总应力。 这个应力场的限制对于克服超应力引起的腐蚀裂缝问题（脆性破碎）是非常重要的。腐蚀裂缝在铝锌镁的使用中有时产生，由于中间层含铜量高，以及由于对甲板进行了先进的人工时效处理，所以中间层具有较高的抗应力腐蚀裂缝能力。

火控系统技术水平高，通用性强

战后的意大利，不但经济状况有所好转，而且跻身北约重要成员，技术交流渠道十分顺畅，这反映到坦克火控系统的研发方面，也就体现出了一种意大利式的精细与精明。所谓精细，是指意大利坦克火控系统技术水平不低；所谓精明，则是因为意大利的现代化坦克火控系统往往具有高度的通用化和模块化特点——仅仅稍做改动，或是对软件进行重新编程，便能用于主战坦克、步兵战车甚至是自行高炮。举例来讲，伽利略公司研制的 OG14 坦克火控系统便是如此。该火控系统可装备不同类型的坦克，用来控制 90 毫米、105 毫米和 120 毫米火炮的射击。该火控系统根据坦克的类型和所规定的战术技术要求，可采取 5 种不同的组合方式：①光学瞄准镜、激光测距仪、弹道计算机、各种传感器、瞄准线稳定装置，以及昼夜观瞄用的附加光学装置；②光学瞄准镜、激光测距仪、弹道计算机、各种传感器和瞄准线稳定装置；③光学瞄准镜、激光测距仪、弹道计算机和各种传感器；④光学瞄准镜、激光测距仪和弹道计算机；⑤光学瞄准镜、光学测距仪和弹道计算机。第一种组合方式的火控系统使坦克具有行进间射击能力，反应时间只有几秒钟，方位和高低的标准误差小于 0.2mrad。光学瞄准镜采用独立稳定瞄准线的双目瞄准镜，分辨率比较高。瞄准线由反射镜进行偏转，偏转范围是高低 -250 ～ + 360 米 rad；方位 -30 ～ + 30 米 rad。激光测距仪与光学瞄准镜组合成一体，可直接显示出测距数据。稳定装置在炮塔不稳定时用来稳定瞄准线。弹道计算机采用了集成电路，可计算 4 种弹的弹道。计算火炮射击诸元可引入的修正量有横风、气压、气温、药温、炮膛磨损和炮耳轴倾斜等。

至于 OG14 的升级版，OG14L3 坦克火控系统则通用于意大利和西班牙联合研制和生产的 C1 主战坦克、CVV-80 步兵战车和 76mm OTOMATIC 自行高炮上。该系统主要由观瞄设备、火控计算机、传感器和炮控系统构成。观瞄设备中的炮长用昼、夜、测距三合一的潜望式瞄准镜，在一个外壳中将主稳定的头部反射镜、光学系统、激光测距仪和热像仪 4 个主要部件组装在一起。夜视和激光测距仪的光路共用头部反射镜。主稳定的车长周视瞄准镜用于白天侦察。在夜间，从炮长瞄准镜热像仪传来的图像也显示在车长工作台的 1 个独立的电视监视器上，便于车长夜间观察。OG14L3 坦克火控系统使用微处理机处理弹道数据，高速地进行全部火控计算，计算过程中将修正量对弹道的影响也考虑在内，有较高的精度。计算机控

左图 在坦克火控系统的研发方面，意大利人体现出了特有的精细与精明

制和管理所有的光学瞄准镜、激光测距仪及伺服系统等基本设备和传感器的工作，并具有辅助训练和控制机内自动测试设备的功能。OG14L3 坦克火控系统的修正量传感器和操作人员控制面板包括气象条件传感器、坦克车体姿态传感器、横风传感器、药温传感器及炮口校正系统。火控系统还配有炮长、车长和装填手控制面板。

由于采用模块化开放式架构，部件技术水平较高，OG14L3 坦克火控系统性能比较先进。由于火炮随动于炮长瞄准镜，因此具有在运动中进行射击的能力。其主要技术特点在于，即使在运动中，车长也能利用主稳定的周视瞄准镜进行独立侦察。由于炮长瞄准镜、激光测距仪和热像仪组合在一起，而且炮长瞄准镜和火炮均是独立稳定且后者随动于炮长瞄准镜，所以无论是白天还是夜间，即使在运动中，炮长也能对目标进行识别、瞄准和射击。数据显示在光学系统的视场中，这样车长和炮长在操作时也能进行连续观测。由于系统具有自诊断和自适应能力，在系统的一部分发生故障时可从正常工作状态重新组合为备用工作状态，这样就可在任何时刻保证系统处于尽可能好的那一级工作状态上继续工作。由于瞄准线的稳定精度较高，而且火控计算中考虑了较多的弹道修正量，并采用指挥仪式控制方式，所以反应时间较短，行进间射击具有较高的首发命中率。在运动中射击时可以由炮长引入计算机辅助的再生式角度跟踪方式，这时炮长只需要做较小的修正即可。计算机控制的允许射击门只有当火炮准确地瞄准时才允许射击。

上图 OG14L3 坦克火控系统通用于意大利和西班牙联合研制和生产的 C1 主战坦克、CVV-80 步兵战车和 76mm OTOMATIC 自行高炮上

自行火炮投机取巧

与在坦克和轮式歼击车上取得的成就相比，现代化大口径自行火炮可谓意大利人在装甲战斗车辆研发领域中的薄弱一环，对此“帕尔玛利亚”155 毫米自行火炮的故事很能说明问题。SP70 在 1987 年的“暂停”，被认为是英、德、意 3 国为寻求“体面”，而对下马这一事实的委婉说辞。不过，作为一个历时 14 年、耗资 3.35 亿美元（1977 年币值）的庞大军工项目，尽管项目本身最后的确以失败而告终结，但在整个项目存续期间，取得了诸多技术成就却也是一个不争事实——而这些技术成就是不可能被浪费的。也正因如此，当 1987 年 1 月 14 日，西德、英国、意大利 3 国国防部长联合决定在未来某一时刻“重启”SP70 项目之前，各国先自行解决自行火炮的换代问题时，那么可想而知，在这些“自行解决”的方案中，不可能不对先前在 SP70 项目中取得的技术成果加以利用——于是意大利人的“小聪明”又开始了。

如果说，英国人与德国人分别通过自己的方式在不同程度上“复活了”SP70（即英国的 AS90 与西德的 PZH2000），那么技术上较为薄弱的意大利人同样也做到了这一点，而且在时间上要比英国人和德国人都要早一些——作为 SP70 的意大利简化版，奥托•梅莱拉公司早在项目没有下马的 1977 年，就以一种不算厚道的方式开始设计一种以出口为目的，整体设计与 SP70 极度相似，而且部分采用 SP70 技术的 155 毫米自行榴弹炮——“帕尔玛利亚”。具体来说，该炮由 OF40 型主战坦克底盘（可以视为德国豹 I 的意大利许可证版本）、新的 41 倍口径身管和 SP70 的炮塔外壳组成（需要说明的是，这个 41 倍径身管并非是什么了不起的全新设计——意大利人不过是玩了个花样而已，这个火炮本身就是基于 FH70 技术的有限改进。这是因为一旦设计人员确定了合理的药室容积，除非出现特殊情况，否则这个参数在火炮的整个发展和改进周期中都将固定不变。因为一旦药室容积发生变化，就意味着整个弹药系统结构都要重新设计，这是火炮设计人员所不能接受的。相对于药室容积的变化，火炮身管长度发生改变对弹药的影响很小）。

“帕尔玛利亚”自行火炮身管长6360毫米，除炮口装有炮口制退器外，在距炮口1/3处还安装有抽气装置。炮闩上的击发机构用电液压阀操作。电液压阀由按钮控制。反后坐装置为液体气压式，包括两个带防漏油补偿器的制退机和一个复进机。两个制退机筒布置在身管的上、下部位，呈对角斜置状，复进机安装在身管下方左侧。平衡机和高低机合为一体，为液体气压式。其一端与摇架相连，另一端装在炮塔顶部，用于控制火炮的高低瞄准。火炮的高低瞄准采用3种操作方式：①手动方式，关掉液压和电动装置，用手动泵进行高低瞄准；②动力方式，接上液压装置，通过控制手柄进行火炮高低瞄准；③自动方式，在装定所需的射角的同时，通过伺服阀自动进行高低瞄准。火炮的方向瞄准通过液压操纵的齿轮进行。发射后，火炮能自动恢复到发射前的装弹位置。该炮可采用半自动装填，也可进行人工装填。半自动装弹机位于炮塔后部，能够从弹仓中选择所需的弹丸，自动将其送到输弹槽中。然后通过液压输弹机将弹丸送入炮膛，再用手工装填发射药装药，并关门，火炮自动回到原来的射角位置进行发射。使用自动装弹机时，必须把炮身打到+2度位置，方可装填弹丸。

间接瞄准射击时，采用周视潜望镜，其放大倍率为4×，视场为9度。直瞄射击时，采用单镜式潜望镜，昼间瞄准放大率为1×（视场10°×26°），夜间观察放大率为8×（视场为9度）。该炮除可发射北约155毫米制式的弹药外，主要采用意大利西米尔公司研制的一族新型弹药。包括P3式榴弹、P3式底部排气弹和P3式火箭增程弹。P3式榴弹弹体为特种钢制的薄壁结构，内装B炸药。P3式底部排气弹是在P3式榴弹基础上发展的远程榴弹，弹丸重和炸药重均与P3式榴弹相同。

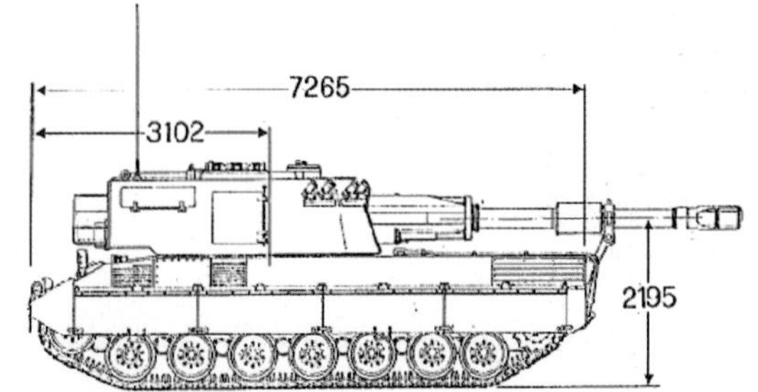

上图 作为对SP70设计思想的一种借鉴，意大利同样基于现有的OF-40坦克底盘研制出了“帕尔玛利亚”155毫米自行火炮（在不久前结束的利比亚内战中，作为利比亚前政府军中最先进的火力压制武器，“帕尔玛利亚”受到了北约战机的重点打击）

P3式火箭增程弹在尾部装有2.8千克的推进剂，炸药减少到8千克。该弹可增程25%，但威力降低30%。P4式照明弹采用钢制弹体，弹丸重43.5千克，弹体内装有照明炬和降落伞。P5式发烟弹弹丸重43.5千克，弹体内装有4罐发烟剂（共重7.9千克）。最大燃烧时间为150秒。1罐发烟剂在距炸点150米的距离处可遮蔽200米长、50米宽和10～15米高的区域。

炮塔为铝合金焊接结构，在外形设计上可以视为SP70炮塔的模仿，重12500千克。可360度回转，位于车体中部。车长座位在车内右前部。顶部有一个向后开启的舱口，并安装8具潜望镜，可进行全方位观察。炮

Armored Artillery

上图 “帕尔玛利亚”自行火炮实际上是对SP70技术成果的简化应用

塔左右两侧各开有一个长方形舱口，安装有 1 挺 7.62 毫米或 12.7 毫米高射机枪。另外，炮塔两侧各装有 4 具烟幕弹发射器。炮塔内存放 23 发待用弹丸，弹丸放在炮塔后部成排安置的筒内。底盘内还有 7 发备用弹。至于采用的 OF40 型主战坦克底盘，除发动机做了更换以外，其他都与 OF40 型主战坦克相同。车体由钢板焊接而成。驾驶室位于车体前部，战斗室居中，动力室后置。驾驶员座位在车内右前部，与辅助动力装置接近。车体底部还开有紧急进出舱口。动力室内安装有发动机、传动装置及冷却装置，为整体式组件，便于更换，发动机为 MTU 公司制造的 M837 系列 4 冲程 8 缸柴油机，但也可采用菲亚特公司的柴油机。冷却装置由恒温控制，散热器安装在发动机的正下端。该系统适用于沙漠地带，主要为阿拉伯国家用户设计。传动装置为带液力变矩器和闭锁离合器的四速行星动力变速箱。其工作原理基本与豹 I 主战坦克的传动装置（ZF4HP—250 型变速箱）相同。另外，也可采用奥托·梅莱拉公司制造的 Renk 自动传动装置。齿轮变速（4 个前进挡，2 个倒挡）由电动液压装置控制，制动系统为再生式，具有两个转向半径。行动部分与 OF40 型主战坦克的相同，有 7 对挂胶负重轮。每个负重轮各配有悬挂装置。前 3 个和后 2 个负重轮上都装有液压减振器。车体内还安装有自动灭火装置、辅助动力装置及三防装置。

上图 意大利“帕尔玛利亚”（Palmaria）155 毫米自行火炮

虽然从技术角度而言，“帕尔玛利亚”较之英国 AS90A 或是西德“北方组方案”是最为逊色的一个——其本质上是一个空有 SP70 外壳，技术水准甚至不及 M109A3G 的“山寨”货。然而，由于技术简单进展极快，在宣传上又因名声在外的 SP70 项目而获益（号称“外贸版 SP70”），使得这门山寨的低技术版“SP70”，却在外销市场上取得了相当不错的成绩——1981 年 3 月新炮塔制成，随后进行了射击试验，1982 年 2 月即开始小批量生产向国外出口，在 10 年时间内，共为利比亚提供了 210 门，为尼日利亚提供了 25 门。此外在 1985 年 3 月，阿根廷还订购了 25 个炮塔用于搭配其生产的 TAM 中型坦克底盘。更夸张的是，该炮按 1988 财年的价格，每门外销单价居然高达 91.9 万美元，意大利人显然从中大大地赚了一笔，也算是在相当程度上挽回了因 SP70 项目失败而“损失”的投资。

上图 意大利“帕尔玛利亚”（Palmaria）155 毫米自行火炮

结语

老实说，意大利的问题有很多，其经济发展看起来也不是那么好……这些都遮掩了人们对意大利坦克技术的评价，然而科技与创新能力的结合还是向人们揭示了意大利坦克很多不寻常的技术特点。

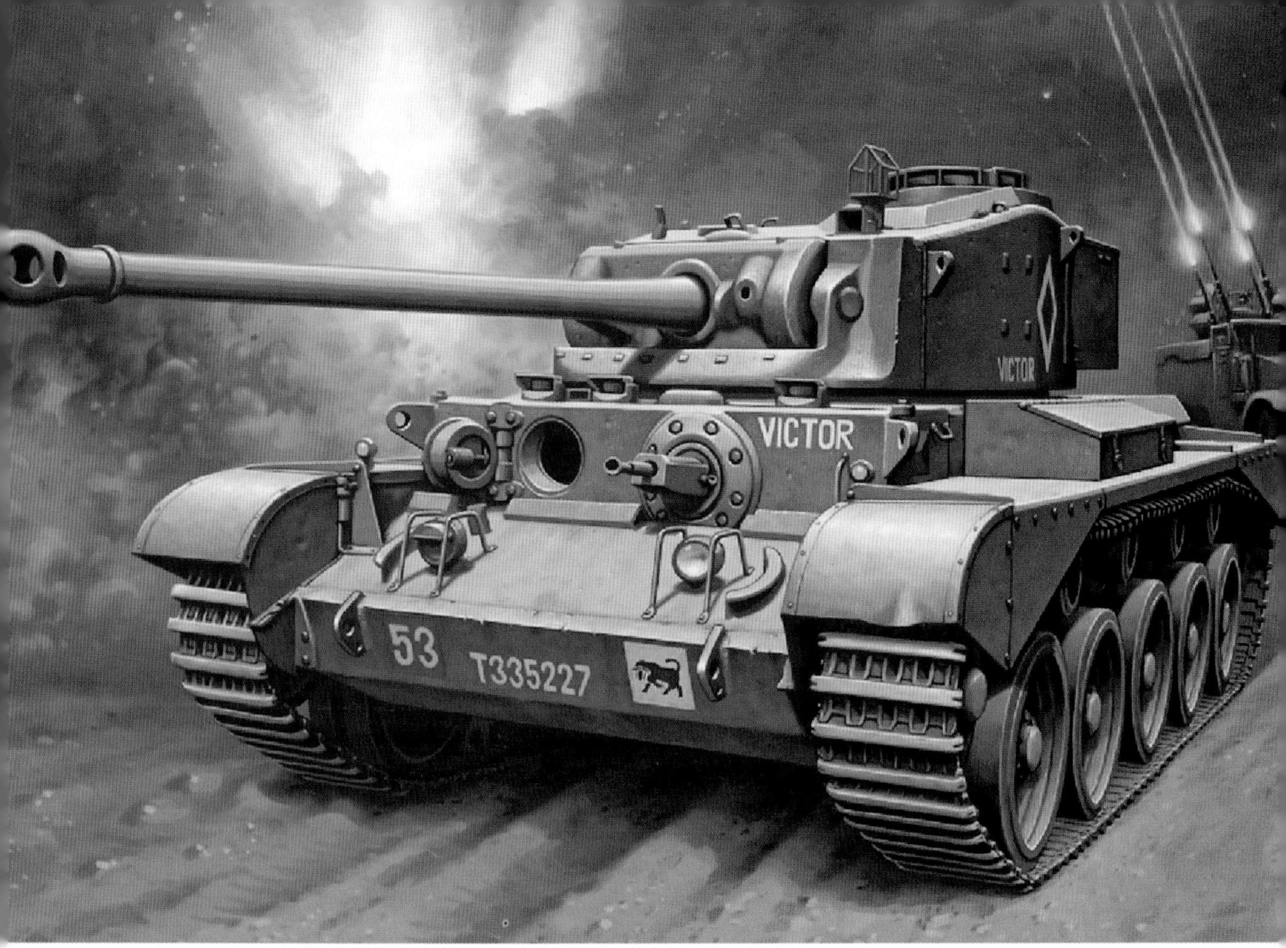
VICTOR
VICTOR
53
T335227
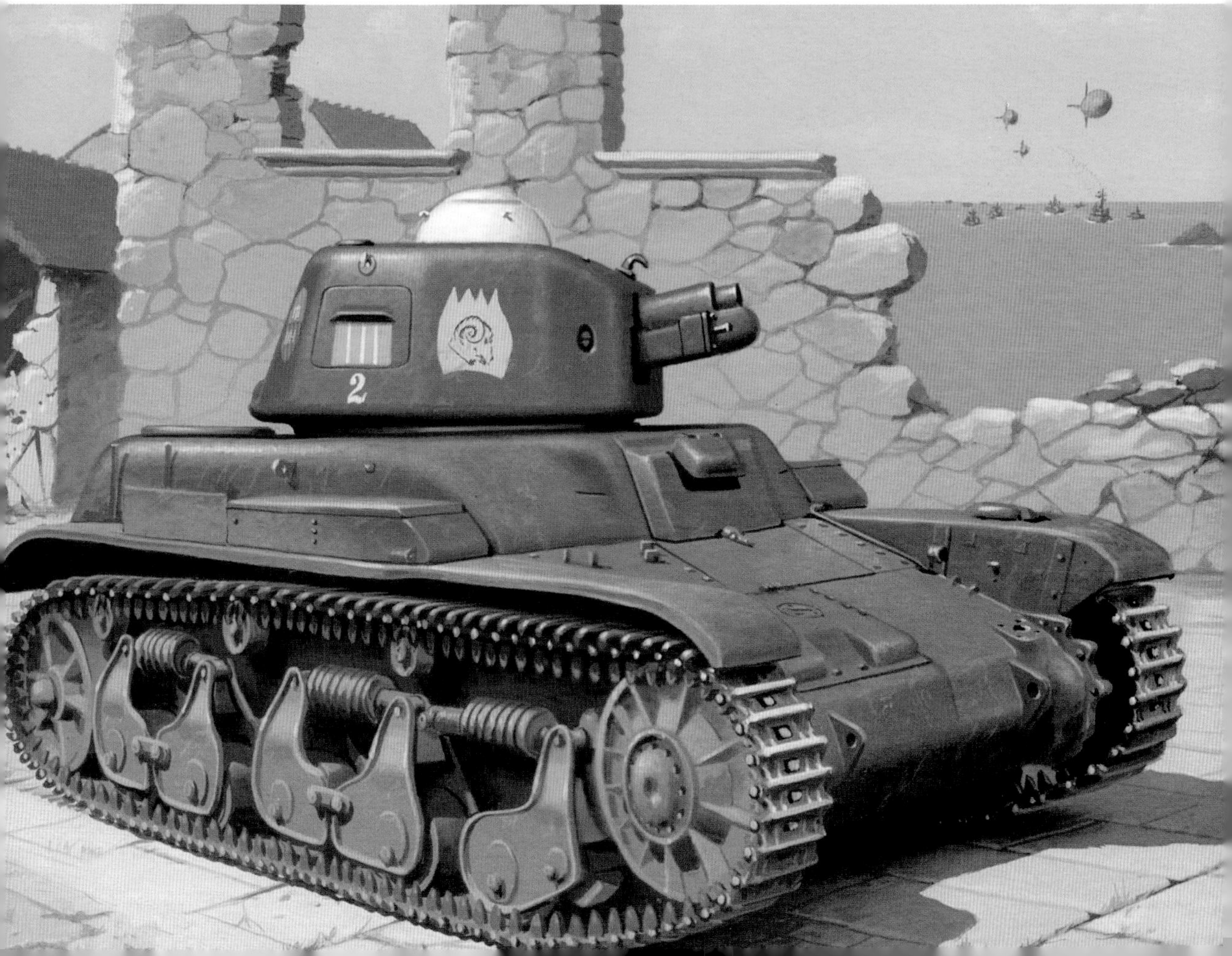
2

12407